机载低频合成孔径雷达
成像新技术

安道祥　陈乐平　冯　东
宋勇平　黄晓涛　周智敏　著

U0296545

科学出版社

北　京

内 容 简 介

本书主要介绍机载低频合成孔径雷达(SAR)成像的基础知识及研究进展,首先介绍机载低频 SAR 成像基础,包括成像模型、空间分辨率分析、非正交旁瓣抑制、机载低频 SAR 射频干扰抑制等;然后,讨论机载低频直线轨迹成像,包括机载低频 LSAR 频域成像算法、运动补偿算法、实测数据处理流程和相应的实测数据成像结果;最后,介绍机载双站低频 SAR 成像、机载低频 CSAR 成像和机载重轨低频 InSAR 技术等研究成果,包括基本原理、实现算法和相应的实测数据处理结果等。本书重视理论算法研究的实用性能,并提供作者所在团队获取的机载低频 SAR 试验结果。

本书操作性强,适用于从事机载低频 SAR 理论算法研究和工程实现的技术人员参考,也可作为高等院校信息与通信工程、电子科学与技术专业师生的参考书。

图书在版编目(CIP)数据

机载低频合成孔径雷达成像新技术 / 安道祥等著. —— 北京:科学出版社, 2025. 3. —— ISBN 978-7-03-080177-7

Ⅰ. TN958

中国国家版本馆 CIP 数据核字第 2024LG2443 号

责任编辑:张艳芬 李 娜 / 责任校对:崔向琳
责任印制:师艳茹 / 封面设计:无极书装

科学出版社 出版
北京东黄城根北街 16 号
邮政编码:100717
http://www.sciencep.com

北京富资园科技发展有限公司印刷
科学出版社发行 各地新华书店经销

*

2025 年 3 月第 一 版 开本:720 × 1000 1/16
2025 年 3 月第一次印刷 印张:21 1/4
字数:428 000

定价:190.00 元
(如有印装质量问题,我社负责调换)

前　言

合成孔径雷达(synthetic aperture radar, SAR)是一种主动遥感设备,具有全天时、全天候工作的特点,因此在民用领域和军事领域都具有广泛的应用价值。20世纪70年代至今,我国SAR技术得到飞速发展,取得了很多具有重要理论意义和实用价值的研究成果。时至今日,SAR技术已经成为对地观测的重要手段之一,在资源勘探、环境监测、应急救灾、军事侦察等领域发挥着重要作用。

近年来,国内已经出版了较多SAR技术相关著作,有力地推动了我国SAR技术的发展和工程应用,但这些SAR技术相关著作大部分侧重高频SAR相关技术研究。与高频SAR相比,高分辨低频SAR具有更优的介质穿透性能,能够对叶簇遮蔽或浅地表掩埋目标实施透视成像探测,因此在民用领域和军事领域都具有广阔的应用前景。然而,机载低频SAR成像技术在带来优势的同时,还面临回波信号二维强耦合、射频干扰严重和运动误差复杂等特殊问题,因此获得高质量实测图像的难度更大。本书针对机载低频SAR成像特点,较为全面地介绍机载低频SAR相关理论,以及作者所在团队在机载低频SAR成像技术方面开展的研究工作。

本书共6章。第1章概述机载低频SAR的发展历史与应用;第2章介绍机载低频SAR成像基础,包括机载低频SAR脉冲响应函数、机载低频SAR非正交旁瓣现象及抑制、机载低频SAR运动误差建模与分析,以及机载低频SAR射频干扰抑制等;第3章介绍机载低频直线轨迹SAR(LSAR)成像,给出机载低频LSAR频域成像算法的统一推导形式,并介绍可与之相结合的运动补偿算法;第4章介绍机载双站低频SAR成像,包括双站低频SAR成像几何与回波信号模型、双站低频SAR空间分辨率分析,以及双站低频SAR成像算法,并介绍相应的实测数据成像结果;第5章介绍机载低频圆周SAR(CSAR)成像,建立机载低频CSAR成像几何与回波信号模型,推导SAR脉冲响应函数,分析相干/非相干成像下的空间分辨率,提出机载低频CSAR成像与运动补偿算法,并给出机载P、L波段CSAR实测数据试验结果;第6章介绍机载重轨低频InSAR技术,包括低频InSAR特点、关键技术解决方法和基于实测数据的高程反演结果等。

低频SAR成像及应用技术仍在发展中,相信本书出版后,还会不断出现新的研究成果。因此,本书尽可能地把机载低频SAR的概念、原理、算法等在基础层面阐述清楚,并尽量做到与正在发展中的新内容接轨,旨在为读者开展低频SAR

新技术研究提供参考。

作者所在团队长期从事机载低频 SAR 成像及目标检测识别技术研究，本书的形成经历了长期的科研积累，收录了曾与本书作者合作过的同事和学生的研究成果，包括王亮、薛国义、许军毅、谢洪途、李建鹏等，在此向他们表示感谢。此外，研究生葛蓓蓓、李一石、陈经纬、张皓南、黄骏南、夏路福、王迪、赵佳、李锦星、敖玉霖、李康伟等参与了部分编辑工作，在此表示感谢。本书的部分内容引自同行文献，在此向这些文献作者表示感谢。本书在撰写过程中得到了国防科技大学电子科学学院黎向阳、李悦丽、金添、王建、范崇祎等同事的支持与帮助，在此向他们表示感谢。最后，感谢曾经与作者一起从事机载低频 SAR 技术研究和外场试验工作的李建阳、王广学、严少石、张军、李超、王武、罗雨潇、谭向程、黎国城等研究生。

本书得到国家自然科学基金(编号：62271492、42227801、61571447、62101562、62101566、61201329)、湖南省自然科学基金杰出青年基金(编号：2022JJ10062)等项目的支持。

虽然在撰写本书时已尽了最大努力，但是限于作者水平，书中难免存在不妥之处，敬请读者批评指正。

目　　录

第1章 概　　论

1.1　发展概况

1.1.1　低频雷达的发展历史

与高频雷达相比，低频雷达的突出优点是具有很强的"透视"能力，即可穿透叶簇、墙体、浅地表等介质，探测位于丛林中、墙后或浅地表下的隐蔽目标，这使得低频雷达具有重要的军事价值和民用价值。因此，低频雷达技术一直是雷达领域的研究热点之一。

低频雷达技术的研究可追溯到越南战争[1]。早期的战场监视雷达都工作在高频段，这类雷达的穿透能力较差，无法探测到丛林遮蔽下的隐蔽目标，因此不适合丛林作战。在越南战争中，越南境内大部分地区丛林密布，越军经常以丛林为掩护，对美军实施偷袭，令美军吃尽苦头。为此，20 世纪 60 年代中期，美国陆军科学委员会开始研发具有叶簇穿透能力的侦察雷达，以便发现隐藏在丛林深处的越军。1965 年，罗切斯特大学向美国陆军有限战争实验室(Limited War Laboratory, LWL)提交了一份名为"ORCRIST：反游击侦察系统"的提案，这是世界上第一个介绍叶簇穿透(foliage penetration, FOPEN)雷达研究的公开资料。此外，为了侦察丛林内的运动目标，美国启动了"营地哨兵计划"。在该计划的资助下，美国国防部高级研究计划局(Defense Advanced Research Projects Agency, DARPA)和麻省理工学院(Massachusetts Institute of Technology，MIT)的林肯实验室开始了战场区域侦察监视雷达的研究工作，以便有效发现在浓密丛林中活动的越军。不久，林肯实验室研制出"营地哨兵Ⅱ"型雷达，该雷达的工作频率为435MHz，有效侦察距离为 200m，工作频率较低，因此"营地哨兵Ⅱ"型雷达具有良好的叶簇穿透性能，适用于丛林环境下的侦察监视。此后，林肯实验室又对"营地哨兵Ⅱ"型雷达进行了升级改造，研制出"营地哨兵Ⅲ"型雷达，侦察距离扩大到 2km，"营地哨兵Ⅲ"型雷达的天线直径为 3.5m，重 8000lb①。然而，"营地哨兵Ⅲ"型雷达非常笨重，不易运输，于是美国陆军 LWL 又研制出一种移动式前置野营雷达系统，称为多功能叶簇穿透(multi-FOPEN)系统。该系统可由单兵携带，并可在 1 小时内架设好，实施侦察监视任务。

---

① 1lb=0.453592kg。

20 世纪 70 年代以前，低频雷达系统只能侦察丛林中的慢速运动目标，无法探测到丛林中的静止目标（如停放的军用车辆或建造的军用设施等）。为解决这个问题，研究人员开始采用合成孔径雷达（synthetic aperture radar, SAR）。与传统雷达相比，SAR 利用信号相干处理技术可以获得很高的方位向分辨率，对目标进行二维成像，进而实现对静止目标的成像探测。因此，研究人员考虑到：若将低频雷达的介质穿透性能与 SAR 技术相结合，则可以对丛林遮蔽下的静止目标实施透视成像探测，进而发现丛林遮蔽下的人造设施、停放车辆等静止目标，这就是低频 SAR 技术。

1.1.2 低频 SAR 的发展历史

人们对 SAR 技术的研究最早可追溯到 20 世纪 50 年代，1951 年，在古德伊尔（Goodyear）公司工作的 Wiley 提出了合成孔径的概念，通过载有较小尺寸天线的平台与目标之间的相对运动，结合相应的信号处理手段，模拟具有超大孔径的雷达天线，使得方位向分辨率提高到实际天线孔径的 1/2，且与雷达的探测距离无关，SAR 技术由此诞生。1985 年，Wiley 以其在 SAR 方面的卓越工作获得了电气与电子工程师协会颁发的先驱奖。1953 年，美国伊利诺伊大学的科学家第一次试验证实了合成孔径概念的有效性。1957 年，密歇根大学得到了世界上第一幅全聚焦 SAR 图像。此后，经过全世界相关国家的不懈努力，各种 SAR 技术[1-4]如雨后春笋般出现，并在军事领域与民用领域取得了不错的应用效果。

随着 SAR 技术的发展，SAR 体制和工作模式不断创新。低频 SAR 就是一种具有良好叶簇/浅地表穿透性能的新体制 SAR 技术。通常将系统发射信号的瞬时相对带宽大于 20%或绝对带宽大于 500MHz 的信号称为超宽带信号[4]。为获得米级/亚米级的距离向高分辨率，SAR 系统需发射带宽为几百兆赫兹以上的信号；为了具有良好的叶簇/浅地表穿透能力，SAR 系统需工作在甚高频（very high frequency, VHF）/特高频（ultra high frequency, UHF）、L 等波段。将低频超宽带技术和 SAR 技术结合在一起，可实现高分辨率穿透成像，从而生成一种具有特殊功能和独特应用价值的成像雷达。本书中提到的低频 SAR 主要是指工作在 VHF/UHF、L 等波段，具有良好叶簇、浅地表等介质穿透性能的 SAR 技术，其中既包括相对带宽大于 20%的超宽带 SAR 系统，也包括相对带宽小于 20%的宽带/窄带 SAR 系统。

与传统高频 SAR 相比，低频 SAR 能够对隐藏在叶簇下的各种人造设施和人造目标进行高分辨率透视探测成像，还可对森林覆盖下的地形进行透视测绘。因此，无论是在民用领域还是军事领域，低频 SAR 技术都有非常广阔的应用前景，相关技术的研究工作也一直受到重视。高频 SAR 和低频 SAR 的叶簇隐蔽目标成像结果对比如图 1.1 所示。

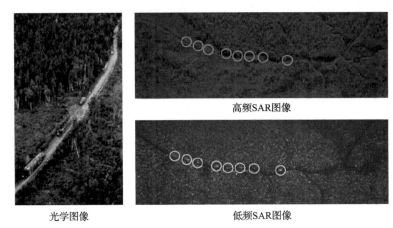

光学图像　　　　　　　　　　　　　　　低频SAR图像

图 1.1　高频 SAR 和低频 SAR 的叶簇隐蔽目标成像结果对比

　　20 世纪 80 年代末，地球遥感研究机构认为 SAR 能够实现丛林区域的透视成像侦察监视。1988 年，美国国家航空航天局（National Aeronautics and Space Administration, NASA）下属的喷气推进实验室（Jet Propulsion Laboratory, JPL）开始实施 AIRSAR（Airborne Synthetic Aperture Radar）工程，并于 2004 年推出了机载多频 SAR 系统。与此同时，其他科研机构也开始了具有叶簇穿透能力的低频 SAR 系统的研究工作，代表性的单位有：美国斯坦福研究所（Stanford Research Institute, SRI），瑞典国防研究所（the Swedish Defence Research Agency, FOI），德国宇航中心（Deutsches Zentrum für Luft-und Raumfahrt, DLR），法国国家航空航天研究院（the French Aerospace Lab, ONERA）和国内的国防科技大学、中国电子科技集团第三十八研究所、中国电子科技集团第十四研究所、中国科学院电子学研究所等。随着低频 SAR 技术研究的深入，一批具有优良穿透性能的低频 SAR 系统相继问世。利用这些低频 SAR 系统，世界多个国家开展了大量的外场飞行试验，获取了大量实测数据和具有重要价值的研究成果，有力促进了低频 SAR 技术的发展和工程应用。

　　在各国科技工作者的不懈努力下，低频 SAR 技术发展迅速，具体表现为：低频 SAR 系统日渐成熟，如低频超宽带信号的产生、发射、接收、采集与存储等技术；低频 SAR 信息处理技术水平也不断得到提高，如高分辨低频 SAR 成像算法、高精度运动补偿算法、射频干扰（radio frequency interference, RFI）抑制算法等。伴随着技术的不断进步，低频 SAR 工作模式和应用范围也在不断拓展。在成像模式方面，从最初的单站低频 SAR 成像发展到双站低频 SAR 成像，从直线轨迹低频 SAR 成像发展到低频圆周 SAR 成像，从二维低频 SAR 成像发展到三维低频 SAR 成像等多种成像模式；在应用范围方面，从最初的隐蔽静止目标成像拓展到隐蔽运动目标探测、遮蔽地形透视测绘、沙漠/冰川透视探测、地物鉴别与分类、地雷/雷场探测、建筑物结构可视化等诸多领域。这些新模式和新应用极大地推动了低频 SAR 技术的实用化进程，显现出其在国民经济发展和国防安全建设等领域的巨大潜力。

1.2　典型低频 SAR 系统的介绍

时至今日，世界上已有多个国家开展了机载低频 SAR 技术的研究工作，代表性国家有美国、瑞典、法国、德国、俄罗斯、中国等。这些国家对机载低频 SAR 技术开展了深入研究，研制出一批具有优良性能的机载低频 SAR 系统，取得了很多具有重要理论意义和实用价值的研究成果。本书只选取美国、瑞典、法国、德国、俄罗斯、中国研制的若干经典机载低频 SAR 系统进行简要介绍，供读者参考。

1.2.1　美国

20 世纪 90 年代初，美国将发展低频 SAR 技术列入国防部关键技术研究计划，特别是吸取了越南战争和海湾战争的教训，美军开始投入大量资金解决已有侦察装备无法发现叶簇遮蔽目标和浅地表掩埋目标的问题。在美国国防部的大力支持下，美国多家科研机构先后研制出多个机载低频 SAR 系统，如斯坦福研究院(Stanford Research Institute, SRI)研制的 FOLPEN(Foliage Penetration)系列低频 SAR 系统[1]、海军实验室研制的 P-3 SAR 系统[5-7]、圣地亚国家实验室研制的 Twin-Otter SAR 系统[8]、空军研究实验室研制的 SKY SAR 系统、NASA 下属 JPL 研制的 AIRSAR(airborne synthetic aperture radar)系统[9]和 GeoSAR(geographic synthetic aperture radar)系统[10]以及陆军研究实验室(Army Research Laboratory, ARL)研制的 BoomSAR 系统[11]等，搭载平台包括有人机、无人机(unmanned aerial vehicle, UAV)、车辆等多种类型。这些系统的成功研制极大地推动了美国低频 SAR 技术的工程化进程，提升了美国的复杂战场环境感知能力。本节将简要介绍美国研制的四款低频 SAR 系统，虽然这些系统已不是最新的研究成果，但却是具有代表性的经典系统。

1. FOLPEN 系列低频 SAR 系统

美国 SRI 研制的 FOLPEN 系列低频 SAR 系统[1]是世界上最早的低频 SAR 系统之一。图 1.2 给出了 FOLPEN Ⅱ型低频 SAR 系统和 FOLPEN Ⅲ型低频 SAR 系统[1]，其中 FOLPEN Ⅱ型低频 SAR 系统为早期试验系统，主要用于分析叶簇穿透性能、验证地雷探测功能，但 FOLPEN Ⅱ型低频 SAR 系统只适用于近距离探测。为解决大范围探测和目标识别问题，SRI 又研制出了具有水平/垂直极化发射的双通道极化低频 SAR 系统，即 FOLPEN Ⅲ型低频 SAR 系统。

(a) FOLPEN Ⅱ型低频SAR系统　　　　　　(b) FOLPEN Ⅲ型低频SAR系统

图 1.2　FOLPEN 系列低频 SAR 系统[1]

　　受限于脉冲发射机和多偶极天线技术水平，FOLPEN Ⅱ型低频 SAR 系统的分辨率仅为 1m（信号带宽约为 200MHz）。与之相比，FOLPEN Ⅲ型低频 SAR 系统的分辨率可达 0.5m。SRI 采用反向投影算法（back projection algorithm, BPA）进行成像处理，同时利用基于机载差分全球定位系统（differential global position system, DGPS）测得的运动参数实施高精度运动补偿，从而保证获得中等测绘宽度的高质量低频 SAR 图像。此外，FOLPEN Ⅲ型低频 SAR 系统还装配有实时成像处理器和目标检测系统。

　　1993 年，FOLPEN Ⅱ型低频 SAR 系统在美国缅因州进行了飞行试验。试验中，为便于分析杂波特性和检验系统探测人造目标的识别能力，研究人员在一条狭窄的森林公路上布置了若干辆卡车，FOLPEN Ⅱ型低频 SAR 系统叶簇隐蔽目标探测结果如图 1.3 所示。这次飞行试验获得了大量高质量低频 SAR 实测图像。MIT 的林肯实验室对所获得的杂波数据进行了深入分析，得到了一些关于杂波散射、衰减特性的重要结论。

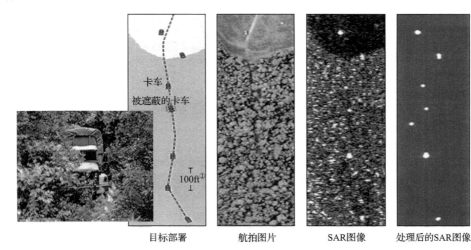

目标部署　　　　航拍图片　　　　SAR图像　　　处理后的SAR图像

图 1.3　FOLPEN Ⅱ型低频 SAR 系统叶簇隐蔽目标探测结果

---

① 1ft=3.048×10⁻¹m。

　　当时，研究人员采用的目标检测算法主要是利用图像处理技术从背景杂波中提取人造目标，并利用传统恒虚警率(constant false alarm rate，CFAR)检测算法实现了 10km² 内 80%的检测概率。这也是世界上最早关于利用机载低频 SAR 进行叶簇隐蔽目标探测技术的公开报道，极大地推动了隐蔽目标探测技术的发展。

　　2. GeoSAR 系统

　　1994 年，美国加利福尼亚州洛杉矶市发生 6.1 级地震，由于当时缺乏地形特性的先验知识，地震造成的破坏不断恶化。如果能对地形高度和地质结构信息有充分的了解，则可进行更加合理的建筑设计和土地使用规划，从而避免或减少财产损失。为此，美国启动 GeoSAR 项目研究计划，以精确获取观测区域的地形信息。

　　20 世纪 90 年代末，NASA 下属 JPL 开始研制机载干涉 SAR(interferometric SAR, InSAR)系统，命名为 GeoSAR 系统[10]，GeoSAR 系统及工作示意图如图 1.4 所示。GeoSAR 系统是世界上第一个双频段(X 波段、P 波段)InSAR 系统，主要用途是获取开阔地域和叶簇覆盖下的数字地形高程数据(digital terrain elevation data, DTED)，以便分析地形特性。GeoSAR 系统中的 X 波段 InSAR 用于获取开阔地域的 DTED，P 波段 InSAR 用于获取叶簇覆盖下的 DTED，GeoSAR 系统获取的实测图像如图 1.5 所示。利用上述两类信息，GeoSAR 系统可获得较高精度的三维地表图和数字高程模型(digital elevation model, DEM)，从而得到更丰富的观测区域测绘信息。GeoSAR 系统可用于地震预测、山体滑坡或泥石流灾害评估、

图 1.4　GeoSAR 系统及工作示意图[10]

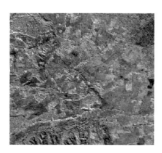
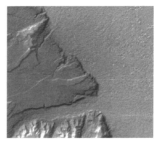

(a) 校正后的X波段图像　　　　(b) P波段数字高程模型　　　　(c) X波段和P波段图像融合后的多谱彩图

图 1.5　GeoSAR 系统获取的实测图像

森林长势或砍伐情况评估等。

3. BoomSAR 系统

BoomSAR 系统[11]是由美国 ARL 开发的试验性装备。自 1988 年开始，为探测隐蔽目标和分析隐蔽目标特性，美国 ARL 不断发展叶簇与地表穿透雷达关键技术。BoomSAR 系统是美国 ARL 在楼顶轨道试验系统的基础上发展起来的车载试验系统，如图 1.6 所示。雷达距地面 45m，以 45°角俯视地面，波束照射场景的幅宽约为 300m（地距），搭载平台以 1km/h 的速度前进，模拟机载 SAR 成像探测方式。

BoomSAR 系统有 4 部 2m 长的横电磁波喇叭天线（两部发射天线、两部接收天线），水平（horizontal, H）极化和垂直（vertical, V）极化发射天线间隔发射宽带信号，回波被水平极化和垂直极化接收天线同时接收，因此该系统具有 HH、VV、HV、VH 四种极化收/发方式。发射信号为窄脉冲，上升时间为 150ps，下降时间为 2ns，平均功率为 1W，有效频带为 50～1200MHz，距离向分辨率和方位向分辨率分别为 0.15m 和 0.3m。据报道，BoomSAR 系统可对测绘带内的易拉罐和动物洞穴进行成像。BoomSAR 系统在多个测试区域进行了试验，如亚利桑那州的尤马、马里兰州的阿伯丁等。利用 BoomSAR 系统，ARL 对军用目标以及未爆炸物的特性进行了深入研究。

图 1.6　BoomSAR 系统[11]

4. FORESTER 系统

FORESTER 全称为可穿透叶簇侦察、监视、跟踪和交战的机载雷达（foliage-penetrating reconnaissance, surveillance, tracking and engagement radar)[12-14]。FORESTER 研究计划是由 DARPA 联合各军兵种共同推动的，其目的是设计、制造、集成和试验可穿透植被探测地面移动目标的雷达，用于探测和跟踪在树林中徒步行进的部队和机动车辆，从而提高美军在丛林地带的作战能力和作战效率。

FORESTER 研究计划开始于 2004 年 7 月，研发合同总价值 3500 万美元，合同完成方为美国 Syracuse Research 公司。2006 年，FORESTER 系统样机研制成功，系统工作于 UHF 波段，分辨率为 6m，最大探测距离为 48km，测绘带为 5km，采用了线性天线阵列，该阵列安装于 6.55m 长的吊舱内[12]。自 2007 年 1 月起，FORESTER 系统装载于"黑鹰"直升机(图 1.7(a))上进行了约 30 个架次的飞行试验，试验表明该系统能从 30km 外检测和跟踪隐蔽于树林中的运动车辆或行人。

2008 年 8 月，FORESTER 系统装载于"蜂鸟"A160 无人直升机(图 1.7(b))上进行飞行试验，以进一步检验该系统检测与跟踪慢速且低雷达截面(radar cross section, RCS)隐蔽运动目标的能力。2011 年，FORESTER 进一步降低重量，将原型机向战场操作系统过渡。FORESTER 系统工作示意图如图 1.8 所示。

(a) "黑鹰"直升机　　　　　　　　　(b) "蜂鸟"A160无人直升机

图 1.7　FORESTER 系统搭载平台[14]

图 1.8　FORESTER 系统工作示意图[14]

1.2.2　瑞典

1. CARABAS 系列

20 世纪 90 年代，FOI 开始研制一款独特的低频 SAR 系统——相参全无线电频段探测(coherent all radio band sensing, CARABAS)系统[15-19]。CARABAS Ⅰ 型低频 SAR 系统装载在罗克韦尔·佩刀客机上，如图 1.9(a)所示。在 CARABAS Ⅰ 型低频 SAR 系统中，SAR 天线以拖曳的方式安装在飞机尾部。1992 年，FOI 利用 CARABAS Ⅰ 型低频 SAR 系统在巴拿马森林和亚马孙河沙漠地区进行了机载外场飞行试验，并获得了令人满意的试验结果。

(a) CARABAS Ⅰ 型低频 SAR 系统　　　　(b) CARABAS Ⅱ 型低频 SAR 系统

图 1.9　CARABAS 系列 SAR 系统[1]

CARABAS Ⅰ 型低频 SAR 系统工作在 VHF 波段，具有十分优良的叶簇穿透性能。通过变换检测算法，CARABAS Ⅰ 型低频 SAR 系统能够发现隐藏在浓密树林中、尺寸为米级以上的人造目标，提高了对叶簇隐蔽目标的探测性能。此外，CARABAS Ⅰ 型低频 SAR 系统还被证实能够精确估计某区域的森林容积(m^3/ha)或生物量(ton/ha)，因此 CARABAS Ⅰ 型低频 SAR 系统具有重要的军事价值和民用价值。

1994 年，FOI 在 CARABAS Ⅰ 型低频 SAR 系统的基础上，开始研制 CARABAS Ⅱ 型低频 SAR 系统，并于 1996 年完成系统集成，如图 1.9(b)所示。1996 年 10 月，CARABAS Ⅱ 型低频 SAR 系统进行第一次飞行试验，获得圆满成功。此后，CARABAS Ⅱ 型低频 SAR 系统在瑞典、芬兰、法国和美国成功执行了多次飞行试验任务。CARABAS Ⅱ 型低频 SAR 系统的工作频段为 20～90MHz，图像分辨率为 3m×3m。设计峰值数据采集率为 $2km^2$/s，在实际情况下，典型的持续数据采集率为 $0.3km^2$/s。探测 $1000km^2$ 的区域用时 1h。对隐蔽在树林中的中型机动车辆具有良好的穿透探测性能。CARABAS Ⅱ 型低频 SAR 系统与 CARABAS Ⅰ 型低频 SAR 系统的最大区别在于，天线设计和信号处理方法上的改进。此外，与 CARABAS Ⅰ 型低频 SAR 系统相比，在 CARABAS Ⅱ 型低频 SAR 系统中，雷达天线由"拖曳式"改为了"前置式"。CARABAS 系列低频 SAR 系统是世界上第一个工作在 VHF

波段的 SAR 系统。

1993 年，CARABAS Ⅰ 型低频 SAR 系统(工作在 VHF 波段低端)与美国 SRI 研制的 FOLPEN Ⅱ 型低频 SAR 系统(工作在 UHF 波段低端)一起参加了在美国缅因州进行的叶簇穿透成像探测试验。试验的目的是测量杂波回波信号的强度和衰减程度，分析电磁波的叶簇穿透特性。试验中，多个机动车辆被放置在开阔地和林间道路上，以评估叶簇遮蔽对车辆类目标探测的影响。图 1.10 给出了利用上述两个系统获取的实测图像对比。观察实测图像可以发现，VHF 波段的电磁波叶簇衰减要明显小于 UHF 波段；但与 VHF 波段 SAR 图像相比，UHF 波段 SAR 图像中的目标散射特征更强。

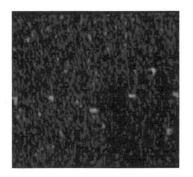 

(a) CARABAS Ⅰ 型低频SAR系统(VHF波段)　　　(b) FOLPEN Ⅱ 型低频SAR系统(UHF波段)

图 1.10　CARABAS Ⅰ 型低频 SAR 系统和 FOLPEN Ⅱ 型低频 SAR 系统成像结果对比(美国缅因州)

图 1.11 给出了 CARABAS Ⅱ 型低频 SAR 系统对开阔地域的裸露目标和树林隐蔽目标的成像探测试验结果。由图 1.11 可发现，CARABAS Ⅱ 型低频 SAR 系统可对树林中的遮蔽目标进行有效的透视成像探测。

CARABASⅡ型低频
SAR系统(20~90MHz)

图 1.11　CARABAS Ⅱ 型低频 SAR 系统 VHF 波段试验结果

2. LORA SAR 系统

FOI 在 CARABAS Ⅱ型低频 SAR 系统的基础上，通过改造和升级使其兼具了地面运动目标指示（ground moving target indication, GMTI）功能。升级后的系统命名为 LORA（low frequency radar）系统[20,21]。LORA 系统的工作频率范围为 200～800MHz，并采用了更适合 GMTI 的多通道天线。LORA 系统是一个多功能的 VHF/UHF 频段超宽带雷达系统，可同时工作在低频 SAR 成像和 GMTI 两种模式，具体配置包括以下两部分：

(1)超宽带 SAR/GMTI 系统，频率范围为 200～800MHz；

(2)超宽带 SAR 系统，频率范围为 20～90MHz。

其中，超宽带 SAR 部分用于替代先前的 CARABAS Ⅱ型低频 SAR 系统。2002 年 10 月，LORA 系统进行了飞行试验。此后，在瑞典南部和北部的山区（2005～2008 年）、热带雨林地区（2009～2010 年)开展了一系列穿透叶簇的低频 SAR 成像和运动目标探测试验。图 1.12 给出了 CARABAS Ⅱ型低频 SAR 系统和 LORA SAR 系统成像结果对比。

(a) CARABAS Ⅱ型低频SAR系统获得的实测图像　　　　(b) LORA SAR系统获得的实测图像

图 1.12　CARABAS Ⅱ型低频 SAR 系统和 LORA SAR 系统成像结果对比[20]

1.2.3　法国

1. RAMSES

2002 年，ONERA 成功研制名为多频机载雷达系统（radar aéroporté multi-spectral d'etude des signatures, RAMSES）的机载 SAR 系统[22-24]。RAMSES 具有很宽的频段范围，系统设计工作频段包括 W、Ka、Ku、X、C、S、L 和 P 等多个波

段。RAMSES(图 1.13)类似于一个雷达成像试验平台,具有很高的模块性与灵活性,除了 Ka 波段和 W 波段,其余波段均可以实现单极化到全极化的工作模式。RAMSES 的搭载平台为 Transall C160 运输机,机上装配有高精度全球定位系统(global position system, GPS)用于载机航迹追踪。RAMSES 有多种运行模式,且可以实现机上定标。此外,ONERA 还在 RAMSES 原有 L 波段 SAR 的基础上,研制出三通道 L 波段 SAR/GMTI 系统,其中,系统带宽为 170MHz,脉冲重复频率为 3125Hz,天线间距为 26cm。2004 年,ONERA 研制的 RAMSES 和 FOI 研制的 LORA 系统一起在瑞典针对同一观测场景进行了飞行试验。2006 年,Hélène 等[23] 公布了部分试验结果,从试验结果来看,RAMSES 中的三通道 L 波段 SAR/GMTI 系统具有良好的穿透叶簇 GMTI 的能力。

(a) RAMSES搭载平台Transall C160运输机　　　　　(b) L波段天线

图 1.13　RAMSES 系统[23]

2004 年 1 月,ONERA 利用 RAMSES 中的 L 波段和 P 波段 SAR 对法国南部的 Nezer(内泽尔)森林进行了极化 SAR 成像和极化干涉 SAR 成像试验。Nezer 森林中有各种树龄的松树群,而此次试验同时获得了 L 波段和 P 波段 SAR 实测图像数据。此外,为了进行多基线干涉测量处理,试验中还获取了同一波段的多基线 SAR 实测图像数据。

RAMSES 中的最新 SAR 研究成果已经在军事领域和民用领域得到了广泛应用,包括与瑞典和美国合作进行的高分辨成像试验、叶簇穿透试验、双站 SAR 试验、植被特征分析试验等。借助这些合作项目,研究人员不断改进 RAMSES 的 SAR 处理程序(高分辨率),并开发了新算法(双站 SAR 模式)。同时,ONERA 研究团队还开发和应用了许多新技术(如极化特性分析、极化干涉 SAR、小波分析等),这些技术的有效性已经在不同应用背景中得到验证。

图 1.14 给出了 RAMSES 在瑞典南部获取的机载 P 波段 SAR 实测图像和 L 波段 SAR 实测图像。

(a) P波段SAR实测图像　　　　　　　　　　　(b) L波段SAR实测图像

图 1.14　RAMSES 实测图像数据结果

2. SETHI

RAMSES 的搭载平台 Transall C160 运输机于 2008 年退役。为了继续 SAR 研究工作，ONERA 在 RAMSES 基础上研制出一个以 Falcon 20 型商务机为搭载平台的升级版系统——SETHI（Système Expérimental de Télédection Hyperfréquence Imageur）[25]，如图 1.15 所示。Falcon 20 型商务机尺寸是 Transall C160 运输机的 1/4，因此 SETHI 的研制面临两项重要挑战：一是要将现有雷达安装在尺寸仅为原有飞机 1/4 大小的飞机上；二是要开发出新雷达概念来保持创新能力。

Falcon 20 型商务机机翼下面的吊舱具有更大的有效载荷。Transall C160 运输机的结构（天线从侧门看过去）限制了该平台的飞行高度（3000m）和成像几何，与 Transall C160 运输机不同，SETHI 的新设计概念可提供大范围且可变的成像几何。SETHI 将采用基于数字技术的新概念硬件设计，从而研制出更小的雷达系统，使其能够适应更小的飞机平台。Falcon 20 型商务机的吊舱可满足装载大型阵列天线所需的有效载荷，阵列天线将有助于扩展 SETHI 的一些新应用，如沿航向干涉测量（along track interferometry, ATI）、动目标显示（moving target indication, MTI）、多站/多功能雷达等。与 RAMSES 相比，SETHI 减小了低频 SAR 的频率范围，

(a) Falcon 20型商务机　　　　　　　　　　　(b) 天线吊舱

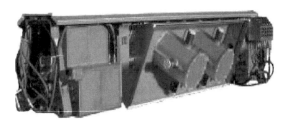

(c) VHF/UHF天线布局

图 1.15　SETHI[25]

同时增大了低频 SAR 系统的发射信号带宽，使低频 SAR 系统的工作频率范围由 UHF 波段扩展到 VHF 波段。改进后，低频 SAR 系统的工作频率范围为 222～460MHz，极化方式为全极化。

图 1.16 给出了某区域的光学图像和利用 SETHI 获取的 L 波段 SAR 图像，以及 VHF/UHF 波段 SAR 图像。

(a) 光学图像

(b) L波段SAR图像

(c) VHF/UHF波段SAR图像

图 1.16　SETHI 成像结果[25]

1.2.4 德国

德国在 SAR 领域内的研究水平一直处于世界领先地位，其中以 DLR、高频物理和雷达技术研究院(Fraunhofer Institute for High Frequency Physics and Radar Techniques, FGAN-FHR)等为代表的研究机构在机载/星载低频 SAR 技术研究领域取得了一系列具有重要理论意义和实用价值的研究成果，并已成功研制出基于不同搭载平台的多款低频 SAR 系统，开展了大量外场试验，获得了很多具有理论意义和实用价值的研究成果。本书只介绍其中两款具有代表性的典型机载低频 SAR 系统。

1. E-SAR 系统

DLR 研制的试验合成孔径雷达(experimental synthetic aperture radar, E-SAR)系统(图 1.17)也是一个多频段 SAR 系统[26-30]，共包括 P、L、C、X 四个波段，兼具 SAR 成像和地面运动目标检测功能。天线的极化方式可选垂直极化或水平极化。早期的 E-SAR 系统仅有 L 波段和 C 波段。1994 年，E-SAR 系统完成了对 P 波段 SAR 系统的集成。1995 年，E-SAR 系统实现了 L 波段 SAR 系统的多极化功能。1996 年，E-SAR 系统结合了干涉和极化这一新的雷达函数模型。E-SAR 系统的一个特点是固定安装的小型天线，波束方位角很宽，避免了必须操纵天线来补偿载机的不稳定飞行的问题。小型天线设计也使得在顺利的飞行条件下，能够得到很高的方位向分辨率。2003 年，E-SAR 系统进行了第一次飞行试验，获得了分辨率为 2.2m 的图像，2004 年开展了 GMTI 试验。

图 1.17 德国研制的 E-SAR 系统[26-30]

图 1.18 给出了利用 E-SAR 系统获取的重航过 L 波段 SAR 实测图像、相应的干涉相位图及相关图。

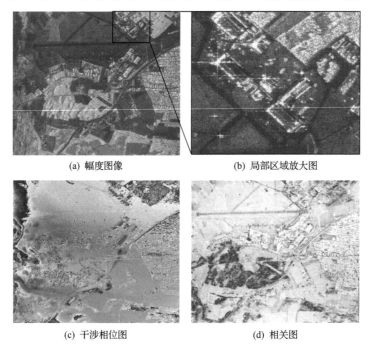

(a) 幅度图像　　　　　　　　　　　　(b) 局部区域放大图

(c) 干涉相位图　　　　　　　　　　　(d) 相关图

图 1.18　L 波段 SAR 图像

2. F-SAR 系统

在 E-SAR 的基础上，DLR 研制出新一代机载 SAR 系统——F-SAR（Flugzeug-SAR）系统[31-36]。DLR 的 DO228 飞行试验平台及搭载的 F-SAR 系统如图 1.19 所示，F-SAR 系统工作示意图如图 1.20 所示。2006 年 11 月，F-SAR 系统首飞试验成功。2007 年，F-SAR 系统进行了地面交通监管试验，并获得了良好效果。2009 年，

图 1.19　DLR 的 DO228 飞行试验平台及搭载的 F-SAR 系统[31-36]

L波段　X波段　C波段　P波段

图 1.20　F-SAR 系统工作示意图

F-SAR 系统进行了第一次商用试验，系统的实时处理能力和 X 波段的 GMTI 性能得到验证。在此基础上，F-SAR 系统还将集成 L、P 双波段子系统，其中 L 波段的中心频率为 1.325GHz，带宽为 150MHz；P 波段的中心频率为 0.35GHz/0.45GHz，带宽为 100MHz。在 F-SAR 系统的设计中，充分考虑了 E-SAR 用户的新需求，在工作波段范围(新增 S 波段)、通道数(扩展到 8 个通道)、图像分辨率(由 2.5m 提高到 0.5m)、数据传输率、电子器件、机载平台(新增"湾流"G550 商务机，以适应远程航行)等方面都有了很大改进。

　　2016 年冬天，F-SAR 系统参加了由欧洲航天局(European Space Agency, ESA)、ONERA、NASA 和加蓬国家航天局等多个机构在加蓬联合开展的非洲热带雨林成像探测试验(AfriSAR 2016 试验)，该试验主要用于支撑 ESA 原计划于 2020 年发射的 BIOMASS 型星载 P 波段 SAR 卫星任务。试验分为两个阶段：第一阶段是由 ONERA 于 2015 年 6～7 月组织开展的，第二阶段由 DLR 利用 F-SAR 系统中的最新 L、P 双频 SAR 系统进行成像探测。当时，DLR 利用此次试验机会，不仅获取了 P 波段 SAR 数据，还获取了 L 波段 SAR 数据，以同步支撑当时德国正在开展的 Tandem-L 星载 SAR 任务。图 1.21 给出了利用 F-SAR 系统针对 Pongara-2 号试验地点获得的 P 波段 SAR 图像和 L 波段 SAR 图像。

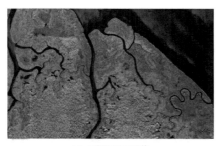
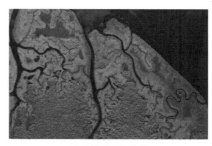

(a) P波段SAR图像　　　　　　　　　　　(b) L波段SAR图像

图 1.21　F-SAR 系统获得的实测图像

1.2.5　俄罗斯

1. IMARC SAR 系统

尽管鲜有文献公开报道俄罗斯在 SAR 领域的研究成果，但实际上俄罗斯在这一领域也达到了较高的研究水平。从可查阅的公开报道来看，目前俄罗斯已拥有多个低频 SAR 系统，其中的典型代表为 IMARC 系统和 Compact 系统。

IMARC(interferometric monitoring of atmospheric radar and control synthetic aperture radar) 系统[37,38]是由俄罗斯 VEGA 公司研制，该系统共包括四个工作频段，分别为 X、L、P 和 VHF。IMARC 系统以"图-134A"双涡轮喷气式飞机和其他飞机为搭载平台。图 1.22 给出了"图-134A"双涡轮喷气式飞机以及 IMARC 系统四波段天线在飞机上的布局图。IMARC 系统的主要任务是获取地表特征信息(包括土壤水文特性)和植被覆盖下的地形特征、生成观测区域的高程模型以及检测地表或地下不规则变化等。

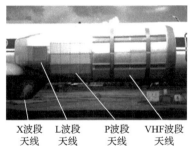

(a)　"图-134A"双涡轮喷气式飞机　　　　　(b)　飞机上的天线布局

图 1.22　IMARC 系统搭载平台及飞机上的天线布局[38]

利用不同波长的电磁波具有不同的穿透性能，以及不同极化方式下目标具有的不同电磁散射特性，IMARC 系统可实现对观测区域的分层探测，建立 VHF 波段后向散射信号与土壤湿度之间的关系，从而便于实现目标的分类识别。

2004 年 8～9 月，VEGA 公司利用 IMARC 系统在 Ryazan(梁赞)地区进行了外场飞行试验。图 1.23 给出了试验地区的光学图像，以及利用 IMARC 系统获

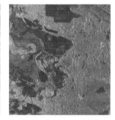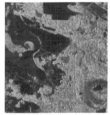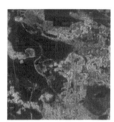

(a) 光学图像　　(b) L波段SAR图像　　(c) P波段SAR图像　　(d) VHF波段SAR图像

图 1.23　IMARC 系统试验结果[37]

取的 L、P 和 VHF 三波段的 SAR 图像。

2. Compact SAR 系统

除 VEGA 公司外，俄罗斯精密仪器科学研究所 (Scientific Research Institute of Precise Instruments，SRIPI) 也一直在从事机载 SAR 系统的研究工作。SRIPI 研制的 SAR 系统可分为以下两个阶段。

1) 第一代 Compact SAR 系统

2005 年，SRIPI 成功研制出一个双频 (X 波段和 L 波段) SAR 系统，命名为 Compact SAR 系统[39]，该系统可以 AN-24、AN-12 型飞机或直升机为搭载平台。在 2006 年的欧洲合成孔径雷达会议 (European Conference on Synthetic Aperture Radar, EUSAR) 上，SRIPI 首次给出了利用第一代 Compact SAR 系统获取的实测图像，如图 1.24 所示。其中，图 (a) 为 X 波段 SAR 图像，图 (b) 为 L 波段 SAR 图像，图中白色方框为相同区域在不同波段 SAR 图像中的 RCS 测量值。

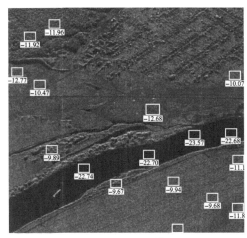

(a) X波段SAR图像　　　　　　　　　　　　　(b) L波段SAR图像

图 1.24　第一代 Compact SAR 系统实测图像[39]

2) 第二代 Compact SAR 系统

此后，SRIPI 又对第一代 Compact SAR 系统进行了升级改造，形成第二代 Compact SAR 系统，如图 1.25 所示。第二代 Compact SAR 系统仍然是一个双频 SAR 系统，包括 L (波长 0.23m) 和 VHF (波长 2.5m) 两个波段。第二代 Compact SAR 系统的搭载平台是在俄罗斯得到广泛应用的俄制“米-8”直升机。SRIPI 研制第二代 Compact SAR 系统的主要目的是：在不需要特殊飞机或其他特殊飞行器的前提下，能够在远区域 (俄罗斯北部) 进行多通道低频雷达试验，从而降低运输成本。所有硬件单元，包括电子设备、VHF 波段天线和用于校正的角反射器都可以通过客机进行运输。

 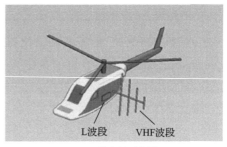

(a) "米-8"直升机   (b) 天线布置示意图

图 1.25 第二代 Compact SAR 系统

在第二代 Compact SAR 系统中，L 波段和 VHF 波段两个通道的电子设备采用相似的模块，两个通道间的主要差别在于不同的频段变换。在发射端，两个通道均以 120MHz 为中心频率产生一个线性调频（linear frequency modulation, LFM）信号。在 VHF 波段通道，该 LFM 信号在完成数/模（digital/analog, D/A）转换后，直接送至功率放大器。在 L 波段通道，所产生的 LFM 信号首先被转换到 1310MHz。在接收端，两个通道的数据采样频率均为 120MHz。

在系统设计阶段，VHF 波段通道的信号带宽设为 50MHz。但在外场飞行试验过程中发现工作频带低端受调制射频（radio frequency, RF）信号干扰严重。为降低 RF 信号干扰的影响，试验区域选择远离强 RF 源的地区，同时选择对 RF 信号干扰不敏感的航向。然而，上述措施只能部分解决 RF 信号干扰问题。最后，研究人员采用特殊的滤波器消除了工作频段低端的 RF 信号，同时将系统工作带宽降低至 40MHz。

图 1.26 给出了第二代 Compact SAR 系统获取的某区域实测图像，图 (a) 为 L 波段 HH 极化 SAR 图像，图 (b) 为 VHF 波段 VV 极化 SAR 图像，图 (c) 为 VHF 波段 HH 极化 SAR 图像。图中方框标记的是相同区域在不同 SAR 图像中的 RCS 值。

1.2.6 中国

20 世纪 90 年代，国防科技大学率先开展了低频 SAR 技术研究，先后攻克了低频 SAR 系统研制和理论算法研究中的多项关键技术，并成功研制出国内首部机载 P 波段 SAR 系统；此后，又成功研制出机载小型 L 波段 SAR 系统。近年来，国防科技大学先后完成了机载低频 SAR 高分辨成像、双站低频 SAR 成像、多通道低频 SAR/GMTI、低频圆周 SAR（circular SAR, CSAR）成像、重轨低频 InSAR、低频 SAR 目标检测等相关技术研究，取得了很多具有重要理论意义和实用价值的研究成果[40-59]。同时，利用自主研制的机载 P 波段和 L 波段 SAR 系统，国防科技大学开展了基于不同飞行平台的数十架次外场飞行试验(图 1.27),涵盖低频 SAR 成像、低频 SAR/GMTI、叶簇隐蔽目标检测、重轨低频 InSAR 和低频 CSAR 成像、低频 SAR 目标检测等多项试验内容,完成了大量低频 SAR 实测数据处理,均获得了较好的试验结果(图 1.28 和图 1.29),验证了低频 SAR 在复杂战场环境感知中的优势与作用,有力推动了我国机载低频 SAR 技术的工程应用。

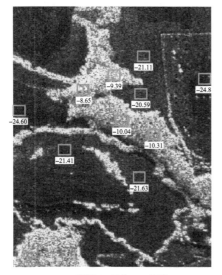

(a) L波段HH极化SAR图像

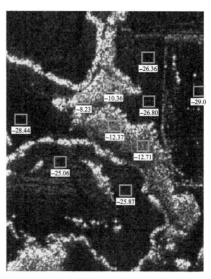

(b) VHF波段VV极化SAR图像

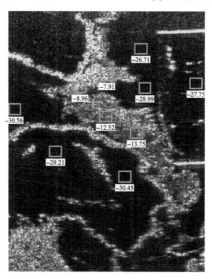

(c) VHF波段HH极化SAR图像

图 1.26 第二代 Compact SAR 系统获取的某区域实测图像

<table>
<tr><td>(a) "运-7" 飞机</td><td>(b) "运-12" 飞机</td></tr>
</table>

<table>
<tr><td>(c) "塞斯纳" 飞机</td><td>(d) "贝尔" 直升机</td></tr>
</table>

图 1.27　国防科技大学研制的机载低频 SAR 系统试验平台

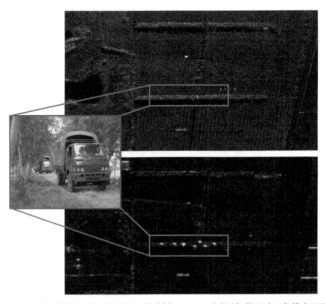

图 1.28　国防科技大学开展的机载低频 SAR 叶簇隐蔽目标成像探测试验

上方：机载 X 波段 SAR 实测图像，下方：机载 P 波段 SAR 实测图像

(a) P波段SAR实测图像　　　　　　　　(b) L波段SAR实测图像

图 1.29　国防科技大学获取的机载低频 SAR 实测图像

中国电子科技集团第三十八研究所、中国电子科技集团第十四研究所和中国科学院电子学研究所等单位也成功研制出多款机载低频 SAR 系统，开展了机载低频 SAR 成像、叶簇遮蔽目标探测、重轨低频 InSAR、低频 CSAR 等技术研究，获得了高质量低频 SAR 实测数据处理结果。图 1.30 为中国电子科技集团第三十八研究所研制的机载重轨 L 波段 InSAR 系统和反演出的 DEM 结果。图 1.31 为中国科学院电子学研究所微波成像技术国家级重点实验室利用自主研制的 P 波段全极化 SAR 系统（信号带宽为 200MHz），在四川省绵阳市彰明镇获得的 P 波段 SAR 实测图像。

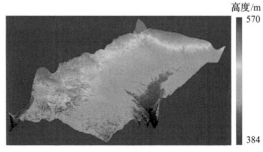

高度/m
570

384

(a) 机载重轨L波段InSAR系统　　　　　　　　(b) 反演出的DEM

图 1.30　中国电子科技集团第三十八研究所研制的机载重轨 L 波段
InSAR 系统和反演出的 DEM 结果

(a) P波段条带SAR图像

(b) P波段CSAR图像

图 1.31   中国科学院电子学研究所获得的 P 波段条带 SAR 图像和 CSAR 图像

1.3   低频 SAR 的应用

1.3.1   静止目标侦察探测

在现代战争中，决定交战双方胜负的主要因素已经由拥有武器的先进程度和数量转变为对信息的掌握程度。"知己知彼，百战不殆"，这个在两千多年前由中国著名军事家孙武提出的重要作战原则在现代战争中得到了重新演绎。因此，在现代战争中，作战双方一方面想方设法隐蔽己方信息，另一方面则通过各种手段获取对方情报，努力做到"知彼"，而使"彼不知己"。在战争中，需要向对方隐藏的己方信息很多，如作战计划、兵力部署等，而武器的战场布置也是其中很重要的一个方面。对于武器的隐蔽，除利用一些伪装器材进行人工伪装外，更多情况下是直接借助一些天然的遮蔽物进行隐藏，如将坦克、装甲车及军用卡车等布置于茂密树林中，使对方无法获知己方的武器布置信息，这种算法不仅可以节约伪装成本，而且伪装效果好，在现代战争中应用比较广泛。在此情况下，要想全面获知对方隐蔽战术目标的位置信息，普通的光学成像设备已无能为力，而主动式成像系统中的高频 SAR 不具有穿透性也无法胜任，因此必须采用具有良好叶簇/浅地表穿透性的低频 SAR 才能达到上述军事目的。

在利用低频 SAR 探测叶簇覆盖军事目标方面，国内外已开展了一系列理论研究和试验验证工作。在国外，以美国为代表，在 DARPA 的支持和资助下，很多研究机构都开展了对低频 SAR 叶簇覆盖目标检测技术的研究，如美国 ARL、密歇根环境研究所(Environmental Research Institute of Michigan, ERIM)、麻省理工学院的林肯实验室、海军空战中心(Naval Air Warfare Center, NAWC)、怀特实验室(Wright Laboratory, WL)、空军研究实验室(Air Force Research Laboratory, AFRL)等。在 DARPA 的统一组织下，其中一些单位于 1990～1995 年在美国缅因州、加利福尼亚州、密歇根州、宾夕法尼亚州等地，以及巴拿马、澳大利亚、波多黎各等国家针对热带雨林、落叶林、红杉林等不同类型的树林，利用多宽低频 SAR 系统进行了一系列叶簇穿透试验，试验结果均证明了低频 SAR 系统具有良好的叶簇穿透性能。国内方面，我国的国防科技大学、中国电子科技集团第三十八研究所等单位也开展了机载低频 SAR 叶簇隐蔽目标成像探测技术研究和外场飞行试验，同样取得了很多具有重要理论意义和实用价值的研究成果。

1.3.2　运动目标侦察探测

受海湾战争、科索沃战争的影响，美军加大了低频 SAR/GMTI 技术的研发力度。在 2000 年的《美国国防部国防技术领域计划》中，将具备对植被下隐藏的时间敏感目标进行探测和分类的能力作为未来雷达发展的主要目标之一。在更早时期，瑞典、法国也开展了低频 SAR/GMTI 技术的研究工作。

近年来，国外陆续出现了一些进入技术演示和应用阶段的机载低频 SAR/GMTI 系统，主要包括 DARPA 研制的 FORESTER 系统、FOI 研制的 LORA 系统、ONREA 研制的 RAMSES 和 SETHI。图 1.32 给出了上述系统的搭载平台。此外，据报道美国高空高速长航时无人机"全球鹰"也装载了低频 SAR/GMTI 系统，但由于保密，该系统的具体参数不详。

(a) FORESTER系统

(b) LORA系统

(c) SETHI系统

图 1.32　国外典型机载低频 SAR/GMTI 系统

在上述 SAR/GMTI 系统中，FOI 研制的 LORA 系统和 ONREA 研制的 RAMSES 与 SETHI 均以有人机为搭载平台，DARPA 研制的 FORESTER 系统是以无人机为搭载平台的。本章前面已对 LORA 系统、RAMSES 和 SETHI 进行了介绍，这里不再赘述。国内方面，主要是国防科技大学开展了机载低频 SAR/GMTI 技术研究[53,57,59]，并开展了外场飞行试验，获得了较好的试验结果，验证了机载低频 SAR/GMTI 技术的可行性。

1.3.3　林下地形透视测绘

地形测绘是遥感领域的一个重要研究方向，所获取的 DEM 数据在军事侦察、科学研究及国民经济建设中发挥着越来越重要的作用。InSAR 技术是一种雷达主动探测的地形测绘技术，以 SAR 复图像对的干涉相位为信息源，通过采取一系列数据处理环节获取观测区域的地形信息。InSAR 技术是一项交叉性很强的技术，涉及空间对地观测、雷达空间位置精确测量、电磁传播及信号处理等多个领域。时至今日，InSAR 技术已经不再局限于单纯的地形测绘，其应用领域不断拓展，如地表/城市建筑形变监测、森林制图、洪涝监测和冰川/沙漠研究等。

实际上，InSAR 技术获取的 DEM 可分为两种：数字地表模型(digital surface model, DSM)和数字地形模型(digital terrain model, DTM)。其中，DSM 是指包含了植被高度的数字高程模型，而 DTM 是指不包含植被高度的数字高程模型。对高频(>1GHz)InSAR 系统来说，其工作波长短，叶簇穿透能力差，因此只能获取观测区域的 DSM，而无法获取 DTM。尽管有学者提出了通过对 DSM 进行滤波反演获取 DTM 的算法，但实际观测地域中的植被覆盖情况非常复杂，且不同地域的植被覆盖情况亦有较大差别，很难对其进行精准建模，难以实施准确的滤波处理，因此很难获得令人满意的 DTM 结果。与高频 SAR 相比，低频 SAR 可对丛林覆盖下的隐蔽目标进行高分辨率成像。将低频 SAR 技术和干涉测量技术相结合，可获取叶簇覆盖区域的 DTM，即为低频 InSAR 技术。

1998 年，FOI 的研究人员开始了重轨低频 InSAR 技术的研究[60-62]，并利用 CARABAS 系列低频 SAR 进行了重轨干涉试验，首次获得了低频 SAR 干涉相位图。然而，由于很多难点问题没有得到解决，所以未反演出 DTM。此后，FOI 的研究人员继续对低频 InSAR 技术进行了深入研究，逐渐解决了先前遗留的难点问题，并于 2002 年成功反演出某植被覆盖地区的 DTM。1998 年，DLR 的研究人员利用 E-SAR 系统进行了机载重轨 P 波段 InSAR 技术研究，并发表了部分研究成果[63]。此后，DLR 的研究人员又基于 L 波段和 P 波段 SAR 实测数据，对机载重轨 InSAR 中的运动补偿等难点问题进行了深入研究，取得了一些具有重要理论意义和实用价值的研究成果[64-66]。此外，GeoSAR 系统也包含了 P 波段 InSAR 系统[10]，但该系统采用单轨双天线的工作模式，降低了干涉信号处理难度，从而可获得高质量双频（X 波段和 P 波段）DEM 结果，如图 1.33 所示。

图 1.33　GeoSAR 获得的同一区域 X 波段 DEM 图像（左图）和 P 波段 DEM 图像（右图）

中国科学院、国防科技大学、中国电子科技集团第三十八研究所等单位开展了重轨低频 InSAR 干涉测量技术研究[67,68]，并开展了机载重轨 P/L 波段 InSAR 地形测绘飞行试验，成功反演出数字地形高程图，推动了我国重轨低频 InSAR 技术的发展。

1.3.4　双站低频 SAR 技术

双站 SAR 技术的研究最早始于 20 世纪 70 年代末。1977 年，美国 Xonics 公司对双站技术过渡方案进行了计算机模拟，发现该系统可将运动目标指示和 SAR 两种功能结合于同一部双站接收机。1979 年，美国的 Goodyear 公司和 Xonics 公司与美国空军正式实施了"战术双站雷达验证"计划，并在 1983 年获取了较好的双站 SAR 图像，成功发现了慢速行驶坦克。时至今日，双站 SAR 技术已经成为 SAR 领域内的研究热点之一。近年来，美国、德国、中国等国家陆续研制出基于卫星、飞机、飞艇和地面固定站等平台的双站 SAR 系统。与单站 SAR 系统相比，双站 SAR 系统具有构型灵活、安全性高和获取目标不同方向电磁散射特性等优点。

21 世纪初，FOI、ONERA 等机构开始研究基于 L 波段、P 波段等低频段 SAR 系统的双站 SAR 成像技术（简称双站低频 SAR 系统），并开展了双站低频 SAR 试验[69-71]。2003 年，FOI 开始对双/多站条件下的目标散射特性、成像能力和成像分辨率等问题开展研究。2006 年，FOI 以 CARABAS Ⅱ型低频 SAR 系统作为发射系统（以"佩刀客"飞机为搭载平台），LORA 系统作为接收系统（地面固定接收系统）构建了世界上第一个双站低频 SAR 系统，解决了双站低频 SAR 收/发系统同步、双站低频 SAR 成像等问题。利用该系统，FOI 开展了世界上首个双站低频 SAR 叶簇穿透试验，FOI 研制的一站固定式双站低频 SAR 系统如图 1.34 所示。

(a) CARABAS II 型低频SAR系统搭载平台

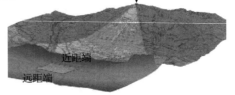

飞机/发射机
位置: 616.255m/164.970m/5654m
速度: −125.6m/s/−10.5m/s/0m/s

接收机
位置: 616.357m/166.125m/2362m

近距端

远距端

(b) 双站构型示意图

图恩湖

试验地点

(c) 成像场景光学照片

图 1.34　FOI 研制的一站固定式双站低频 SAR 系统[71]

2007 年，在已有研究的基础上，FOI 又进行了机载双站低频 SAR 试验。试验结果表明[72]：通过选择合理的双站低频 SAR 构型，可提高森林覆盖地区或城市环境中的目标信杂比。图 1.35 给出了 FOI 利用上述一站固定式双站低频 SAR 系统获取的成像结果。

(a) 单站低频SAR图像

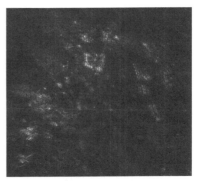

(b) 双站低频SAR图像

图 1.35　单/双站低频 SAR 实测数据成像结果

LORAMbis 系统是由瑞典和法国联合开展的一项科学研究中的试验部分[69,73]。研制 LORAMbis 系统的目的是评估双站低频 SAR 系统在各种应用中的杂波抑制性能，如叶簇覆盖目标检测或城区测绘等。该机载双站低频 SAR 系统由 ONERA 研制的 SETHI 中的 VHF/UHF 组件和 FOI 研制的 VHF/UHF LORA 系统构成。整个联合研究项目包括三个阶段：室内同步试验验证、机载验证测试试验和外场飞行试验。

图 1.36 给出了 LORAMbis 双站低频 SAR 系统的收/发系统搭载平台，以及试验中所采取的双站几何构型设计。

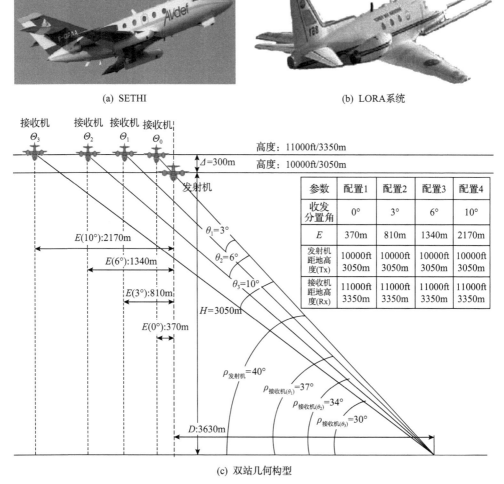

(a) SETHI

(b) LORA系统

(c) 双站几何构型

参数	配置1	配置2	配置3	配置4
收发分置角	0°	3°	6°	10°
E	370m	810m	1340m	2170m
发射机距地高度(Tx)	10000ft 3050m	10000ft 3050m	10000ft 3050m	10000ft 3050m
接收机距地高度(Rx)	11000ft 3350m	11000ft 3350m	11000ft 3350m	11000ft 3350m

图 1.36 LORAMbis 双站低频 SAR 系统及双站几何构型设计[73]

图 1.37 给出了某观测区域的单站 SAR 图像、LORAMbis 双站低频 SAR 在不

同双站角下的成像结果和光学图像[73]。

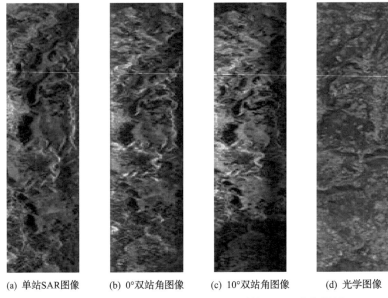

(a) 单站SAR图像　　(b) 0°双站角图像　　(c) 10°双站角图像　　(d) 光学图像

图 1.37　单站 SAR、LORAMbis 双站低频 SAR 成像结果

　　国内方面，2015 年国防科技大学成功研制出我国首个机载双站低频 SAR 系统，并开展了"机-地"双站低频 SAR 成像试验，成功获得了双站低频 SAR 实测图像[74,75]。

　　国内外已开展试验表明：与单站低频 SAR 相比，双站低频 SAR 除具有构型灵活、安全性高等优点外，还具有通过采用特定双站构型可减小叶簇衰减、改善图像信杂比和缩短合成孔径长度等优点。因此，双站低频 SAR 具有广阔的应用前景。

1.3.5　低频 CSAR 技术

　　CSAR 是 20 世纪 90 年代兴起的一种成像模式。与传统直线轨迹 SAR（linear SAR，LSAR）成像不同，在 CSAR 成像探测过程中，雷达搭载平台围绕观测场景区域做 360°的圆周运动或宽角度圆弧运动，同时雷达天线波束以设定的俯视角始终指向观测场景。通过对观测场景 360°全方位成像探测，CSAR 不仅能够获取观测目标的全方位特征，而且通过增加观测方位角，展宽了方位频谱，从而获得了更高的图像分辨率。实践表明：CSAR 技术在某些方面具有 LSAR 技术无法比拟的优势，并已成为 SAR 技术领域研究的热点问题之一[76-83]。

　　将 CSAR 成像模式与低频 SAR 相结合，可大幅提升对介质隐蔽目标的成像侦察探测性能。近年来，国内外一些高水平遥感技术研究科研机构围绕低频 CSAR

技术开展了深入理论研究与试验验证。2004 年，FOI 利用研制出的 CARABAS Ⅱ
型低频 SAR 系统在瑞典南部开展了 CSAR 数据获取试验，尝试利用低频段电磁波
的穿透能力和 CSAR 的多角度观测能力对植被覆盖下的隐蔽车辆进行检测识别，
获得了较好的试验结果[76]。2009 年，DLR 利用 E-SAR 系统，开展了机载 P 波段
和 L 波段极化 CSAR 数据采集试验，并实现了三维成像[77,78]。从试验结果来看，
相较于常规 LSAR 图像，CSAR 图像显示了极为精细和丰富的地物信息（图 1.38），
展现了 CSAR 成像模式在对地精细成像观测中的巨大应用潜力。

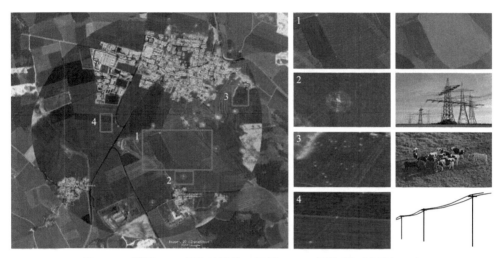

图 1.38　德国 DLR 获取的机载 L 波段 CSAR 图像（像素间距 6cm）
本图来源于 DLR 科研人员做汇报的 PPT 资料

2011 年，中国科学院微波成像技术国家级重点实验室利用机载 P 波段全极化
SAR 系统进行了 CSAR 试验，并获取了实测图像[79]。2015 年和 2020 年，国防科
技大学利用自主研制的 P 波段 SAR 系统和 L 波段 SAR 系统在陕西省渭南市开展
了机载 P 波段 CSAR 和 L 波段 CSAR 飞行试验，均获得了高质量低频 CSAR 实测
图像[80-82]。此外，中国电子科技集团第三十八研究所也开展了低频 CSAR 系统设
计和试验验证工作，验证了低频 CSAR 在叶簇隐蔽目标探测方面的良好性能[81]。

1.3.6　浅埋未爆物探测

除叶簇穿透成像探测外，还有一批从事下视地表穿透雷达（ground penetrating
radar, GPR）的研究人员将研究目光转向利用低频 SAR 技术探测浅埋目标[84-109]。
下视 GPR 作为传统浅埋目标探测手段效果不错，但它最大的缺点是效率低和安全
性不高。下视 GPR 在使用时需要将传感器贴近地面，因此天线照射范围有限，同
时近距离探测容易造成操作人员伤亡。因此，下视 GPR 的研究人员为了寻求一种

高效的浅埋目标探测手段，转向利用机载和车载超宽带 SAR 进行远距离、大区域浅埋目标探测研究。

随着低频 SAR 技术的成熟，以及研究人员、应用部门对其在浅埋目标探测方面的优势达成共识，美国 JPL 在 2002 年提出了分层次探雷策略，即高空探雷、低空探雷、车载探雷和人工探雷-排雷相结合的四层次探雷策略[84]，如图 1.39 所示。

第一层次探测：高空探雷，用于大面积区域的雷场探测。

第二层次探测：低空探雷，用于对雷场的定位。

第三层次探测：车载探雷，用于对单颗地雷的定位。

第四层次探测：人工探雷-排雷，在上述基础上，工兵进行人工排雷操作。

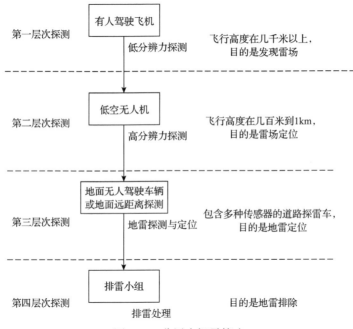

图 1.39　分层次探雷策略

该分层次探雷策略结合了机载 SAR 能够快速完成大面积区域雷场探测和车载 SAR 对单颗地雷检测概率高、定位准确的优点，体现了浅埋目标探测技术的发展趋势。

探测叶簇覆盖目标和浅埋未爆物是低频 SAR 技术的两个重要应用。这两种不同用途的低频 SAR 技术又分别称为 FOPEN SAR 和地表穿透 SAR（ground penetrating SAR, GP SAR）。虽然两种研究几乎同时起步，但 FOPEN SAR 实用化进程要比 GP SAR 快。GP SAR 与 FOPEN SAR 相比发展较慢的主要原因有两点：一是 GP SAR 为了探测地雷等浅埋未爆物目标，需要的分辨率比用于探测车辆等大目标的 FOPEN SAR 高得多，通常要求小于 0.2m，这对雷达系统的实现和后续信号的处理精度要求较高；二是地雷等目标的 RCS 较小，而土壤对电磁波的衰减比叶簇要大，这使得成像场景中一块石头、一个树桩都可能比地雷回波强，从而给目标检测、鉴别和分类带来巨大挑战，实现难度更大。

目前，国外典型低频 SAR 浅埋目标探测系统有美国 ARL 研制的 BoomSAR[11,84-90]，美国 SRI 研制的机载 GP SAR[91] 和车载前视地表穿透雷达（forward-looking ground penetrating radar, FLGPR）[92-94]，美国规划系统有限公司（Planning System Incorporated, PSI）研制的车载前视地表穿透合成孔径雷达（forward-looking ground penetrating SAR, FLGPSAR）[95-97]，英国国防评估研究局研制的飞艇载 Mineseeker[98]，法国电子装备技术中心和微波光纤通信研究所联合研制的车载 PULSAR（pulse SAR）[99,100]，澳大利亚昆士兰大学研制的轨道 SAR[101-104] 等；国内方面主要是国防科技大学开展的一系列浅埋目标探测技术研究及系统研制[105-110]，包括轨道地表穿透合成孔径雷达（rail-ground penetrating SAR, Rail-GP SAR）、车载低频超宽带探雷车和低空无人飞艇载 SAR 雷场探测系统（图 1.40）等。

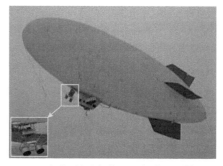

(a) 车载低频超宽带探雷车　　　　　　　(b) 低空无人飞艇载 SAR 雷场探测系统

图 1.40　国防科技大学研制的车载低频超宽带探雷车和低空无人飞艇载 SAR 雷场探测系统

近年来，SAR 技术发展迅速，一批具有优良性能的机载/星载 SAR 系统相继问世，极大地推动了 SAR 技术的实用化进程。目前，SAR 技术应用已经由传统的军事领域逐渐向民用领域拓展，而具有良好穿透性能的低频 SAR 能够有效弥补常规高频 SAR "透视性" 差的缺点，为复杂环境下的战场侦察监视、地形测绘、极地科考、考古勘探等军民应用提供技术支持。综合国内外低频 SAR 技术的研究成果来看，SAR 技术具有如下特点。

（1）多波段。现有 SAR 系统大多可同时工作在 VHF 波段到 Ka 波段甚至更高波段的多个频段。与单波段 SAR 系统相比，多波段 SAR 系统可利用不同波段具有的优点，形成优势互补，提升整体探测性能。

（2）多功能。现有低频 SAR 系统除可高分辨成像外，还具有林下遮蔽运动目标探测、丛林遮蔽地形透视测绘、土壤埋设目标探测、地表微形变监测等诸多功能，应用范围不断拓展。

（3）多极化。目前，大多数低频 SAR 系统采用多（全）极化方式，较少采用单极化方式。通过不同极化方式获取观测目标的不同散射特征信息，再将这些特征信息进行融合处理，可获取比单极化方式更多的信息，从而获得了更高精度的隐蔽（裸露）目标检测识别结果。

（4）多模式。与传统低频 SAR 只能实现条带式成像相比，低频 SAR 成像模式越来越多样化，从二维成像发展到三维成像，从小角度成像发展到多角度成像，从单站成像发展到双/多站成像等，不断创新的成像模式能够更好地满足人们的不同探测需求。

参 考 文 献

[1] Davis M E. Foliage Penetration Radar-Detection and Characterisation of Objects under Trees[M]. Raleigh: SciTech, 2011.

[2] Franceschetti G, Lanari R. Synthetic Aperture Radar Processing[M]. Boca Raton: CRC Press, 1999.

[3] Moreira A, Prats-Iraola P, Younis M, et al. A tutorial on synthetic aperture radar[J]. IEEE Geoscience and Remote Sensing Magazine, 2013, 1(1): 6-43.

[4] Noel B. Ultra-wideband Radar[C]. Proceedings of the First Los Alamos Symposium. Boca Raton, 1991: 1-4.

[5] Sheen D R, VandenBerg N L, Shackman S J, et al. P-3 ultra-wideband SAR: Description and examples[J]. IEEE Aerospace and Electronic Systems Magazine, 1996, 11(11): 25-30.

[6] Sheen D R, Lewis T B. The P-3 ultra wideband SAR[J]. Proceedings of SPIE, 1996, 2747: 20-24.

[7] Soumekh M, Nobles D A, Wicks M C, et al. Signal processing of wide bandwidth and wide beamwidth P-3 SAR data[J]. IEEE Transactions on Aerospace and Electronic Systems, 2001, 37(4): 1122-1141.

[8] Walker B, Sander G, Thompson M, et al. A high-resolution four-band SAR testbed with real time image formation[C]. Proceedings of 1996 International Geoscience and Remote Sensing Symposium, Lincoln, 1996: 1881-1885.

[9] Kellndorfer J M, Dobson M C, Vona J D, et al. Toward precision forestry: Plot-level parameter retrieval for slash pine plantations with JPL AIRSAR[J]. IEEE Transactions on Geoscience and Remote Sensing, 2003, 41(7): 1571-1582.

[10] Hensley S, Chapin E, Freedman A, et al. First P-band results using the GeoSAR mapping system[C]. Proceedings of IEEE 2001 International Geoscience and Remote Sensing Symposium, Sydney, 2001: 126-128.

[11] Ressler M A. The army research laboratory ultra wideband BoomSAR[C]. Proceedings of IEEE

1996 International Geoscience and Remote Sensing Symposium, Lincoln, 1996: 1886-1888.

[12] The Defense Advanced Research Projects Agency. DARPA FORESTER[EB/OL]. https://military-history.fandom.com/wiki/DARPA_FORESTER[2023-3-13].

[13] Tobin D. SRC secures contracts for foliage-penetrating radar[EB/OL]. http://www.syracuse.com/news/index.ssf/2011/01/12_million_to_src_for_foliage-.html[2023-3-13].

[14] Doe J, Smith J. Radar counters camouflage[J]. Signal Magazine, 2017, 6: 34-38.

[15] Ulander L M H, Flood B, Frölind P O, et al. Change detection of vehicle-sized targets in forest concealment using VHF- and UHF-band SAR[J]. IEEE Aerospace and Electronic Systems Magazine, 2011, 26(7): 30-36.

[16] Vu V T, Sjogren T K, Pettersson M I, et al. Detection of moving targets by focusing in UWB SAR-Theory and experimental results[J]. IEEE Transactions on Geoscience and Remote Sensing, 2010, 48(10): 3799-3815.

[17] Vu V T, Sjogren T K, Pettersson M I, et al. Integrating space-time processing into time-domain backprojection process for detection and imaging moving objects[C]. Proceedings of IEEE 2010 International Geoscience and Remote Sensing Symposium, Honolulu, 2010: 4106-4109.

[18] Vu V T, Sjögren T K, Pettersson M I, et al. Application of the moving target detection by focusing technique in civil traffic monitoring[C]. Proceedings of IEEE 2010 International Geoscience and Remote Sensing Symposium, Honolulu, 2010: 4118-4121.

[19] Flood B, Frölind P O, Gustavsson A, et al. SAR data collection over rain forests at VHF-and UHF-band[C]. Proceedings of IEEE 2010 International Geoscience and Remote Sensing Symposium, Honolulu, 2010: 1394-1397.

[20] Ulander L M H, Blom M, Flood B, et al. The VHF/UHF-band LORA SAR and GMTI system[C]. Proceedings of SPIE Conference on Technique for Moving Targets, Orlando, 2003: 206-215.

[21] Baqué R, Dreuillet P, du Plessis O R, et al. Results of the LORAMbis bistatic VHF/UHF SAR experiment for FOPEN[C]. Proceedings of 2011 IEEE CIE International Conference on Radar, Chengdu, 2011: 51-54.

[22] Dreuillet P, Cantalloube H, Colin E, et al. The ONERA RAMSES SAR: Latest significant results and future developments[C]. Proceedings of 2006 IEEE Conference on Radar, Verona, 2006: 7.

[23] Hélène O, Vaizan B. Preliminary results on ground moving target detection with L band data acquired with RAMSES sensor[C]. Proceedings of 6th European Conference on Synthetic Aperture Radar, Dresden, 2006: 16-18.

[24] Dubois-Fernandez P, Garestier F, Champion I, et al. RAMSES P-band and L-band campaign over the Nezer forest: Calibration and polarimetric analysis[C]. Proceedings of 6th European Conference on Synthetic Aperture Radar, Dresden, 2006: 1-4.

[25] Bonin G, Dreuillet P. The airborne SAR-system: SETHI airborne microwave remote sensing imaging system[C]. Proceedings of 7th European Conference on Synthetic Aperture Radar, Friedrichshafen, 2008: 199-202.

[26] Moreira A. E-SAR data sheet[EB/OL]. http://www.dlr.de/hr/en/desktopdefault.aspx/tabid-2326 3776_read-5679[2023-3-13].

[27] Microwaves and Radar Institute, German Aerospace Center（DLR）. E-SAR-das flugzeug-getragene SAR-system des DLR[EB/OL]. http://www.dlr.de/hr/desktopdefault.aspx/tabid-2326/3776_read-5679/[2007-7-20].

[28] Scheiber R, Hajnsek I, Horn R, et al. Recent developments and applications of multi-pass airborne interferometric SAR using the E-SAR system[C]. Proceedings of 7th European Conference on Synthetic Aperture Radar, Friedrichshafen, 2008: 1-4.

[29] Horn R, Scheiber R, Gabler B. E-SAR P-band system performance[C]. Proceedings of European Conference on Synthetic Aperture Radar, Dresden, 2006: 1-4.

[30] Microwaves and Radar Institute, German Aerospace Center（DLR）. E-SAR: The airborne SAR system of DLR[EB/OL]. https://www.dlr.de/hr/en/desktopdefault.aspx/tabid-2326/3776_read-5679/#:～:text=E-SAR%20%E2%80%93%20The%20Airborne%20SAR%20System%20of%20DL-R,DLR%20flight%20facilities%20onboard%20their%20Dornier%20DO228-212%20aircraft. [2023-3-21].

[31] Horn R, Nottensteiner A, Scheiber R. F-SAR: DLR's advanced airborne SAR system onboard DO228[C]. Proceedings of 7th European Conference on Synthetic Aperture Radar, Friedrichshafen, 2008: 1-4.

[32] Reigber A, Horn R, Nottensteiner A, et al. Current status of DLR's new F-SAR sensor[C]. Proceedings of 8th European Conference on Synthetic Aperture Radar, Aachen, 2010: 1078-1081.

[33] Horn R, Nottensteiner A, Reigber A, et al. F-SAR-DLR's new multifrequency polarimetric airborne SAR[C]. Proceedings of IEEE 2009 International Geoscience and Remote Sensing Symposium, Cape Town, 2009: II-902-II-905.

[34] Microwaves and Radar Institute, German Aerospace Center（DLR）. F-SAR—Das neue flugzeuggetragene SAR-system[EB/OL]. http://www.dlr.de/hr/desktopdefault.aspx/tabid-2326/3776_read-5691/ [2007-7-20].

[35] Microwaves and Radar Institute, German Aerospace Center（DLR）. F-SAR-the new airborne SAR system[EB/OL]. http://www.dlr.de/hr/en/desktopdefault.aspx/tabid-2326/3776_read-5691/ [2023-3-13].

[36] Horn R, Jaeger M, Keller M, et al. F-SAR-recent upgrades and campaign activities[C]. Proceedings of the 18th International Radar Symposium, Prague, 2017: 1-10.

[37] Kutuza B, Bondarenko M, Dzenkevich A, et al. First results of radar images obtained by multifrequency polarimetric SAR complex 'IMARC'[C]. Proceedings of 6th European Conference on Synthetic Aperture Radar, Dresden, 2006.

[38] Kutuza B, Davidkin A, Dzenkevitch A, et al. Multi-frequency polarimetric synthetic aperture radar for surface and subsurface sensing[C]. Proceedings of First European Radar Conference on European Microwave Week, Amsterdam, 2004: 5-12.

[39] Dostovalov M Y, Ermakov R V, Moussiniants T G. L and VHF band airborne SAR—System features and comparative image analysis[J]. IEEE Transactions on Geoscience and Remote Sensing, 2011, 49(10): 3639-3647.

[40] 王顺华. 机载大处理角 UWB SAR 成像理论及算法研究[D]. 长沙: 国防科学技术大学, 1998.

[41] 祝明波. UWB-SAR 信号设计与产生技术研究[D]. 长沙: 国防科学技术大学, 1999.

[42] 黄晓涛. UWB-SAR 抑制 RFI 方法研究[D]. 长沙: 国防科学技术大学, 1999.

[43] 黎向阳. UWB-SAR 接收技术研究[D]. 长沙: 国防科学技术大学, 2000.

[44] 常文革. UWB SAR 系统设计与实现[D]. 长沙: 国防科学技术大学, 2001.

[45] 朱国富. UWB-SAR 系统试验与性能评估技术研究[D]. 长沙: 国防科学技术大学, 2001.

[46] 董臻. UWB-SAR 信息处理中的若干问题研究[D]. 长沙: 国防科学技术大学, 2001.

[47] 刘光平. 超宽带合成孔径雷达高效成像算法[D]. 长沙: 国防科学技术大学, 2003.

[48] 郭微光. 机载超宽带合成孔径雷达运动补偿技术研究[D]. 长沙: 国防科学技术大学, 2003.

[49] 王亮. 基于实测数据的机载超宽带合成孔径雷达信号处理技术研究[D]. 长沙: 国防科学技术大学, 2007.

[50] 薛国义. 机载高分辨超宽带合成孔径雷达运动补偿技术研究[D]. 长沙: 国防科学技术大学, 2008.

[51] 杨志国. 基于 ROI 的 UWB SAR 叶簇覆盖目标鉴别方法研究[D]. 长沙: 国防科学技术大学, 2007.

[52] 王建. 基于子孔径结构的超宽带 SAR 实时成像算法研究[D]. 长沙: 国防科学技术大学, 2004.

[53] 常玉林. 多通道低频超宽带 SAR/GMTI 系统长相干积累 STAP 技术研究[D]. 长沙: 国防科学技术大学, 2009.

[54] 李建阳. 机载超宽带 SAR 实时成像处理技术研究[D]. 长沙: 国防科学技术大学, 2010.

[55] 安道祥. 高分辨率 SAR 成像处理技术研究[D]. 长沙: 国防科学技术大学, 2011.

[56] 王广学. UWB SAR 叶簇隐蔽目标变化检测技术研究[D]. 长沙: 国防科学技术大学, 2012.

[57] 范崇祎. 单/双通道低频 SAR/GMTI 技术研究[D]. 长沙: 国防科学技术大学, 2012.

[58] 严少石. 无人机载 UWB SAR 实时运动补偿技术研究[D]. 长沙: 国防科学技术大学, 2012.

[59] 周红. 基于子带子孔径的低频 SAR 成像及运动目标检测技术研究[D]. 长沙: 国防科学技

术大学, 2011.

[60] Hagberg J O, Ulander L M H, Askne J. Repeat-pass SAR interferometry over forested terrain[J]. IEEE Transactions on Geoscience and Remote Sensing, 1995, 33(2): 331-340.

[61] Ulander L M H, Frolind P O. Ultra-wideband SAR interferometry[J]. IEEE Transactions on Geoscience and Remote Sensing, 1998, 36(5): 1540-1550.

[62] Frolind P O, Ulander L M H. Digital elevation map generation using VHF-band SAR data in forested areas[J]. IEEE Transactions on Geoscience and Remote Sensing, 2002, 40(8): 1769-1776.

[63] Reigber A, Ulbricht A. P-band repeat-pass interferometry with the DLR experimental SAR (ESAR): First results[C]. Proceedings of IEEE 1998 International Geoscience and Remote Sensing Symposium, Seattle, 1998: 1914-1916.

[64] Reigber A, Prats P, Mallorqui J J. Refined estimation of time-varying baseline errors in airborne SAR interferometry[J]. IEEE Geoscience and Remote Sensing Letters, 2006, 3(1): 145-149.

[65] de Macedo K A C, Scheiber R, Moreira A. An autofocus approach for residual motion errors with application to airborne repeat-pass SAR interferometry[J]. IEEE Transactions on Geoscience and Remote Sensing, 2008, 46(10): 3151-3162.

[66] Prats P, Reigber A, Mallorqui J J. Topography-dependent motion compensation for repeat-pass interferometric SAR systems[J]. IEEE Geoscience and Remote Sensing Letters, 2005, 2(2): 206-210.

[67] 许军毅. 重轨低频超宽带干涉合成孔径雷达关键技术研究[D]. 长沙: 国防科学技术大学, 2015.

[68] 鲁加国, 陶利, 钟雪莲, 等. L 波段机载重轨干涉 SAR 系统及其试验研究[J]. 雷达学报, 2019, 8(6): 804-819.

[69] Baqué R, Dreuillet P, du Plessis O R, et al. Results of the LORAMbis bistatic VHF/UHF SAR experiment for FOPEN[C]. Proceedings of 2011 IEEE CIE International Conference on Radar, Chengdu, 2011: 51-54.

[70] Ulander L M H, Barmettler A, Flood B, et al. Signal-to-clutter ratio enhancement in bistatic very high frequency (VHF)-band SAR images of truck vehicles in forested and urban terrain[J]. IET Radar, Sonar & Navigation, 2010, 4(3): 438-448.

[71] Ulander L M H, Flood B, Frolind P O, et al. Bistatic experiment with ultra-wideband VHF-band synthetic aperture radar[C]. Proceedings of 7th European Conference on Synthetic Aperture Radar, Friedrichshafen, 2008: 131-134.

[72] Rasmusson J R, Blom M, Flood B, et al. Bistatic VHF and UHF SAR for urban environments[C]. Defense & Security Symposium, Orlando, 2007: 719700.

[73] Baqué R, Dreuillet P, Ulander L M H, et al. LORAMbis: A bistatic VHF/UHF SAR experiment

for FOPEN[C]. Proceedings of IEEE Radar Conference, Washington D.C., 2010: 832-837.

[74] An D X, Chen L P, Huang X T, et al. Bistatic P band UWB SAR experiment and raw data processing[C]. CIE International Conference on Radar, Guangzhou, 2016: 1-4.

[75] 谢洪途. 一站固定式低频双站 SAR 高分辨率成像处理技术研究[D]. 长沙: 国防科学技术大学, 2015.

[76] Frolind P O, Gustavsson A, Lundberg M, et al. Circular-aperture VHF-band synthetic aperture radar for detection of vehicles in forest concealment[J]. IEEE Transactions on Geoscience and Remote Sensing, 2012, 50(4): 1329-1339.

[77] Ponce O, Prats-Iraola P, Scheiber R, et al. Polarimetric 3-D reconstruction from multicircular SAR at P-band[J]. IEEE Geoscience and Remote Sensing Letters, 2014, 11(4): 803-807.

[78] Ponce O, Prats-Iraola P, Pinheiro M, et al. Fully polarimetric high-resolution 3-D imaging with circular SAR at L-band[J]. IEEE Transactions on Geoscience and Remote Sensing, 2014, 52(6): 3074-3090.

[79] 洪文. 圆迹 SAR 成像技术研究进展[J]. 雷达学报, 2012, 1(2): 124-135.

[80] 陈乐平. 机载圆周合成孔径雷达成像技术研究[D]. 长沙: 国防科技大学, 2018.

[81] 安道祥, 陈乐平, 冯东, 等. 机载圆周 SAR 成像技术研究[J]. 雷达学报, 2020, 9(2): 221-242.

[82] 罗雨潇. 圆周 SAR 图像道路提取技术研究[D]. 长沙: 国防科技大学, 2021.

[83] 张佳佳, 姚佰栋, 孙龙, 等. 低频圆周 SAR 系统设计与试验验证[J]. 电子技术与软件工程, 2017, (15): 111-113.

[84] Carin L, Geng N, McClure M, et al. Ultra-wide-band synthetic-aperture radar for mine-field detection[J]. IEEE Antennas and Propagation Magazine, 1999, 41(1): 18-33.

[85] DeLuca C C, Marinelli V R, Ressler M A, et al. Unexploded ordnance detection experiments at extensive, fully ground-truthed test sites at Yuma Proving Ground and Eglin AFB[C]. Proceedings of SPIE, Orlando, 1999: 1025-1034.

[86] Geng N, Carin L, Ressler M A, et al. Ultrawideband SAR for detection of subsurface unexploded ordnance(UXO): Measurement, modeling, and signal processing[C]. Proceedings of SPIE, Orlando, 1999: 75-83.

[87] Happ L, Kappra K A, Ressler M A, et al. Low-frequency ultra-wideband synthetic aperture radar 1995 BoomSAR tests[C]. Proceedings of the 1996 IEEE National Radar Conference, Ann Arbor, 1996: 54-59.

[88] Happ L, Le F, Ressler M A, et al. Low-frequency ultrawideband synthetic aperture radar: Frequency subbanding for targets obscured by the ground[C]. Proceedings of SPIE, Orlando, 1996: 194-201.

[89] Ressler M A, Merchant B L, Wong D C, et al. Calibration of the ARL BoomSAR using rigorous scattering models for fiducial targets over ground[C]. Proceedings of SPIE, Orlando, 1999: 50-56.

[90] Sullivan A J, Damarla T, Geng N, et al. Detection of above ground and subsurface unexploded ordnance using ultrawideband(UWB)synthetic aperture radar(SAR) and electromagnetic

modeling tools[C]. Proceedings of SPIE, Orlando, 2000: 983-992.

[91] Vickers R S. Design and applications of airborne radars in the VHF/UHF band[J]. IEEE Aerospace and Electronic Systems Magazine, 2002, 17(6): 26-29.

[92] Kositsky J. Results from a forward-looking GPR mine detection system[C]. Proceedings of SPIE, Orlando, 2000: 1077-1087.

[93] Kositsky J, Amazeen C A. Results from a forward-looking GPR mine detection system[C]. Proceedings of SPIE, Orlando, 2001: 700-711.

[94] Kositsky J, Cosgrove R, Amazeen C A, et al. Results from a forward-looking GPR mine detection system[C]. Proceedings of SPIE, Orlando, 2002: 206-217.

[95] Bradley M R, Witten T R, Duncan M, et al. Mine detection with a forward-looking ground-penetrating synthetic aperture radar[C]. Proceedings of SPIE, Orlando, 2003: 334-347.

[96] Bradley M R, Witten T R, Duncan M, et al. Anti-tank and side-attack mine detection with a forward-looking GPR[C]. Proceedings of SPIE, Orlando, 2004: 421-432.

[97] Liu G Q, Wang Y W, Li J A, et al. SAR imaging for a forward-looking GPR system[C]. Proceedings of SPIE, Orlando, 2003: 322-333.

[98] The Mineseeker Foundation. The mineseeker foundation[EB/OL]. http://www.mineseeker.org [2023-3-13].

[99] Andrieu J, Gallais F, Mallepeyre V, et al. Land mine detection with an ultra-wideband SAR system[C]. Proceedings of SPIE, Orlando, 2002: 237-247.

[100] Delmonte P, Dubois C, Andrieu J, et al. The UWB SAR system PULSAR: New generator and antenna developments[C]. Proceedings of SPIE, Orlando, 2003: 223-234.

[101] Homer J, Tang H T, Longstaff I D. Radar imaging of shallow buried objects[C]. Proceedings of IEEE 1999 International Geoscience and Remote Sensing Symposium, Hamburg, 1999: 2477-2479.

[102] Lloyd D, Longstaff I D. Ultra-wideband multistatic SAR for the detection and location of landmines[J]. IET Radar, Sonar and Navigation, 2003, 150(3): 158-164.

[103] Stickley G F, Noon D A, Chernlakov M, et al. Preliminary field results of an ultra-wideband (10~620MHz) stepped-frequency ground penetrating radar[C]. Proceedings of IEEE 1997 International Geoscience and Remote Sensing Symposium, Singapore, 1997: 1282-1284.

[104] Wang Y, Longstaff I D, Leat C J. SAR imaging of buried objects from MoM modelled scattered field[J]. IET Radar, Sonar and Navigation, 2001, 148(3): 167-172.

[105] 金添. 超宽带 SAR 浅埋目标成像与检测的理论和技术研究[D]. 长沙: 国防科学技术大学, 2007.

[106] 孙晓坤. 埋地地雷超宽带电磁散射特性及在目标检测中的应用[D]. 长沙: 国防科学技术大学, 2008.

[107] 王建. 基于子孔径结构的超宽带 SAR 实时成像算法研究[D]. 长沙: 国防科学技术大学, 2008.

[108] 杨延光. 基于车载 FLGPSAR 序列图像的浅埋目标检测技术研究[D]. 长沙: 国防科学技术大学, 2008.

[109] 周智敏, 金添, 等. 超宽带地表穿透成像雷达[M]. 北京: 国防工业出版社, 2013.

[110] 梁福来. 低空无人机载 UWB SAR 增强成像技术研究[D]. 长沙: 国防科学技术大学, 2013.

第 2 章　机载低频 SAR 成像基础

由于工作频段低，为了获得更高的空间分辨率，高分辨低频 SAR 系统通常具有很大的信号相对带宽和天线波束宽度，以便能够产生获得高分辨率 SAR 图像所需的大信号绝对带宽(也称为信号带宽)[1,2]与大方位向积累角[3-6]。信号相对带宽是指发射信号绝对带宽与中心频率的比值[5]，方位向积累角是指与合成孔径相对应的雷达平台相对于观测目标的转角，决定了低频 SAR 图像的方位向分辨率。与常规高频窄带 SAR(narrowband SAR, NB-SAR)相比，高分辨低频 SAR 的大信号相对带宽和大方位向积累角使得回波信号具有很强的二维耦合性[7]，这使得低频 SAR 的高精度成像处理更加复杂，获取高质量实测图像的难度更大[6-8]。机载低频 SAR 实测数据处理需要解决高精度成像处理[8-18]、复杂运动误差[19-24]、复杂射频干扰(radio frequency interference, RFI)[6,25-27]、图像质量评估[28-31]和非正交脉冲响应及旁瓣抑制[32]等诸多特殊问题。针对上述问题，多年来国内外科研人员提出了很多具有重要理论意义和实用价值的研究算法[5-41]。

那么，相较于高频 SAR，为什么机载低频 SAR 成像更加复杂，实现难度更大呢？若要解答这个问题，就要对 SAR 回波信号，特别是低频 SAR 回波信号特点、脉冲响应函数(impulse response function, IRF)和运动误差模型进行深入分析。在早前公开发表的文献中，绝大多数文献只给出了针对常规高频 SAR 回波信号的相关分析[33-40]，虽有较多关于低频 SAR 系统及试验结果的报道[41-43]，但却鲜有文献深入讨论低频 SAR 面临的特殊问题。为了更加深刻地理解低频 SAR 成像特点，本章将对低频 SAR 回波信号特点、脉冲响应函数、空间分辨率、非正交旁瓣、长合成孔径下的运动误差和 RFI 抑制算法等进行深入分析与讨论。同时，所得结论还为本书后续的低频 SAR 相关技术研究奠定了基础。

本章内容安排如下：2.1 节给出机载低频 SAR 回波信号模型；2.2 节介绍机载低频 SAR 脉冲响应函数；在此基础上，2.3 节分析机载低频 SAR 非正交旁瓣现象及抑制；2.4 节建立机载低频 SAR 运动误差模型，分析运动误差对 SAR 成像的影响，并给出仿真试验结果；2.5 节讨论低频 SAR 成像 RFI 抑制算法。

2.1　机载低频 SAR 回波信号模型

众所周知，为达到期望的地面距离向分辨率(为便于表述，以下简称地距分辨率)，发射信号必须具有足够大的发射信号带宽 B。地距分辨率 ρ_{gr} 可表示为[33]

$$\rho_{gr} = \frac{k_r c}{2B \cos \theta_g} \tag{2.1}$$

式中，k_r 为距离加权引起的分辨率损失因子；θ_g 为天线下视角。

　　由式 (2.1) 可知，在天线下视角确定的条件下，地距分辨率主要取决于发射信号带宽。对于低频 SAR，为了减小叶簇衰减量和获取更高的图像信杂比，雷达系统需要具有更大的天线下视角。然而，虽然天线下视角增大可以提高目标回波信号相对背景杂波的比值，但是地距分辨率也将下降。图 2.1 给出了 VHF/UHF 波段下地距分辨率关于信号带宽和天线下视角的变化曲线[41]，可以发现信号带宽对于中心频率和地距分辨率的重要性。通常情况下，若要获得优于 1m 的斜距分辨率，在不考虑任何距离旁瓣加权的情况下，信号带宽需大于 150MHz。因此，很多低频 SAR 工作在与信号带宽同量级的中心频率范围内，以获取距离向高分辨率，而这也是低频 SAR 具有很大的信号相对带宽的主要原因。

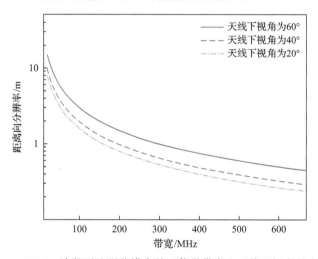

图 2.1　VHF/UHF 波段下地距分辨率关于信号带宽和天线下视角的变化曲线

　　SAR 系统的优势是通过雷达搭载平台运动形成一个长合成孔径，从而获得实孔径天线无法达到的方位向分辨率。为了达到方位向分辨率 ρ_a，SAR 系统必须对待测绘区域获取方位向积累角 ϕ_I 对应的回波数据。设 k_a 为方位加权因子，则方位向积累角必须满足如下条件：

$$\phi_I \geqslant 2 \arcsin \left(\frac{k_a \lambda_c}{4 \rho_a} \right) \tag{2.2}$$

　　由式 (2.2) 可以看出，方位向积累角 ϕ_I 与电磁波中心波长 λ_c 成正比。因此，相对于传统高频 SAR 系统，低频 SAR 系统具有更长的波长，因此需要更大的方位向积累角才能获得同等方位向分辨率。例如，对于 VHF 频段 SAR，若使方位向分辨率优于 5m，则方位向积累角要大于 45°，不同频率下 SAR 方位向分辨率关于方位向积累角的变化曲线如图 2.2 所示。在相同探测距离情况下，方位向积累角越大，合成孔径越长，面临的高精度成像、运动补偿和 RFI 抑制等问题越复杂，实现高精度成像处理难度越大。

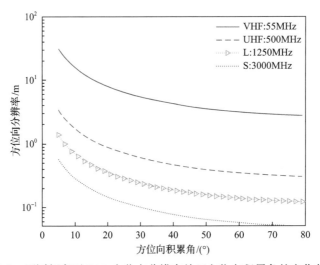

图 2.2　不同频率下 SAR 方位向分辨率关于方位向积累角的变化曲线

　　对于正侧视条带 SAR 成像，由于雷达天线指向固定，所以所能获取的最小方位向分辨率主要取决于天线方向图。然而，如果天线指向不固定（如聚束 SAR、CSAR 等），则方位向分辨率将不再受天线方向图的限制。因此，更严谨地讲，方位向分辨率主要取决于发射信号中心波长对应的方位向积累角，如式 (2.2) 所示。基于式 (2.1) 和式 (2.2)，图 2.3 给出了获得期望距离向分辨率和方位向分辨率所需的理想频谱支撑域。显然，对于低频 SAR 系统，发射信号波长 λ 是随信号发射（和接收）时间变化的。人们也可以认为天线孔径的波束宽度也随信号波长变化，因为实际的天线设计中存在这种宽带频率漂移现象。如图 2.3 中的阴影区域所示，理想的方位向积累角关于信号波长近似呈线性变化，其中，λ_L 和 λ_H 分别为信号最低频率和最高频率对应的波长，λ_c 为信号中心频率对应的波长（即中心波长）。因此，人们在低频 SAR 成像中统一采用中心波长而忽略波长变化带来的影响，并不会引入较大的误差到成像处理过程中。然而，在低频 SAR 系统的硬件实现中，不会存在这种严格的线性变化特性，即需要考虑信号波长变化带来的影响。因此，一个高精度的低频 SAR 系统需要刻画频率（波长）变化情况，然后在成像处理中对这种变化引起的误差进行补偿[1]。

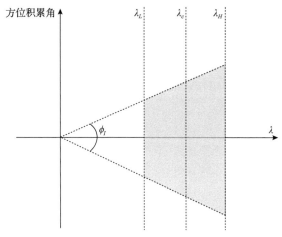

图 2.3　SAR 回波信号支撑域

通常情况下，当人们研究 SAR 成像处理算法时，均假设天线指向关于载机速度矢量为任意的斜视角 α_{sq}。然而，低频 SAR 具有非常大的方位向积累角，因此主要采用正侧视成像模式，即雷达天线指向关于载机速度矢量的斜视角为 90°。设正侧视观测时方位积累时间为 t_I，则当要求有不同斜视角时，方位积累时间 $t_{I,sq}$ 和距离向分辨率 $\rho_{r,sq}$ 可表示为正侧视方位向的投影，即

$$t_{I,sq} = \frac{t_I}{\sin\alpha_{sq}} \tag{2.3}$$

和

$$\rho_{r,sq} = \frac{\rho_r}{\sin\alpha_{sq}} \tag{2.4}$$

式中，ρ_r 为距离向分辨率。

机载 SAR 成像坐标系如图 2.4 所示，成像问题可以看作频率关于方位坐标上的曲线，在 SAR 回波采集的每一个脉冲中，时间和方位沿不同的矢量方向变化。更为重要的是，由于信号到地面的投影，图像支撑域是沿方位向和距离向的几何关系变化的。因此，在进行信号设计和运动补偿处理时一定要考虑距离向弯曲的影响。

在 SAR 成像探测的合成孔径形成过程中，雷达系统发射一连串的脉冲信号，如图 2.4 所示。设 u_n 表示 SAR 发射脉冲时的 y 轴位置坐标，则在这种简化的坐标系下，SAR 成像存在于一个二维坐标系中，而载机飞行航迹是沿 y 轴的一条直线。

实际情况下，飞机航迹不可能是直线，因此需要考虑波束在非平面空间表面的垂直投影。设 σ_n 表示被雷达波束照射的成像场景内散射点的散射变量，(x_n, y_n) 表示其位置坐标。在 SAR 图像中，有一些散射点是彼此分开的，而刻画这些散射点的能力取决于雷达系统的距离向分辨率和方位向分辨率，以及电磁散射在低频 SAR 成像过程中的相互影响。

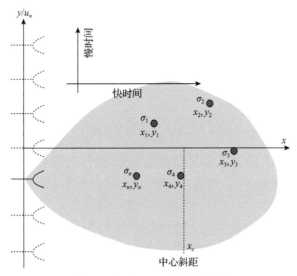

图 2.4 机载 SAR 成像坐标系

在图 2.4 中，有两个时间坐标：快时间和慢时间。快时间 τ 表示一个雷达脉冲发射到观测目标并返回的时延；慢时间 t_a 是指第 n 个脉冲在脉冲重复时间间隔 T 内的变化。因此，有如下关系式成立：

$$\tau = t_a - nT \tag{2.5}$$

每个雷达脉冲都将照射成像区域，脉冲中的信号强度取决于峰值功率、天线增益等。接收信号的强度取决于观测区域内的成像表面、目标雷达散射截面积等。

观察图 2.4 可以发现，发射坐标 u_n 以载机飞行速度运动，成像的难点在于实现 SAR 积累时间内接收信号的相干累加。如果信号的发射和接收几何为相同的线性阵列，则成像处理将变得相对简单。然而，在低频 SAR 长合成孔径内，载机的加速度导致无法实现等间距的空间采样，因此运动补偿的主要作用之一就是校正由此引起的信号包络误差和相位误差。

由图 2.4 可知，SAR 是通过采集、合成一系列相干脉冲来产生成像处理所需的相位历史的。这种相位历史是关于 SAR 积累时间变化的函数。图 2.5 给出了机载 SAR 成像几何关系，其中 O 为坐标原点，载机沿与 X 轴方向平行的直线轨迹，以速度 v 匀速飞行，飞行高度为 H。$P(x_P, y_P, 0)$ 为成像场景内的任意目标，目标 P 到飞行航迹的垂直斜距为 r_0。设 t_a 为方位向慢时间，$(vt_a, 0, 0)$ 表示载机的飞行航迹，$r(t_a; r_0)$ 为目标 P 到雷达天线相位中心（antenna phase center, APC）的瞬时斜距。

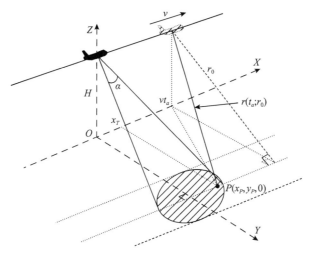

图 2.5　机载 SAR 成像几何关系

根据图 2.5 所示的几何关系，可求得瞬时斜距 $r(t_a; r_0)$ 为

$$r(t_a; r_0) = \sqrt{(vt_a - x_P)^2 + (y_P - 0)^2 + H^2} = \sqrt{(vt_a - x_P)^2 + r_0^2} \qquad (2.6)$$

设 SAR 系统发射信号为线性调频信号，则经正交解调后，接收到的目标基带回波信号可表示为

$$\mathrm{ss}(\tau, t_a; r_0) = \mathrm{rect}\left(\frac{\tau}{T_p}\right)\exp\left[-\mathrm{j}\frac{4\pi f_c}{c}r(t_a; r_0)\right]$$
$$\cdot \exp\left\{\mathrm{j}\pi\kappa\left[\tau - \frac{2r(t_a; r_0)}{c}\right]^2\right\} \qquad (2.7)$$

式中，c 为光速；f_c 为发射信号中心频率；κ 为发射信号调频率；T_p 为发射信号脉宽。

对式 (2.7) 进行快速傅里叶变换（fast Fourier transform, FFT）和驻定相位原理（principle of stationary phase, POSP）后，可求得回波的二维频谱（忽略幅度信息）为

$$\mathrm{SS}(f_r, f_a; r_0) = \exp\left(-\mathrm{j}\pi\frac{f_r^2}{\kappa}\right)\exp\left(-\mathrm{j}\frac{2\pi f_a}{v}x_P\right)$$

$$\cdot \exp\left[-\mathrm{j}\frac{4\pi r_0}{\lambda_c}\sqrt{\left(1+\frac{f_r}{f_c}\right)^2 - \left(\frac{\lambda_c f_a}{2v}\right)^2}\right] \tag{2.8}$$

式中，$\lambda_c = c/f_c$ 为发射信号中心波长；f_r、f_a 分别为距离向频率和方位向频率。

在上述推导过程中，除假定满足应用 POSP 的前提条件外，不存在其他近似处理，因此可认为是精确的。式 (2.8) 中的第一个指数项为距离调制项，第二个指数项为目标方位位置项，第三个指数项为距离方位耦合项。对式 (2.8) 中的耦合项进行整理，将其写成下述形式：

$$\Phi(f_r, f_a; r_0) = -\frac{4\pi r_0}{\lambda_c}\chi(f_a)\cdot\left[1 + \frac{\dfrac{2f_r}{f_c} + \left(\dfrac{f_r}{f_c}\right)^2}{\chi^2(f_a)}\right]^{\frac{1}{2}} \tag{2.9}$$

式中，$\chi(f_a) = \sqrt{1 - \left(\dfrac{\lambda_c f_a}{2v}\right)^2}$ 为徙动参数。

当 SAR 系统参数满足不等式，即

$$\left|\frac{2f_r}{f_c} + \left(\frac{f_r}{f_c}\right)^2\right| \ll \chi^2(f_a) \tag{2.10}$$

时，可将式 (2.9) 在 $f_r = 0$ 处进行泰勒级数展开[44-46]，即

$$\Phi(f_r, f_a; r_0) = -\frac{4\pi r_0}{\lambda_c}\chi(f_a) - \frac{4\pi r_0}{\lambda_c}\cdot\frac{1}{\chi(f_a)}\cdot\frac{f_r}{f_c} + \frac{2\pi r_0}{\lambda_c}\cdot\frac{1-\chi^2(f_a)}{\chi^3(f_a)}\cdot\left(\frac{f_r}{f_c}\right)^2 + \cdots$$

$$= C_0(f_a; r_0) + \sum_{i,i>1} C_i(f_a; r_0)\left(\frac{f_r}{f_c}\right)^i \tag{2.11}$$

式中

$$C_i(f_a; r_0) = \frac{1}{i!}\frac{\partial^i \Phi(f_r, f_a; r_0)}{\partial f_a^n}\bigg|_{f_r=0}, \quad i = 1, 2, \cdots \tag{2.12}$$

为第 i 阶泰勒级数展开项系数。式 (2.11) 中的第一项只与方位向频率 f_a 有关，为方

位调制项；第二项是关于距离向频率 f_r 的一次函数，为距离单元徙动项；第三项是关于距离向频率 f_r 的二次函数，为二次距离压缩项；其他关于距离向频率 f_r 的高次项（三次以上）为二维耦合项。若要得到完全聚焦的 SAR 图像，则必须对上述所有项进行精确补偿，而这正是 SAR 成像处理的难点所在。同时，由式(2.11)可以看出，其中心频率 f_c 出现在二维耦合项的分母处，也就是说 SAR 工作频率越低，二维耦合项相位越大，即二维耦合越严重，二阶相位和高阶相位关于 SAR 波长的变化曲线如图 2.6 所示，其中，ρ_r、ρ_a 分别为距离向分辨率和方位向分辨率。

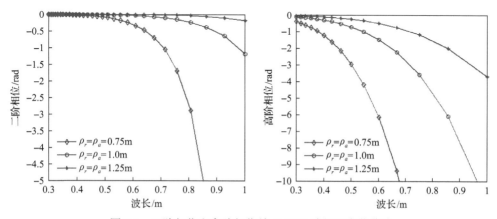

图 2.6　二阶相位和高阶相位关于 SAR 波长的变化曲线

因此，SAR 的工作频率越低，需要考虑的二维耦合项相位的阶次越高，解耦合处理的难度越大，而这也是同等空间分辨率下，低频 SAR 成像要比高频 SAR 成像更加复杂、更加困难的主要原因。

2.2　机载低频 SAR 脉冲响应函数

在常规 SAR 系统中，点目标的脉冲响应函数是一个二维 sinc 函数，这是因为对点目标二维图像进行二维 FFT 处理后，可近似表示成波数域内的一个二维矩形函数，然后对其进行二维快速傅里叶逆变换(inverse fast Fourier transform, IFFT)得到一个二维 sinc 函数。在 SAR 成像中，通常基于点目标的脉冲响应函数的–3dB 宽度（或半能量宽度）来估计成像的方位向分辨率和距离向分辨率。

对于具有窄带宽窄波束 SAR(narrowband-narrowbeam SAR, NSAR)系统，脉冲响应函数的二维 sinc 函数近似有很高的精度。二维 sinc 函数主要用于 SAR 图像质量评估和 SAR 空间分辨率估计，但这种应用仅限于 NSAR 系统。对于工作在低频段的超宽带宽波束 SAR(ultrawideband-widebeam SAR, USAR)系统，点目标 SAR 图像的二维 FFT 结果不再是二维矩形函数。点目标 SAR 图像对应的脉冲响应函数比较复杂，其在图像域内的形式不能再简单地表示成二维 sinc 函数，否则在进行图像质量评估与空间分辨率估计时将会产生较大的失真，因此必须建立一个能够更加准确地描述低频 SAR 脉冲响应特点的函数形式。

2.2.1　IRF-NSAR 推导

在 SAR 成像中，通常将沿方位向和距离向的旁瓣称为正交旁瓣，而将沿其他方向的旁瓣称为非正交旁瓣。本小节令在直角坐标系中，距离向分辨率和方位向分辨率分别对应于垂直方向和水平方向，而在极坐标系中，距离向分辨率和方位向分辨率分别对应于 90°方向和 0°方向。

为了便于分析，本小节先在二维波数域内分析 NSAR 的脉冲响应函数(impulse response function in NSAR，IRF-NSAR)。设 x、y 分别表示直角坐标系下的方位向和距离向，k_x、k_y 分别表示对应的方位向波数和距离向波数，则它们与频率之间的关系可表示为

$$\omega = \frac{c}{2}\sqrt{k_x^2 + k_y^2} \tag{2.13}$$

式中

$$\begin{cases} k_x = \dfrac{2\pi f_a}{v} \\ k_y = \dfrac{4\pi f_r}{c} \end{cases}$$

点目标 SAR 图像的图像域表示函数为 $h(x,y)$，其在波数域内的二维 FFT $H(k_x,k_y)$ 可表示为

$$H(k_x,k_y) = \int_{-\infty}^{\infty}\int_{-\infty}^{\infty} h(x,y) \cdot e^{-j(k_x x + k_y y)} dxdy \tag{2.14}$$

反之，点目标的 SAR 图像 $h(x,y)$ 可表示为

$$h(x,y) = \frac{1}{(2\pi)^2} \int_{-\infty}^{\infty}\int_{-\infty}^{\infty} H(k_x,k_y) \cdot e^{j(k_x x + k_y y)} dk_x dk_y \tag{2.15}$$

利用二维 FFT，NSAR 的点目标二维频谱可近似表示为

$$H\left(k_x, k_y\right) \approx \begin{cases} 1, & k_{x,\min} \leqslant k_x \leqslant k_{x,\max};\, k_{y,\min} \leqslant k_y \leqslant k_{y,\max} \\ 0, & \text{其他} \end{cases} \tag{2.16}$$

NSAR 点目标二维频谱如图 2.7 所示，NSAR 的二维频谱近似于矩形。基于上述近似，点目标 SAR 图像在直角坐标系内的数学表达式为

$$h_1(x, y) \approx \operatorname{sinc}\left(k_c x \sin \frac{\phi_I}{2}\right) \cdot \operatorname{sinc}\left(\frac{k_{y,\max} - k_{y,\min}}{2} y\right) \tag{2.17}$$

式中，k_c 为距离中心波数；ϕ_I 为方位向积累角。

式 (2.17) 为 NSAR 系统的脉冲响应函数。根据 SAR 图像质量评估的定义[22]，空间分辨率、积分旁瓣比 (integrated side lobe ratio, ISLR) 和峰值旁瓣比 (peak side lobe ratio, PSLR) 等为评价 SAR 图像质量的主要性能参数。这些图像质量评价指标可基于点目标的脉冲响应函数[29-31]进行估计。通常定义分辨率为压缩后信号中脉冲主瓣的两个–3dB 点之间的间隔，即脉冲峰值幅度下降至最大值的 0.707 处的脉冲宽度。可以通过式 (2.18) 中的 sinc 函数获取方位向分辨率与距离向分辨率，即

$$\begin{cases} \operatorname{sinc}\left(k_c x \sin \frac{\phi_I}{2}\right) = -3\text{dB} \\ \operatorname{sinc}\left(\frac{k_{y,\max} - k_{y,\min}}{2} y\right) = 0.707 \end{cases} \tag{2.18}$$

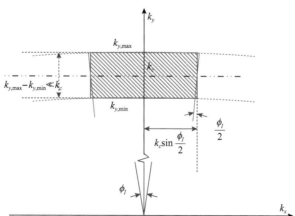

图 2.7　NSAR 点目标二维频谱

解上述方程，可得 NSAR 方位向分辨率和距离向分辨率分别为

$$\begin{cases} \rho_{N,a} = \dfrac{0.2211\lambda_c}{\sin\dfrac{\phi_I}{2}} \approx \dfrac{\lambda_c}{4\sin\dfrac{\phi_I}{2}} \\ \rho_{N,r} = \dfrac{0.4422\lambda_c}{B_r} \approx \dfrac{c}{2B} \end{cases} \tag{2.19}$$

需要注意的是，上述分辨率为斜距分辨率，不考虑高度向的俯仰角，若考虑俯仰角的投影，则所得到的地距分辨率等价于分辨率式(2.1)与式(2.2)。对于方位向积累角 ϕ_I 非常小的情况，即 $\sin\dfrac{\phi_I}{2} \approx \dfrac{\phi_I}{2}$ ，则方位向分辨率可以进一步简化为

$$\rho_{N,a} = \frac{\lambda_c}{2\phi_I} \tag{2.20}$$

工程上也常用式(2.20)来估计 NSAR 成像的方位向分辨率。

2.2.2 IRF-USAR 推导

在上述 IRF-NSAR 分析的基础上，本小节继续分析 USAR 成像的脉冲响应函数(impulse response function in USAR, IRF-USAR)，以对比观察 IRF-USAR 与 IRF-NSAR 之间的区别。

在极坐标系 (κ,ϕ) 内，可得到 SAR 图像频谱更加精确的一种表示形式：

$$H(k_r,\phi) = \begin{cases} 1, & -\phi_I/2 \leqslant \phi \leqslant \phi_I/2; k_{r,\min} \leqslant k_r \leqslant k_{r,\max} \\ 0, & \text{其他} \end{cases} \tag{2.21}$$

式中， $k_r = \dfrac{2\omega}{c}\sqrt{k_x^2 + k_y^2}$ ，且有

$$\begin{cases} k_{r,\min} = k_{y,\min}, & k_x = 0 \\ k_{r,\max} = k_{y,\max}, & k_x = 0 \end{cases} \tag{2.22}$$

不失一般性，将 k_r 关于中心波数 k_c 进行归一化处理(即 ς)，则式(2.21)可表示为

$$H(\varsigma,\phi) = \begin{cases} 1, & -\phi_I/2 \leqslant \phi \leqslant \phi_I/2; 1-B_r/2 \leqslant \varsigma \leqslant 1+B_r/2 \\ 0, & \text{其他} \end{cases} \tag{2.23}$$

式中， B_r 为相对带宽。

将式 (2.23) 代入式 (2.15)，则得到 IRF-USAR 在极坐标系下的表达式为[6]

$$h(\rho,\varphi,B_r,\phi_I) = \frac{e^{-j\varphi}}{\rho}\left[\phi_I\sum_{n=-\infty}^{\infty}\frac{j^n h_{J,n-1}(\rho,B_r)}{e^{j(n-1)\varphi}}\operatorname{sinc}\left(n\frac{\phi_I}{2}\right)\right]$$
$$+\frac{e^{-j\varphi}}{\rho}h_s(\rho,\varphi,B_r,\phi_I) \tag{2.24}$$

式中，ρ 为极坐标系下的极径；φ 为极角。

$$h_{J,n-1}(\rho,B_r) = -\left(1+\frac{B_r}{2}\right)J_{n-1}\left[\rho\left(1+\frac{B_r}{2}\right)\right]$$
$$+\left(1-\frac{B_r}{2}\right)J_{n-1}\left[\rho\left(1-\frac{B_r}{2}\right)\right] \tag{2.25}$$

其中，J_{n-1} 为第 $n-1$ 阶贝塞尔函数。

$$h_s(\rho,\varphi,B_r,\phi_I) = -B_r\operatorname{sinc}\left[\frac{B_r}{2}\rho\cos\left(\frac{\phi_I}{2}+\varphi\right)\right]e^{j\rho\cos\left(\frac{\phi_I}{2}+\varphi\right)-j\frac{\phi_I}{2}}$$
$$+B_r\operatorname{sinc}\left[\frac{B_r}{2}\rho\cos\left(\frac{\phi_I}{2}-\varphi\right)\right]e^{j\rho\cos\left(\frac{\phi_I}{2}-\varphi\right)+j\frac{\phi_I}{2}} \tag{2.26}$$

式 (2.24) 中，方位向对应于时域谱中的方位角 $\varphi = 0°$，距离向对应于 $\varphi = 90°$，其中近似式的精度主要依赖衰减因子 $\operatorname{sinc}(n\phi_I/2)$，其在大方位向积累角下的衰减速度快于小方位向积累角情况。

式 (2.24) 所示的 IRF-USAR 函数简化后，可适用于一些特殊的 SAR 成像模式。下面考虑圆周孔径成像，即 $\phi_I = 360°$。由于

$$\operatorname{sinc}\left(n\frac{\phi_I}{2}\right) = \begin{cases} 1, & n=0 \\ 0, & \text{其他} \end{cases} \tag{2.27}$$

同时

$$h_s(\rho,\varphi,B_r,\phi_I = 360°) = 0 \tag{2.28}$$

此时，式 (2.24) 不再是关于 φ 的函数，所以可将式 (2.24) 重写为

$$h\left(\rho, B_r, \phi_I = 360°\right) = -\frac{\phi_I}{\rho}\left(1 + \frac{B_r}{2}\right)\mathrm{J}_{-1}\left[\rho\left(1 + \frac{B_r}{2}\right)\right]$$
$$+ \frac{\phi_I}{\rho}\left(1 - \frac{B_r}{2}\right)\mathrm{J}_{-1}\left[\rho\left(1 - \frac{B_r}{2}\right)\right] \tag{2.29}$$

CSAR 下的 IRF-USAR 具有对称性,即典型的圆周合成孔径模式[31]。圆周合成孔径成像的详细内容将在第 5 章阐述,这里不进行详细介绍。

现在考察一下式(2.24),该式是 IRF-USAR 函数更一般的形式,也适用于 NSAR。然而,显然式(2.24)比常规 IRF-NSAR(式(2.17))要复杂得多,从中无法直接得到一个近似的解析解来估计空间分辨率。

现在在方位向和距离向分别定义半功率波束宽度(half power beam width, HPBW)展宽因子为

$$\begin{cases} \varepsilon_a = \dfrac{\rho_{U,a}\left(B_r, \phi_I\right)}{\rho_{N,a}\left(B_r, \phi_I\right)} \\[3mm] \varepsilon_r = \dfrac{\rho_{U,r}\left(B_r, \phi_I\right)}{\rho_{N,r}\left(B_r, \phi_I\right)} \end{cases} \tag{2.30}$$

式中, $\rho_{U,a}\left(B_r, \phi_I\right)$ 与 $\rho_{U,r}\left(B_r, \phi_I\right)$ 分别为由 IRF-USAR 估计出来的方位向分辨率与距离向分辨率。IRF-NSAR 不受分数带宽 B_r 和方位向积累角 ϕ_I 的影响,也就是说, $\rho_{N,a}\left(B_r, \phi_I\right)$ 与 $\rho_{N,r}\left(B_r, \phi_I\right)$ 都为常数值。方位向和距离向考虑因子为 0.72,这样可以保证 $\rho_{N,a}\left(B_r, \phi_I\right)/2 = 1$, $\rho_{N,r}\left(B_r, \phi_I\right)/2 = 1$ 。在这种设置下,−3dB 位置处的横坐标值即为在不同 $\left(B_r, \phi_I\right)$ 下的 ε_a 和 ε_r 值。

基于式(2.19)和式(2.30),可以近似得出 USAR 的空间分辨率评估公式[30],即

$$\begin{cases} \rho_{U,a} = \varepsilon_a \delta_{N,a} = \varepsilon_a \dfrac{0.2211\lambda_c}{\sin\dfrac{\phi_I}{2}} \\[5mm] \rho_{U,r} = \varepsilon_r \delta_{N,r} = \varepsilon_r \dfrac{0.4422\lambda_c}{B_r} \end{cases} \tag{2.31}$$

式中,HPBW 展宽因子 ε_a 和 ε_r 分别代表的是方位向积累角和相对带宽对方位向分辨率和距离向分辨率的影响。

对于任意一个 SAR 系统,其相对带宽仅限于离散空间 $(0,2]$ 。如果为直线轨迹,则其方位向积累角范围为 $(0°,180°)$ 。可以通过数值仿真计算的方式得到上述范围内的 ε_a 和 ε_r 值,从而辅助估计任意直线轨迹 SAR 成像所能得到的空间分辨率。基

于数值仿真的 HPBW 展宽因子如图 2.8 所示。

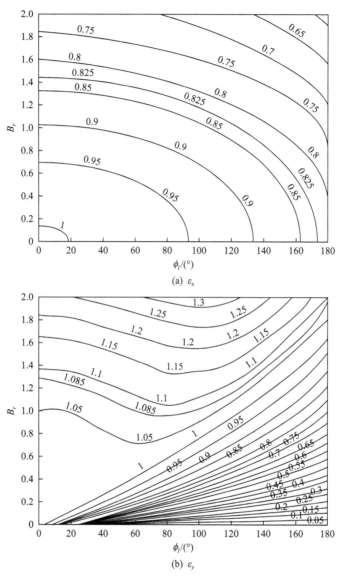

(a) ε_x

(b) ε_y

图 2.8　基于数值仿真的 HPBW 展宽因子[30]

2.3　机载低频 SAR 非正交旁瓣现象及抑制

在传统 SAR 成像处理中, 为了提升图像质量, 通常要施加旁瓣抑制处理, 而常用的旁瓣抑制算法就是加窗处理, 可选择的加窗函数有汉明窗函数、余弦窗函数等。加窗处理的目的就是抑制旁瓣强度，但同时主瓣会有不同程度的展宽。然而，实际情况下，不同 SAR 系统或不同 SAR 成像模式下获取的成像结果可能具有不同的旁瓣形式，因此若要获得最佳的旁瓣抑制效果，需要根据不同的旁瓣形式，采取相应的改进算法。本节将以传统正侧视条带模式成像为例，分析高分辨率低频 SAR 成像的旁瓣特点以及可采取的旁瓣抑制算法。

2.3.1 机载低频 SAR 二维频谱支撑域

传统正侧视条带模式 SAR 成像后，目标旁瓣响应是正交的，分别沿距离向和方位向分布；相应的旁瓣抑制算法也比较简单，直接在沿距离向频率和方位向频率实施加窗处理即可。相比之下，高分辨低频 SAR 的情况要稍微复杂一些，这是因为低频 SAR 成像中的目标旁瓣响应不再是沿距离向和方位向分布的，而是出现在非正交方向，即非正交旁瓣。究其原因，可以从高分辨低频 SAR 二维频域支撑进行解释[20]。

假设目标在 (x_P, y_P) 位置的 SAR 发射信号为 $p(\tau)$，天线方向图记作 $a(x, y_P)$，则接收信号为

$$
\begin{aligned}
s(x, \tau) &= \iint\limits_{(x_P, y_P)} a(x - x_P, y_P) p\left[t - \frac{2\sqrt{y_P^2 + (x - x_P)^2}}{c}\right] \sigma(x_P, y_P) \mathrm{d}x_P \mathrm{d}y_P \\
&= \int \left[h(x, t, y_P) \otimes_x \sigma(x, y_P)\right] \mathrm{d}y_P
\end{aligned}
\tag{2.32}
$$

式中，$h(x, t, y_P) = a(x, y_P) \cdot p\left(\tau - 2\sqrt{y_P^2 + x^2} / c\right)$ 为系统响应函数；$\sigma(x_P, y_P)$ 为雷达散射截面积分布函数；符号 $\otimes_x$ 为沿 x 方向的卷积操作。

利用驻定相位原理可以求得系统频率响应为

$$
H(k_x, \omega, y_P) \approx a\left[\frac{-k_x y_P}{\sqrt{\left(\frac{2}{c}\omega\right)^2 - k_x^2}}, y_P\right] \cdot \sqrt{\frac{\pi y_P j}{c\omega}} \cdot P(\omega) \cdot \mathrm{e}^{-\mathrm{j}y_P\sqrt{\left(\frac{2}{c}\omega\right)^2 - k_x^2}}
\tag{2.33}
$$

由式 (2.33) 易知，系统在角频率 ω 方向的带宽取决于雷达发射信号的频率响应 $P(\omega)$，而在方位向波数（或称为多普勒波数）k_x 的带宽取决于雷达的天线方向图 $a(x, y_P)$ 和 $P(\omega)$ 的分布。如果天线的方位向波束张角为 Θ，则在一般情况下方

位向的天线方向图满足

$$a(x, y_P) = \mathrm{rect}\left(\frac{\left|\dfrac{x}{y_P}\right|}{\tan\dfrac{\Theta}{2}}\right) = \begin{cases} 1, & \left|\dfrac{x}{y_P}\right| \leqslant \tan\dfrac{\Theta}{2} \\ 0, & \left|\dfrac{x}{y_P}\right| > \tan\dfrac{\Theta}{2} \end{cases} \tag{2.34}$$

由系统响应表达式可知，k_x 在其定义域内满足以下不等式：

$$\frac{|k_x|}{\sqrt{\left(\dfrac{2}{c}\omega\right)^2 - k_x^2}} \leqslant \tan\frac{\Theta}{2} \tag{2.35}$$

此时有

$$|k_x| \leqslant \left(\frac{2}{c}\omega\right) \cdot \sin\frac{\Theta}{2} = 2\pi \cdot \frac{2}{\lambda_\omega}\sin\frac{\Theta}{2} \tag{2.36}$$

式中，λ_ω 为频率 ω 对应的信号波长。

式 (2.36) 说明，SAR 回波信号的多普勒频率取值范围受限于雷达发射信号和天线波束角范围两个因素。一般情况下，多普勒带宽与方位向分辨率成反比。在实际成像时，应事先根据方位向分辨率 ρ_a 的要求确定需要处理的方位向积累角 ϕ_I，又称其为方位向处理角。如果考虑方位向加窗使得点目标响应的展宽因子为 k_a（如汉明窗函数约为 1.5），则有

$$\sin\left(\frac{\Delta\phi_I}{2}\right) = \frac{\lambda_\omega k_a}{4\rho_a} \tag{2.37}$$

由于发射信号有一定的带宽，所以不同的频率值对应不同的处理角。表 2.1 给出了为得到 1m 的方位向分辨率，高频 SAR 和低频 SAR 在不同工作频率下所

表 2.1　SAR 方位向积累角与工作频率之间的对应关系[20]

工作频率	高频 SAR 系统 （中心频率为 10GHz，带宽为 300MHz）	低频 SAR 系统 （中心频率为 400MHz，带宽为 300MHz）
最低频率	1.31°	53.49°
中心频率	1.29°	32.67°
最高频率	1.27°	23.61°

需的方位向积累角。

可以看到，对于高频 SAR 成像，根据不同的频率计算得到的方位向积累角近似相等，而低频 SAR 却有很大的差异。一般地，高频 SAR 取最低工作频率对应的方位向积累角，而低频 SAR 则取中心频率对应的方位向积累角比较合适[8]。确定方位向积累角后，可根据式(2.36)画出低频 SAR 的二维频率支撑域，如图 2.9 所示。图 2.9(a) 中，信号的频率范围为 $[\omega_0, \omega_1]$，支撑域为梯形。若 $k_r = 2\omega / c$，则距离向波数 $k_y = k_r \cos(\Delta\theta / 2)$，于是在 k_x-k_y 域的二维支撑如图 2.9(b) 所示。从图中可以发现，低频 SAR 数据的二维频率支撑域不再是矩形，在这个非矩形区域进行二维积分得到的图像将会出现新的特点。

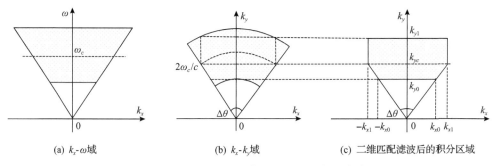

(a) k_x-ω 域   (b) k_x-k_y 域   (c) 二维匹配滤波后的积分区域

图 2.9 低频 SAR 回波信号的二维频率支撑域

2.3.2 非正交旁瓣

SAR 成像处理是一个二维匹配滤波的过程。根据式(2.32)和式(2.33)，点目标 (x_T, y_T) 的二维波数域函数可写为

$$F(k_x, k_y) = \exp(-\mathrm{j}x_P k_x - \mathrm{j}y_P k_y) \qquad (2.38)$$

这里没有写出与下面推导无关的幅度项。于是，最终的图像利用二维积分得到

$$f(x, y) = \iint \exp(-\mathrm{j}x_P k_x - \mathrm{j}y_P k_y)\exp(\mathrm{j}x k_x + \mathrm{j}y k_y)\mathrm{d}k_x \mathrm{d}k_y \qquad (2.39)$$

前面提到，为获取方位向分辨率 ρ_a，按照中心频率计算方位向积累角 ϕ_I，从而限定方位向波数范围为 $[-k_{x1}, k_{x1}]$，这时的二维积分区域是矩形和梯形的组合（图 2.9(b) 中虚线所围区域），重新画在图 2.9(c) 中。

令

$$f(x,y) = f_1(x,y) + f_2(x,y) \tag{2.40}$$

式中

$$
\begin{aligned}
f_1(x,y) &= \int_{-k_{x1}}^{k_{x1}} \exp\left[jk_x(x-x_P)\right]dk_x \cdot \int_{k_{yc}}^{k_{y1}} \exp\left[jk_y(y-y_P)\right]dk_y \\
&= \frac{\sin\left[k_{x1}(x-x_P)\right]}{x-x_P} \cdot \frac{\sin\left[\dfrac{k_{y1}-k_{yc}}{2}(y-y_P)\right]}{y-y_P}
\end{aligned} \tag{2.41}
$$

$$
\begin{aligned}
f_2(x,y) &= \int_{-\beta k_y}^{\beta k_y} \exp\left[jk_x(x-x_P)\right]dk_x \cdot \int_{k_{y0}}^{k_{yc}} \exp\left[jk_y(y-y_P)\right]dk_y \\
&= \frac{1}{x-x_P}\left(A_1 \frac{\sin\left\{\dfrac{k_{yc}-k_{y0}}{2}\left[(y-y_P)+\beta(x-x_P)\right]\right\}}{(y-y_P)+\beta(x-x_P)} \right. \\
&\quad \left. + A_2 \frac{\sin\left\{\dfrac{k_{yc}-k_{y0}}{2}\left[(y-y_P)-\beta(x-x_P)\right]\right\}}{(y-y_P)-\beta(x-x_P)} \right)
\end{aligned} \tag{2.42}
$$

$f_1(x,y)$ 由矩形区域积分得到，式 (2.41) 表明它是沿着 x-y 正交方向的 $\mathrm{sinc}(\cdot)$ 函数的乘积，即正交旁瓣；$f_2(x,y)$ 由中心波数 k_{yc} 以下的梯形区域积分得到；A_1、A_2 为相位常数因子；$\beta = \tan(\phi_I/2)$ 为梯形的斜边比例因子。式 (2.42) 说明，在方程 $y-y_P = \pm\beta(x-x_P)$ 确定的非正交方向上出现的目标响应为非正交旁瓣。由式 (2.42) 还可以看到，非正交旁瓣的幅值随方位向 (x 轴) 衰减，且与发射信号带宽有关。

非正交旁瓣对图像指标是不利的。对理想点目标而言，图像的峰值旁瓣比一般是响应函数的主瓣与第一旁瓣的幅值比。因此，本节简单分析一下两种响应的第一旁瓣，以说明非正交旁瓣对图像峰值旁瓣比指标的影响。根据式 (2.41) 和式 (2.42)，令 $y-y_P = 0$，则可以计算 f_1 和 f_2 作用在距离向的旁瓣。

$$\begin{cases} f_1: \\ \text{旁瓣位置} \, k_{x1}(x-x_P) = \tan\left[k_{x1}(x-x_P)\right] \\ \text{幅度} \dfrac{k_{x1}}{\sqrt{1+k_{x1}^2(x-x_P)^2}} \cdot \dfrac{B_1}{2} \\ f_2: \\ \text{旁瓣位置} \, \dfrac{B_0}{2}\beta(x-x_P) = \tan\left[\dfrac{B_0}{2}\beta(x-x_P)\right] \\ \text{幅度} \dfrac{B_0}{\sqrt{4+B_0^2\beta^2(x-x_P)^2}} \cdot \left|\dfrac{A_1+A_2}{x-x_P}\right| \end{cases} \tag{2.43}$$

式中，$B_1 = k_{y1} - k_{yc}$；$B_0 = k_{yc} - k_{y0}$。

需要注意的是，$B_0\beta < k_{x1}$，则距离向 f_1 和 f_2 的旁瓣位置比为

$$\left|\frac{x_{f1}-x_P}{x_{f2}-x_P}\right| = \frac{B_0\beta/2}{k_{x1}} < \frac{1}{2} \tag{2.44}$$

即 f_1 作用在距离向的第一旁瓣位置比 f_2 作用在距离向的第一旁瓣位置的 1/2 还小，而且 f_2 作用在距离向的第一零点位置为 $x_0 - x_P = 2\pi/(B_0\beta)$，一般情况下是不会与 $x_{f1} - x_P$ 重合的。注意到，f_2 中还有相位因子 A_1、A_2 及 $\mathrm{sinc}(\cdot)$ 函数的形状，因此非正交旁瓣对距离向峰值旁瓣比有减弱或增强作用，情形比较复杂。

同理，令 $x - x_P = 0$，分别计算 f_1 和 f_2 作用在方位向的旁瓣。

$$f_1: \begin{cases} \text{旁瓣位置}: \dfrac{B_1}{2}(y-y_P) = \tan\left[\dfrac{B_1}{2}(y-y_P)\right] \\ \text{幅度}: \dfrac{B_1}{\sqrt{4+B_1^2(y-y_P)^2}} \cdot k_{x1} \end{cases} \tag{2.45a}$$

$$f_2: \begin{cases} \text{旁瓣位置}: \dfrac{B_0}{2}(y-y_P) = \tan\left[\dfrac{B_0}{2}(y-y_P)\right] \\ \text{幅度}: \dfrac{B_0}{\sqrt{4+B_0^2(y-y_P)^2}} \cdot \dfrac{|A_1+A_2|}{\delta} \end{cases} \tag{2.45b}$$

式中，δ 为由 $x - x_P = 0$ 形成的无穷小量。由于 $B_1 \neq B_0$，同样可以分析非正交旁瓣

对方位向峰值旁瓣比指标的影响。

点目标响应的重要指标为积分旁瓣比,对于存在非正交旁瓣的图像,该参数必将恶化,本节不再赘述。以上是以理想点目标为例进行分析的,在实际低频 SAR 成像处理中,非正交旁瓣严重影响了成像质量,将降低图像的积分旁瓣比和峰值旁瓣比,甚至降低点目标的聚焦质量。

2.3.3 非正交旁瓣抑制

在 SAR 数据处理中,可以在牺牲分辨率的前提下加窗抑制旁瓣。对于传统高频 SAR,在二维频率支撑域上加矩形窗,利用窗函数优良的性能可以抑制点目标正交方向的旁瓣,提高峰值旁瓣比。然而,对低频 SAR 来说,矩形窗不能在非正交方向上起作用,目标响应的积分旁瓣比不能得到改善。如果考虑按照二维支撑的形状变口径加权,那么可以抑制非正交旁瓣[20]。以汉明窗为例,加权函数可以写为

$$W_{\text{hamming}}\left(k_x, L\left(k_y\right)\right) = 0.54 + 0.46\cos\left[\frac{\pi}{L\left(k_y\right)}k_x\right], \quad |k_x| \leqslant L\left(k_y\right) \qquad (2.46)$$

式中,$L\left(k_y\right)$ 为汉明窗的长度,由二维支撑的方位向波数决定,与距离向波数 k_y 有关,根据图 2.9(c)所示几何关系,可得

$$L\left(k_y\right) = \begin{cases} 2k_{x1}, & k_{yc} \leqslant k_y \leqslant k_{y1} \\ 2k_y/\beta, & k_{y0} \leqslant k_y < k_{yc} \end{cases} \qquad (2.47)$$

式(2.46)给出的是方位向变口径汉明窗,同理,根据图 2.9(c)支撑域的形状可得到距离向的变口径汉明窗为

$$W_{\text{hamming}}\left(L\left(k_x\right), k_y\right) = 0.54 + 0.46\cos\left[\frac{\pi}{L\left(k_x\right)}k_y\right], \quad |k_y| \leqslant L\left(k_x\right) \qquad (2.48)$$

式中

$$L\left(k_x\right) = \begin{cases} k_{y1} + \beta k_x, & -k_{x1} < k_x \leqslant -k_{x0} \\ k_{y1} - k_{y0}, & -k_{x0} < k_x \leqslant k_{x0} \\ k_{y1} - \beta k_x, & k_{x0} < k_x \leqslant k_{x1} \end{cases} \qquad (2.49)$$

　　图 2.10 是仿真点目标的加窗处理结果，可以发现，若只是在正交方向上加固定长口径汉明窗，则非正交旁瓣会严重影响成像质量，如图 2.10(a) 所示；若利用变口径加权，则正交方向和非正交方向的旁瓣都得到抑制，目标响应的积分旁瓣比改善了 4dB，如图 2.10(b) 所示。

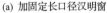

(a) 加固定长口径汉明窗　　　　　　　　(b) 变口径加权汉明窗

图 2.10　利用变口径汉明窗抑制非正交旁瓣结果[20]

　　由本章前面的分析可知，低频 SAR 存在非正交旁瓣的原因是式 (2.39) 中二维积分是在非矩形区域进行的。实际上，式 (2.37) 计算方位向积累角时用信号的中心频率代入，这说明按照方位向分辨率的要求，方位向波数宽度已经固定为 $2k_{x1}$。显然，对大于 k_{yc} 的部分，数据支撑能够满足要求，而小于 k_{yc} 的梯形部分数据是不能满足方位向分辨率要求的，造成非正交方向上的旁瓣效应。如果能使二维积分区域为矩形，则目标响应将精确聚焦且不存在非正交旁瓣。因此，可以从图 2.9(b) 中选取矩形区域 $[(-k_{x0}, k_{x0}), (k_{y0}, k_{y1})]$ 作为二维数据支撑。这个矩形区域的方位向波数宽度为 $2k_{x0}$，方位向分辨率下降。换句话说，用牺牲分辨率换取了非正交旁瓣的完全消除。若在计算方位向积累角时就用最低频率代入式 (2.37)，二维数据支撑选定为矩形区域，则能同时保证方位向分辨率和不存在非正交旁瓣。但是，由表 2.1 可知，为获得方位向高分辨率，方位处理角将增大，方位向数据处理量增大，对数据处理提出了更高要求，也就是说可以用对数据处理能力的高要求来换取方位向聚焦性能的提高。

　　图 2.11 是一段机载低频 SAR 实测数据非正交旁瓣抑制效果，目标区域是一片农田，左图圆圈标注的是放置在玉米地里的 3m 角反射器，右图是该角反射器附近的局部放大。由于变口径加窗的作用，角反射器的非正交旁瓣已经被很好的抑制，如右下图所示；相比之下，右上图是一般的两维汉明窗成像结果，非正交旁瓣干扰了角反射器的理想响应。需要说明的是，本节只讨论了传统加窗方式的非正交旁瓣抑制方法，在实际应用中，还可采取其他措施来抑制非正交旁瓣。感兴趣的读者，可自行查阅相关资料。

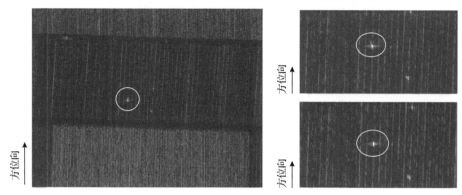

图 2.11　机载低频 SAR 实测数据非正交旁瓣抑制效果[20]

2.4　机载低频 SAR 运动误差建模与分析

目前，飞机仍然是低频 SAR 的主要搭载平台，本节将以飞机平台为例深入分析运动误差对低频 SAR 成像处理的影响。载机运动误差主要包括三个方面[27]：转动误差、航向速度误差和平动（偏航）误差。转动误差是指载机存在偏航、俯仰和滚动的角运动，使得天线平台的姿态发生变化，产生波束指向误差，从而影响 SAR 图像质量。现有的雷达天线伺服系统已经能够比较准确地控制天线的波束指向，因此通常可忽略转动误差的影响。与转动误差相比，航向速度误差和平动误差对 SAR 图像聚焦质量的影响更大。其中，航向速度误差不仅会导致回波的方位非等间距采样，还会降低回波信号的距离单元徙动校正（range cell migration correction，RCMC）精度和方位滤波精度。平动误差是指载机在飞行过程中偏离了理想直线轨迹，将引起回波包络误差和相位误差，是影响图像聚焦质量的重要因素之一。

在本节的研究内容中，假设载机转动误差已被精确补偿，仅考虑载机航向速度误差和平动误差对低频 SAR 成像处理的影响。对于单个目标，在 SAR 成像过程中，只有其经历的合成孔径时间内的平台运动状态会对其聚焦质量产生影响[35]。设 L_a 为合成孔径长度，k_{xe} 为运动误差频率（波数域），根据载机在一个合成孔径时间内运动误差的变化周期（频率），按照如下标准将运动误差划分为低频运动误差、中频运动误差和高频运动误差三类。

（1）低频运动误差（$k_{xe}L_a < \pi$）。常见于工作在高空飞行的大/中型运输机上的高频 SAR 系统[28]中。这类 SAR 系统的合成孔径时间短，而载机机体较大，飞行高度高，飞行速度快，受气流干扰较小，载机的运行状态比较平稳。因此，载机在一个合成孔径时间内的运动误差具有幅度较小、频率较低的特点。

（2）中频运动误差（$\pi \leqslant k_{xe}L_a < 4\pi$）。常见于工作在中/低空飞行的小型载机平

台(小型运输机、直升机或无人机等)上的高频 SAR，或者工作在高空飞行的大/中型运输机上的高分辨低频 SAR。在前一种情况中，SAR 系统的合成孔径时间短，但载机机体小，飞行高度低，飞行速度慢，受气流干扰严重。因此，载机在一个合成孔径时间内的运动误差具有幅度较大、周期较多、频率较高的特点。在后一种情况中，载机运行比较平稳，但由于低频 SAR 的合成孔径时间较长，载机在一个合成孔径时间内的运动误差同样具有幅度较大、频率较高的特点。

(3)高频运动误差($4\pi \leqslant k_{xe}L_a$)。常见于工作在中/低空飞行的小型载机平台(小型运输机、直升机或无人机)上的高分辨低频 SAR。在这种情况下，低频 SAR 同时兼具两个不利因素：一方面载机机体小，飞行高度低，飞行速度慢，受气流干扰严重，运行状态很不平稳；另一方面低频 SAR 合成孔径时间长，导致载机在一个合成孔径时间内的运动误差具有幅度大、频率高的特点。

由上述分析可知，对于同一载机平台，当搭载不同 SAR 系统时，运动误差将在回波信号中表现出不同特性，对 SAR 成像处理产生不同影响。同理，对于同一个 SAR 系统，当搭载在不同平台上时，运动误差也将在回波信号中表现出不同特性，对 SAR 成像处理产生不同影响。

关于平台运动误差对 SAR 成像处理影响的分析已有很多[19-21]，但大多采用仿真研究的方法，即在点目标仿真成像中，加入不同运动误差，然后观察成像结果得出研究结论。本节将从理论上深入分析雷达平台运动误差对成像处理的影响，并从理论上解释不同运动误差造成 SAR 图像出现不同散焦现象的根本原因，所得结论可为实际 SAR 系统研制中的运动补偿算法研究提供参考。

2.4.1　非理想情况下的机载低频 SAR 成像几何

图 2.12 给出了非理想情况下正侧视条带 SAR 成像几何关系图。其中，理想轨迹是与 X 轴平行的虚直线，实曲线表示载机实际轨迹。$\left[x(t_a)+\Delta x(t_a), \Delta y(t_a), \Delta z(t_a) \right]$ 表示实际轨迹中的雷达 APC 位置。t_a 为方位向慢时间，H 为理想轨迹对应的飞行高度，$\Delta x(t_a)$、$\Delta y(t_a)$ 和 $\Delta z(t_a)$ 分别为非理想情况下载机沿 X、Y、Z 三个方向的运动误差分量，θ 为目标 $P(x_P, y_P, z_P)$ 的俯视角。

由图 2.12 可求得雷达 APC 到目标 $P(x_P, y_P, z_P)$ 的瞬时斜距为

$$r_e(t_a) = \sqrt{\left[x + \Delta x(t_a) - x_P \right]^2 + \left[\Delta y(t_a) - y_P \right]^2 + \left[\Delta z(t_a) - z_P \right]^2} \qquad (2.50)$$

式中，v 为理想飞行速度，$x = vt_a$ 表示理想情况下的雷达 APC 方位位置。

利用关系式 $\left| \Delta y(t_a)\sin\theta + \Delta z(t_a)\cos\theta \right| = \sqrt{\left[x + \Delta z(t_a) - x_P \right]^2 + y_P^2 + z_P^2}$，对式(2.50)进行泰勒级数展开，并保留到一阶展开项，可得

$$r_e(t_a;r_0) = \sqrt{\left[x + \Delta x(t_a) - x_P\right]^2 + r_0^2} - \frac{r_0}{\sqrt{\left[x + \Delta x(t_a) - x_P\right]^2 + r_0^2}}\left[\Delta y(t_a)\sin\theta + \Delta z(t_a)\cos\theta\right]$$

$$= \sqrt{\left[x + \Delta x(t_a) - x_P\right]^2 + r_0^2} - \cos\beta \cdot \Delta r(t_a;r_0)$$

$$(2.51)$$

式中，$r_0 = \sqrt{x_P^2 + y_P^2}$ 为理想垂直斜距；$\cos\beta \cdot \Delta r(t_a;r_0)$ 为斜距 r_0 处的雷达视线方向(line of sight, LOS)的平动误差；$\Delta r(t_a;r_0) = \Delta y(t_a)\sin\theta + \Delta z(t_a)\cos\theta$ 为孔径中心处的平动误差，而

$$\cos\beta = \frac{r_0}{\sqrt{\left[x + \Delta y(t_a) - x_P\right]^2 + r_0^2}} \gg \frac{r_0}{\sqrt{(x - x_P)^2 + r_0^2}} \qquad (2.52)$$

表示雷达 APC 相对于目标 $P(x_P, y_P, z_P)$ 的瞬时斜视角。式(2.51)中等号右侧的第一项为包含航向速度误差的瞬时斜距，第二项为目标 P 对应的平动误差。

式(2.51)所示的运动误差模型是本节分析运动误差影响以及本章研究低频SAR 运动补偿算法的基础。尽管实际运动误差是航向速度误差和平动误差综合作用的结果，但为便于分析不同运动误差的影响，下面在分析航向速度误差的影响时，假设平动误差已被精确补偿($\Delta r(t_a;r_0) = 0$)；在分析平动误差的影响时，假设航向速度误差已被精确补偿($\Delta x(t_a) = 0$)。此外，为便于阐述，本节将在波数域进行相关理论分析。

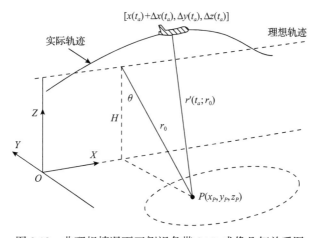

图 2.12　非理想情况下正侧视条带 SAR 成像几何关系图

2.4.2 航向速度误差影响分析

航向速度误差的影响可从回波信号的距离向聚焦和方位向聚焦两个方面进行分析，理想情况下的回波二维频谱可写为

$$\text{SS}\left(k_y,k_x;r_0\right) = \exp\left(-\mathrm{j}\frac{k_y^2}{4\pi\kappa}\right)\exp\left[-\mathrm{j}r_0\sqrt{\left(k_y+k_c\right)^2-k_x^2}\right] \tag{2.53}$$

式中，$k_c = 4\pi f_c/c$ 为载频波数；$k_y = 4\pi f_r/c$ 为距离向波数；$k_x = 2\pi f_a/v$ 为方位向波数；κ 为调频率。式(2.53)中的第一项为距离调制项，该项与载机速度无关；第二项为二维耦合项。

令 $\Theta\left(k_y,k_x;r_0\right)$ 表示耦合项相位，可求得耦合项相位在二维波数域的泰勒级数展开式为

$$\Theta\left(k_y,k_x;r_0\right) = -k_c\chi\left(k_x\right)r_0 - \frac{k_c r_0}{\chi\left(k_x\right)}\cdot\frac{k_y}{k_c} + \frac{k_c r_0}{2}\cdot\frac{1-\chi^2\left(k_x\right)}{\chi^3\left(k_x\right)}\cdot\left(\frac{k_y}{k_c}\right)^2 + \sum_{i,i\geqslant 3}^{\infty}C_i\left(k_x;r_0\right)\left(\frac{k_y}{k_c}\right)^i$$
$$= \Theta_0\left(k_x;r_0\right) + \Theta_1\left(k_y,k_x;r_0\right) + \Theta_2\left(k_y,k_x;r_0\right) + \Theta_{\text{HOP}}\left(k_y,k_x;r_0\right) \tag{2.54}$$

式中，$\chi\left(k_x\right) = \sqrt{1-\left(k_x/k_c\right)^2}$ 为距离单元徙动系数；$\Theta_0\left(k_x;r_0\right)$ 为方位调制项；$\Theta_1\left(k_y,k_x;r_0\right)$ 为距离单元徙动量；$\Theta_2\left(k_y,k_x;r_0\right)$ 二次距离调制项；$\Theta_{\text{HOP}}\left(k_y,k_x;r_0\right) = \sum_{i,i\geqslant 3}^{\infty}C_i\left(k_x;r_0\right)\left(k_y/k_c\right)^i$ 为高次耦合项。

1. 距离向聚焦的影响

由式(2.54)可知，对于回波距离向聚焦处理，航向速度误差将引起三个误差，分别是距离单元徙动(range cell migration, RCM)误差、二次距离调制相位误差和高次耦合相位误差。

1)距离单元徙动误差

式(2.54)中的第二项表示回波信号的 RCM。为便于分析，对 RCM 项的系数 $1/\chi\left(k_x\right) = 1/\sqrt{1-\left(k_x/k_c\right)^2}$ 进行关于 $k_x = 0$ 的泰勒级数展开，并保留到一阶展开项，得

$$\frac{1}{\chi\left(k_x\right)} = \frac{1}{\sqrt{1-\left(k_x/k_c\right)^2}} \approx 1 + \frac{k_x^2}{2k_c^2} \tag{2.55}$$

将式 (2.55) 代入 $\Theta_1(k_y,k_x;r_0)$ 中，得

$$\Theta_1(k_y,k_x;r_0) = -\frac{k_c r_0}{\chi(k_x)} \cdot \frac{k_y}{k_c} \approx -r_0 k_y - \frac{k_x^2 r_0}{2k_c^2} k_y \qquad (2.56)$$

式中的第一项为目标最近斜距，第二项为理想 RCM。可以发现，RCM 与回波方位向波数 k_x 有关。设合成孔径时间内航向速度误差为 Δv，则非理想情况下的方位向波数为 $k_x' = 2\pi f_a/(v+\Delta v)$，由此可求得 Δv 引起的 RCM 误差为

$$\Delta r_{\text{RCM}} = \frac{\left|\Theta_1(k_y,k_x';r_0) - \Theta_1(k_y,k_x;r_0)\right|}{k_y} = \frac{\left|k_x'^2 - k_x^2\right|}{2k_c^2} r_0 \qquad (2.57)$$

由式 (2.57) 可以发现，在相同航向速度误差情况下，SAR 方位向分辨率越高，载频波数越少，RCM 误差越大。当一个合成孔径时间内的 RCM 误差大于 1/2 或 1 个距离向分辨单元时，会导致目标聚焦质量下降。

2) 二次距离调制相位误差和高次耦合相位误差

类似地，令 $\Delta\Theta_2$ 和 $\Delta\Theta_{\text{HOP}}$ 分别表示由航向速度误差 Δv 引起的二次距离调制相位误差和高次耦合相位误差，由式 (2.54) 可求得

$$\Delta\Theta_2 = \left|\Theta_2(k_y,k_x';r_0) - \Theta_2(k_y,k_x;r_0)\right| \qquad (2.58)$$

$$\Delta\Theta_{\text{HOP}} = \left|\Theta_{\text{HOP}}(k_y,k_x';r_0) - \Theta_{\text{HOP}}(k_y,k_x;r_0)\right| \qquad (2.59)$$

与距离单元徙动误差一样，当航向速度误差不变时，SAR 方位向分辨率越高，载频波数越少，二次距离调制相位误差和高次耦合相位误差越大。当相位误差值大于预设容忍值（如 $\pi/2$ 或 $\pi/4$）时，目标聚焦质量下降。

下面通过仿真试验进行分析，令 ρ_a、ρ_r 分别表示方位向分辨率和距离向分辨率，则有 $k_{y,\max} = \pi/\rho_r$、$k_{x,\max} = \pi/\rho_a$。设 $\rho_a = \rho_r = 1\text{m}$，理想航向速度 $v = 100\text{m/s}$，斜距 $r_0 = 10\text{km}$，一个合成孔径时间内的航向速度误差分为 $\Delta v = 0.5\text{m/s}$、$\Delta v = 1.25\text{m/s}$ 和 $\Delta v = 2.0\text{m/s}$ 三种情况。将上述参数代入式 (2.57)～式 (2.59) 即可得出 Δr_{RCM}、$\Delta\Theta_2$ 和 $\Delta\Theta_{\text{HOP}}$。图 2.13 给出了上述误差随发射信号波长的变化曲线。

由图 2.13 可以发现，随着 SAR 方位向分辨率的提高或工作载频的降低，航向速度误差引起的距离单元徙动误差和二次距离调制相位误差越来越大，这意味着目标聚焦质量受到的影响也越来越大。此外，还可以发现，虽然高次耦合相位误差也在增大，但大多数情况下，高次耦合相位误差值小于容忍值，因此可忽略其影响。但当航向速度误差进一步增大，SAR 系统分辨率更高或工作频段更低时，高次耦合相位误差的影响也不可忽略。

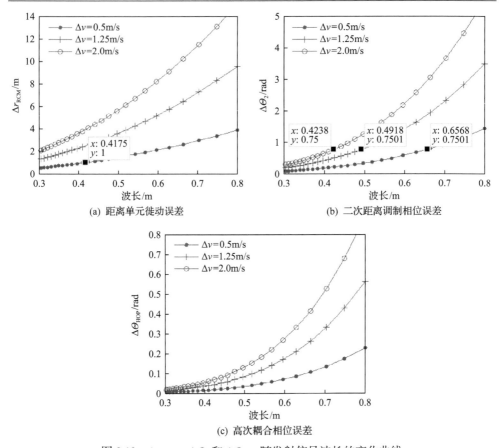

图 2.13　Δr_{RCM}、$\Delta \Theta_2$ 和 $\Delta \Theta_{\mathrm{HOP}}$ 随发射信号波长的变化曲线

2. 方位向聚焦的影响

由式（2.54）可以发现，除 RCM 项、二次距离调制相位项和高次耦合项外，方位调制项 $\Theta_0(k_x; r_0)$ 也与航向速度有关。对 $\Theta_0(k_x; r_0)$ 中的距离单元徙动系数 $\chi(k_x)$ 进行关于 $k_x = 0$ 的泰勒级数展开，得到

$$
\begin{aligned}
\Theta_0\left(k_x ; r_0\right) &\approx-k_c\left[1-\frac{k_x^2}{2 k_c^2}+\sum_{i=2}^{\infty} \frac{\chi^{(i)}(0)}{i!}\left(\frac{k_x^2}{k_c^2}\right)^i\right] r_0 \\
&=-k_c r_0+\frac{k_x^2}{2 k_c} r_0-\sum_{i=2}^{\infty} \frac{k_c r_0 \chi^{(i)}(0)}{i!}\left(\frac{k_x^2}{k_c^2}\right)^i \\
&=\psi_0\left(r_0\right)+\psi_1\left(k_x ; r_0\right)+\psi_{\mathrm{HOP}}\left(k_x ; r_0\right)
\end{aligned}
\tag{2.60}
$$

式中，第一项为常数项，对目标聚焦无影响；第二项为二次方位调制相位项，只

有对该项进行精确匹配滤波，才能实现目标的方位向聚焦；第三项 $\psi_{\mathrm{HOP}}(k_x;r_0)=$

$$-\sum_{i=2}^{\infty}\frac{k_c r_0 \chi^{(i)}(0)}{i!}\left(\frac{k_x^2}{k_c^2}\right)^i$$ 表示高次展开项。参照 2.3.1 节的定义，可求得非理想情况下

航向速度误差 Δv 引起的方位二次相位误差和高次相位误差分别为

$$\Delta\psi_1=\left|\psi_1\left(k_x';r_0\right)-\psi_1\left(k_x;r_0\right)\right| \tag{2.61}$$

$$\Delta\psi_{\mathrm{HOP}}=\left|\psi_{\mathrm{HOP}}\left(k_x';r_0\right)-\psi_{\mathrm{HOP}}\left(k_x;r_0\right)\right| \tag{2.62}$$

式中，二次相位误差是造成目标方位向散焦的主要原因，需采取有效措施予以补偿，相关研究将在后面章节详细介绍。对于中/低分辨率 SAR，高次相位误差的影响较小，可将其忽略。随着 SAR 系统工作频段的降低或方位向积累角的增大，高次相位误差越来越大。因此，对于高分辨率 SAR，高次相位误差的影响不可忽略。

利用 2.3.1 节中的仿真参数，图 2.14 给出了航向速度误差引起的方位二次相位误差和高次相位误差随发射信号波长的变化曲线。

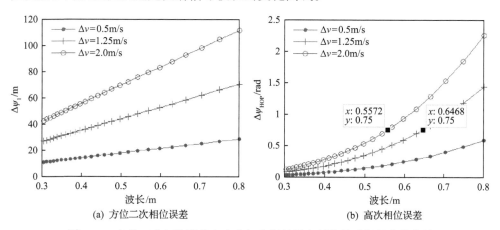

图 2.14　方位二次相位误差和高次相位误差随发射信号波长的变化曲线

由图 2.14 可以发现，与二次距离调制相位误差相比，相同航向速度误差引起的方位二次相位误差更大，严重降低了目标的方位向聚焦质量。相比较而言，高次相位误差则要小得多，当高次相位误差值小于容忍值时，其影响可忽略。但是，随着 SAR 波长的增加，高次相位误差越来越大，当大于容忍值时，则不能忽略其影响。

2.4.3　平动误差影响分析

在实际情况中，平动误差可分解为线性平动误差和正弦平动误差。其中，线

性平动误差将引起 SAR 图像的几何形变[38]，但对图像聚焦质量的影响不大。由于线性平动误差相对简单，且已有较多研究，这里不再进行深入分析。与线性平动误差不同，正弦平动误差会严重影响图像的聚焦质量，必须在 SAR 成像过程中予以有效补偿[38]。

1. 平动误差模型

忽略平动误差的方位空变性，则式(2.51)可写为

$$
\begin{aligned}
r_e(x;r_0,x_P) &\gg \sqrt{r_0^2+(x-x_P)^2}+\Delta r(x;r_0) \\
&= r(x;r_0,x_P)+\Delta r_c(x;r_c)+\Delta r_v(x;r_0)
\end{aligned}
\tag{2.63}
$$

式中，r_c 为场景中心到理想航迹的垂直斜距；$\Delta r_c(x;r_c)$ 为场景中心对应的 LOS 方向平动误差，称为距离非空变误差；$\Delta r_v(x;r_0)$ 为斜距 r_0 处平动误差与场景中心处平动误差的差值，称为距离空变误差。

为便于分析，将理想情况下的 SAR 回波频谱(式(2.53))写成以下形式：

$$
\mathrm{SS}(k_y,k_x;r_0)=\exp\left(-\mathrm{j}\frac{k_y^2}{4\pi\kappa}\right)G(k_y,k_x;r_0)
\tag{2.64}
$$

式中，$G(k_y,k_x;r_0)=\exp\left[-\mathrm{j}r_0\sqrt{(k_y+k_c)^2-k_x^2}\right]$ 为理想情况下的 SAR 系统传输函数(system transformation function, STF)。平动误差不影响回波信号的距离压缩，下面将基于距离压缩后的回波信号开展分析。

结合式(2.63)，可求得非理想情况下斜距 r_0 处目标的基带回波信号(忽略无关项)为

$$
\mathrm{ss}'(r,x;r_0)=\exp\left[-\mathrm{j}k_c r_e(x;r_0,x_P)\right]\exp\left\{\mathrm{j}\frac{4\pi\kappa}{c^2}\left[r'-r_e(x;r_0,x_P)\right]^2\right\}
\tag{2.65}
$$

式中，$r'=c\tau/2$ 为斜距变量。

由式(2.65)可求得相应的回波频谱为[38]

$$
\mathrm{SS}'(k_y,k_x;r_0)=\int E(k_y,\varsigma;r_0)G(k_y,k_x-\varsigma;r_0)\mathrm{d}\varsigma
\tag{2.66}
$$

式中，$E(k_y,\varsigma;r_0)$ 为平动误差项的频谱。

令 $e(k_y,x;r_0)$ 表示距离频域、方位时域内的平动误差项，则有[33]

$$
e(k_y,x;r_0)=\exp\left[-\mathrm{j}(k_y+k_c)\Delta r(x;r_0)\right]
\tag{2.67}
$$

$$E(k_y, k_x; r_0) = \mathcal{F}_{x \to k_x}\left[e(k_y, x; r_0)\right] \tag{2.68}$$

式(2.64)～式(2.68)是本节分析正弦平动误差对 SAR 成像处理影响的基础。

2. 非理想情况下的回波频谱

文献[38]推导了正弦平动误差模型下的回波频谱，但所列出的推导公式并不完全正确，有必要进行重新推导。设平动误差 $\Delta r(x; r_0)$ 呈正弦变化，则可用式(2.69)的正弦函数进行描述：

$$\Delta r(x; r_0) = a(r_0)\sin(k_{xe}x) \tag{2.69}$$

式中，$a(r_0)$ 为斜距 r_0 处的正弦平动误差幅度；k_{xe} 为误差频率。

基于该模型，对式(2.67)进行第一类贝塞尔函数[44,45,47]展开，得

$$e(k_y, x; r_0) = \sum_{m=0}^{\infty} C_m j^m J_m\left(A(k_y; r_0)\right)\cos(m \cdot k_{xe}x - m\pi/2) \tag{2.70}$$

式中，$C_0 = 1$，$C_m = 2(m \neq 0)$；$J_m(A)$ 为第 m 阶第一类贝塞尔函数；$A(k_y; r_0) = (k_y + k_c)a(r_0)$。

将式(2.70)代入式(2.66)中，得到存在正弦平动误差情况的回波频谱为

$$SS'(k_y, k_x; r_0) = \sum_{m=-\infty}^{\infty} C'_k j^{|m|-m} J_{|m|}(A) \cdot G(k_y, k_x - m \cdot k_{xe}; r_0) \tag{2.71}$$

式中，$C'_0 = 2$；$C'_m = 1 (m \neq 0)$。

假定 $A(\cdot)$ 具有距离向不变性，令 $r_0 \approx r_c$，同时忽略 $A(\cdot)$ 与距离向波数 k_y 的相关性，则式(2.71)可以写为

$$SS'(k_y, k_x; r_0) = \sum_{m=-\infty}^{\infty} C'_m j^{|m|-m} J_{|m|}\left(A(0; r_c)\right) \cdot G(k_y, k_x - m \cdot k_{xe}; r_0) \tag{2.72}$$

式(2.72)是式(2.66)的离散域形式，由式(2.72)可知，在存在正弦平动误差情况下，回波频谱为理想频谱(真实目标对应的频谱，即 $J_0(A)$，又称为主谱)与重叠次谱(主谱的平移谱，即 $J_m(A)$，$m \neq 0$)的叠加，其中重叠次谱的方位偏移量为 $m \cdot k_{xe}(m = \pm1, \pm2, \cdots)$，正弦平动误差情况下的回波频谱如图 2.15 所示。在 SAR 成像时，除主谱会生成真实目标外，每个重叠次谱还将产生一个虚假目标，导致图像聚焦质量下降。

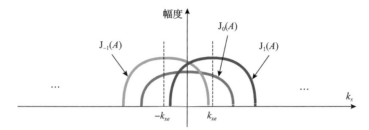

图 2.15　正弦平动误差情况下的回波频谱

此外，由式(2.72)可以发现，正弦平动误差频率和幅度对回波频谱有很大影响。

1）误差频率

由式(2.72)可知，第 m 阶重叠次谱的方位偏移量 $m \cdot k_{xe}$ 与误差频率 k_{xe} 有关。误差频率越高，第 m 阶重叠次谱相对主谱的偏移量越大。

2）误差幅度

在讨论正弦平动误差幅度的影响前，先分析第一类贝塞尔函数的特性。设雷达波长 $\lambda = 0.75\mathrm{m}$，图 2.16 给出不同误差幅度下第一类贝塞尔函数随阶数的变化曲线。

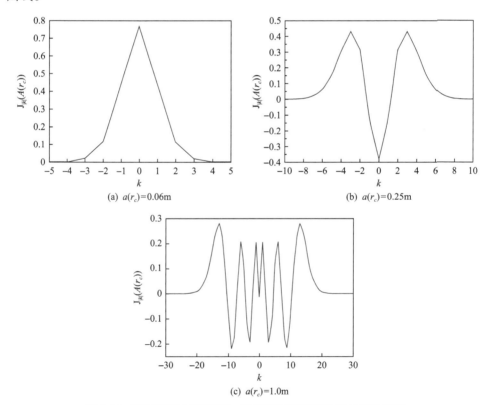

(a) $a(r_c)=0.06\mathrm{m}$

(b) $a(r_c)=0.25\mathrm{m}$

(c) $a(r_c)=1.0\mathrm{m}$

图 2.16　不同误差幅度下第一类贝塞尔函数随阶数的变化曲线

由图 2.16 可以发现，第一类贝塞尔函数随阶数的变化有如下特点：

(1) 随着阶数 m 的增大，第一类贝塞尔函数逐渐变小，最终收敛到零值。然而，随着误差幅度的增大，第一类贝塞尔函数的收敛速度变慢。理论上，式(2.72)中的第一类贝塞尔函数的阶数可取无穷大。然而在实际情况中，加权系数很小的重叠次谱由于能量很低，生成虚假目标的脉冲响应幅度远小于真实目标的脉冲响应幅度，其对图像聚焦质量影响很小，可以忽略。因此，可将式(2.72)改写为

$$\mathrm{SS}'\left(k_y, k_x; r_0\right) = \sum_{m=-M/2}^{M/2} C'_k \mathrm{j}^{|m|-m} \mathrm{J}_{|m|}\left(A(0; r_c)\right) \cdot G\left(k_y, k_x - m \cdot k_{xe}; r_0\right) \tag{2.73}$$

式中，M 为对图像聚焦质量有较大影响，不可忽略的重叠次谱个数。

(2) 当误差幅度较小时，第一类贝塞尔函数随阶数的变化趋势呈金字塔形，第零阶第一类贝塞尔函数值最大。随着误差幅度的增大，第一类贝塞尔函数值开始围绕零值振荡，振荡频率也随误差幅度的增加而变大。在某些情况下，第零阶第一类贝塞尔函数 $\mathrm{J}_0(A)$ 甚至小于其他阶第一类贝塞尔函数，这时就会出现加权主谱幅度小于重叠次谱幅度的情况。

综合上述分析，可得出结论：正弦平动误差的频率决定重叠次谱相对主谱的方位偏移量，幅度决定不可忽略的重叠次谱个数。

3. 平动误差对 SAR 成像处理的影响分析

受到正弦平动误差的影响，在 SAR 成像中，如果按照理想回波频谱设计匹配滤波器，则所设计滤波器在与主谱匹配的同时会失配于重叠次谱，导致图像的聚焦质量下降。下面给出相应的理论证明，SAR 系统的传输函数 $G\left(k_y, k_x; r_0\right)$ 可写为

$$G\left(k_y, k_x; r_0\right) = G_{\mathrm{AC}}\left(k_y, k_x; r_0\right) \cdot G_{\mathrm{RCM}}\left(k_y, k_x; r_0\right) \tag{2.74}$$

式中，$G_{\mathrm{AC}}\left(k_y, k_x; r_0\right)$、$G_{\mathrm{RCM}}\left(k_y, k_x; r_0\right)$ 分别表示方位调制项和 RCM 项。

$G_{\mathrm{AC}}\left(k_y, k_x; r_0\right)$ 与 $G_{\mathrm{RCM}}\left(k_y, k_x; r_0\right)$ 的精确表达式分别为

$$G_{\mathrm{AC}}\left(k_x; r_0\right) = \exp\left(-\mathrm{j} r_0 \sqrt{k_c^2 - k_x^2}\right) \tag{2.75}$$

$$G_{\mathrm{RCM}}\left(k_y, k_x; r_0\right) = \exp\left\{-\mathrm{j} r_0\left[\sqrt{\left(k_y + k_c\right)^2 - k_x^2} - \sqrt{k_c^2 - k_x^2}\right]\right\} \tag{2.76}$$

在 SAR 成像中，RCMC 处理可通过修正 Stolt 插值来完成，方位向压缩可通过在距离多普勒域内乘以 $G_{\mathrm{AC}}^*\left(k_y, k_x; r_0\right)$ 来完成。将式(2.75)与式(2.76)代入式(2.73)中，可得

$$\mathrm{SS}'\left(k_y,k_x;r_0\right) = \sum_{m=-M/2}^{M/2} C_k' \mathrm{j}^{|m|-m} \mathrm{J}_{|m|}\left(A(0;r_c)\right) G_{\mathrm{AC}}\left(k_y,k_x - m\cdot k_{xe};r_0\right)$$
$$\cdot G_{\mathrm{RCM}}\left(k_y,k_x - m\cdot k_{xe};r_0\right) \tag{2.77}$$

由式(2.77)可以发现，平动误差将引起回波信号的 RCMC 误差和方位滤波误差。

1) RCMC 误差

重叠次谱相对主谱发生了方位偏移，使得按理想情况设计的 RCM 滤波器与重叠次谱失配，引起重叠次谱的 RCMC 误差。为便于分析，对式(2.76)进行关于 $k_y = 0$ 的泰勒级数展开，并保留到一阶展开项，得

$$G_{\mathrm{RCM}}\left(k_y,k_x;r_0\right) \approx \exp\left(\mathrm{j}\frac{k_x^2 r_0}{2k_c^2}k_y\right) \tag{2.78}$$

由式(2.78)可得第 m 阶重叠次谱对应的 RCM 为

$$G_{\mathrm{RCM}}\left(k_x + m\cdot k_{xe},k_y;r_0\right) \approx \exp\left[\mathrm{j}\frac{\left(k_x + m\cdot k_{xe}\right)^2 r_0}{2k_c^2}k_y\right] \tag{2.79}$$

将式(2.79)乘以式(2.78)的共轭，可求得 RCM 滤波失配所引起的相位误差 $\Delta G_{\mathrm{RCM}}\left(k_x + m\cdot k_{xe},k_y;r_0\right)$ 为

$$\Delta G_{\mathrm{RCM}}\left(k_x + m\cdot k_{xe},k_y;r_0\right) = G_{\mathrm{RCM}}\left(k_x + m\cdot k_{xe},\eta;r_0\right) G_{\mathrm{RCM}}^*\left(k_x,k_y;r_0\right)$$
$$= \exp\left[\mathrm{j}\frac{\left(m^2 k_{xe}^2 + 2m\cdot k_x \cdot k_{xe}\right)r_0}{2k_c^2}k_y\right] \tag{2.80}$$

由式(2.80)可以发现，相位误差是关于距离向频率 k_y 的一次函数，而相位系数即为第 m 阶重叠次谱的 RCM 误差 $\Delta r_{\mathrm{RCM}}\left(m;r_0\right)$：

$$\Delta r_{\mathrm{RCM}}\left(m;r_0\right) = \frac{\left(m^2 k_{xe}^2 + 2m\cdot k_x \cdot k_{xe}\right)r_0}{2k_c^2}\bigg|_{k_x=\pi B_a/v} \tag{2.81}$$

由式(2.81)可以发现，$\Delta r_{\mathrm{RCM}}\left(m;r_0\right)$ 与方位向波数 k_x、误差频率 k_{xe} 和斜距 r_0 有关。

重叠次谱出现 RCM 滤波失配，导致虚假目标 RCMC 处理精度下降。进行 RCMC 处理后，虚假目标的能量将分散于多个距离向分辨单元中。在图像上表现为：RCMC 处理后的回波信号轨迹存在明显的距离弯曲现象。

下面通过仿真试验加以说明，仿真参数如表 2.2 所示。

表 2.2　仿真参数

参数	数值	参数	数值
信号载频	300MHz/10GHz	距离向分辨率	1.0m
信号带宽	150MHz	方位向分辨率	1.0m
采样频率	200MHz	目标斜距	10.0km
脉冲重复频率	100Hz	测绘带宽度	200m
载机飞行速度	50m/s	载机飞行高度	4km

利用上述仿真参数和式(2.81)，图 2.17 给出了 X 波段 SAR 和 P 波段 SAR 中第一阶重叠次谱 RCM 滤波失配导致的 RCMC 误差(即 $\Delta r_{\mathrm{RCM}}(1;r_0)$)随平动误差频率的变化曲线。

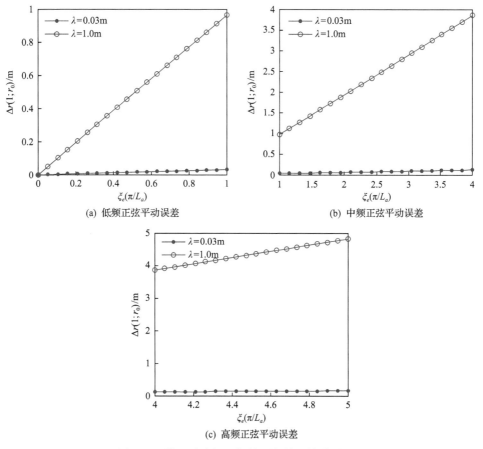

(a) 低频正弦平动误差　　　　(b) 中频正弦平动误差

(c) 高频正弦平动误差

图 2.17　第一阶虚假目标的距离单元徙动误差量

观察图 2.17 可得出如下结论：

（1）相同平动误差在 P 波段 SAR 中产生的 RCM 误差远大于 X 波段 SAR，且 P 波段 SAR 中的 RCM 误差随平动误差频率的变化率远大于 X 波段 SAR。

（2）随着平动误差频率的升高，RCM 误差越来越大，逐渐超过一个距离向分辨单元，导致回波信号能量分散。

基于表 2.2 中列出的 P 波段 SAR 系统参数，图 2.18(a)～图 2.18(d) 给出了无运动误差情况和分别加入低频正弦平动误差、中频正弦平动误差、高频正弦平动误差后，场景中心目标的 RCMC 处理结果，成像过程中未采用任何运动补偿措施。

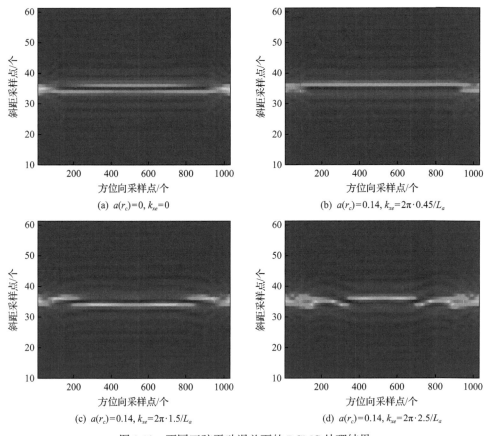

(a) $a(r_c)=0$, $k_{xe}=0$

(b) $a(r_c)=0.14$, $k_{xe}=2\pi \cdot 0.45/L_a$

(c) $a(r_c)=0.14$, $k_{xe}=2\pi \cdot 1.5/L_a$

(d) $a(r_c)=0.14$, $k_{xe}=2\pi \cdot 2.5/L_a$

图 2.18　不同正弦平动误差下的 RCMC 处理结果

实际上，图 2.18 给出的是所有目标(真实目标和虚假目标)重叠在一起的信号轨迹，而不只是真实目标的信号轨迹。在 RCMC 后，虚假目标的信号轨迹和真实目标的信号轨迹彼此重叠，难以分辨，因此无法将它们的信号轨迹从重叠轨迹中分离出来进行独立观察。由图 2.18 可以发现，随着正弦平动误差频率的增加，RCMC 处理精度越来越差。其原因是：随着正弦平动误差频率的增加，重叠次谱相对主谱偏移量增大，滤波器失配加重，导致虚假目标的 RCMC 精度下降。以此类推，假设正弦平动误差频率恒定，而误差幅度增大，则出现滤波失配现象的重叠次谱个数增多，也将导致回波信号的 RCMC 精度下降。

值得注意的是，RCM 滤波器失配只会导致虚假目标的 RCMC 精度降低，而不会影响真实目标的 RCMC 精度。然而虚假目标的 RCMC 精度较低，导致信号能量分散于多个距离向分辨单元中，这些分散的能量很难再被精确补偿，最终导致图像聚焦质量下降。

2) 方位滤波误差

与 RCM 滤波失配类似，重叠次谱相对主谱发生了方位偏移，导致按理想情况设计的方位匹配滤波器与重叠次谱出现失配。为便于分析，对式 (2.75) 的方位调制项进行关于 $k_x = 0$ 的泰勒级数展开，并保留到二次项，得到

$$G_{AC}\left(k_x; r_0\right) \approx \exp\left(-j\frac{r_0}{2k_c}k_x^2\right) \tag{2.82}$$

当存在平动误差时，第 m 阶重叠次谱的方位调制项可表示为

$$G_{AC}\left(k_x + m \cdot k_{xe}; r_0\right) \approx \exp\left[-j\frac{r_0}{2k_c}\left(k_x + m \cdot k_{xe}\right)^2\right] \tag{2.83}$$

结合式 (2.82) 和式 (2.83)，可算出方位滤波误差为

$$
\begin{aligned}
\Delta G_{AC}\left(k_x + m \cdot k_{xe}; r_0\right) &= G_{AC}\left(k_x + m \cdot k_{xe}; r_0\right) G_{AC}^*\left(k_x; r_0\right) \\
&= \exp\left(-j\frac{r_0 m^2 k_{xe}^2}{2k_c}\right)\exp\left(-j\frac{mk_{xe}r_0}{k_c}k_x\right)
\end{aligned}
\tag{2.84}
$$

式中，第二行第一个指数项为常数；第二个指数项是关于方位向频率 k_x 的线性函数，其系数决定了虚假目标的聚焦位置相对真实目标方位位置的偏移量 $\Delta x_p\left(m; r_0\right)$。

$$\Delta x_p\left(m; r_0\right) = \frac{m \cdot k_{xe}}{k_c}r_0 \tag{2.85}$$

由式 (2.85) 可以发现，$\Delta x_p\left(m; r_0\right)$ 与误差频率 k_{xe}、载频波数 k_c 和斜距 r_0 有关。当 $\Delta x_p\left(m; r_0\right) \neq 0$ 时，在真实目标附近（沿方位向）将出现虚假目标，其方位位置为 $x_p + \Delta x_p\left(m; r_0\right)$。由 $m = \pm 1, \pm 2, \cdots, \pm M/2$ 可知，虚假目标将成对出现。当重叠次谱幅度大于主谱幅度时，虚假目标的脉冲响应幅度将大于真实目标的脉冲响应幅度。显然，虚假目标的出现会严重影响图像的聚焦质量。

下面通过仿真试验来说明平动误差对方位向压缩处理的影响，仿真参数如

表 2.2 所示。图 2.19 给出了 X 波段 SAR 和 P 波段 SAR 中第一阶重叠次谱由方位滤波失配产生的偏移量 $\Delta x_p\left(m;r_0\right)$ 随误差频率的变化曲线。

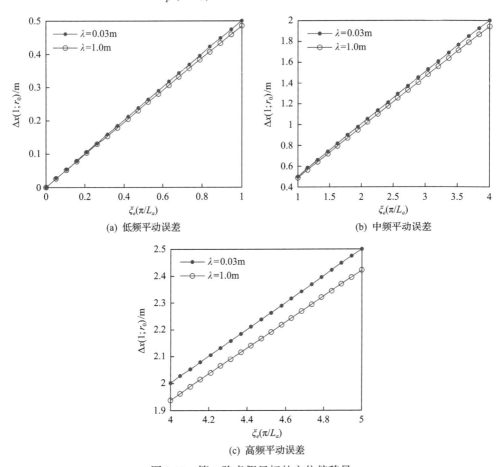

(a) 低频平动误差

(b) 中频平动误差

(c) 高频平动误差

图 2.19　第 1 阶虚假目标的方位偏移量

观察图 2.19 中曲线可得出结论:

(1) 相同平动误差在不同波段 SAR 产生的方位偏移量相差不大。

(2) 随着误差频率的提高,方位偏移量 $\Delta x_p\left(m;r_0\right)$ 增大,逐渐由小于一个方位向分辨单元增大到几倍于方位向分辨单元。

下面给出存在正弦平动误差时的点目标仿真成像结果,仍然采用表 2.2 的仿真参数,但将信号载频改为 10GHz。选择高载频的目的是减小回波信号距离单元徙动量,降低平动误差对目标 RCMC 处理的影响,以便更清楚地观察正弦平动误差对目标方位向压缩处理的影响。图 2.20 给出加入四种不同正弦平动误差后,场景中心目标的成像结果。所加入的误差分别为小幅度低频误差、小幅度中频误差、小幅度高频误差和大幅度低频误差，成像过程中未采用任何运动补偿措施。

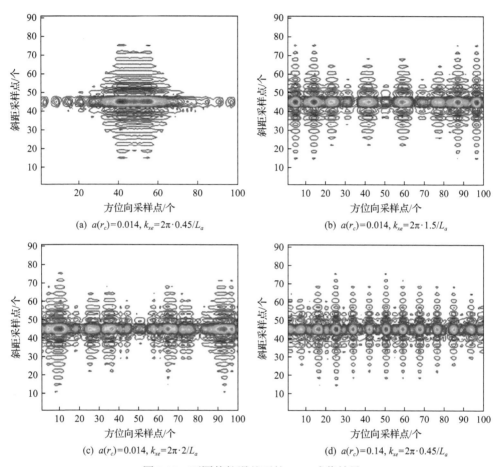

图 2.20　不同偏航误差下的 SAR 成像结果

分析图 2.20 的成像结果，可得到如下结论：

（1）当加入小幅度低频正弦平动误差时，重叠次谱相对主谱的偏移量很小。成像后，虚假目标相对真实目标的方位偏移量很小，虚假目标主瓣与真实目标主瓣之间存在部分重合，有时甚至难以分辨。SAR 图像表现为：真实目标主瓣展宽，旁瓣很高，但不存在明显的虚假目标，如图 2.20(a) 所示。

（2）当加入小幅度中/高频正弦平动误差时，重叠次谱相对主谱偏移量增大。成像后，虚假目标相对真实目标的方位偏移量较大，虚假目标主瓣与真实目标主瓣开始分离。SAR 图像表现为：真实目标聚焦良好，但在真实目标两侧（沿方位向）出现大量成对虚假目标，某些情况下，真实目标的脉冲响应幅度小于虚假目标的脉冲响应幅度，如图 2.20(b) 和 (c) 所示。

（3）当加入大幅度低频正弦平动误差时，虽然误差频率降低，但误差幅度增大，导致有效重叠次谱个数增加，即 M 值变大。由重叠次谱相对主谱的偏移量 $m \cdot k_{xe}$ 可知，重叠次谱个数增加后，方位边缘重叠次谱的方位滤波失配现象加重。此时，所得 SAR 成像结果与前一种情况类似，即真实目标聚焦良好，但在真实目标两侧出现大量虚假目标，如图 2.20（d）所示。

图 2.20 的点目标仿真成像结果很好地验证了图 2.19 给出的仿真曲线。综合本节分析，可得出如下结论：

（1）在 SAR 成像处理中，平动误差幅度越大，频率越高，影响越大。

（2）在相同正弦平动误差情况下，低频 SAR 受到的影响大于高频 SAR。

4. 平动误差的空变特性

对于宽测绘带高分辨率 SAR，平动误差还存在较强的二维空变特性。由式（2.51）可知，斜距 r_0 处（俯视角 θ）的平动误差可表示为

$$\Delta r(t_a, \theta, \beta) = \cos \beta \cdot \Delta r(t_a; r_0) = \cos \beta \left[\Delta y(t_a) \sin \theta + \Delta z(t_a) \cos \theta \right] \quad (2.86)$$

可以发现，平动误差是关于俯视角 θ 和瞬时斜视角 β 的函数。其中，θ 的变化范围取决于载机飞行高度和测绘带宽度，β 的变化范围取决于合成孔径长度和目标所在斜距。当 θ 和 β 较大时，就会引起平动误差的二维空变特性。

1）距离空变性

由式（2.86）可知，当 $\Delta r(t_a; r_0)$ 固定时，合成孔径中心（$\beta = 0$）处的平动误差最大，距离空变性最强。令 $\beta = 0$，选择场景中心斜距作为参考，设其俯视角为 θ_c，则其他斜距（设其俯视角为 $\theta = \theta_c + \Delta \theta$）处的相位误差与场景中心处相位误差之间的差值为

$$
\begin{aligned}
E_{\mathrm{RV}}(\beta = 0) &= \frac{4\pi}{\lambda} \left[\Delta r(t_a, \theta, \beta = 0) - \Delta r(t_a, \theta_c, \beta = 0) \right] \\
&= \frac{4\pi}{\lambda} \left\{ \Delta y(t_a) \left[\sin(\theta_c + \Delta \theta) - \sin \theta_c \right] + \Delta z(t_a) \left[\cos(\theta_c + \Delta \theta) - \cos \theta_c \right] \right\}
\end{aligned}
$$

$$(2.87)$$

由式（2.87）可以发现，在平动误差确定的情况下，距离空变相位误差的大小取决于发射信号波长 λ 和俯视角变化值 $\Delta \theta$。当 $E_{\mathrm{RV}}(\beta = 0)$ 大于容忍值（如 $\pi/2$ 或 $\pi/4$）时，相位误差的距离空变性不可忽略。

2）方位空变性

同理，当俯仰角 θ 固定时，平动误差导致的方位空变相位误差为

$$E_{AV}(t_a,\theta) = \frac{4\pi}{\lambda}\Big[\Delta r(t_a,\theta,0) - \Delta r(t_a,\theta,\beta)\Big]$$

$$= \frac{4\pi}{\lambda}(1-\cos\beta)\cdot\Delta r(t_a,\theta) \tag{2.88}$$

可以发现，当 θ 固定时，方位空变相位误差关于 $|\beta|$ 单调递增。当 $|\beta|$ 等于方位向积累角的 1/2 时，$E_{AV}(t_a,\theta)$ 取得最大值。设平动误差 $\Delta r(t_a,\theta) = 10\text{m}$，图 2.21 给出了不同波段 SAR 中方位空变相位误差随方位向分辨率的变化曲线，以及不同方位向分辨率情况下，方位空变相位误差随信号波长的变化曲线。

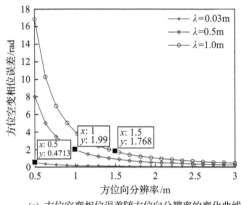
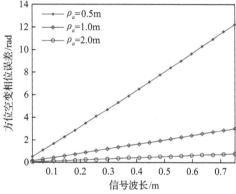

(a) 方位空变相位误差随方位向分辨率的变化曲线　　　(b) 方位空变相位误差随信号波长的变化曲线

图 2.21　相位误差方位空变性分析

观察图 2.21 可得出如下结论：

(1) 对于同一个 SAR 系统，方位向分辨率越高，相位误差的方位空变性越强。

(2) 在相同方位向分辨率条件下，SAR 系统工作频段越低，相位误差的方位空变性越强。因此，高频 SAR 系统通常可忽略相位误差方位空变性的影响，但在低频 SAR 系统中不可忽略。

2.5　机载低频 SAR 射频干扰抑制

与高频 SAR 成像相比，低频 SAR 成像除了要面临非正交旁瓣、复杂运动误差等难题外，还要面临 RFI 信号的影响。工作在 VHF/UHF、L 等频段的低频 SAR 在工作频率与广播电视信号、超短波地空通信信号、对讲机信号、集群业务信号、手机通信信号、卫星导航与通信信号等民用无线电射频信号相重合，因此低频 SAR 成像往往会受到较为严重的无线电干扰[1,48-51]。与高频 SAR 成像相比，低频 SAR 成像处理必须考虑 RFI 对图像质量的影响，而 RFI 抑制也是低频 SAR 成像处理中的重要步骤[1]，国内外学者已开展了大量相关研究工作[51-63]。常见无线电业务频谱分布如图 2.22 所示。

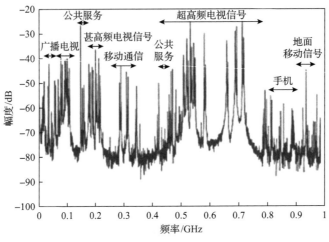

图 2.22　常见无线电业务频谱分布

2.5.1　RFI 信号模型

在已有低频 SAR 成像技术研究中，RFI 回波模型主要是时域模型，干扰信号被区分为窄带干扰(narrow band interference, NBI)与宽带干扰(wide band interference, WBI)，窄带干扰被定义为带宽占比低于 1%的 RFI 信号，并常用少量离散正弦信号的叠加进行建模；宽带干扰则进一步区分为线性调频宽带干扰(chirp modulated wideband interference, CMWBI)与正弦调频宽带干扰(sinusoidal modulated wideband interference, SMWBI)[64]。有研究人员指出，实际情况中的宽带干扰可能与这两种数学模型完全不匹配[65-81]，CMWBI 和 SMWBI 作为两种基本形式，更多的是用于表征宽带干扰所具有的时变特性与频率捷变特性，常见的 RFI 抑制算法也并没有特别强调利用 CMWBI 与 SMWBI 模型的数学性质进行特殊化处理。从离散信号处理的角度来看，窄带干扰与宽带干扰的区别往往只在于受干扰频点的数目，因此后面将不再强调 RFI 的种类。

现实中的 RFI 来源很多，因此 RFI 信号的时域形式极为复杂，但从频域来看，RFI 信号往往可简化为

$$I(m,n) = \sum_k \alpha_k(n) \exp\big(j\varphi_k(n)\big) P\big(f_m - f_k\big) \tag{2.89}$$

式中，$I(m,n)$ 为雷达系统在频率-脉冲平面上的采样；f_m 为系统第 m 个工作频点；n 为脉冲编号；α_k 为第 k 个干扰信号的幅度；f_k 与 φ_k 分别为对应的干扰频率与

初相；$P(\cdot)$ 为窗函数，描述了 RFI 的包络形状以及对应到时域的持续时间，例如，当 $P(\cdot)$ 为冲激函数时，代表频率为 f_k 的单频干扰在整个脉冲时间内都对回波产生干扰。对于窄带干扰，干扰数目（k 的上限）比较小，不同 f_k 的间距较大；对于宽带干扰，干扰数目较大，同时存在若干相邻的干扰频点，且这些干扰频点之间存在耦合关系。考虑到 RFI 信号存在慢时间与空间上的随机变化，RFI 信号的幅度 $\alpha_g(n)$ 与初相 $\varphi_g(n)$ 往往被认为是与 n 相关的随机变量。

如果忽略 RFI 在单个脉冲内部的时变特性，则可以将 RFI 信号假设为单个脉冲内部的稳定信号，此时 $P(\cdot)$ 对应于冲激函数，式(2.89)可进一步简化为

$$I(m,n) = \sum_k \alpha_k(n) \exp\big(\mathrm{j}\varphi_k(n)\big)\delta\big(f_m - f_k\big) \tag{2.90}$$

式中，$\delta(\cdot)$ 为冲激函数。这一简化降低了 RFI 信号模型在时域中的准确性，但会显著降低 RFI 分析的难度，除了特别说明外,本书考虑的 RFI 信号模型均是指式(2.90)所示模型。

对于已经完成匹配滤波器相乘的频域回波信号采样（或已经进行去调频接收的回波信号采样），机载低频 SAR 接收到的回波可以简记为

$$S(m,n) = S_{\text{tar}}(m,n) + I(m,n) + W(m,n) \tag{2.91}$$

式中，$S_{\text{tar}}(m,n)$ 为场景中的有效目标回波；$I(m,n)$ 为式(2.90)中的 RFI；$W(m,n)$ 为噪声，一般认为噪声服从高斯正态分布。

在雷达回波信号处理的一般流程中，获得频域信号 $S(m,n)$ 后，往往利用傅里叶逆变换(inverse Fourier transform, IFT)技术将其转换为距离域信号：

$$s(l,n) = \frac{1}{L}\sum_m S(m,n)\exp(\mathrm{j}2\pi ml/L) \tag{2.92}$$

式中，l 为距离单元索引；L 为距离单元数目。

式(2.92)是将一个频域采样点映射为持续全部脉冲时间的正弦波。因此，对于某个数字频率为 m_0 的 RFI 信号，由该 RFI 信号合成的距离域信号为

$$s_I(l,n) = \frac{\alpha_0(n)}{L}\exp\big(\mathrm{j}\varphi_0(n)\big)\exp\big(\mathrm{j}2\pi m_0 l/L\big) \tag{2.93}$$

进一步假设目标是雷达散射截面积为 1 的理想点目标，且恰好位于数字距离单元 l_i 上，对目标信号的 IFT 处理将形成峰值在 l_i 处的 sinc 函数：

$$s_{\text{tar}}(l,n) = \frac{M}{L}\exp\big(\mathrm{j}\varphi_{\text{tar}}(n)\big)\mathrm{sinc}\left(\frac{l-l_i}{L}\right) \tag{2.94}$$

式中，M 为频域信号 $S(m,n)$ 在频率维上的采样数目；$\varphi_{tar}(n)$ 为目标相位。

考虑复噪声服从复高斯分布 $N_{complex}\left(0,\sigma^2\right)$，$\sigma^2$ 为噪声方差。对于同时包含 RFI 信号与目标信号的雷达回波，IFT 合成后的距离域回波 $s(l,n)$ 为服从复高斯分布的随机变量：

$$s(l,n) \sim N_{complex}\left(s_I(l,n)+s_{tar}(l,n),\sigma^2/L^2\right) \tag{2.95}$$

目标主峰与由干扰与噪声组成的背景的功率之比，即信干噪比（signal to interference and noise ratio, SINR）为

$$\text{SINR} = \frac{E\left[\left|s(l_i)\right|^2\right]}{E\left[\left|s(l)\right|^2\big|_{l\neq l_i}\right]} = \frac{M^2+\alpha_0^2+\sigma^2}{\alpha_0^2+\sigma^2} \tag{2.96}$$

SINR 反映了目标与背景的分离度，SINR 越大，意味着目标主峰高出背景电平越多，相应地，目标被正确检测出的概率越大，反之亦然。RFI 直接抬高了背景电平，即使系统热噪声很低，目标能否从背景中显现还取决于 RFI 强度 α_0。例如，当 $\alpha_0=M$ 时，SINR $\approx 1/2$，此时，背景电平接近目标主瓣的 3dB 高度，由此对目标检测产生的影响是非常严重的。

图 2.23 给出了不同强度下单频 RFI 对目标检测影响的仿真结果，仿真试验中信噪比（signal to noise ratio, SNR）为 10dB，干扰强度 α_0 分别取 $M/2$、M 与 0。从 100 次仿真试验结果的平均来看，RFI 直接抬高了背景电平，显著降低了雷达系统的有效动态范围；从某一次仿真试验结果来看，RFI 的危害除了抬高背景电平之外，更由于 RFI 相位的随机性，当 RFI 与目标相位相反时，会出现二者相互抵消的现象，这导致目标主瓣所在区域的局部峰值被凹陷代替，如图 2.23（b）中虚线所示。

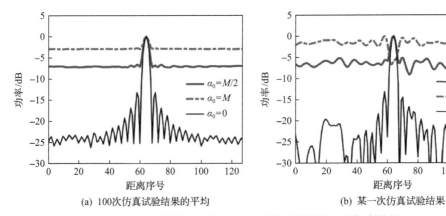

(a) 100次仿真试验结果的平均　　　　　　　(b) 某一次仿真试验结果

图 2.23　不同强度下单频 RFI 对目标检测影响的仿真结果

从实际的雷达回波数据来看，场景中往往同时存在大量的强目标与弱目标。从实测数据处理结果来看，RFI 一般不会对场景中强目标的检测与参数估计构成太大威胁，但会对弱目标造成重大影响。RFI 抬高了背景电平，因此对弱目标的检测构成威胁。然而在某些场景中，RFI 的强度与强目标回波接近，因此强目标反而对 RFI 的检测构成了威胁。这些因素混合在一起，进一步增大了 RFI 估计与抑制的复杂度。

通常，实际的 RFI 信号同时包含窄带干扰与宽带干扰，而且窄带干扰的数目以及宽带干扰的复杂多变程度往往远超理论模型。图 2.24 给出了某机载低频 SAR 系统获取的实际回波信号（含 RFI 信号）及其时频分析结果，图 2.24(a) 是实际回波的功率谱，可见大量的窄带干扰尖峰，同时有效频段之内还存在大量连续成块的异常突起区域，即宽带干扰。图 2.24(b) 给出了该回波的时频分析结果与局部放大

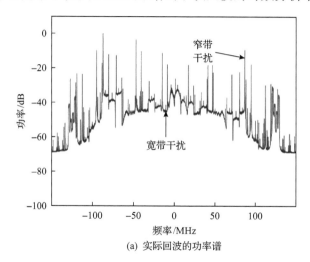

(a) 实际回波的功率谱

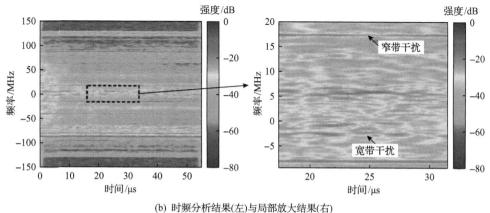

(b) 时频分析结果(左)与局部放大结果(右)

图 2.24　某机载低频 SAR 系统获取的实际回波信号(含 RFI 信号)及其时频分析结果

结果，通过短时傅里叶变换可发现结果中存在非常强的窄带干扰尖峰以及变化剧烈的宽带干扰。同时可以看出，窄带干扰往往持续整个脉冲，而宽带干扰则在单个脉冲内部存在显著的时变现象。从图 2.24 的结果来看，要想为 RFI 建立精确的回波模型是十分困难的，特别是宽带干扰，已有的关于 RFI 信号建模的研究也主要针对特定的干扰源进行。对于陌生的随机场景，目前还缺少稳定的先验模型，更依赖数据的在线分析。

2.5.2 陷波类 RFI 抑制算法

经典的 RFI 抑制算法主要基于陷波思想，其作用过程可简单描述为：首先，选择某个特定的数据空间，如频域空间或特征值空间，并通过某种数学变换将原始回波信号变换到该数据空间；其次，利用目标信号与 RFI 信号在该数据空间的分布差异，在 RFI 信号主要集中的位置设计陷波凹口，即在变换后的数据空间中将对应于 RFI 信号位置的数据置零（或乘以某个较小的系数），从而减小 RFI 信号在回波中的比例；最后，将陷波后的数据变换回原始回波信号所在的数据空间，完成 RFI 信号抑制处理。

从 RFI 信号被剥离的数据空间来看，陷波类 RFI 抑制算法可进一步区分为频域陷波、时域陷波、瞬时谱陷波、空域陷波和特征子空间陷波。频域陷波虽然有很多种，但其本质上都是设计频域窗函数，以便进行频域加窗操作；时域陷波则试图估计 RFI 信号的时域形式，从而通过时域对消操作实现 RFI 抑制，这种滤波器可以是最小均方(least mean square, LMS)自适应滤波器，也可以是自回归(autoregressive, AR)模型获得的参数滤波器，甚至还可以通过稀疏重构来获得 RFI 信号的估计[82]；瞬时谱陷波则将一维回波变换到二维时频平面进行二维加窗处理，从而更好地应对 RFI 信号的时变特性；空域陷波则是合成特定的空间波束，利用 RFI 信号往往具有特定来波方向的特点，在空域避免 RFI 信号混入回波中；特征子空间陷波则是根据数据本身的统计特性构造 RFI 信号数据子空间与目标信号数据子空间，并将回波中 RFI 信号所属的数据子空间的投影量置零，从而实现 RFI 抑制。值得注意的是，无论哪一个数据空间的陷波，都不能保证目标信号分量与 RFI 信号分量完全分离，因陷波操作而损失的能量往往同时包含目标能量与 RFI 能量，因此陷波总是有损的。

从实用性的角度出发，本节将重点介绍陷波类 RFI 抑制算法中的基于频域窗函数的频域陷波类 RFI 抑制算法与基于 LMS 自适应滤波器的时域陷波类 RFI 抑制算法。

1. 基于频域窗函数的频域陷波类 RFI 抑制算法

基于频域窗函数的频域陷波类 RFI 抑制算法是计算复杂度最小的 RFI 抑制算

法，其基本原理是将回波变换到频域，随后与特定的窗函数相乘。该过程可简记为

$$S_{\text{notch}}(m,n) = S(m,n) \cdot W(m,n) \tag{2.97}$$

式中，$W(m,n)$ 为窗函数权重。典型的频域陷波器有频域置零、谱均衡、波数域维纳滤波等，不同的频域陷波器差异只在于窗函数的权重设计。

最简单的基于频域窗函数的频域陷波类 RFI 抑制算法是频域置零，即直接将存在干扰的频点置零，此时窗函数为

$$W(m,n) = \begin{cases} 0, & |S(m,n)| > \eta(m,n) \\ 1, & \text{其他} \end{cases} \tag{2.98}$$

式中，$\eta(m,n)$ 为 RFI 幅度阈值，该参数往往来自对回波数据的统计分析结果。频域置零采用的是由 0～1 权重组成的窗函数，其过渡带过于陡峭，可能会导致点目标的一维距离像产生较高的旁瓣。特别地，当回波存在宽带干扰时，连续大范围的置零不仅会恶化目标的一维距离像，还会损失额外的信噪比，因此往往只应用于少量窄带干扰的情况。

基于谱均衡的频域陷波类 RFI 抑制算法则采用了相对平缓的窗函数，权重来自相邻脉冲的平均幅度：

$$W(m,n) = \frac{N_{\text{seq}}}{\sum\limits_{h=n-N_{\text{seq}}/2+1}^{n+N_{\text{seq}}/2} |S(m,h)|} \tag{2.99}$$

式中，N_{seq} 为参与平均的脉冲数目。

相比于 0～1 权重，谱均衡的权重取决于回波本身，某个频点上的干扰越强，对应的权重越小，加权之后的频域回波样本越少，RFI 对目标的影响就越小。如果该频点没有 RFI，谱均衡会强制将回波幅度缩放到 1 附近，破坏了目标回波与噪声的幅频分布特性，特别是当某段时间内回波在某些频点的样本非常少时，谱均衡的窗函数权重可能会出现异常值，导致此处的噪声被意外放大，反而形成新的干扰。

图 2.25 给出了不同频域陷波类 RFI 抑制算法的抑制结果，从图 2.25(a) 中回波的功率谱曲线中可以看出，频谱置零适合处理峰值功率较高的单频强干扰，而对于平均功率相对较弱的连续窄带干扰或宽带干扰，难以设定合适的 RFI 判决阈值，在抑制 RFI 的同时为目标保留足够的信号能量。从图 2.25(b)～图 2.25(d) 的成像结果来看，不连续的强单频干扰易在图像中形成大面积的干扰条纹，无论是频

域置零还是谱均衡均对此类干扰具有较好的抑制作用。从图 2.25(e) 与图 2.25(f) 的局部放大结果来看，谱均衡的成像结果具有更低的底噪电平，这是由于谱均衡对回波幅度的缩放处理能够抑制一定的连续窄带干扰，甚至宽带干扰。

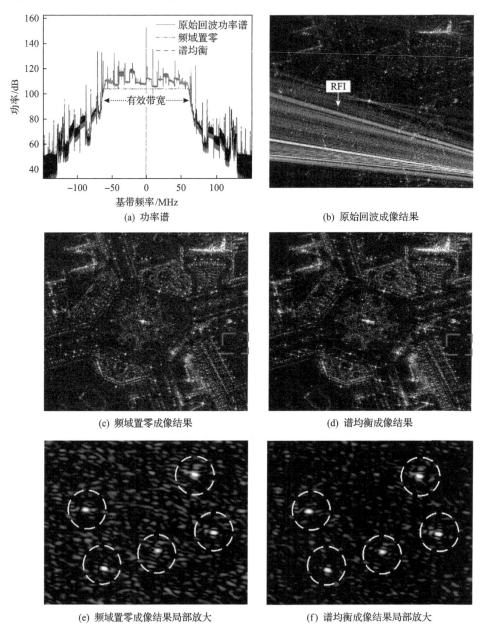

(a) 功率谱

(b) 原始回波成像结果

(c) 频域置零成像结果

(d) 谱均衡成像结果

(e) 频域置零成像结果局部放大

(f) 谱均衡成像结果局部放大

图 2.25　不同频域陷波类 RFI 抑制算法的抑制结果

基于频域窗函数的频域陷波类 RFI 抑制算法从幅频响应出发来抑制 RFI，无法对 RFI 造成的相位污染进行解耦合, 因此不适用于 InSAR 等对相位保真性要求高的成像处理。

2. 基于 LMS 自适应滤波器的时域陷波类 RFI 抑制算法

时域陷波器需要估计出 RFI 信号的时域模型, 随后将其从原始信号中对消掉, 从这一结构来看, 时域陷波包含了多种陷波算法。一些典型的时域陷波算法有 AR 拟合、自适应滤波、RFI 信号稀疏重构等。AR 拟合是将 RFI 信号建模为 AR 模型, 然后从回波中估计出 AR 模型的参数, 最终实现 RFI 信号与目标信号的分离。然而对于具有时变特性与空变特性的 RFI 信号, AR 模型参数的估计并不稳定, 导致该算法的应用并不广泛。

其他典型的时域陷波算法是自适应滤波与 RFI 信号稀疏重构, 前者通过设计时域自适应滤波器, 将 RFI 信号的估计问题转换为线性预测问题, 自适应地调整滤波器权重, 不需要额外信息的干预即可自动获得 RFI 信号的估计; 后者则通过预先设计的过冗余字典, 采用稀疏重构算法实现 RFI 信号的估计。相比较而言, 前者易于实现, 计算效率高, 但 RFI 信号的估计误差受到滤波器阶数等超参数的限制; 后者需要的存储空间与运算资源都远超前者, 但可以获得较为精确的 RFI 估计结果。

最常用的自适应滤波器是 LMS 自适应滤波器, 基于 LMS 算法的自适应滤波器主要有三种不同的实现形式, 即时域 LMS(time domain LMS, TDLMS)、频域 LMS(frequency domain LMS, FDLMS)、子带 LMS(filter-bank LMS, FBLMS), 其中 TDLMS 的实现结构最为简单, 其结构图如图 2.26 所示。LMS 自适应滤波器采用了有限脉冲响应(finite impulse response, FIR)的时域滤波器进行 RFI 信号的估计, 将输入信号 $d(t)$ 延迟 Δ 之后记作 $x(t)$ 输入自适应滤波器中, 随后将自适应滤波器输出 $y(t)$ 与原始信号对消, 输出的误差 $e(t)$ 送回自适应滤波器用于更新滤波器权重, 滤波器收敛之后的输出误差作为 RFI 的抑制结果。

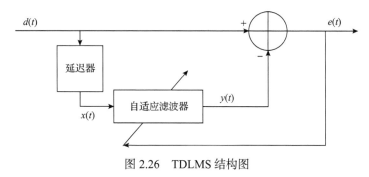

图 2.26　TDLMS 结构图

采用 LMS 自适应滤波器能够抑制 RFI 的基本原理在于:宽带信号和窄带信号

二者之间的相关性差异很明显，宽带信号带宽很宽，甚至接近于高斯白噪声，自相关函数衰减很快，难以预测；窄带信号带宽很窄，不同时刻的取值相关性强，自相关函数衰减很慢，容易预测。因此，LMS 自适应滤波器能够有效抑制传统意义上的窄带信号干扰。此外，适当调整滤波器阶数，对于一些相对带宽较小的宽带干扰，LMS 自适应滤波器也能够取得较好的抑制效果。

TDLMS 的具体计算过程如下：

对于某个待处理的时域回波脉冲 $r(n)$，其中 n 为时域采样序号，记 L 为滤波器阶数，则滤波器权重矢量为

$$w(n) = [w_0(n), w_1(n), \cdots, w_{L-1}(n)]^\mathrm{T} \tag{2.100}$$

又记滤波器的参考输入为

$$d(n) = r(n) \tag{2.101}$$

将时域回波脉冲 $r(n)$ 延迟 $\varDelta$，得到滤波器在 n 时刻的输入矢量 $x(n)$ 为

$$x(n) = [r(n-\varDelta), r(n-\varDelta-1), \cdots, r(n-\varDelta-L-1)]^\mathrm{T} \tag{2.102}$$

将 $x(n)$ 输入滤波器，得到该时刻的输出 $y(n)$ 为

$$y(n) = w^\mathrm{H}(n)x(n) \tag{2.103}$$

式中，上标 H 表示共轭转置；$y(n)$ 为自适应滤波器给出的关于 $x(n)$ 的线性预测，二者对消可以得到预测误差 $e(n)$，自适应滤波器是对回波中的窄带信号进行预测，因此 $e(n)$ 就是 RFI 抑制后的结果：

$$e(n) = d(n) - y(n) \tag{2.104}$$

将 $e(n)$ 输入自适应滤波器用于更新权重：

$$w(n+1) = w(n) + \mu e(n)x^*(n-\varDelta) \tag{2.105}$$

式中，μ 为步进因子；上标 * 表示取共轭。

相比于频域陷波，时域陷波能够在一定程度上降低强 RFI 旁瓣的影响，同时采用自适应滤波器可以避免额外的操作来提前确定 RFI 的分布。图 2.27 展示了采用 TDLMS 抑制 RFI 的仿真结果，图 2.27(a) 是滤波前后回波频谱对比，图 2.27(b) 是滤波前后目标距离像对比。可见，TDLMS 可以在强 RFI 处自动形成陷波凹口，对于不存在 RFI 干扰的频段具有较好的保护作用。然而，LMS 算法获得的陷波器过渡带性能往往是无法预先估计的，从图 2.27(b) 的结果来看，滤波后目标距离像上具有较高的旁瓣，因此有学者提出在 LMS 滤波之后再进行额外的旁瓣消除操

作,即采用类似的自适应滤波器获得旁瓣的估计,随后进行对消来实现旁瓣抑制,但这种算法受噪声干扰较大,容易丢失弱目标。

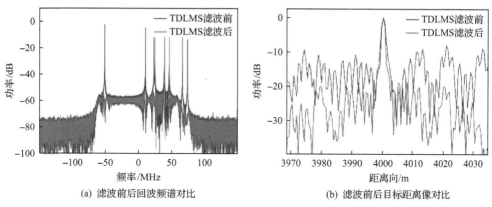

(a) 滤波前后回波频谱对比　　　　　(b) 滤波前后目标距离像对比

图 2.27　采用 TDLMS 抑制 RFI 的仿真结果

图 2.28 给出了采用 TDLMS 抑制 RFI 的实测数据处理结果,从图 2.28(a)RFI

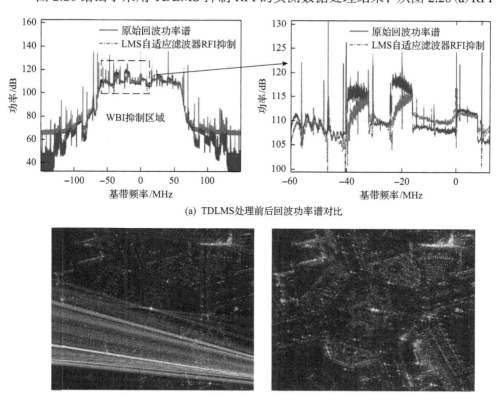

(a) TDLMS处理前后回波功率谱对比

(b) TDLMS处理前后成像结果对比

图 2.28　采用 TDLMS 抑制 RFI 的实测数据处理结果

抑制前后的回波功率谱来看，TDLMS 具备一定的宽带干扰抑制能力。需要注意的是，对于环境 RFI 源的密度大或需处理宽带干扰的情况，自适应滤波器需要有足够高的阶数（数百阶甚至更高）以及足够多的自循环次数（往往需要数十次）才能实现收敛，因此该算法对系统的运算能力要求较高。

相较于频域陷波算法，时域陷波算法采用估计+对消的 RFI 抑制思路，因此能够在一定程度上降低 RFI 对目标信号的相位污染，这对 SAR 图像干涉等应用较为有利。

在系统算力足够的情况下，自适应滤波器是一种适合实际系统采纳的方案，这是由于该方案不需要预知 RFI 的分布情况，对各类 RFI 环境均具有良好的适应性，其计算过程没有额外的逻辑判断，不会产生不可控的判决分支，适合硬件流水线实现。基于 LMS 自适应滤波器结构的 RFI 抑制算法已经在大量实际的雷达系统中得到应用，充分证明了该算法的有效性与实用性。

虽然存在众多不同的陷波类 RFI 抑制算法，但不同抑制算法的差异往往只在于采用的数据空间类型以及滤波器凹口的形状。陷波类 RFI 抑制算法在忽略目标信号的前提下，估计陷波器凹口的位置、宽度、深度等参数，最终除了滤除 RFI 信号之外，还滤除了存在于凹口处的目标分量。当 RFI 信号在所选取的数据空间存在一定扩展时，凹口需要设置得足够宽才能获得足够的 RFI 抑制强度，而宽凹口也意味着对目标的较大破坏。因此，陷波类 RFI 抑制算法虽然具有结构简单、易于实现、计算效率高的优点，但往往只适用于孤立点频形式的射频干扰，难以实现对宽带干扰、连续窄带干扰等复杂 RFI 信号的有效抑制。

2.5.3　基于二元信号分离的重构类 RFI 抑制算法

重构类 RFI 抑制算法将 RFI 抑制问题转换为 RFI 与目标的二元信号分离问题，这是重构类 RFI 抑制算法与传统陷波类 RFI 抑制算法的最大不同。诸如基于模型的稀疏重构（model-based sparse recovery, MSR）、同步低秩稀疏重构（simultaneous low-rank and sparse recovery, SLSR）等重构类 RFI 抑制算法，建立的是 RFI 信号与目标信号的统一重构模型，在 RFI 信号的估计过程中考虑了目标信号对 RFI 信号的影响，因此最后重构出的 RFI 信号中包含的目标成分会受到限制，最终从原始回波中剥离出较为纯净的 RFI 信号分量。

基于二元信号分离的重构类 RFI 抑制算法的基本原理如图 2.29 所示，区别于

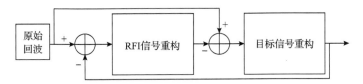

图 2.29　基于二元信号分离的重构类 RFI 抑制算法的基本原理

陷波类 RFI 抑制算法直接将相关性差异作为 RFI 信号建模的基本依据, 重构类 RFI 抑制算法根据 RFI 与目标信号的分布特性, 可灵活配置各自的稀疏空间, 通过二者的交替重构逐步实现 RFI 信号与目标信号的分离。

为了便于从稀疏重构的角度描述上述过程, 将式(2.91)重写为

$$S(m,n) = Y_{\text{tar}}(m,n)+Y_{\text{rfi}}(m,n)+W(m,n) \tag{2.106}$$

式中, $S(m,n)$ 为原始回波矩阵, 依然表示某个相干处理周期内回波信号的频率-慢时间分布; Y_{tar} 为目标信号的观测矩阵; Y_{rfi} 为 RFI 信号的观测矩阵; W 为噪声矩阵。

考虑经典的点目标模型, 探测场景在该相干处理周期内的回波信号可假设为多个点目标回波的叠加, 即

$$Y_{\text{tar}}(m,n)=\sum_i \sigma_{\text{tar}}(i)\exp\left(-\text{j}2\pi f_m \frac{r_{\text{tar}}(i)}{c}\right)\exp\left(-\text{j}2\pi f_{\text{tar}}(i)nT\right) \tag{2.107}$$

式中, f_m 为系统的第 m 个工作频点; $\sigma_{\text{tar}}(i)$ 为目标 i 的响应系数; $r_{\text{tar}}(i)$ 为目标 i 对应的双程距离; $f_{\text{tar}}(i)$ 为目标运动引起的多普勒频率; T 为雷达系统的脉冲重复间隔(pulse repeating interval, PRI); c 为真空中的光速。

RFI 信号的频域观测矩阵依然被建模为若干 sinc 函数的叠加:

$$Y_{\text{rfi}}(m,n)=\sum_k \sigma_{\text{rfi}}(k,n) \cdot \text{sinc}\left(f_n - f_{\text{rfi}}(k,n)\right) \cdot \text{sinc}\left(nT - t_{\text{rfi}}(k,n)\right) \tag{2.108}$$

式中, $\sigma_{\text{rfi}}(k,n)$ 为第 k 个 RFI 信号分量在第 n 个脉冲中的响应系数; $f_{\text{rfi}}(k,n)$ 为第 k 个 RFI 信号分量在第 n 个脉冲中的频率; $t_{\text{rfi}}(k,n)$ 为第 k 个 RFI 信号分量在第 n 个脉冲中出现的时间。噪声 $W(m,n)$ 依然被假设为高斯白噪声。

沿着距离向与慢时间向对回波数据 $S(m,n)$ 进行等长度二维傅里叶逆变换, 将得到回波在距离-多普勒平面上的分布, 记此时的目标信号矩阵为

$$X_{\text{tar}}(m,n)=\sum_i \sigma_{\text{tar}}(i)\text{sinc}\left(r_m - r_{\text{tar}}(i)\right)\text{sinc}\left(d_n - f_{\text{tar}}(i)\right) \tag{2.109}$$

变换后, 目标会在距离-多普勒平面上形成多个 sinc 函数的组合。式中, r_m 为第 m 个距离单元所代表的距离; d_n 为第 n 个多普勒单元所代表的多普勒频率。

经二维傅里叶逆变换之后, 由于 RFI 信号与雷达系统的非相参性, 其能量将分散到整个距离-多普勒平面, 成为若干正弦信号的叠加:

$$S_{\text{rfi}}(m,n)=\sum_k \sigma_{\text{rfi}}(k,n)\exp\left(\text{j}2\pi f_{\text{rfi}}(k,n)r_m/c\right)\exp\left(\text{j}2\pi t_{\text{rfi}}(k,n)d_n\right) \tag{2.110}$$

当然, 由于多种因素的影响, 无论是频率-慢时间平面上的 RFI 信号, 还是距离-多普勒平面上的目标信号, 其包络都不可能是标准 sinc 函数, 但这并不影响后续处理。

目标的信号矩阵 X_{tar} 与观测矩阵 Y_{tar} 之间的关系可写为

$$Y_{\mathrm{tar}} = D_{\mathrm{range}} X_{\mathrm{tar}} D_{\mathrm{doppler}} \tag{2.111}$$

式中, D_{range} 为沿着距离向由离散傅里叶基函数构成的目标字典:

$$D_{\mathrm{range}} = \exp\left\{ \mathrm{j}2\pi \begin{bmatrix} r_0 f_0 & r_0 f_1 & \cdots & r_0 f_{M-1} \\ r_1 f_0 & r_1 f_1 & \cdots & r_1 f_{M-1} \\ \vdots & \vdots & & \vdots \\ r_{N-1} f_0 & r_{N-1} f_1 & \cdots & r_{N-1} f_{M-1} \end{bmatrix} \right\} \tag{2.112}$$

D_{doppler} 为沿着多普勒方向由离散逆傅里叶基函数构成的目标字典:

$$D_{\mathrm{doppler}} = \exp\left\{ \mathrm{j}2\pi T \begin{bmatrix} 0 & d_0 & \cdots & (N-1)d_0 \\ 0 & d_1 & \cdots & (N-1)d_1 \\ \vdots & \vdots & & \vdots \\ 0 & d_{N-1} & \cdots & (N-1)d_{N-1} \end{bmatrix} \right\} \tag{2.113}$$

对于 RFI 信号, 频率-慢时间平面既是它所在的观测空间, 也是它的信号空间, 因此对于 RFI 信号矩阵 X_{rfi}, 有

$$Y_{\mathrm{rfi}} = D_M X_{\mathrm{rfi}} D_N \tag{2.114}$$

式中, D_M 与 D_N 分别为 $M \times M$ 与 $N \times N$ 的单位矩阵。

式 (2.106) 中的回波模型可进一步写作两个多维观测向量 (multiple measurements vectors, MMV) 模型的组合:

$$S = D_{\mathrm{range}} X_{\mathrm{tar}} D_{\mathrm{doppler}} + D_M X_{\mathrm{rfi}} D_N + W \tag{2.115}$$

RFI 抑制的过程等价于由式 (2.115) 来获取目标信号矩阵 X_{tar} 与 RFI 信号矩阵 X_{rfi} 的估计。根据压缩感知理论, 这一过程可以通过求解下列 1 范数优化模型实现:

$$\begin{cases} \{\tilde{X}_{\mathrm{tar}}, \tilde{X}_{\mathrm{rfi}}\} = \arg \min_{X_{\mathrm{tar}}, X_{\mathrm{rfi}}} \left\{ \|X_{\mathrm{tar}}\|_1 + \|X_{\mathrm{rfi}}\|_1 \right\} \\ \mathrm{s.t.}\ R = D_{\mathrm{range}} X_{\mathrm{tar}} D_{\mathrm{doppler}} + D_M X_{\mathrm{rfi}} D_N + W \end{cases} \tag{2.116}$$

从迭代硬阈值(iterative hard thresholding, IHT)等贪婪类稀疏重构算法的角度来看，$\tilde{X}_{\mathrm{tar}}$可以简化为对目标的最小二乘估计结果$\hat{X}_{\mathrm{tar}}$进行过阈值判决，即

$$\tilde{X}_{\mathrm{tar}}=\hat{X}_{\mathrm{tar}} \cdot \left(A_{\mathrm{tar}} > \eta_{\mathrm{tar}}\right) \tag{2.117}$$

式中，η_{tar}为目标判决阈值；A_{tar}为$\hat{X}_{\mathrm{tar}}$的包络矩阵：

$$A_{\mathrm{tar}}=\left|\hat{X}_{\mathrm{tar}}\right| \tag{2.118}$$

根据式(2.111)，X_{tar}的最小二乘估计$\hat{X}_{\mathrm{tar}}$为

$$\hat{X}_{\mathrm{tar}} = \left(D_{\mathrm{doppler}}^{\mathrm{H}} D_{\mathrm{doppler}}\right)^{-1} D_{\mathrm{range}}^{\mathrm{H}} Y_{\mathrm{tar}} D_{\mathrm{doppler}}^{\mathrm{H}} \left(D_{\mathrm{doppler}} D_{\mathrm{doppler}}^{\mathrm{H}}\right)^{-1} \tag{2.119}$$

式中，上标 H 代表共轭转置。

根据傅里叶基函数的基本性质，式(2.119)等价于对Y_{tar}进行二维傅里叶逆变换，此处可以使用二维快速傅里叶逆变换(2-D inverse fast Fourier transform, IFFT2)实现，即

$$\hat{X}_{\mathrm{tar}} = \mathrm{IFFT2}\left(Y_{\mathrm{tar}}\right) \tag{2.120}$$

同理，RFI 的估计$\tilde{X}_{\mathrm{rfi}}$可写作

$$\tilde{X}_{\mathrm{rfi}}=\hat{X}_{\mathrm{rfi}} * \left(A_{\mathrm{rfi}} > \eta_{\mathrm{rfi}}\right) \tag{2.121}$$

式中，$\hat{X}_{\mathrm{rfi}}$为X_{rfi}的最小二乘估计；η_{rfi}为 RFI 判决阈值；A_{rfi}为$\hat{X}_{\mathrm{rfi}}$的包络矩阵，有

$$A_{\mathrm{rfi}}=\left|\hat{X}_{\mathrm{rfi}}\right| \tag{2.122}$$

则$\hat{X}_{\mathrm{rfi}}$为

$$\hat{X}_{\mathrm{rfi}} = \left(D_M^{\mathrm{H}} D_M\right)^{-1} D_M^{\mathrm{H}} Y_{\mathrm{rfi}} D_N^{\mathrm{H}} \left(D_N D_N^{\mathrm{H}}\right)^{-1} \tag{2.123}$$

由于D_M与D_N为单位矩阵，所以进一步有

$$\hat{X}_{\mathrm{rfi}} = Y_{\mathrm{rfi}} \tag{2.124}$$

又记p_{tar}为A_{tar}的最大值，即

$$p_{\mathrm{tar}} = \max\left(A_{\mathrm{tar}}\right) \tag{2.125}$$

考虑式 (2.117) 中的过阈值判决操作，在所有参与判决的元素中，p_{tar} 显然最有可能超过阈值 η_{tar}。

同样，记 p_{rfi} 为 A_{rfi} 的最大值：

$$p_{\mathrm{rfi}} = \max\left(A_{\mathrm{rfi}}\right) \tag{2.126}$$

显然，p_{rfi} 也最有可能超过阈值 η_{rfi}。

将回波矩阵 S 作为 Y_{tar} 与 Y_{rfi} 的初始值代入式 (2.125) 与式 (2.126) 中，由式 (2.106) 可知，p_{tar} 极有可能源自两种因素的组合，第一种因素是最强目标形成的峰值，第二种因素则是 RFI 分量与白噪声共同作用形成的基底；p_{rfi} 也极有可能源自两种因素的组合，第一种因素是最强 RFI 形成的峰值，第二种因素则是目标分量与白噪声共同作用形成的基底。

p_{tar} 中存在 RFI 成分，而 p_{rfi} 中存在目标成分，目标与 RFI 互相耦合导致的后果是：如果回波中 RFI 的能量比例超过目标，p_{tar} 包含的 RFI 基底有可能超过目标峰值本身，此时即使 p_{tar} 通过了判决阈值，也极有可能是虚警；同样对于 RFI，如果回波中目标的能量比例超过 RFI，则 p_{rfi} 中包含的目标基底也极有可能超过 RFI 峰值本身，最终会降低 RFI 重构的准确性。

反过来，弱势一方对优势一方的影响相对较低，优先重构目标与 RFI 二者中具有优势的一方有助于提高重构的准确性。为此，在迭代过程中首先需要判决回波中的优势分量，即确定重构方向。

可以采用最大值在对应数据平面内所占的能量比例作为方向因子，即定义

$$\gamma_{\mathrm{tar}} = p_{\mathrm{tar}}^2 \, / \left\|A_{\mathrm{tar}}\right\|_{\mathrm{F}}^2 \tag{2.127}$$

$$\gamma_{\mathrm{rfi}} = p_{\mathrm{rfi}}^2 \, / \left\|A_{\mathrm{rfi}}\right\|_{\mathrm{F}}^2 \tag{2.128}$$

当 $\gamma_{\mathrm{tar}} > \gamma_{\mathrm{rfi}}$ 时，目标最大值在回波中的能量比例超过 RFI 最大值，反之，则意味着 RFI 最强分量在回波中的能量比例超过了目标的最强分量。因此，γ_{tar} 与 γ_{rfi} 之间的大小关系代表了目标信号与 RFI 信号的重构优先级。由帕塞瓦尔定理可知

$$\left\|A_{\mathrm{tar}}\right\|_{\mathrm{F}}^2 = \frac{1}{MN}\left\|A_{\mathrm{rfi}}\right\|_{\mathrm{F}}^2 \tag{2.129}$$

所以重新定义上述两个方向因子为

$$\gamma_{\mathrm{tar}} = p_{\mathrm{tar}}^2 \tag{2.130}$$

$$\gamma_{\mathrm{rfi}} = \frac{p_{\mathrm{rfi}}^2}{MN} \tag{2.131}$$

可以简化计算，而不改变二者的大小关系。

当 $\gamma_{\text{tar}} < \gamma_{\text{rfi}}$ 时，应当优先估计 RFI 信号，而利用式 (2.121) 获得 RFI 的估计 $\tilde{X}_{\text{rfi}}$ 还需要设定判决阈值 η_{rfi}。从保证重构精度与效率的角度来看，η_{rfi} 必须大于目标在 A_{rfi} 中形成的最大包络，才能保证提取出的 RFI 支撑集中任意 RFI 元素在回波中的能量比例超过目标；η_{rfi} 还要尽可能小，从而保证可以提取到尽可能多的 RFI 信号。最优的 η_{rfi} 应是最强目标对应于频率-慢时间平面上的幅度，然而由于噪声的存在，最强目标在频率-慢时间平面上的幅度存在抖动，直接以 p_{tar} 对应的幅度为判决阈值，将有可能导致部分最强目标的分量进入 RFI 支撑集，应在 p_{tar} 上叠加噪声可能的振荡值，以牺牲一定效率为代价保证重构精度。

按照纽曼-皮尔逊准则，根据某个虚警率设定判决阈值将极大地降低噪声的影响。由于白噪声的包络服从瑞利分布，而根据傅里叶变换的基本性质，p_{tar} 在频率-慢时间平面上对应的幅度亦为 p_{tar}，最终设定 RFI 重构中的判决阈值为

$$\eta_{\text{rfi}} = p_{\text{tar}} + \text{ralinv}\left(1 - P_f, \sqrt{\text{var}\left(A_{\text{rfi}}\right)/2}\right) \tag{2.132}$$

式中，$\text{ralinv}(\cdot, \cdot)$ 为瑞利分布的逆累积分布函数；P_f 为虚警率，由于缺少真实的噪声参数，式 (2.132) 中将 A_{rfi} 的方差作为噪声均方值的替代。根据恒虚警检测理论，在理想情况下，该阈值能够将噪声的影响概率降低到 P_f 以下。

同理可得，当 $\gamma_{\text{tar}} > \gamma_{\text{rfi}}$ 时，优先重构目标时的判决阈值为

$$\eta_{\text{tar}} = \frac{p_{\text{rfi}}}{MN} + \text{ralinv}\left(1 - P_f, \sqrt{\text{var}\left(A_{\text{tar}}\right)/2}\right) \tag{2.133}$$

在稀疏重构操作完成后，从回波中去除估计出的优势分量，从而使回波中相对较弱的分量得到显现。去除过程为：若 $\gamma_{\text{tar}} > \gamma_{\text{rfi}}$，则执行

$$S = S - \text{FFT2}\left(\tilde{X}_{\text{tar}}\right) \tag{2.134}$$

否则执行

$$S = S - \tilde{X}_{\text{rfi}} \tag{2.135}$$

该做法的目的在于消除回波数据当前最强分量 (无论是目标分量还是 RFI 分量) 的影响。重复上述过程，将从原始回波数据中逐一分解出各个 RFI 分量与目标分量。直到某一次去除重构分量之后，残留数据的能量已经低于某个预设判决阈值，即

$$\frac{\|S\|_{\text{F}}^2}{\left\|S^{(0)}\right\|_{\text{F}}^2} \leqslant \xi \tag{2.136}$$

此时残留的成分几乎都是噪声，继续分解已经没有意义，停止迭代。式(2.136)中，ξ 为判决阈值；$S^{(0)}$ 为初始回波。

与陷波类 RFI 抑制算法相比，重构类 RFI 抑制算法的计算复杂度明显更高，但后者的 RFI 抑制性能(或者说目标信号的重构性能)远超前者，特别是在应对峰值功率较低的连续窄带干扰以及宽带干扰方面，具有明显优势。

图 2.30 给出了国防科技大学获取的机载 P 波段 SAR 在城市环境中受射频干扰情况下的实测数据处理结果，从图 2.30(a)来看，整个场景均被不同类型的 RFI 覆盖，使用基于 LMS 自适应滤波器的时域陷波类 RFI 抑制算法与基于二元信号分离的重构类 RFI 抑制算法分别对回波进行 RFI 抑制处理，得到的结果如图 2.30(b)～图 2.30(d)所示。

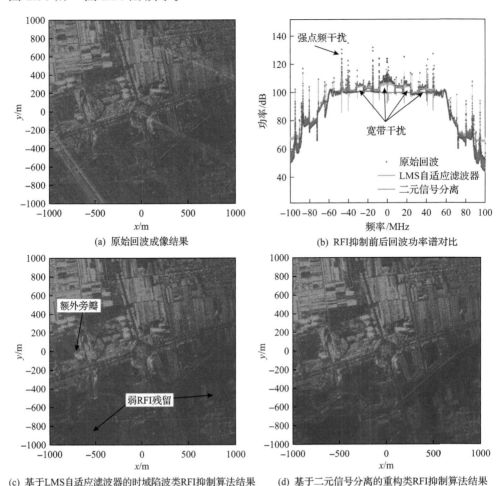

(a) 原始回波成像结果　　　　　　　　(b) RFI抑制前后回波功率谱对比

(c) 基于LMS自适应滤波器的时域陷波类RFI抑制算法结果　　(d) 基于二元信号分离的重构类RFI抑制算法结果

图 2.30　国防科技大学获取的机载 P 波段 SAR 在城市环境中
受射频干扰情况下的实测数据处理结果

从图 2.30(b)可以看出，LMS 自适应滤波器对强点频干扰具有较好的抑制作用，经 LMS 自适应滤波器处理后，图示位置的强点频干扰强度从 140dB 以上下降到 110dB 左右，抑制效果较为明显。对应地，图 2.30(c)中的成像结果也表明，LMS 自适应滤波器能够滤除绝大部分的 RFI 污染。然而，图 2.30(b)中宽带 RFI 的下降程度不明显，表明 LMS 自适应滤波器对抗宽带干扰的能力较弱。此外，图 2.30(c)中还残留两处弱 RFI 条纹，各种结果表明，此类基于 LMS 自适应滤波器的时域陷波类 RFI 抑制算法主要适合处理强孤立窄带干扰。

从图 2.30(b)中基于二元信号分离的重构类 RFI 抑制算法处理得到的回波功率谱十分接近标准的线性调频(linear frequency modulation, LFM)信号，该算法不仅对强点频干扰起到了显著的抑制作用，并且将宽带干扰形成的凸起对消到标准 LFM 信号的水平，仅从功率谱的结果来看，重构类 RFI 抑制算法的 RFI 抑制性能明显优于陷波类 RFI 抑制算法。图 2.30(d)与图 2.30(c)相比，不仅没有任何 RFI 残留，而且没有产生额外的旁瓣，很好地从 RFI 污染中还原了真实场景。

由本章分析可知，相较于高频 SAR 成像，低频 SAR 具有大信号相对带宽和大方位向积累角，因此回波信号具有两维强耦合性和非正交旁瓣，从而增加了实施精确成像和旁瓣抑制的难度。此外，高频运动误差、运动误差空变性、复杂 RFI 等也是低频 SAR 成像面临的特殊难题，极大地增加了机载低频 SAR 成像处理的复杂性。因此，在机载低频 SAR 成像中，需要针对这些特点采取有效的改进措施，从而保证获得高质量、高分辨低频 SAR 实测图像。

参 考 文 献

[1] Fowler C, Entzminger J, Corum J. Assessment of ultra-wideband(UWB)technology[J]. IEEE Aerospace and Electronic Systems Magazine, 1990, 5(11): 45-49.

[2] IEEE Aerospace and Electronic System Society. IEEE standard radar definitions[S]. IEEE STD 686-2008, New York, 2008.

[3] Soumekh M. Reconnaissance with ultra wideband UHF synthetic aperture radar[J]. IEEE Signal Processing Magazine, 1995, 12(4): 21-40.

[4] Hellsten H, Frolind P O, Gustafsson A, et al. Ultra-wideband VHF SAR design and measurements[C]. Proceedings of Aerial Surveillance Sensing Including Obscured and Underground Object Detection, Orlando, 1994: 16-25.

[5] Noel B. Ultrawideband Radar[M]. Baca Raton: CRC Press, 1991.

[6] Davis M E. Foliage Penetration Radar—Detection and Characterisation of Objects under Trees[M]. Raleigh: SciTech, 2011.

[7] Vu V T, Sjogren T K, Pettersson M I, et al. An impulse response function for evaluation of UWB SAR imaging[J]. IEEE Transactions on Signal Processing, 2010, 58(7): 3927-3932.

[8] Goodman R, Tummala S, Carrara W. Issues in ultra-wideband, widebeam SAR image formation[C]. Proceedings of International Radar Conference, Alexandria, 1995: 479-485.

[9] 王顺华. 机载大处理角 UWB SAR 成像理论及算法研究[D]. 长沙: 国防科学技术大学, 1998.

[10] Soumekh M, Nobles D A, Wicks M C, et al. Signal processing of wide bandwidth and wide beamwidth P-3 SAR data[J]. IEEE Transactions on Aerospace and Electronic Systems, 2001, 37(4): 1122-1141.

[11] 董臻. UWB-SAR 信息处理中的若干问题研究[D]. 长沙: 国防科学技术大学, 2001.

[12] 刘光平. 超宽带合成孔径雷达高效成像算法[D]. 长沙: 国防科学技术大学, 2003.

[13] 林世斌. 快速因子分解后向投影算法在超宽带 SAR 中的应用研究[D]. 长沙: 国防科学技术大学, 2012.

[14] Vu V T, Sjogren T K, Pettersson M I. A comparison between fast factorized backprojection and frequency-domain algorithms in UWB low frequency SAR[C]. Proceedings of 2008 IEEE International Geoscience and Remote Sensing Symposium, Boston, 2008: 1293-1296.

[15] Sjogren T K, Vu V T, Pettersson M I. A comparative study of the polar version with the subimage version of fast factorized backprojection in UWB SAR[J]. Proceedings of IEEE 2008 International Radar Symposium, Wroclaw, 2008: 1-4.

[16] 周智敏, 金添. 超宽带地表穿透成像雷达[M]. 北京: 国防工业出版社, 2013.

[17] 李建阳. 机载超宽带 SAR 实时成像处理技术研究[D]. 长沙: 国防科学技术大学, 2010.

[18] 安道祥. 高分辨率 SAR 成像处理技术研究[D]. 长沙: 国防科学技术大学, 2011.

[19] 郭微光. 机载超宽带合成孔径雷达运动补偿技术研究[D]. 长沙: 国防科学技术大学, 2003.

[20] 王亮. 基于实测数据的机载超宽带合成孔径雷达信号处理技术研究[D]. 长沙: 国防科学技术大学, 2007.

[21] 薛国义. 机载高分辨超宽带合成孔径雷达运动补偿技术研究[D]. 长沙: 国防科学技术大学, 2008.

[22] 安道祥, 黄晓涛, 周智敏. 机载超宽带 SAR 运动误差建模与分析[J]. 国防科学技术大学学报, 2011, 33(1): 65-71.

[23] 严少石. 无人机载 UWB SAR 实时运动补偿技术研究[D]. 长沙: 国防科学技术大学, 2012.

[24] Kennedy T A. A technique for specifying navigation system performance requirements in SAR motion compensation applications[C]. IEEE Symposium on Position Location and Navigation, Las Vegas, 1990: 118-126.

[25] Nguyen L H, Ton T, Wong D, et al. Adaptive coherent suppression of multiple wide-bandwidth RFI sources in SAR[C]. Proceedings of Algorithms for Synthetic Aperture Radar Imagery XI, Orlando, 2004: 1-16.

[26] 黄晓涛. UWB-SAR 抑制 RFI 方法研究[D]. 长沙: 国防科学技术大学, 1999.

[27] 周峰. 机载SAR运动补偿和窄带干扰抑制及其单通道GMTI的研究[D]. 西安: 西安电子科

技大学, 2007.

[28] Marquez A, Marchand J L. SAR image quality assessment[J]. Espanola de Teledetection Revista de Teledetecion, 1993, 2: 12-18.

[29] Vu V T, Sjogren T K, Pettersson M I. Definition on SAR image quality measurements for UWB SAR[C]. SPIE Image and Signal Processing for Remote Sensing XIV, Cardiff, 2008: 367-375.

[30] Vu V T, Sjogren T K, Pettersson M I. On synthetic aperture radar azimuth and range resolution equations[J]. IEEE Transactions on Aerospace and Electronic Systems, 2012, 48(2): 1764-1769.

[31] Chen L P, An D X, Huang X T. Resolution analysis of circular synthetic aperture radar noncoherent imaging[J]. IEEE Transactions on Instrumentation and Measurement, 2020, 69(1): 231-240.

[32] 李志, 金添, 周智敏. 超宽带虚拟孔径雷达非正交旁瓣抑制方法[J]. 电子与信息学报, 2012, 34(12): 2934-2941.

[33] Carrara W G, Goodman R S, Majewski R M. Spotlight Synthetic Aperture RADAR[M]. Norwood: Artech, 1995.

[34] Hellsten H, Andersson L E. An inverse method for the processing of synthetic aperture RADAR data[J]. Inverse Problems, 1987, 3(1): 111-124.

[35] Cumming I G, Wong F H. Digital Processing of Synthetic Aperture Radar Data: Algorithms and Implementation[M]. Boston: Artech House, 2005.

[36] Carrara W G, Goodman R S, Majewski R M. Spotlight Synthetic Aperture Radar: Signal Processing Algorithms[M]. Boston: Artech House, 1995.

[37] Brown W M. SAR resolution in the presence of phase errors[J]. IEEE Transactions on Aerospace and Electronic Systems, 1988, 24(6): 808-814.

[38] Fornaro G. Trajectory deviations in airborne SAR: Analysis and compensation[J]. IEEE Transactions on Aerospace and Electronic Systems, 1999, 35(3): 997-1009.

[39] Fornaro G, Franceschetti G, Perna S. Motion compensation errors: Effects on the accuracy of airborne SAR images[J]. IEEE Transactions on Aerospace and Electronic Systems, 2004, 41(4): 1338-1352.

[40] 保铮, 邢孟道, 王彤. 雷达成像技术[M]. 北京: 电子工业出版社, 2005.

[41] Vickers R S, Gonzalez V H, Ficklin R W. Results from a VHF impulse synthetic aperture RADAR[C]. Proceedings of SPIE, Bellingham, 1992: 219-226.

[42] Sheen D, Lewis T B. P-3 ultra-wideband SAR[C]. Proceedings of the 1996 IEEE National Radar Conference, Ann Arbor, 1996: 50-53.

[43] Hensley S, Wheeler K. First result from the GeoSAR mapping instrument[C]. Record of the IEEE 2000 International Radar Conference, Alexandria, 2000: 831-835.

[44] Skolnik M I. RADAR Handbook[M]. 2nd ed. New York: McGraw Hill, 1990.

[45] 数学手册编写组. 数学手册[M]. 北京: 高等教育出版社, 2010.

[46] Spiegel M R. Mathematical Handbook of Formulas and Tables[M]. New York: McGraw Hill, 1968.

[47] Abramovitz M, Stegun I A. Handbook of Mathematical Function[M]. New York: Dover, 1970.

[48] Soumekh M, Nobles D A, Wicks M C, et al. Signal processing of wide bandwidth and wide beam width P-3 SAR data[J]. IEEE Transactions on Aerospace and Electronic Systems, 2001, 37(4): 1122-1141.

[49] Taylor J D. 超宽带雷达应用与设计[M]. 胡明春, 王建明, 孙俊, 等译. 北京: 电子工业出版社, 2017.

[50] 陈筠力, 陶明亮, 李劼爽, 等. 合成孔径雷达射频干扰抑制技术进展及展望[J]. 上海航天, 2021, 38(2): 1-13.

[51] 黄晓涛, 梁甸农. UWB-SAR 抑制 RFI 技术的参数化方法[J]. 系统工程与电子技术, 2000, 22(6): 94-97.

[52] Vu V T, Sjogren T K, Pettersson M I, et al. An approach to suppress RFI in ultrawideband low frequency SAR[C]. Proceedings of 2010 IEEE Radar Conference, Arlington, 2010: 1381-1385.

[53] Vu V T, Sjogren T K, Pettersson M I, et al. RFI suppression in ultrawideband SAR using an adaptive line enhancer[J]. IEEE Geoscience and Remote Sensing Letters, 2010, 7(4): 694-698.

[54] 于春锐. 合成孔径雷达有源干扰抑制技术研究[D]. 长沙: 国防科学技术大学, 2012.

[55] 张军. 基于稀疏表示的射频干扰抑制技术研究[D]. 长沙: 国防科学技术大学, 2012.

[56] 赵腾飞. P 波段星载 SAR 射频干扰抑制技术研究[D]. 长沙: 国防科学技术大学, 2013.

[57] Meyer F J, Nicoll J B, Doulgeris P. Correction and characterization of radio frequency interference signatures in L-band synthetic aperture radar data[J]. IEEE Transactions on Geoscience and Remote Sensing, 2013, 51(10): 4961-4972.

[58] 李悦丽. 基于强散射点剔除的自适应窄带 RFI 抑制滤波器[J]. 电子与信息学报, 2016, 38(7): 1758-1764.

[59] 李志, 宋勇平, 胡俊, 等. 低频超宽带雷达时变射频干扰的估计与抑制[C]. 第十四届全国雷达学术年会, 成都, 2017: 1-5.

[60] 黄岩. 复杂电磁环境下合成孔径雷达动目标检测与识别方法研究[D]. 西安: 西安电子科技大学, 2018.

[61] Joy S, Nguyen L H, Tran T D. Joint down-range and cross-range RFI suppression in ultra-wideband SAR[J]. IEEE Transactions on Geoscience and Remote Sensing, 2021, 59(4): 3136-3149.

[62] Bollian T, Younis M, Krieger G, et al. On-board RFI detection performance of a multichannel SAR system with digital square-law detectors[C]. 2022 IEEE International Geoscience and

Remote Sensing Symposium, Kuala Lumpur, 2022: 5141-5144.

[63] Zhao B, Huang L, Zhou F, et al. Performance improvement of deception jamming against SAR based on minimum condition number[J]. IEEE Journal of Selected Topics in Applied Earth Observations and Remote Sensing, 2017, 10(3): 1039-1055.

[64] 陶明亮. 极化 SAR 射频干扰抑制与地物分类方法研究[D]. 西安: 西安电子科技大学, 2016.

[65] Miller T, Potter L, McCorkle J. RFI suppression for ultrawideband radar[J]. IEEE Transactions on Aerospace and Electronic Systems, 1997, 33(4): 1142-1156.

[66] Candes E J, Wakin M B. An introduction to compressive sampling[J]. IEEE Signal Processing Magazine, 2008, 25(2): 21-30.

[67] Candes E J, Romberg J, Tao T. Robust uncertainty principles: Exact signal reconstruction from highly incomplete frequency information[J]. IEEE Transactions on Information Theory, 2006, 52(2): 489-509.

[68] 王赞, 陈伯孝. 基于压缩感知的高频地波雷达射频干扰抑制[J]. 系统工程与电子技术, 2012, 34(8): 1565-1570.

[69] Zhang J, Li Y L, Deng B. Parameter estimation with narrowband interference suppression based on compressed sensing[C]. Proceedings of 2012 IEEE International Geoscience and Remote Sensing Symposium, Munich, 2012: 3975-3978.

[70] Nguyen L, Do T. Recovery of missing spectral information in ultra-wideband synthetic aperture radar(SAR) data[C]. Proceedings of 2012 IEEE Radar Conference, Atlanta, 2012: 253-256.

[71] Qiu C L, Vaswani N. Recursive sparse recovery in large but correlated noise[C]. Proceedings of 2011 49th Annual Allerton Conference on Communication, Control, and Computing, Monticello, 2011: 752-759.

[72] Nguyen L H, Tran T D. Efficient and robust RFI extraction via sparse recovery[J]. IEEE Journal of Selected Topics in Applied Earth Observations and Remote Sensing, 2016, 9(6): 2104-2117.

[73] Joy S, Nguyen L H, Tran T D. Radio frequency interference suppression in ultra-wideband synthetic aperture radar using range-azimuth sparse and low-rank model[C]. Proceedings of 2016 IEEE Radar Conference, Philadelphia, 2016: 1-4.

[74] Nguyen L H, Tran T D. RFI-radar signal separation via simultaneous low-rank and sparse recovery[C]. Proceedings of 2016 IEEE Radar Conference, Philadelphia, 2016: 1-5.

[75] Nguyen L H, Dao M D, Tran T D. Joint sparse and low-rank model for radio-frequency interference suppression in ultra-wideband radar applications[C]. Proceedings of 2014 48th Asilomar Conference on Signals, Systems and Computers, Pacific Grove, 2014: 864-868.

[76] Nguyen L H, Dao M D, Tran T D. Radio-frequency interference separation and suppression from ultrawideband radar data via low-rank modeling[C]. Proceedings of 2014 IEEE International Conference on Image Processing, Paris, 2014: 116-120.

[77] Joy S, Nguyen L H, Tran T D. Robust joint down- and cross-range sparse recovery of raw ultra-wideband SAR data[C]. Proceedings of 2014 IEEE International Conference on Image Processing, Paris, 2014: 101-105.

[78] Huang Y, Liao G, Zhang Z, et al. Fast narrowband RFI suppression algorithms for SAR systems via matrix-factorization techniques[J]. IEEE Transactions on Geoscience and Remote Sensing, 2019, 57(1): 250-262.

[79] Huang Y, Liao G S, Xu J W, et al. Narrowband RFI suppression for SAR system via efficient parameter-free decomposition algorithm[J]. IEEE Transactions on Geoscience and Remote Sensing, 2018, 56(6): 3311-3322.

[80] Huang Y, Liao G S, Li J, et al. Narrowband RFI suppression for SAR system via fast implementation of joint sparsity and low-rank property[J]. IEEE Transactions on Geoscience and Remote Sensing, 2018, 56(5): 2748-2761.

[81] Tao M L, Zhou F, Zhang Z J. Wideband interference mitigation in high-resolution airborne synthetic aperture radar data[J]. IEEE Transactions on Geoscience and Remote Sensing, 2016, 54(1): 74-87.

[82] Zhou F, Tao M L, Bai X R, et al. Narrow-band interference suppression for SAR based on independent component analysis[J]. IEEE Transactions on Geoscience and Remote Sensing, 2013, 51(10): 4952-4960.

第3章　机载低频 LSAR 成像

自 SAR 技术诞生以来，如何获取高质量 SAR 图像一直是科研人员不懈追求的目标之一，为此国内外学者开展了大量研究工作[1-7]。相比于高频 SAR，低频 SAR 成像处理更加复杂，实现高精度成像的难度更大[8]，因此需要采用更加先进的 SAR 成像与运动补偿算法来获取高质量图像[9-22]，从而支撑后续的低频 SAR 应用[23-28]。

按照信号处理域不同，SAR 成像算法可分为时域成像算法和频域成像算法。其中，时域成像算法的典型代表是 BPA，该类算法不存在近似处理，具有高精度成像能力和良好的相位保持特性。BPA 几乎适用于所有 SAR 系统，包括曲线 SAR、近场 SAR、双/多站 SAR 等具有复杂成像几何的 SAR 系统，以及本书所讨论的低频 SAR 系统。然而，BPA 的缺点也很明显：首先，原始 BPA 采用的是逐个脉冲累加的成像方式，运算量巨大，成像效率低，很难满足 SAR 实时成像处理的需求。为解决这个问题，人们提出了各种改进算法，如局部 BPA（local BPA，LBPA）[29]、快速分解 BPA（fast factorized BPA，FFBPA）等[30-35]。相比于原始 BPA，改进算法的成像效率有了很大提高，某些改进算法的运算量已达到与频域成像算法相当的量级。其次，BPA 的运动补偿主要依赖传感器测量数据，不能灵活地结合基于回波数据的运动补偿算法，这也限制了 BPA 的实际应用。

与时域成像算法不同，频域成像算法是指回波距离弯曲校正、脉冲压缩等主要处理步骤都是在信号二维频域或时频域内完成的算法。与时域成像算法相比，频域成像算法的主要缺点是成像过程中存在不同程度的近似处理，优点是绝大多数频域成像算法易于结合基于回波数据的运动补偿算法[3,4,19,20,36,37]，可降低对传感器测量精度的要求，从而降低 SAR 成像成本；同时还具有相对较小的计算量和较高的运算效率。经过数十年的研究，科研人员提出了多种 SAR 频域成像算法，具体包括 ωK（亦可写成 Omega-K）类算法[1,6,38-41]、距离多普勒（range Doppler，RD）类算法[3,4,6,42]、调频变标（chirp scaling，CS）类算法[3,4,6,16,19,20,43-49]、频率变标（frequency scaling，FS）算法[3,4,15,32,50,51]、极坐标算法（polar format algorithm，PFA）[1,3,52]等。其中，ωK 类算法和 CS 类算法是两种比较经典的频域成像算法。ωK 类算法不存在近似处理，具有精确成像能力，但其存在二维频域内的非均匀插值处理，实现相对复杂。CS 类算法存在多处近似处理，在一定程度上影响了其成像精度，但成像过程只包括 FFT 和复乘运算，实现简单，成像效率高，适用于实时成像处理。

与传统高频 SAR 相比，高分辨低频 SAR 系统通常具有较大的方位向积累角和大信号相对带宽，因此回波信号耦合性强，成像处理难度大。此外，较长的合成孔径增加了运动误差的复杂性，不易实现精确补偿。为获得高质量图像，国外低频 SAR 系统(如 CARABAS 系列低频 SAR)大多装配了高精度传感器系统，因此能够获得满足实际成像精度要求的运动测量参数。在这种情况下，运动补偿变得相对容易，不再是决定成像处理精度的关键因素，因此可采用具有精确成像能力的算法(如 BPA)，同时结合基于高精度运动测量数据的运动补偿算法，获得高质量实测图像。然而，受成本和平台载荷空间、重量等因素的约束，大多数机载低频 SAR 系统所配备的 GPS/INS(inertial navigation system，惯性导航系统)等传感器的测量精度往往不能满足机载高分辨低频 SAR 的运动补偿要求。此时，在选择用于实测数据处理的成像算法时，除了要考虑算法的成像精度外，还必须考虑算法与运动补偿算法的结合性能，否则难以获得令人满意的高质量实测图像。

当前，机载低频 SAR 的工作模式有很多。例如：按雷达收/发配置不同，可分为单站 SAR(monostatic SAR, MonoSAR)和双站 SAR(bistatic SAR, BiSAR)；按照平台飞行轨迹不同，可分为低频 LSAR 和低频 CSAR。本章将阐述机载低频 LSAR 频域成像与运动补偿算法，第 4 章和第 5 章将分别阐述机载低频 BiSAR 和低频 CSAR 的成像及运动补偿算法。

自低频 SAR 被提出以来，已有多个频域成像算法被应用于机载低频 LSAR 成像处理中，但不同算法的研究都是孤立进行的，缺少统一形式的理论推导。以原始 ωK 算法为例，人们先后从波动方程[39]、时域[42]和 SAR 信号处理[6]等不同角度进行了算法的理论推导；Bamler[42]将波动方程推导法和时域推导法进行了统一。然而，波动方程推导法和时域推导法与 SAR 成像处理的联系不够密切，使得原始 ωK 算法的成像原理变得晦涩难懂。此外，除 ωK 类算法外，其他绝大多数频域成像算法的推导都是从 SAR 信号处理角度进行的，缺少统一形式的理论推导，导致不便于对比分析不同算法对机载低频 LSAR 的成像性能。

本章在已有研究的基础上，首先基于机载低频 LSAR 回波信号模型，给出机载低频 LSAR 频域成像算法统一形式的理论推导。然后，从 SAR 信号处理角度重新解释 ωK 类算法的成像原理，特别是扩展 Omega-K(extended Omega-K, EOK)算法[40,41]的两维分离聚焦成像原理，与之前的解释相比，新的解释更容易理解。接着，对比分析不同频域成像算法对高分辨低频 LSAR 的成像性能，所得研究结论可为实际低频 LSAR 系统研制中的成像算法选择提供参考。最后，在上述研究基础上，本章还研究可结合频域成像算法的机载低频 LSAR 高精度运动补偿算法，并利用实测数据处理结果检验上述算法的正确性、有效性和实用性。

基于上述分析，将本章内容安排如下：3.1 节介绍 LSAR 成像几何和 LSAR 通用回波信号模型；3.2 节给出频域成像算法统一形式的理论推导，将 ωK 类算法的成像理论推导与其他频域成像算法统一起来，并从 SAR 信号处理角度重新解释 ωK 类算法的成像原理；3.3 节对比分析不同频域成像算法对高分辨低频 LSAR 的成像性能；3.4 节给出可结合频域成像算法的机载低频 LSAR 运动补偿算法；3.5 节给出机载低频 LSAR 实测数据成像处理结果。

3.1　机载低频 LSAR 回波信号模型

SAR 成像问题可看作已知系统的输出和系统响应函数，求解系统输入的求逆问题。若把整个 SAR 系统看成一个输入输出系统，系统的输入是目标场景，输出是目标回波，则利用具体的成像算法可获得该 SAR 系统的响应函数。考虑到 SAR 处理信号为带限信号，因此常采用匹配滤波算法实现逆滤波处理。SAR 成像处理可概括为：从一定的信号模型出发，求出系统响应函数，对 SAR 回波信号进行匹配滤波处理，恢复场景中散射点强度。

图 3.1 给出了机载低频 LSAR 成像几何关系，其中 O 为坐标原点，载机沿与 X 方向平行的直线轨迹以速度 v 匀速飞行，飞行高度为 H。$P(x_P, y_P, 0)$ 为成像场景内的任意目标，目标 P 到飞行轨迹的垂直斜距为 r_0。设 t_a 为方位向慢时间，$(vt_a, 0, 0)$ 表示载机的飞行轨迹，$r(t_a; r_0)$ 为目标 P 到雷达天线相位中心的瞬时斜距。

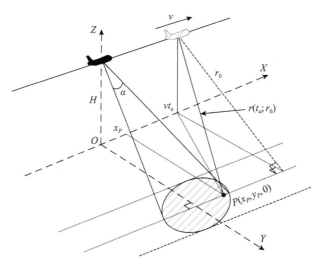

图 3.1　机载低频 LSAR 成像几何关系

根据图 3.1 所示的几何关系，可求得瞬时斜距 $r(t_a; r_0)$ 为

$$r(t_a; r_0) = \sqrt{(vt_a - x_P)^2 + (y_P - 0)^2 + H^2} = \sqrt{(vt_a - x_P)^2 + r_0^2} \tag{3.1}$$

设雷达发射信号为线性调频信号，即

$$s(\tau) = \mathrm{rect}\left[\frac{\tau}{T_p}\right]\exp\left(\mathrm{j}2\pi f_c\tau + \mathrm{j}\pi\kappa\tau^2\right) \tag{3.2}$$

式中，$\mathrm{rect}[\cdot]$ 为矩形窗函数；T_p 为信号脉宽；f_c 为信号载频；κ 为调频斜率；τ 为距离向快时间，则接收到的目标基带回波信号可表示为

$$\mathrm{ss}(\tau, t_a; r_0) = \mathrm{rect}\left[\frac{\tau}{T_p}\right]\exp\left[-\mathrm{j}\frac{4\pi f_c}{c}r(t_a; r_0)\right]\exp\left\{\mathrm{j}\pi\kappa\left[\tau - \frac{2r(t_a; r_0)}{c}\right]^2\right\} \tag{3.3}$$

式中，c 为真空中光速。

应用 FFT 和 POSP 于式(3.3)，可求得回波二维频谱(忽略幅度信息)为

$$\mathrm{SS}(f_r, f_a; r_0) = \exp\left(-\mathrm{j}\pi\frac{f_r^2}{\kappa}\right)\exp\left(-\mathrm{j}\frac{2\pi f_a}{v}x_P\right)\exp\left[-\mathrm{j}\frac{4\pi r_0}{\lambda}\sqrt{\left(1 + \frac{f_r}{f_c}\right)^2 - \left(\frac{\lambda f_a}{2v}\right)^2}\right]$$

$$\tag{3.4}$$

式中，$\lambda = c/f_c$ 为发射信号波长；f_r、f_a 分别为距离向频率和方位向频率。

在上述推导中，除假定满足应用 POSP 的前提条件外，不存在其他近似处理，可认为是精确的。式(3.4)中的第一个指数项为距离调制项；第二个指数项为目标方位位置项；第三个指数项为距离方位耦合项。对式(3.4)中的耦合项进行整理，将其写成如下形式：

$$\Phi(f_r, f_a; r_0) = -\frac{4\pi r_0}{\lambda}\chi(f_a)\left[1 + \frac{\dfrac{2f_r}{f_c} + \left(\dfrac{f_r}{f_c}\right)^2}{\chi^2(f_a)}\right]^{\frac{1}{2}} \tag{3.5}$$

式中，$\chi(f_a) = \sqrt{1 - \left(\dfrac{\lambda f_a}{2v}\right)^2}$ 为徙动参数。

当雷达系统参数满足不等式

$$\left|\frac{2f_r}{f_c} + \left(\frac{f_r}{f_c}\right)^2\right| \ll \chi^2(f_a) \tag{3.6}$$

时，可将式(3.6)在 $f_r = 0$ 处进行泰勒级数展开[53]，即

$$\Phi\left(f_r,f_a;r_0\right) = -\frac{4\pi r_0}{\lambda}\chi(f_a) - \frac{4\pi r_0}{\lambda}\cdot\frac{1}{\chi(f_a)}\cdot\frac{f_r}{f_c} + \frac{2\pi r_0}{\lambda}\cdot\frac{1-\chi^2(f_a)}{\chi^3(f_a)}\cdot\left(\frac{f_r}{f_c}\right)^2 \cdots$$

$$= C_0\left(f_a;r_0\right) + \sum_{i,i\geqslant 1} C_i\left(f_a;r_0\right)\left(\frac{f_r}{f_c}\right)^i \tag{3.7}$$

式中

$$C_i\left(f_a;r_0\right) = \frac{1}{i!}\frac{\partial^i \Phi\left(f_r,f_a;r_0\right)}{\partial f_a^n}\bigg|_{f_r=0}, \quad i=1,2,\cdots \tag{3.8}$$

为第 i 阶泰勒级数展开项系数。式 (3.7) 中的第一项只与方位向频率 f_a 有关, 为方位调制项; 第二项是关于距离向频率 f_r 的一次函数, 为距离徙动项; 第三项是关于距离向频率 f_r 的二次函数, 为二次距离压缩项; 其他关于距离向频率 f_r 的高次项 (三次以上) 为二维耦合项。要想得到完全聚焦的 SAR 图像, 必须对上述所有项进行精确补偿, 这正是 SAR 成像处理的难点所在。各种频域成像算法都是在不同条件下对精确补偿的近似处理, 近似程度决定了算法的成像精度。下面基于上述通用回波信号模型, 推导 ωK 类算法和 CS 类算法的成像过程。

3.2　频域成像算法的统一形式推导

3.2.1　ωK 类算法

ωK 类算法主要包括原始 ωK 算法和 EOK 算法。下面基于 3.1 节的机载 LSAR 通用回波信号模型, 从 SAR 信号处理的角度重新推导 ωK 类算法的成像过程, 并对 ωK 类算法的成像原理做出全新解释。

1. 原始 ωK 算法

由 3.1 节可知, 若能在频域内构造与回波二维频谱匹配的滤波函数, 即可实现目标的精确聚焦。然而, 在实际回波信号中, 所有目标的二维频谱是叠加在一起的, 且不同目标的二维频谱与其所在斜距有关, 因此在二维频域内一次性对所有目标实现精确匹配滤波是不现实的。一种可行的算法是将 SAR 成像过程分解成若干处理步骤, 对每个步骤分别进行求解。

选择固定斜距作为参考斜距, 构造二维频域内的匹配滤波函数为

$$H_{\mathrm{mf}}\left(f_r,f_a;r_{\mathrm{ref}}\right) = \exp\left[\mathrm{j}\pi\frac{f_r^2}{\kappa} + \mathrm{j}\frac{4\pi r_{\mathrm{ref}}}{\lambda}\sqrt{\left(1+\frac{f_r}{f_c}\right)^2 - \left(\frac{\lambda f_a}{2v}\right)^2}\right] \tag{3.9}$$

式中，r_{ref} 为参考斜距(通常选择场景中心斜距)。

将式(3.9)与式(3.4)相乘，得到匹配滤波后的回波频谱，称这种匹配滤波为一致聚焦处理。令 $\Phi(f_r, f_a; r_0 - r_{\text{ref}})$ 表示一致聚焦处理后的残余耦合项，则有

$$\text{SS}(f_r, f_a; r_0) = \exp\left[\text{j}\Phi(f_r, f_a; r_0 - r_{\text{ref}})\right] \tag{3.10}$$

式中

$$\Phi(f_r, f_a; r_0 - r_{\text{ref}}) = -\frac{4\pi(r_0 - r_{\text{ref}})}{\lambda}\sqrt{\left(1 + \frac{f_r}{f_c}\right)^2 - \left(\frac{\lambda f_a}{2v}\right)^2} \tag{3.11}$$

由式(3.11)可以发现，当 $r_0 = r_{\text{ref}}$ 时，$\Phi(f_r, f_a; r_0 - r_{\text{ref}}) = 0$，意味着参考斜距处的目标实现了完全聚焦；当 $r_0 \neq r_{\text{ref}}$ 时，$\Phi(f_r, f_a; r_0 - r_{\text{ref}}) \neq 0$，表示其他斜距处的目标还存在残余耦合相位，仅实现了部分聚焦。在原始 ωK 算法中，残余耦合相位的补偿是通过 Stolt 插值[1,3,6,54](又称为 Stolt 映射)实现的。Stolt 插值中的变量替换可表示为

$$f_r' + f_c = \sqrt{(f_c + f_r)^2 - \left(\frac{cf_a}{2v}\right)^2} \tag{3.12}$$

Stolt 插值后，进行二维 IFFT 处理，即得到聚焦的 SAR 图像。结合式(3.7)可以发现，原始 ωK 算法中的 Stolt 插值相当于同时完成了残余方位向压缩、RCMC、残余二次距离向压缩和残余高次耦合项补偿。与原始 ωK 算法不同，其他频域成像算法通常是将上述处理分解成多个步骤，依次实现。在上述推导中，除 Stolt 插值外，不存在其他近似处理。若忽略插值精度误差的影响，则原始 ωK 算法的成像处理非常精确。

由上述推导可知，原始 ωK 算法的距离与方位两维聚焦是通过 Stolt 插值同时完成的，不可分离。这种处理方式的最大缺点是不能灵活地结合基于距离多普勒域回波(距离弯曲校正后、方位向压缩前)的运动补偿算法。为解决这个问题，Reigber 等[40,41]在原始 ωK 算法的基础上提出了 EOK 算法。

2. EOK 算法

EOK 算法是原始 ωK 算法的一种改进，通过采用修正 Stolt 插值将 SAR 成像处理中的距离向聚焦和方位向聚焦进行分离，从而使其能够灵活地结合多种运动补偿算法，大大提高了算法的实用性。文献[41]从波动方程角度对 EOK 算法进行了详细推导，然而所给推导与 SAR 成像联系不够密切，不易理解。为此，本小节将基于 3.1 节的机载 LSAR 通用回波信号模型，推导 EOK 算法的成像过程，将该

算法的理论推导与其他频域成像算法进行统一，并给出该算法 SAR 成像原理的全新解释。

观察式 (3.7) 可以发现，其中的方位调制项与其他频域成像算法的方位调制项的形式相同。由式 (3.12) 可知，Stolt 插值是关于距离向频率 f_r 的变量映射。在插值过程中，方位向频率 f_a 未发生变化。因此，可考虑将方位调制项从式 (3.7) 中分离出来，然后对剩余项进行 Stolt 插值处理。令 $\Phi'(f_r, f_a; r_0 - r_{\mathrm{ref}})$ 表示分离方位调制项后的残余耦合项：

$$
\begin{aligned}
\Phi'(f_r, f_a; r_0 - r_{\mathrm{ref}}) &= \Phi(f_r, f_a; r_0 - r_{\mathrm{ref}}) - C_0(f_a; r_0 - r_{\mathrm{ref}}) \\
&= -\frac{4\pi(r_0 - r_{\mathrm{ref}})}{\lambda}\left[\sqrt{\left(1 + \frac{f_r}{f_c}\right)^2 - \left(\frac{\lambda f_a}{2v}\right)^2} - \sqrt{1 - \left(\frac{\lambda f_a}{2v}\right)^2}\right]
\end{aligned} \tag{3.13}
$$

将式 (3.13) 代入式 (3.10)，得到

$$
\mathrm{SS}(f_r, f_a; r_0) = \exp\left[\mathrm{j}\Phi'(f_r, f_a; r_0 - r_{\mathrm{ref}})\right]\exp\left[-\mathrm{j}\frac{4\pi(r_0 - r_{\mathrm{ref}})}{\lambda}\sqrt{1 - \left(\frac{\lambda f_a}{2v}\right)^2}\right] \tag{3.14}
$$

根据残余耦合项的相位形式，采用如下所示的变量替换：

$$
f_r' = \sqrt{(f_c + f_r)^2 - \left(\frac{c f_a}{2v}\right)^2} - \sqrt{f_c^2 - \left(\frac{c f_a}{2v}\right)^2} \tag{3.15}
$$

式 (3.15) 称为修正 Stolt 插值。对比式 (3.12) 与式 (3.15) 可以发现，与原始 Stolt 插值相比，修正 Stolt 插值的作用中不再包括残余方位向压缩处理。在修正 Stolt 插值后，回波信号相当于完成了残余二次距离向压缩、RCMC 和残余高次耦合项补偿；回波信号的残余方位向压缩处理可在距离多普勒域进行。由此可以发现，回波信号的距离向聚焦和方位向聚焦被成功分离。

将式 (3.15) 代入式 (3.14)，得到

$$
\begin{aligned}
\mathrm{SS}(f_r, f_a; r_0 - r_{\mathrm{ref}}) &= \exp\left[-\mathrm{j}\frac{4\pi f_r'}{\lambda}(r_0 - r_{\mathrm{ref}})\right]\exp\left(-\mathrm{j}\frac{2\pi f_a}{v}x_P\right) \\
&\quad \cdot \exp\left[-\mathrm{j}\frac{4\pi(r_0 - r_{\mathrm{ref}})}{\lambda}\sqrt{1 - \left(\frac{\lambda f_a}{2v}\right)^2}\right]
\end{aligned} \tag{3.16}
$$

对式 (3.16) 进行距离向 IFFT 处理，得

$$\mathrm{SS}\left(\tau, f_a; r_0 - r_{\mathrm{ref}}\right) = \mathrm{sinc}\left[\tau - \frac{2\left(r_0 - r_{\mathrm{ref}}\right)}{c}\right]\exp\left(-\mathrm{j}\frac{2\pi f_a}{v}x_P\right)$$
$$\cdot \exp\left[-\mathrm{j}\frac{4\pi\left(r_0 - r_{\mathrm{ref}}\right)}{\lambda}\sqrt{1-\left(\frac{\lambda f_a}{2v}\right)^2}\right] \tag{3.17}$$

式(3.17)即为距离多普勒域回波信号。根据式(3.17)，构造式(3.18)所示的方位匹配滤波函数：

$$H_{\mathrm{AC}}\left(f_a; r_0 - r_{\mathrm{ref}}\right) = \exp\left[\mathrm{j}\frac{4\pi\left(r_0 - r_{\mathrm{ref}}\right)}{\lambda}\sqrt{1-\left(\frac{\lambda f_a}{2v}\right)^2}\right] \tag{3.18}$$

将式(3.17)与式(3.18)相乘，然后进行方位向 IFFT 处理，即可得到聚焦 SAR 图像。

由上述推导可以发现，EOK 算法的成像过程中也不存在近似处理，较好地保持了原始 ωK 算法的精确成像性能。然而，由于实现了距离向与方位向的分离聚焦，EOK 算法能够更加灵活地结合各种运动补偿算法，从而提高了其对实测数据的成像性能。

3.2.2　CS 类算法

CS 类算法主要包括 CS 算法、非线性 CS(nonlinear CS, NCS)算法和扩展 CS(extended CS, ECS)算法。本小节将以 CS 算法和 NCS 算法为例，基于 3.1 节的机载 LSAR 通用回波信号模型，简要阐述这类算法的 SAR 成像过程。

CS 算法成像原理如下：通过对回波信号进行调频变标处理，使原线性调频信号的相位中心和调频率产生微小变化，消除目标 RCM 的空变性；然后通过一次相位相乘完成所有目标的 RCMC 处理。在 CS 算法中，仅考虑了回波频谱泰勒级数展开项(式(3.7))的二次项，忽略了三次及三次以上的高次项。CS 算法的成像过程包含四个步骤：调频变标处理、距离向聚焦(包括距离压缩、RCMC 和残余二次距离向压缩)、残余相位补偿和方位向压缩。式(3.19)~式(3.22)为每个处理步骤对应的参考函数：

$$H_{\mathrm{CS}}\left(\tau, f_a; r_{\mathrm{ref}}\right) = \exp\left\{\mathrm{j}\pi K_m\left(f_a; r_0\right)\frac{1-\chi\left(f_a\right)}{\chi\left(f_a\right)}\left[\tau - \frac{2r_{\mathrm{ref}}}{c\chi\left(f_a\right)}\right]^2\right\} \tag{3.19}$$

$$H_{\mathrm{RC\_CS}}\left(f_r, f_a; r_{\mathrm{ref}}\right) = \exp\left[\mathrm{j}\frac{4\pi r_{\mathrm{ref}}}{c}\frac{1-\chi\left(f_a\right)}{\chi\left(f_a\right)}f_r + \mathrm{j}\pi\frac{1}{K_m\left(f_a; r_{\mathrm{ref}}\right)}\frac{1}{\chi\left(f_a\right)}f_r^2\right] \tag{3.20}$$

$$H_{\text{RES\_CS}}(f_a;r_0)=\exp\left[\mathrm{j}\frac{4\pi K_m(f_a;r_0)}{c^2}\frac{1-\chi(f_a)}{\chi^2(f_a)}(r_0-r_{\text{ref}})^2\right] \tag{3.21}$$

$$H_{\text{AC}}(f_a;r_0)=\exp\left[\mathrm{j}\frac{4\pi r_0}{\lambda}\sqrt{1-\left(\frac{cf_a}{2v}\right)^2}\right] \tag{3.22}$$

式中

$$K_m(f_a;r_0)=\frac{1}{\dfrac{1}{\kappa}-\dfrac{C_2(f_a;r_0)}{\pi}}=\frac{1}{\dfrac{1}{\kappa}-\dfrac{2\lambda\left(1-\chi^2(f_a)\right)r_0}{c^2\chi^3(f_a)}} \tag{3.23}$$

为等效调频斜率。在 CS 算法中，认为调频斜率是距离非空变的，不同斜距处的调频斜率均用参考斜距处的调频斜率来近似，即 $K_m(f_a;r_0)\approx K_m(f_a;r_{\text{ref}})$。由上述分析可知，CS 算法中存在多处低精度的近似处理，因此该算法的成像精度较低，常用于中/低分辨率 SAR 的成像处理，不适用于高分辨率 SAR 情况。

NCS 算法是由 Davidson 等[46]为解决大斜视 SAR 成像问题提出来的。与 CS 算法不同，NCS 算法考虑了等效调频斜率的距离空变性。设 SAR 系统参数满足下述不等式：

$$\left|(r_0-r_{\text{ref}})\frac{2\lambda\kappa}{c^2}\frac{1-\chi^2(f_a)}{\chi^3(f_a)}\right|\ll1,\quad r_{\min}\leqslant r_0\leqslant r_{\max} \tag{3.24}$$

式中，$r_{\min}$、$r_{\max}$ 分别为测绘带近端斜距和远端斜距。

可将式(3.23)在 $r_0=r_{\text{ref}}$ 处进行泰勒级数展开，并保留到一阶展开项，得

$$K_m(f_a;r_0)\approx K_m(f_a;r_{\text{ref}})+K_m'(f_a;r_{\text{ref}})(r_0-r_{\text{ref}})+\sum_{i=2}^{\infty}\frac{K_m^{(i)}(f_a;r_{\text{ref}})}{i!}(r_0-r_{\text{ref}})^i$$

$$\approx K_m(f_a;r_{\text{ref}})+K_s(f_a)\frac{2(r_0-r_{\text{ref}})}{c\chi(f_a)} \tag{3.25}$$

式中，$K_s(f_a)=\dfrac{K_m^2(f_a;r_{\text{ref}})\left[1-\chi^2(f_a)\right]}{f_c\chi^2(f_a)}$ 为等效调频斜率在参考斜距处的变化率。

由式(3.25)可以发现，等效调频斜率关于斜距呈线性变化。因此，等效调频斜率线性近似的精度要高于 CS 算法中采用的固定调频斜率近似的精度。

此外，NCS 算法考虑了三次泰勒级数展开项(式(3.7))的影响，从而提高了

NCS 算法的解耦合能力。在乘以 NCS 因子之前，NCS 算法先进行二维频域内的三次相位滤波处理。三次相位滤波函数[44]为

$$H_{\text{Cubic}}(f_a;r_0) = \exp\left[j\frac{2\pi}{3}\frac{2-\chi(f_a)}{1-\chi(f_a)}\cdot\frac{K_s(f_a;r_{\text{ref}})}{2K_m^3(f_a;r_{\text{ref}})} - j2\pi\frac{\chi^2(f_a)-1}{\chi^5(f_a)}\frac{r_0}{cf_c^2} \right] \quad (3.26)$$

三次相位滤波后，NCS 算法接下来的处理步骤与 CS 算法相同，包括非线性调频变标变换、距离向聚焦、残余相位补偿和方位向压缩。其中，方位向压缩函数与 CS 算法相同(式(3.22))，其他处理步骤对应的参考函数如下：

$$H_{\text{NCS}}(\tau,f_a;r_{\text{ref}}) = H_{\text{CS}}\cdot\exp\left\{ j\pi\frac{K_s(f_a;r_{\text{ref}})}{3}\frac{1-\chi(f_a)}{\chi(f_a)}\cdot\left[\tau-\frac{2r_{\text{ref}}}{c\chi(f_a)}\right]^3 \right\} \quad (3.27)$$

$$H_{\text{RC\_NCS}}(f_r,f_a;r_{\text{ref}}) = H_{\text{RC\_CS}}\cdot\exp\left[j\pi\frac{1+\chi(f_a)}{f_cK_m(f_a;r_{\text{ref}})}f_r^3 \right] \quad (3.28)$$

$$H_{\text{RES\_NCS}}(f_a;r_0) = H_{\text{RES\_CS}}\cdot\exp\left\{ j\pi\frac{K_m^2(f_a;r_{\text{ref}})}{3f_c}\frac{[1-\chi^2(f_a)][1-\chi(f_a)]}{\chi^5(f_a)} \right\} \quad (3.29)$$

完成上述处理步骤后，对回波数据进行方位向 IFFT 处理，得到 SAR 图像。由上述推导可以发现，NCS 算法中也存在多处近似处理，但所采取的近似处理精度较高，因此 NCS 算法的成像精度优于 CS 算法。

综合上述分析可知，ωK 类算法和 CS 类算法都可基于 3.1 节给出的机载 LSAR 通用回波信号模型进行推导，这就将上述两类常用频域成像算法的理论推导形式统一起来。统一形式的理论推导不但便于人们更好地理解其 SAR 成像原理，而且为从理论上对比分析不同算法的成像性能奠定了基础。

3.3　机载低频 LSAR 频域成像算法性能分析

当前，SAR 成像算法种类繁多，成像性能各有千秋。因此，为了能够给实际 SAR 系统研制中的成像算法选择提供理论参考，非常有必要深入分析不同算法的成像性能[55-59]，例如，文献[55]对比分析了原始 CS 算法和原始 ωK 算法对低频 LSAR 的成像性能，文献[56]对比分析了 BPA 和 ωK 算法对低频 LSAR 的成像性能等。本章在上述研究的基础上，从理论上对比分析 ωK 类算法和 CS 类算法对高分辨低频 LSAR 的成像性能。

3.3.1　ωK 类算法成像精度分析

原始 ωK 算法主要有两处近似处理：一是假定 SAR 搭载平台的运动速度是距离非空变的。对于星载 SAR，这个近似条件不一定满足。对于机载 SAR，由于测绘带宽度相对较小，搭载平台运行速度较慢，可认为这一条件是满足的。二是 Stolt 插值近似。Stolt 插值精度与所选择的插值核点数有关，一般来说，选取 8 点的核长度即能获得较高的插值精度。随着插值核点数的进一步增加，Stolt 插值精度的提高幅度并不明显，但运算量显著增加。

EOK 算法同样存在上述两处近似处理。此外，由式(3.6)可知，应用 EOK 算法时还需要满足 $\chi^2(f_a)=1-(\lambda f_a/(2v))^2 \geqslant 0$。尽管这个条件在高频窄带 SAR 中是满足的，但在高分辨低频 SAR 中不一定满足。例如，FOA 研制的 CARABAS Ⅱ型低频 SAR 系统，其最大方位向积累角达到 150°，为保证方位谱不混叠，通常将系统脉冲重复频率(pulse repetition frequency, PRF)设置为多普勒带宽的 1.5～2 倍，此时 $\chi(f_a)$ 值可能为复数，从而引起成像错误。

针对上述情况有两种解决算法：一种算法是在成像时，将 $1-(\lambda f_a/(2v))^2 < 0$ 的频率置零。理论上，回波多普勒谱不可能超出 $1-(\lambda f_a/(2v))^2 \geqslant 0$ 的限制，$1-(\lambda f_a/(2v))^2 < 0$ 只可能是由方位向采样频率值引起的，因此这种置零处理不会导致多普勒谱损失，对图像方位向分辨率几乎没有影响。但要注意的是，频率置零相当于实施了降采样处理，因此要考虑降低后的采样率是否满足方位向分辨率的要求。另一种算法是引入速度调整参数[18]，设 SAR 搭载平台的速度为真实速度的 σ ($\sigma>1$) 倍，此时上述限制条件就变成 $\chi'^2(f_a)=1-(\lambda f_a/(2\sigma v))^2 \geqslant \chi(f_a)$，从而只需保证 $\chi'^2(f_a) \geqslant 0$。当然，速度调整参数的引入将会引入新的相位误差，需在后续成像处理中采取相应的补偿措施。

3.3.2　CS 类算法成像精度分析

由于原始 CS 算法的成像精度较低，不适用于高分辨低频 LSAR 成像处理，因此在本节算法的性能分析中，只讨论 NCS 算法的成像性能。由前面的推导可知，NCS 算法也需满足 $\chi^2(f_a)=1-(\lambda f_a/(2v))^2 > 0$ 的限制条件。当该条件不满足时，可采用 3.3.1 节中给出的处理算法。此外，NCS 算法还存在其他两处近似误差：高次耦合相位误差和等效距离调频率的线性近似误差，它们是影响 NCS 算法成像精度的主要因素。

原始 NCS 算法仅考虑了三次泰勒级数展开项(式(3.7))，忽略了四次及四次以上的高次相位。对大多数 SAR 系统来说，这种近似是合理的。但对于高分辨低频 LSAR，高次相位对目标聚焦质量的影响不可忽略。为解决这个问题，文献[20]提出了一种改进 NCS 算法。改进 NCS 算法采用了针对参考斜距的高次相位补偿，使 NCS 算法的解耦能力得到进一步提高。高次相位补偿是在 NCS 成像处理前的二维频域内进行的，相应的补偿函数[20]为

$$
H_{\text{HOPC}}(f_r, f_a; r_{\text{ref}}) = \exp\left[-\mathrm{j}\Phi(f_r, f_a; r_{\text{ref}})\right] \exp\left[\mathrm{j}\frac{4\pi\chi(f_a)r_{\text{ref}}}{\lambda} + \mathrm{j}\frac{4\pi r_{\text{ref}}}{c\chi(f_a)}f_r\right]
$$
$$
\cdot \exp\left\{-\mathrm{j}\frac{2\pi\lambda\left[1-\chi^2(f_a)\right]r_{\text{ref}}}{\chi^3(f_a)}f_r^2 + \mathrm{j}\frac{2\pi\lambda^2\left[1-\chi^2(f_a)\right]r_{\text{ref}}}{c^3\chi^5(f_a)}f_r^3\right\}
$$

$$(3.30)$$

令 $\Phi_{\text{HOP}}(f_r, f_a; r_0) = \sum_{i=4}^{\infty} C_i(f_a; r_0)(f_r/f_c)^i$ 表示斜距 r_0 处的高次相位，则高次相位补偿后，斜距 r_0 处的残余高次相位误差为

$$
\begin{aligned}
E_{\text{HOP}}(f_r, f_a; r_0 - r_{\text{ref}}) &= \Phi_{\text{HOP}}(f_r, f_a; r_0) - \Phi_{\text{HOP}}(f_r, f_a; r_{\text{ref}}) \\
&= -\Phi(f_r, f_a; r_0 - r_{\text{ref}}) \\
&\quad + (r_0 - r_{\text{ref}})\left[\frac{4\pi\beta}{\lambda} + \frac{4\pi}{c\beta}f_r - \frac{2\pi\lambda\left(1-\beta^2\right)}{\beta^3}f_r^2\right. \\
&\quad \left. + \frac{2\pi\lambda^2\left(1-\beta^2\right)r_{\text{ref}}}{c^3\beta^5}f_r^3\right]
\end{aligned} \tag{3.31}
$$

由式(3.31)可以发现，高次相位补偿后，参考斜距处的高次相位被彻底消除，其他斜距处的高次相位则被有效削弱。利用表 3.1 所示机载低频 LSAR 仿真参数，图 3.2 给出了不同斜距处高次相位补偿操作前后的残余高次相位误差。

表 3.1　机载低频 LSAR 仿真参数

参数	数值	参数	数值
中心频率	400MHz	方位向分辨率	0.75m
信号带宽	200MHz	脉冲重复频率	250Hz
采样频率	250MHz	载机飞行速度	100m/s
信号脉宽	5μs	场景中心斜距	2.5km

观察图 3.2 可以发现，实施高次相位补偿后，高次相位值大大减小，从而提高了 NCS 算法对高分辨低频 LSAR 的成像精度。在本章的后续表述中，除特别说

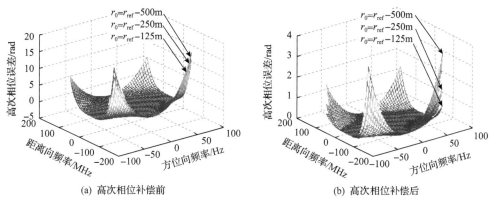

(a) 高次相位补偿前   (b) 高次相位补偿后

图 3.2 不同斜距处高次相位补偿前后残余高次相位误差

明外, 所提 NCS 算法均指这种带有高次相位补偿的改进 NCS 算法。然而, 由图 3.2 也可以发现, 目标偏离场景中心越远, 残余高次相位误差越大。

由 3.3.2 节可知, NCS 算法中的等效调频斜率线性近似是基于其精确表达式 (式 (3.23)) 的泰勒级数展开式得到的。若要使这种近似具有较高的精度, 则必须 满足一定的前提条件。首先, 应保证不等式 (3.32) 成立:

$$\frac{1}{\kappa} \neq \frac{2\lambda r_0\left(1-\chi^2\left(f_a\right)\right)}{c^2\chi^3\left(f_a\right)} \quad \Rightarrow \quad r_0 \neq r_0^* = \frac{c^2\chi^3\left(f_a\right)}{2\lambda\kappa\left(1-\chi^2\left(f_a\right)\right)} \tag{3.32}$$

为便于论述, 称斜距 r_0^* 为断点。由式 (3.32) 可知, 只有当不等式 $r_0 \neq r_0^*$ 成立 时, 才能保证式 (3.23) 的分母不为零, 进而实施后续的近似处理。

实际上, 在绝大多数 SAR 系统中, 不等式 (3.32) 是满足的。然而对于高分辨 低频 LSAR, 在有效的测绘带宽内, 可能不满足不等式 (3.32)。设 SAR 发射信号 带宽为 150MHz, 脉宽为 2μs, 方位向分辨率为 1m, 载机速度为 100m/s。基于 式 (3.32), 图 3.3 (a) 给出了断点值与发射信号波长之间的变化关系。可以发现, 随着发射信号波长的增大, 断点值越来越小, 当发射信号波长小于 0.4m 时, 断点 值大于 150km。绝大多数机载 SAR 达不到这个探测距离, 因此成像测绘带内不会 出现断点。当信号波长大于 0.5m 时, 断点值将出现在几公里到几十公里的范围内。 这种情况下, 对于绝大多数机载 SAR, 断点将会出现在有效测绘带内。与图 3.3 (a) 相对应, 图 3.3 (b) 给出了当测绘带内包含断点时, 等效调频斜率的线性拟合结果。 可以发现, 线性拟合误差在断点处急剧变大, 这将严重影响图像的聚焦质量。

由 3.3.2 节可知, 若获得高精度的等效调频斜率线性近似, 还需满足不等 式 (3.24)。设 β 表示雷达相对目标的瞬时斜视角, 则有 $\chi(f_a) = \sqrt{1-\left(\lambda f_a/(2v)\right)^2} = \sin\beta$, 将其代入不等式 (3.24) 左侧, 得

$$F\left(\lambda,\beta;r_0-r_{\text{ref}}\right)=\left|\left(r_0-r_{\text{ref}}\right)\frac{2\lambda\kappa}{c^2}\frac{\sin^2\beta}{\cos^3\beta}\right|,\quad \beta\in\left(-\frac{\pi}{2},\frac{\pi}{2}\right) \tag{3.33}$$

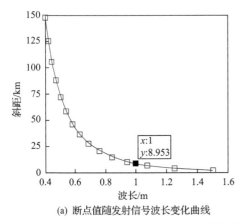

(a) 断点值随发射信号波长变化曲线

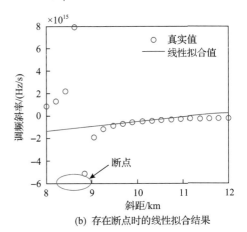

(b) 存在断点时的线性拟合结果

图 3.3　等效调频斜率近似误差

易证明 $F\left(\lambda,\beta;r_0\right)$ 关于 λ 或 $|\beta|$ 单调递增。由此可知，SAR 系统波长越长或方位向积累角越大，不等式 (3.24) 的满足性越差，导致等效调频斜率线性近似精度越低。同样基于表 3.1 给出的仿真参数，图 3.4 给出了不同中心频率条件下获得的等效调频斜率线性拟合结果与实际调频率的对比。

可以发现，随着中心频率的减小，等效调频斜率线性近似精度越来越差。类似地，通过仿真试验可以证明：随着方位向积累角的增加，等效调频斜率线性拟合精度也将变差。实际情况中，可通过保留更多阶泰勒级数展开项的方法提高等效调频斜率的近似精度。然而随着保留阶数的增加，算法推导越来越复杂，等效调频斜率近似精度的提高幅度越来越小。实际应用中，应根据所需要的成像精度进行合理选择。

等效调频斜率线性近似导致的二次相位误差可表示为

$$E_{\text{sec}}\left(f_r,f_a;r_0\right)=\frac{\pi\chi\left(f_a\right)f_r^2}{1-\chi\left(f_a\right)}\left[\frac{1}{K_m\left(f_a;r_0\right)}-\frac{1}{K_m\left(f_a;r_{\text{ref}}\right)+K_s\left(f_a;r_{\text{ref}}\right)\Delta\tau\left(f_a;r_0\right)}\right] \tag{3.34}$$

利用表 3.1 给出的仿真参数，图 3.5 给出了不同斜距处的二次相位误差。

由图 3.5 可以发现，与残余高次相位误差类似，目标偏离参考斜距越远，二次相位误差越大。残余高次相位误差与二次相位误差的这种空变特性将限制 NCS 算法的有效聚焦测绘带宽度。因此，在应用 NCS 算法进行高分辨低频 LSAR 大场景实测数据成像时，需采用距离分块成像的处理算法。具体步骤为：首先，将整

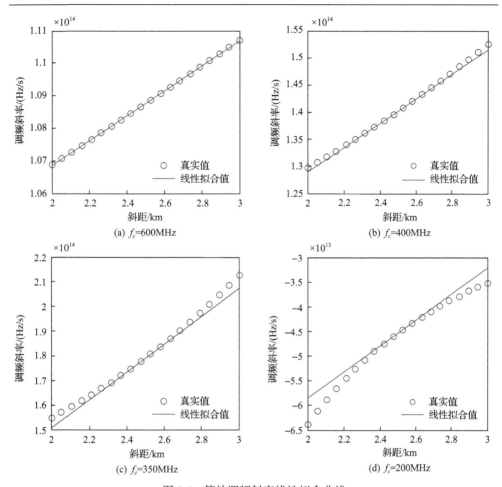

(a) f_c=600MHz　　　　　　　　　　(b) f_c=400MHz

(c) f_c=350MHz　　　　　　　　　　(d) f_c=200MHz

图 3.4　等效调频斜率线性拟合曲线

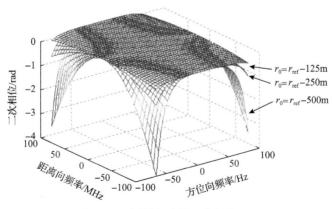

图 3.5　不同斜距处的二次相位误差

个回波数据沿距离向划分成若干个子块回波；然后，利用 NCS 算法对每个子块回波进行距离向聚焦处理；待完成所有子块回波的距离向聚焦后，再将子块回波重新合并成完整回波；最后，对完整回波进行方位向压缩，得到聚焦图像。

在进行子块回波划分时，应建立一个划分准则，以确定子块回波的大小。可采用以下算法：根据实际成像质量要求，预设一个相位误差容忍值（如 $\pi/4$ 或 $\pi/2$），当最大残余高次相位误差和最大二次相位误差均小于相位误差容忍值时，即可忽略它们对图像聚焦质量的影响，将这个可实现良好聚焦距离的子块大小称为聚焦深度。不难得出，聚焦深度与具体的低频 LSAR 系统参数密切相关。在同等空间分辨率前提下，雷达工作频率越低，相对带宽越大，聚焦深度越小，意味着要划分更多子块，才能实现对观测场景的整体良好聚焦。因此，针对具体的实际低频 LSAR 系统，可利用上述准则和式（3.31）、式（3.34）共同确定聚焦深度。

3.3.3　成像效率对比分析

除成像精度外，还可以利用成像效率来衡量算法的实用性。本小节通过评估 EOK 算法和 NCS 算法的浮点运算（floating point operations, FLOPs）量来对比分析它们的成像效率。这两种算法可结合相同的运动补偿算法，因此在评估中不考虑运动补偿对运算量的影响。

根据 3.3.1 节和 3.3.2 节的推导，图 3.6 给出了 EOK 算法与 NCS 算法的成像处理流程对比。可以发现，EOK 算法和 NCS 算法的本质区别在于：EOK 算法采用修正 Stolt 插值代替了 NCS 算法中的高次相位补偿、三次相位滤波、非线性调频变换、距离向聚焦和残余相位补偿等处理。与 NCS 算法不同，EOK 算法有两种成像处理流程可供选择，差别仅在于实施距离去脉宽处理的位置不同。流程 1 是在距离向压缩后，修正 Stolt 插值前进行去脉宽处理。在 SAR 成像初期即实施去脉宽处理，减小了回波数据量，这为后续的成像处理带来了很大便利，但流程 1 多了两次傅里叶变换。与之相比较，流程 2 是在修正 Stolt 插值后进行距离去脉宽处理的。显然，这会增加成像处理过程中的中间结果读写、存储、传输等负担。但与流程 1 相比，流程 2 少了两次傅里叶变换处理。

下面基于图 3.6 给出的算法成像处理流程，分析 EOK 算法与 NCS 算法的浮点运算量。由图 3.6 可以发现，EOK 算法的成像处理包括 FFT 处理、复数相乘和 Stolt 插值三种运算；NCS 算法的成像处理中只包括 FFT 处理和复数相乘两种运算。一个 N 点复数进行 FFT/IFFT 处理需 $5N\log_2 N$ 个 FLOPs，一个复数相位相乘需 6 个 FLOPs。EOK 算法中通常选择 $\text{sinc}(\cdot)$ 函数作为插值核函数。设插值核长度为 S_{ker}，则对一个复数进行 Stolt 插值共需 $2S_{\text{ker}}$ 个实数相乘和 $2(S_{\text{ker}}-1)$ 个实数相加运算，共计 $2(2S_{\text{ker}}-1)$ 个 FLOPs。设原始回波距离向点数等于方位向点数，并用 M 表示。此外，设发射信号脉宽对应的采样点数与回波距离向点数之比为

$\zeta(\zeta < 1)$，则距离去脉宽处理后的回波距离向点数为$(1 - \zeta)M$。基于上述定义和图 3.6 所示的成像处理流程，可按式(3.35)~式(3.37)计算 EOK 算法与 NCS 算法的浮点运算量：

$$\mathrm{CL}_{\mathrm{EOKA1}} = 10(2 - \zeta)M^2 \log_2 M + 6(3 - 2\zeta)M^2 + 2(2S_{\mathrm{ker}} - 1)M^2$$
$$+ 10(1 - \zeta)M^2 \log_2[(1 - \zeta)M] \tag{3.35}$$

$$\mathrm{CL}_{\mathrm{EOKA2}} = 5(4 - \zeta)M^2 \log_2 M + 6(2 - \zeta)M^2 + 2(2S_{\mathrm{ker}} - 1)M^2 \tag{3.36}$$

$$\mathrm{CL}_{\mathrm{NCSA}} = 5(6 - \zeta)M^2 \log_2 M + 6(5 - \zeta)M^2 \tag{3.37}$$

式中，$\mathrm{CL}_{\mathrm{EOKA1}}$、$\mathrm{CL}_{\mathrm{EOKA2}}$分别表示 EOK 算法按流程 1 和流程 2 进行成像处理时的浮点运算量。设回波点数 $M = 16384$，插值核长度 $S_{\mathrm{ker}} = 8$。基于上述定义，图 3.7 给出了 EOK 算法与 NCS 算法浮点运算量关于脉宽比 ζ 的变化曲线，其中，EOKA1 表示 EOK 算法处理流程 1，EOKA2 表示 EOK 算法处理流程 2。

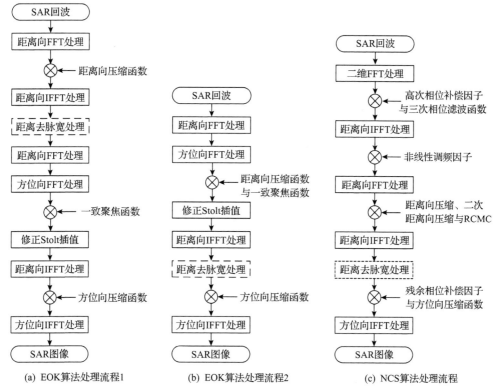

(a) EOK算法处理流程1　　　(b) EOK算法处理流程2　　　(c) NCS算法处理流程

图 3.6　EOK 算法与 NCS 算法的成像处理流程对比

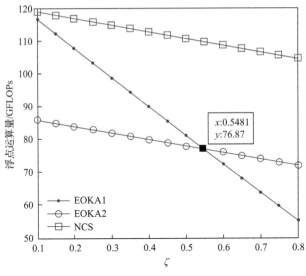

图 3.7　浮点运算量与 ζ 之间的关系

　　观察图 3.7 可得出如下两个结论：①EOK 算法两种处理流程的浮点运算量均小于 NCS 算法；②随着 ζ 的增大，EOK 算法两种处理流程间的浮点运算量将发生变化。当 $\zeta < 0.55$ 时，脉宽采样点数引起的浮点运算量小于两次 FFT 处理的浮点运算量，此时流程 1 的浮点运算量大于流程 2。随着 ζ 的增大，信号脉宽采样点数与回波距离总点数的比值增大，当 $\zeta \geqslant 0.55$ 时，脉宽采样点数引起的浮点运算量开始大于两次 FFT 处理的浮点运算量，此时流程 1 的浮点运算量开始小于流程 2。因此，在应用 EOK 算法时，应根据实际 SAR 系统的具体参数选择浮点运算量最小的成像处理流程，以获得最高的成像效率。此外，尽管从浮点运算量的角度来看，EOK 算法具有明显优势，但 Stolt 插值处理实现起来比较复杂。相比之下，NCS 算法的成像处理只包括 FFT 处理和复数相乘运算，实现简单，尤其适用于向量和矩阵运算的开发语言（如 MATLAB[49]）。

　　除成像精度和效率外，与运动补偿算法的结合性能也是影响算法实际应用的重要因素。首先，原始 ωK 算法成像过程中不存在距离多普勒域回波信号，因此不能结合基于多普勒调频率估计的运动补偿算法，只能结合传感器测量数据或基于 SAR 图像域数据的自聚焦算法。相比之下，EOK 算法和 NCS 算法均能灵活结合基于传感器的运动补偿和基于回波数据的运动补偿[19,20]。因此，当无运动测量数据或运动测量数据精度较低时，利用结合基于回波数据运动补偿的 EOK 算法或 NCS 算法也能获得聚焦良好的实测图像。

3.3.4　仿真试验

　　为验证上述理论分析的正确性，本小节开展三种不同机载低频 LSAR 仿真成像试验。表 3.2 给出了仿真试验 SAR 参数设置，三个机载低频 LSAR 具有相同信号带宽和空间分辨率，但中心频率不同，因此相对带宽和方位向积累角不同，相应地，回波信号二维耦合程度不相同，成像难度也不相同。从理论上讲，SAR 系统 1 的成像难度最大，SAR 系统 2 的成像难度次之，SAR 系统 3 的成像难度最小。为准确展现不同频域成像算法对不同机载低频 LSAR 的成像性能，仿真试验设置为理想条件，未采取任何运动补偿措施。

表 3.2　仿真试验 SAR 参数设置

参数	SAR 系统 1	SAR 系统 2	SAR 系统 3
中心频率（f_c）	200GHz（VHF）	400MHz（UHF）	600MHz（UHF）
信号带宽（B）	200MHz	200MHz	200MHz
相对带宽（B_r）	1.0	0.5	0.33
方位向分辨率（ρ_a）	0.75m	0.75m	0.75m
加权系数	1.0	1.0	1.0
脉冲重复频率	300Hz	300Hz	300Hz
搭载平台飞行速度（v）	120m/s	120m/s	120m/s
中心斜距（r_c）	10km	10km	10km

在仿真试验中，在成像场景中放置了两个目标（分别记为目标 1 和目标 2），其中目标 1 位于 10km 处（即场景中心），目标 2 位于 9.6km 处。在成像处理中，以场景中心斜距为成像参考斜距，分别采用原始 ωK 算法、EOK 算法、未做高次相位补偿的 NCS 算法和做高次相位补偿的 NCS 算法进行成像处理，并对比成像结果。为了保证结果对比分析的准确性，在成像处理中，未采用任何加权函数和旁瓣抑制措施。图 3.8～图 3.10 分别给出了利用不同成像算法获得的仿真成像结果。

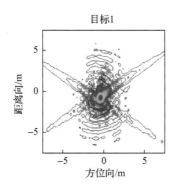
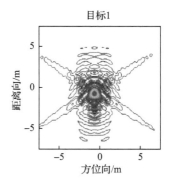

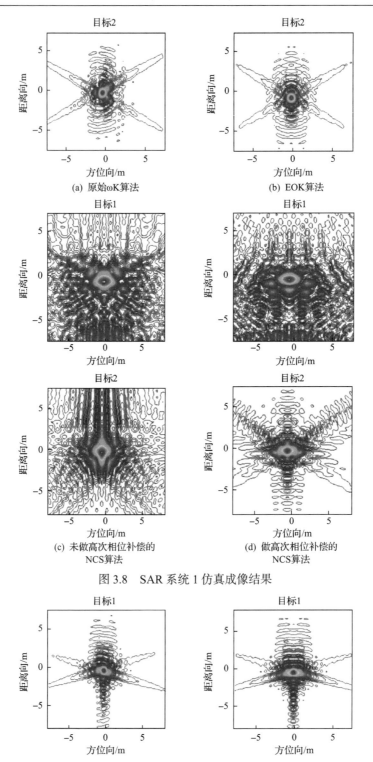

(a) 原始ωK算法

(b) EOK算法

(c) 未做高次相位补偿的
　　NCS算法

(d) 做高次相位补偿的
　　NCS算法

图 3.8　SAR 系统 1 仿真成像结果

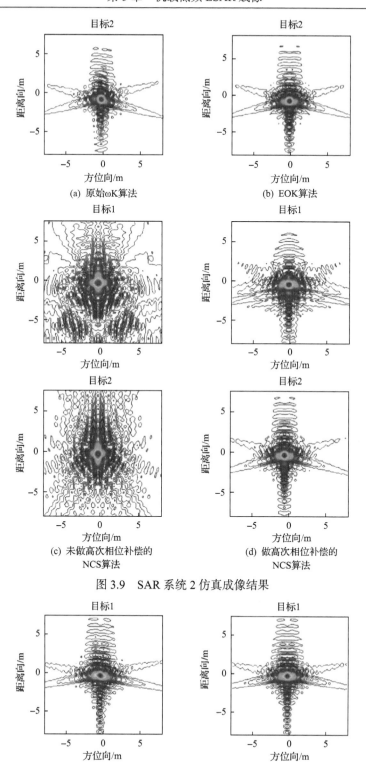

图 3.9　SAR 系统 2 仿真成像结果

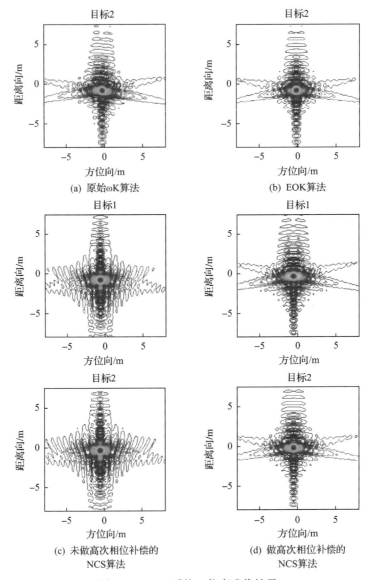

图 3.10   SAR 系统 3 仿真成像结果

由图 3.8(a) 和图 3.8(b) 可以发现, 原始 ωK 算法和 EOK 算法均能得到聚焦良好的低频 SAR 图像,表明原始 ωK 算法与 EOK 算法均适用于低频 SAR 成像处理,且具有几乎相同的成像精度。图 3.8(c) 给出了未做高次相位补偿的 NCS 算法的成像结果,可发现受高次相位误差的影响,目标 1 和目标 2 的散焦现象均比较严重,说明对 SAR 系统 1 这种具有大信号相对带宽、大方位向积累角的低频 SAR 来说,在利用 NCS 算法进行成像时,高次相位影响非常严重,不可忽略。图 3.8(d) 给出了做高次相位补偿的 NCS 算法的成像结果。可以发现，做高次相位补偿后，中心斜距处目标(目标 2)的聚焦质量得到了很大改善，但偏离中心斜距处的目标(目标 1)仍然散焦严重。首先，目标 2 未能实现完全聚焦，这是因为 NCS 算法是一种近似成像算法，所以成像精度与 SAR 系统参数密切相关，对于某些具有超大信号相对带宽的低频 SAR，即使做高次相位补偿，NCS 算法也无法实现精确聚焦；其次，NCS 算法中的残余高次相位误差和由等效调频斜率线性近似引起的二次相位误差与目标所在位置密切相关。目标偏离成像参考斜距越远，上述误差越大；相应地，目标散焦越严重。这也是目标 2 的聚焦质量有了很大改善，但目标 1 仍然散焦严重的原因。

　　图 3.9 给出了 SAR 系统 2 仿真成像结果。观察图 3.9(a)和图 3.9(b)可以发现，原始 ωK 算法和 EOK 算法对目标 1、目标 2 均实现了良好聚焦，且聚焦质量几乎相同。相比之下，在未做高次相位补偿的 NCS 算法的成像结果中，目标 1 和目标 2 仍然散焦较为严重，如图 3.9(c)所示。然而，相较于图 3.8(c)来说，两个目标聚焦情况均有一定的改善。原因在于：相较于 SAR 系统 1，SAR 系统 2 的中心频率提高了，相应地，信号相对带宽和方位向积累角减小了，从而降低了低频 SAR 算法的成像处理难度，因此即使采用未做高次相位补偿的 NCS 算法进行成像，目标聚焦质量也有所改善。图 3.9(d)给出了做高次相位补偿的 NCS 算法的成像结果，可以发现，位于成像参考斜距处(中心斜距)的目标 2 聚焦良好，但是偏离成像参考斜距的目标 1 仍然存在一定程度的散焦。由此可以得出，对于 SAR 系统 2 这种低频 SAR，利用结合高次相位补偿的 NCS 算法可实现对参考斜距处目标的良好聚焦，但随着目标偏离成像参考斜距越远，NCS 算法中的残余高次相位和残余二次相位误差变大；相应地，目标聚焦质量下降。当目标偏离成像参考斜距的距离超过聚焦深度约束时，成像质量可能将恶化到不可接受的程度，此时需要采用距离分块成像处理来提升整个场景的聚焦质量。

　　图 3.10 给出了 SAR 系统 3 仿真成像结果。与前面两种情况相类似，观察图 3.10(a)和图 3.10(b)可以发现，原始 ωK 算法和 EOK 算法对两个目标均实现了良好聚焦，且聚焦质量几乎相同。此外，相比 SAR 系统 1 和 SAR 系统 2，在未做高次相位补偿的 NCS 算法的成像结果中，目标 1 和目标 2 的聚焦质量得到大大改善(图 3.10(c))，这是因为 SAR 系统 3 的中心频率更高，信号相对带宽和方位向积累角进一步减小，SAR 回波信号的二维耦合程度进一步下降，实现高精度成像的难度下降。因此，即使采用未做高次相位补偿的 NCS 算法进行成像，目标聚焦质量相较于图 3.8(c)和图 3.9(c)也有很大改善，但仍未达到理想聚焦质量。图 3.10(d)给出了采用做高次相位补偿的 NCS 算法的成像结果，可以发现不仅位于成像参考斜距处(中心斜距)的目标 2 实现了完全聚焦，偏离成像参考斜距的目标 1 也实现了很好聚焦。由此可以得出，对于 SAR 系统 3，利用做高次相位补偿

的 NCS 算法成像时，具有更大的聚焦深度，可实现对更大测绘宽度场景的高精度成像。

总结图 3.8～图 3.10 所示点目标成像结果可得出如下结论：一是对于低频 SAR 成像，ωK 类算法的聚焦精度远高于 CS 类算法；二是 NCS 算法的聚焦性能与低频 SAR 的工作频率、信号相对带宽等参数有关，即工作频率越低，信号相对带宽和方位向积累角越大，NCS 算法的成像精度越差，聚焦深度越小，实现大场景精确聚焦的难度越大。

为定量分析不同算法的成像性能，表 3.3～表 3.5 给出了仿真点目标的距离向分辨率、方位向分辨率、积分旁瓣比(integrated sidelobe ratio, ISLR)、峰值旁瓣比(peak sidelobe ratio, PSLR)图像质量评估参数的测量结果。这些指标的计算方法详见文献[60]和[61]。此外，为使评价客观，成像处理中未采取加权或旁瓣抑制措施。观察表 3.3～表 3.5 可知，点目标聚焦质量的定量评估结果与图 3.8～图 3.10 所示的成像结果相符，进一步证明了不同频段成像算法对不同低频 SAR 的成像性能差异。

表 3.3　图 3.8 所示仿真点目标的质量评估参数

	参数	原始 ωK 算法	EOK 算法	做高次相位补偿的 NCS 算法	未做高次相位补偿的 NCS 算法
目标 1	距离向分辨率/m	0.66	0.69	0.75	1.41
	方位向分辨率/m	0.66	0.66	1.06	1.19
	ISLR/dB	−6.14	−6.31	−2.53	−0.23
	PSLR/dB	−12.90	−12.29	−5.25	−3.67
目标 2	距离向分辨率/m	0.66	0.68	0.80	1.00
	方位向分辨率/m	0.61	0.61	1.51	1.71
	ISLR/dB	−6.96	−6.71	−0.95	−0.21
	PSLR/dB	−13.28	−12.84	−3.41	−2.76

表 3.4　图 3.9 所示仿真点目标的质量评估参数

	参数	原始 ωK 算法	EOK 算法	做高次相位补偿的 NCS 算法	未做高次相位补偿的 NCS 算法
目标 1	距离向分辨率/m	0.67	0.67	0.67	1.01
	方位向分辨率/m	0.66	0.69	0.72	0.86
	ISLR/dB	−6.07	−4.78	−4.09	−1.90
	PSLR/dB	−13.25	−12.57	−10.91	−6.40

续表

参数		原始 ωK 算法	EOK 算法	做高次相位补偿的 NCS 算法	未做高次相位补偿的 NCS 算法
目标 2	距离向分辨率/m	0.68	0.67	0.67	0.94
	方位向分辨率/m	0.64	0.65	0.69	0.99
	ISLR/dB	−4.99	−4.26	−3.04	−1.81
	PSLR/dB	−12.74	−11.88	−9.61	−5.95

表 3.5　图 3.10 所示仿真点目标的质量评估参数

参数		原始 ωK 算法	EOK 算法	做高次相位补偿的 NCS 算法	未做高次相位补偿的 NCS 算法
目标 1	距离向分辨率/m	0.66	0.66	0.66	0.68
	方位向分辨率/m	0.68	0.69	0.72	0.82
	ISLR/dB	−5.81	−5.17	−3.75	−2.35
	PSLR/dB	−12.73	−12.74	−11.6	−10.50
目标 2	距离向分辨率/m	0.67	0.67	0.67	0.65
	方位向分辨率/m	0.68	0.69	0.71	0.83
	ISLR/dB	−4.25	−4.59	−3.74	−2.54
	PSLR/dB	−12.25	−12.41	−10.6	−9.55

3.4　机载低频 LSAR 运动补偿算法

机载低频 LSAR 实测数据成像处理主要包括两个方面：成像算法和运动补偿。在机载 SAR 成像中，高精度运动补偿处理不可或缺。关于 SAR 运动补偿，人们首先借助于 GPS、惯性导航等传感器测量设备[3,7,62-67]。近年来，随着导航测量设备精度的不断提高，在一定程度上降低了机载 SAR 运动补偿难度，但仍然难以完全满足高分辨机载 SAR 成像要求，因此研究人员往往还需要借助有效的自聚焦算法来补偿残余运动误差。自 SAR 技术诞生以来，基于回波数据的自聚焦算法一直是机载 SAR 运动补偿研究领域的热点。

在过去几十年的研究中，人们主要聚焦机载高频 SAR 运动补偿问题，建立了平台运动误差模型，分析了运动误差对 SAR 成像的影响[67]，并提出了很多行之有效的解决算法[4,41,47,36,50,51,68-93]。然而，与传统高频 SAR 相比，机载低频 LSAR 为了获得更高的空间分辨率，需要更大的发射信号带宽和方位向积累角，而这使得机载低频 LSAR 运动误差变得更加复杂，实施高精度补偿难度更大。因此，需要在传统补偿算法的基础上，深入研究适用于机载低频 LSAR 的有效运动补偿算法[94-106]。鉴于上述分析，本节将主要阐述可结合机载低频 SAR 频域成像算法的运动补偿算法，以及相应的实测数据成像处理结果。

由第 2 章可知，机载 SAR 成像主要补偿两类运动误差，即飞机平台的前向速度误差和平动（偏航）误差。其中，前向速度误差可采用实时调整脉冲重复频率[65]或事后对回波数据进行方位插值的算法来补偿。但实时调整脉冲重复频率对硬件要求较高，而方位插值处理的运算量较大。此外，这两种算法还要求搭载的GPS/INS 等传感器能够准确测得飞机的前向速度。除上述算法外，还可利用参数估计的算法从回波数据中提取载机前向速度误差并补偿。这种算法摆脱了对高精度测量设备的依赖，且具有较高精度，但效率较低。

平动误差补偿算法同样有两种：一种是基于高精度运动测量数据的运动补偿算法，该算法主要依靠安装在飞机上的传感器设备来测量飞行过程中的载机运动参数，进而求得飞机平动误差并补偿，其优点是实现简单，运算量小，适用于 SAR实时成像处理；缺点是对传感器精度要求高。另一种是基于回波数据的运动补偿算法，即利用有效的参数估计算法从回波数据中提取飞机平动误差信息或平动误差引起的相位误差并补偿，其优点是精度高，对传感器测量精度要求较低；缺点是算法实现复杂，运算量大，影响成像效率。在机载低频 SAR 实测数据成像处理中，上述两种运动补偿算法可同时使用，即首先利用传感器测量实施粗补偿，然后基于回波数据实施精补偿，最终获得高质量高分辨率机载低频 SAR 实测图像。为便于读者理解和掌握，本节将对上述两种算法的具体实现进行介绍。

3.4.1 基于传感器测量数据的两步运动补偿算法

传感器测量数据通常在高分辨率 SAR 成像处理中占据重要地位，因此如何有效利用传感器测量数据获得最佳的运动补偿效果值得探讨。Moreira 等[47]提出了一种结合 ECS 算法的两步运动补偿算法，有效补偿了飞机平动误差，具有良好的实用性。两步运动补偿算法首先将载机平动误差分解成场景中心对应的距离非空变误差和非场景中心对应的距离空变误差两部分；然后对回波数据实施一阶补偿和二阶补偿。一阶补偿又称为距离非空变误差补偿，作用是消除场景中心斜距处对应的包络误差和相位误差。二阶补偿又称为距离空变误差补偿，作用是消除其他斜距处的空变相位误差。Fornaro[67]从理论上论证了两步运动补偿算法的可行性，使该算法更加完善。两步运动补偿算法具有实现简单、运算量小等优点。该算法一经提出，就得到了广泛应用，当前两步运动补偿算法仍然在很多实际 SAR 系统的成像处理中发挥着重要作用。

1. 传统两步运动补偿算法

由第 2 章分析可知，存在平动误差时的距离频域、方位时域回波信号可表

示为

$$Ss'(k_y, x; r_0) = \exp\left[-j(k_y + k_c) r_e(x; r_0, x_p)\right] \tag{3.38}$$

式中，$r_e(x; r_0, x_p)$ 为目标 $P(r_0, x_p)$ 与雷达 APC 之间的瞬时斜距，表达式为

$$
\begin{aligned}
r_e(x; r_0, x_p) &\approx \sqrt{r_0^2 + (x - x_p)^2} + \Delta r(x; r_0) \\
&= r(x; r_0, x_p) + \Delta r_c(x; r_c, x_p) + \Delta r_v(x; r_0, x_p)
\end{aligned}
\tag{3.39}
$$

式中，$r(x; r_0, x_p)$ 为目标与雷达 APC 之间的理想瞬时斜距；$\Delta r(x; r_0)$ 为斜距 r_0 处的 LOS 方向平动误差；$\Delta r_c(x; r_c, x_p)$ 与 $\Delta r_v(x; r_0, x_p)$ 分别为场景中心斜距 r_c 处的距离非空变平动误差和斜距 r_0 处的距离空变平动误差。

仍然设平动误差服从正弦函数变化，则有

$$\Delta r(x; r_0) = a(r_0) \sin(k_{xe} x) \tag{3.40}$$

式中，$a(r_0)$ 为误差幅度；k_{xe} 为误差频率。

若用 $e(k_y, x; r_0)$ 表示距离频域、方位时域内的平动误差信号，则有

$$e(k_y, x; r_0) = \exp\left[-j(k_y + k_c) \Delta r(x; r_0, x_p)\right] \tag{3.41}$$

$$E(k_y, k_x; r_0) = \mathcal{F}_{x \to k_x}\left[e(k_y, x; r_0)\right] \tag{3.42}$$

式中，$\mathcal{F}_{x \to k_x}[\cdot]$ 表示变量 x 到变量 k_x 的傅里叶变换；$E(k_y, k_x; r_0)$ 为平动误差频谱。

1）一阶补偿

一阶补偿又称为距离非空变误差补偿，将式(3.39)代入式(3.38)，得

$$
\begin{aligned}
Ss'(k_y, x; r_0) = &\exp\left[-j(k_y + k_c) r(x; r_0, x_p)\right] \exp\left[-j(k_y + k_c) \Delta r_c(x; r_c, x_p)\right] \\
&\cdot \exp\left[-j(k_y + k_c) \Delta r_v(x; r_0, x_p)\right]
\end{aligned}
\tag{3.43}
$$

式中，第一个指数项为理想相位项；第二个指数项为距离非空变误差项；第三个指数项为距离空变误差项。

将式(3.43)与式(3.44)相乘，即完成一阶补偿(包括包络补偿和相位补偿)[67]：

$$C_1(k_y, x; r_c) = \exp\left[j(k_y + k_c) \Delta r_c(x; r_c, x_p)\right] \tag{3.44}$$

一阶补偿后的回波信号为

$$\mathrm{Ss}''(k_y, x; r_0) = \exp\left[-\mathrm{j}(k_y + k_c) r(x; r_0, x_p)\right] \exp\left[-\mathrm{j}(k_y + k_c) \Delta r_v(x; r_0, x_p)\right] \quad (3.45)$$

对式 (3.45) 进行距离向 IFFT 处理, 可得二维时域回波信号为

$$\mathrm{ss}''(r', x; r_0) = \mathrm{sinc}\left(\Omega_r \left\{r' - \left[r(x; r_0, x_p) + \Delta r_v(x; r_0, x_p)\right]\right\}\right) \exp\left[-\mathrm{j}k_c r(x; r_0, x_p)\right]$$
$$\cdot \exp\left[-\mathrm{j}k_c \Delta r_v(x; r_0, x_p)\right]$$
$$(3.46)$$

式中, $r' = c\tau/2$ 为斜距变量, τ 为快时间; $\mathrm{sinc}(\cdot)$ 为包络函数; Ω_r 为距离信号带宽。

由式 (3.46) 可以发现, 此时的包络时延中除存在理想斜距 $r(x; r_0, x_p)$ 产生的距离徙动量外, 还存在由距离空变误差 $\Delta r_v(x; r_0)$ 引起的时延误差。但在 SAR 成像中, 对包络补偿精度的要求较低 (通常小于一个距离向分辨单元), 因此可忽略包络中距离空变时延误差的影响[67], 认为回波包络误差已被精确补偿, 则式 (3.46) 可以写为

$$\mathrm{ss}''(r', x; r_0) = \mathrm{sinc}\left\{\Omega_r\left[r' - r(x; r_0, x_p)\right]\right\} \exp\left[-\mathrm{j}k_c r(x; r_0, x_p)\right] \exp\left[-\mathrm{j}k_c \Delta r_v(x; r_0, x_p)\right]$$
$$(3.47)$$

至此, 就得到了一阶补偿后、二阶补偿前的回波信号。由上述推导可以发现, 一阶补偿精确地校正了场景中心斜距处的距离非空变误差。但对于非参考斜距处的目标, 距离空变误差仍然存在, 并将影响目标的聚焦质量, 需采用二阶补偿来消除距离空变误差的影响。

2) 二阶补偿

传统两步运动补偿算法中的二阶补偿是在 RCMC 后、方位向压缩前的回波域内进行的, 对式 (3.47) 进行距离向 FFT 处理, 得

$$\mathrm{Ss}''(k_y, x; r_0) = \exp\left[-\mathrm{j}(k_y + k_c) r(x; r_0, x_p)\right] \exp\left[-\mathrm{j}k_c \Delta r_v(x; r_0, x_p)\right] \quad (3.48)$$

为方便推导, 用 $e_v(x; r_0)$ 表示斜距 r_0 处的距离空变误差, 即

$$e_v(x; r_0) = \exp\left[-\mathrm{j}k_c \Delta r_v(x; r_0, x_p)\right] \quad (3.49)$$

相应地, $E_v(k_x) = \mathcal{F}_{x \to k_x}\left[e_v(x; r_0)\right]$ 为距离空变误差频谱。容易推导出, 在一阶补偿后, 距离空变误差仍然服从正弦函数变化, 且误差频率不变, 只是幅度变为 $a(\Delta r_v) = a(r_0) - a(r_c)$。对式 (3.48) 沿方位向进行傅里叶变换后, 可求得回波信号的二维频谱为

$$\mathrm{SS}'(k_y,k_x;r_0) = \sum_{k=-M_v/2}^{M_v/2} C'_k \mathrm{j}^{|k|+k} \mathrm{J}_{|k|}\big(A(0;\Delta r_0)\big) G_{\mathrm{AC}}(k_y,k_x - k \cdot k_{xe};r_0)$$
$$\cdot G_{\mathrm{RCM}}(k_y,k_x - k \cdot k_{xe};r_0) \tag{3.50}$$

式 中 ， $G_{\mathrm{AC}}(k_y,k_x;r_0) = \exp\!\left(-\mathrm{j}r_0\sqrt{k_c^2 - k_x^2}\right)$ 和 $G_{\mathrm{RCM}}(k_y,k_x;r_0) = \exp\Big\{-\mathrm{j}r_0$ $\left[\sqrt{(k_y + k_c)^2 - k_x^2} - \sqrt{k_c^2 - k_x^2}\right]\Big\}$ 分别为理想回波的方位调制项和 RCM 项；M_v 为由距离空变误差引起的不可忽略的重叠次谱个数，其值取决于误差频率 k_{xe} 和距离空变误差幅度 $a(\Delta r_v)$。

由第 k 阶重叠次谱的 RCM 滤波失配引起的 RCMC 处理误差 $\Delta r_{\mathrm{RCM}}(k;r_0)$ 为

$$\Delta r_{\mathrm{RCM}}(k;r_0) = \frac{\big(k^2 k_{xe}^2 + 2k_x \cdot k k_{xe}\big) r_0}{2k_c^2}\bigg|_{k_x = \pi B_a/v} \tag{3.51}$$

可以发现，$\Delta r_{\mathrm{RCM}}(k;r_0)$ 值取决于误差频率 k_{xe} 和重叠次谱的阶数 k。当误差频率 k_{xe} 不变时，有不等式 $\big|\Delta r_{\mathrm{RCM}}(M_v/2;r_0)\big| \geqslant \big|\Delta r_{\mathrm{RCM}}(k;r_0)\big|$ 成立。在 SAR 成像中，若 $\Delta r_{\mathrm{RCM}}(k;r_0)$ 引起的相位误差小于容忍值（如 $\pi/4$ 或 $\pi/2$），则可忽略其影响。设相位误差容忍值为 $\pi/4$，则需要满足 $\big|\Delta r_{\mathrm{RCM}}(M_v/2;r_0)\big| < \lambda/16$。下面依据这种判断准则，分两种情况讨论传统二阶补偿算法的性能。

情况 1：$\big|\Delta r_{\mathrm{RCM}}(M_v/2;r_0)\big| < \lambda/16$。

此时，可忽略虚假目标 $\Delta r_{\mathrm{RCM}}(k;r_0)$ 的影响，认为虚假目标的 RCMC 处理是精确的。在这种情况下，可将 $G_{\mathrm{RCM}}(k_y,k_x;r_0)$ 从式(3.50)的求和中分离出来，即

$$\mathrm{SS}''(k_y,k_x;r_0) \approx G_{\mathrm{RCM}}(k_y,k_x;r_0) \sum_{k=-M_v/2}^{M_v/2} C'_k \mathrm{j}^{|k|+k} \mathrm{J}_{|k|}\big(A(0;\Delta r_0)\big) G_{\mathrm{AC}}(k_y,k_x - k k_{xe};r_0)$$

$$\tag{3.52}$$

式(3.52)表示可将回波信号的 RCMC 处理从距离空变误差补偿和方位匹配滤波中分离出来，换言之，可在二阶补偿和方位滤波处理前实施 RCMC 处理。具体实施步骤如下：首先，对回波信号进行 RCMC 处理；其次，将回波信号变换到二维时域，乘以式(3.49)，完成二阶补偿，消除虚假目标对应的重叠次谱；最后，在距离多普勒域内完成方位向匹配滤波处理，得到聚焦图像。图 3.11 给出了中/低频误差情况下 RCMC 处理后实施二阶补偿的示意图。需要说明的是：在实际情况中，子图②中的虚假目标与真实目标在距离向是重合的，为便于观察二阶补偿

过程中真实目标与虚假目标的变化情况，将其分开标注。

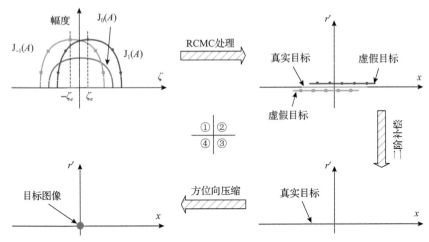

图 3.11　中/低频误差情况下 RCMC 处理后实施二阶补偿的示意图

由式 (3.51) 可知，正弦平动误差频率越低，误差 $\left|\Delta r_{\mathrm{RCM}}\left(M_v/2;r_0\right)\right|$ 越小，在 RCMC 处理后实施二阶补偿的效果越好。

情况 2：$\left|\Delta r_{\mathrm{RCM}}\left(M_v/2;r_0\right)\right| \geqslant \lambda/16$ 。

此时，$\Delta r_{\mathrm{RCM}}\left(k;r_0\right)$ 引起的相位误差大于容忍值，因此其对回波信号 RCMC 处理的影响不可忽略。在这种情况下，实施 RCMC 处理后，虚假目标的能量将分散在多个距离向分辨单元中。尽管 RCMC 处理后的二阶补偿可消除真实目标所在斜距的重叠次谱，保证方位向匹配滤波处理的正确性，但先前已经分散在其他距离单元中的虚假目标能量则无法消除，导致图像散焦。图 3.12 给出了这种情况下

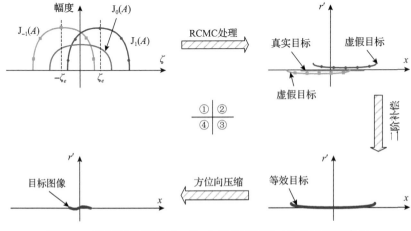

图 3.12　高频误差情况下 RCMC 处理后实施二阶补偿的示意图

在 RCMC 处理后实施二阶补偿的示意图。其中，子图③中的等效目标为二阶补偿后，真实目标轨迹与残余虚假目标轨迹叠加的结果。

由上述分析可知，正弦平动误差频率越高，$\left|\Delta r_{\mathrm{RCM}}\left(M_v/2; r_0\right)\right|$ 越大，传统二阶补偿的效果越差。此外，还可得出以下结论：在运动误差频率不变的情况下，距离空变误差幅度 $a(\Delta r_v)$ 越大，M_v 越大，传统二阶补偿效果越差。上述研究结果表明：两步运动补偿算法除受传感器测量参数精度影响外，还受回波信号中运动误差特性的影响，即运动误差幅度越大，频率越高，补偿效果越差。

2. 改进两步运动补偿算法

为提高两步运动补偿算法对高频误差的补偿性能，本小节给出一种改进两步运动补偿算法。与传统两步运动补偿算法相比，改进两步运动补偿算法在实现对中/低频正弦平动误差良好补偿性能的同时，可提高对高频运动误差的补偿性能。与传统两步运动补偿算法在 RCMC 处理后实施二阶补偿不同，改进两步运动补偿算法将二阶补偿改在距离压缩(range compression, RC)处理后、RCMC 处理前的回波域内实施。图 3.13 给出了成像场景内任意目标 P 的斜平面成像几何关系图。其中，粗实线与粗虚线分别表示目标 P 在实施 RCMC 处理前后的回波轨迹，r_0 表示目标 P 到理想航迹的垂直斜距，O 表示合成孔径中心，A 与 A' 表示合成孔径边缘。

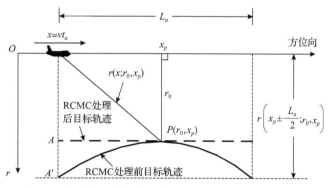

图 3.13　成像场景内任意目标 P 的斜平面成像几何关系图

对于目标 P，无论是否实施 RCMC 处理，距离空变误差都是不变的。此时，有两种补偿算法可供选择：第一种补偿算法是在 RCMC 处理后进行，即沿着图 3.13 中粗虚线代表的信号轨迹逐点乘以距离空变误差(式(3.49))，这就是传统二阶补偿算法；第二种补偿算法是在 RCMC 处理前进行，这时需沿着图中粗实线代表的信号轨迹逐点乘以距离空变误差。显然，第一种补偿算法易于操作，且在对目标 P 实施距离空变误差补偿时，不会影响其他目标。第二种补偿算法只是理论上可行，实际中不能实现。虽然第一种补偿算法的实际操作性优于第二种补偿算法，但由前面的分析可知，第一种补偿算法对于高频误差的补偿效果很差。为此，本小节基于第二种补偿算法的思想，研究在 RCMC 处理前实施二阶补偿的可行性。然而，由上述讨论可知，第二种补偿算法不具有实际操作性，一种可行的算法是忽略回波信号的 RCM 效应，直接在 RC 处理后、RCMC 处理前的回波域内乘以距离空变误差补偿函数。下面分析由此引入的相位误差。

设在整个合成孔径内，平动误差幅度不变，则对于目标 P，在 RCMC 处理前实施二阶补偿引入的相位误差为

$$\phi_{\mathrm{err}}\left(x;r_0\right) = k_c\left[\Delta r_v\left(x;r_0,x_p\right) - \Delta r_v\left(x;r_0,x\right)\right] \qquad (3.53)$$

由式(3.53)可知，当 $x = x_p \pm L_a/2$ 时，相位误差 ϕ_{err} 取得最大值。下面通过仿真试验进行分析，设载机飞行高度为 4km，场景中心斜距为 12km，目标所在斜距为 13km，侧向（Y 方向）与法向（Z 方向）的平动误差幅度均为 10m，且平动误差在整个合成孔径内是恒定的。基于上述参数，图 3.14 给出了在不同方位向分辨率情况下，原始距离空变相位误差和在 RCMC 处理前实施二阶补偿后的残余距离空变相位误差随信号载频的变化情况。

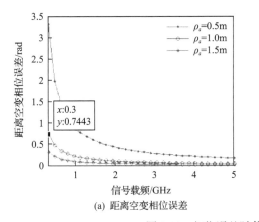

(a) 距离空变相位误差

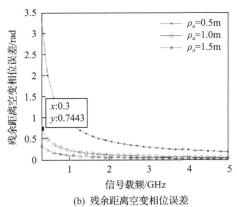

(b) 残余距离空变相位误差

图 3.14　相位误差随信号载频的变化曲线

由图 3.14(a)可以发现，实施 RCMC 处理前的二阶补偿后，距离空变相位误差大大减小。在大多数情况下，残余相位误差小于容忍值 $\pi/4$，可忽略其对图像聚焦质量的影响。只有在少数低频（$f_c < 1.0\mathrm{GHz}$）超高分辨率（$\rho_a \leqslant 0.5\mathrm{m}$）情况下，残余相位误差大于容忍值 $\pi/4$，会影响图像的聚焦质量。然而，与 RCMC 处理后的二阶补偿相比，RCMC 处理前的二阶补偿减小了距离空变相位误差的幅度和频率，从而降低了残余距离空变误差对回波信号 RCMC 处理的影响。

在改进两步运动补偿算法中，可将一阶补偿中的相位误差补偿和二阶补偿合在一起进行，即先进行针对场景中心的包络误差补偿，然后进行相位误差补偿。

当成像测绘带很大时，可采用结合距离子带的补偿算法，以提高整体补偿效果。但在进行子带划分时需注意，由于是在 RCMC 处理前划分子带，子带宽度应不小于回波最大距离徙动量的 2 倍，且相邻子带间应互相重叠，重叠区域应不小于最大距离徙动量。

图 3.15 分别给出了传统两步运动补偿算法、改进两步运动补偿算法和结合距离子带的改进两步运动补偿算法的补偿处理流程。

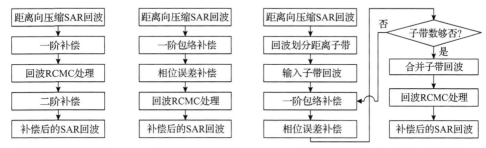

(a) 传统两步运动补偿算法　　(b) 改进两步运动补偿算法　　(c) 结合距离子带的改进两步运动补偿算法

图 3.15　两步运动补偿算法的流程图

实际上，无论是传统两步运动补偿算法，还是本节所提改进两步运动补偿算法，其功能都只是削弱运动误差的影响，却不能将其彻底消除。随着运动误差幅度的增大、频率的提高或回波距离徙动量的增大，两步运动补偿算法的效果逐渐下降。因此，在不考虑成像效率和系统研制成本的前提下，采用基于高精度运动测量数据的运动补偿，同时结合具有精确成像能力的时域类算法(如 BPA)是高分辨低频 SAR 成像处理的最佳选择。

3. 仿真试验

通过仿真试验证明改进两步运动补偿算法的有效性。仿真试验中，在成像区域内沿场景中心线布置两个目标，其中目标 P_1 位于场景中心，目标 P_2 位于场景近端，两个目标间相距 400m。在实施运动补偿时，选择场景中心斜距作为参考斜距，仿真试验参数如表 3.6 所示。

表 3.6　两步运动补偿算法仿真试验参数

参数	数值	参数	数值
中心频率	600MHz	距离向分辨率	1.0m
信号带宽	150MHz	方位向分辨率	1.0m
采样频率	300MHz	测绘带中心斜距	1.0km
脉冲重复频率	100Hz	测绘带宽	200m
载机飞行速度	50m/s	载机飞行高度	720km

在仿真回波中分别加入低频、中频和高频三种正弦平动误差。

低频正弦平动误差：

$$\begin{cases} \Delta y(x) = 3\sin\left(2\pi x \cdot 0.3/L_a\right) & \text{(3.54a)} \\ \Delta z(x) = 3\sin\left(2\pi x \cdot 0.5/L_a\right) & \text{(3.54b)} \end{cases}$$

中频正弦平动误差：

$$\begin{cases} \Delta y(x) = 3\sin\left(2\pi x \cdot 0.8/L_a\right) & \text{(3.55a)} \\ \Delta z(x) = 3\sin\left(2\pi x \cdot 1.0/L_a\right) & \text{(3.55b)} \end{cases}$$

高频正弦平动误差：

$$\begin{cases} \Delta y(x) = 3\sin\left(2\pi x \cdot 1.1/L_a\right) & \text{(3.56a)} \\ \Delta z(x) = 3\sin\left(2\pi x \cdot 2.0/L_a\right) & \text{(3.56b)} \end{cases}$$

式中，$\Delta y(x)$、$\Delta z(x)$分别为侧向（Y方向）和法向（Z方向）的平动误差；L_a为合成孔径长度。

图 3.16 和图 3.17 分别给出了加入不同平动误差后，场景中不同目标的散焦情况，以及实施不同补偿算法获得的补偿结果。

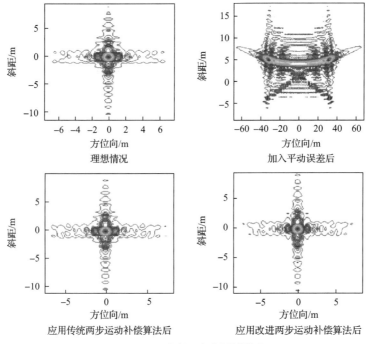

(a) 低频正弦平动误差情况

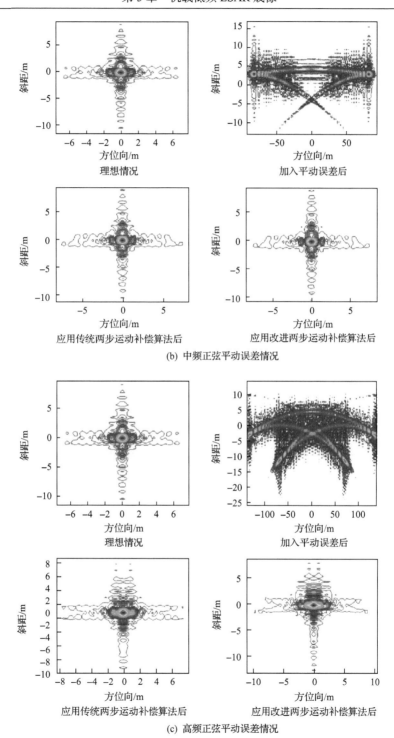

理想情况　　　　　　　　　　　加入平动误差后

应用传统两步运动补偿算法后　　应用改进两步运动补偿算法后

(b) 中频正弦平动误差情况

理想情况　　　　　　　　　　　加入平动误差后

应用传统两步运动补偿算法后　　应用改进两步运动补偿算法后

(c) 高频正弦平动误差情况

图 3.16　场景中心目标 T_1 的成像结果

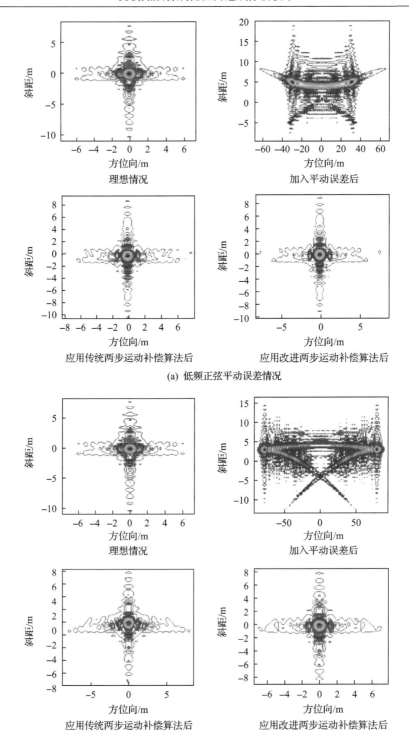

理想情况　　　　　　　　　　　　　加入平动误差后

应用传统两步运动补偿算法后　　　　应用改进两步运动补偿算法后

(a) 低频正弦平动误差情况

理想情况　　　　　　　　　　　　　加入平动误差后

应用传统两步运动补偿算法后　　　　应用改进两步运动补偿算法后

(b) 中频正弦平动误差情况

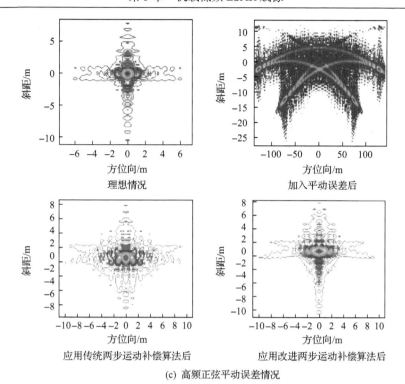

(c) 高频正弦平动误差情况

图 3.17　场景近端目标 T_2 的成像结果

　　由图 3.16 和图 3.17 可以发现，平动误差频率越高，对 SAR 成像处理的影响越大，目标散焦越严重。在加入低频正弦平动误差时，采用传统两步运动补偿算法与改进两步运动补偿算法都能获得很好的补偿结果，目标 P_1、P_2 聚焦质量的改善效果比较接近。在加入中频正弦平动误差时，两种算法的运动补偿性能开始下降，特别是对场景近端目标 P_2 来说，由于受残余距离空变误差的影响，聚焦质量略有下降。但相比较而言，本节所提改进两步运动补偿算法的补偿效果略好于传统两步运动补偿算法。在加入高频正弦平动误差时，目标散焦非常严重，应用传统两步运动补偿算法后，场景中心目标 P_1 的聚焦质量比较理想，但目标 P_2 的散焦情况仍然比较严重。仔细观察目标 P_2 可以发现，回波的 RCMC 处理精度较低，存在明显的残余距离弯曲现象，信号能量分散于多个距离单元，不但使成像精度下降，而且会影响基于回波数据的精补偿性能。采用改进两步运动补偿算法后，尽管目标 P_2 的聚焦质量也不够理想，但相比于传统两步运动补偿算法有了明显提高，特别是图像中不再有明显的距离弯曲现象，这将有助于提高基于回波数据的精补偿效果。由于本节所提改进两步运动补偿算法引入了残余相位误差，场景中心目标的方位向聚焦效果略差于传统两步运动补偿算法。然而，由本章后续论述可知，目标的方位向聚焦质量可通过基于回波数据的运动补偿得到进一步提高。

为定量评估不同算法的平动补偿性能，本节计算了衡量目标聚焦质量的分辨率(3dB 宽度)、PSLR 和 ISLR 三项指标参数，结果如表 3.7 和表 3.8 所示。

表 3.7　目标距离向聚焦质量衡量指标

(理想情况/传统两步运动补偿算法/改进两步运动补偿算法)

加入误差的类型	目标	ρ_r/m	PSLR/dB	ISLR/dB
低频正弦平动误差	近端目标	0.83/0.89/0.91	−12.70/−13.08/−12.81	−10.30/−10.39/−10.40
	中心目标	0.89/0.89/0.89	−12.66/−12.77/−12.65	−10.34/−10.33/−10.29
中频正弦平动误差	近端目标	0.83/0.89/0.91	−12.70/−13.03/−13.58	10.30/10.44/10.92
	中心目标	0.89/0.89/0.89	−12.66/−12.79/−12.75	−10.34/−10.34/−10.34
高频正弦平动误差	近端目标	0.83/0.83/1.32	−12.70/−10.23/−13.02	−10.30/−9.52/−7.9
	中心目标	0.89/0.89/0.89	−12.66/−12.06/−12.53	−10.34/−10.40/−10.61

表 3.8　目标方位向聚焦质量衡量指标

(理想情况/传统两步运动补偿算法/改进两步运动补偿算法)

加入误差的类型	目标	ρ_a/m	PSLR/dB	ISLR/dB
低频正弦平动误差	近端目标	0.76/0.77/0.78	−12.04/−13.37/−13.78	−10.64/−11.52/−10.40
	中心目标	0.81/0.80/0.82	−12.911/−13.50/−12.42	−10.14/−11.43/−10.29
中频正弦平动误差	近端目标	0.76/0.77/0.78	−12.04/−13.94/−14.07	−10.64/−12.38/−12.92
	中心目标	0.81/0.80/0.82	−12.11/−13.67/−13.03	−10.14/−11.95/−11.31
高频正弦平动误差	近端目标	0.76/0.92/1.33	−12.04/−9.9/−7.1	−10.64/−9.17/−3.97
	中心目标	0.81/0.93/0.83	−12.11/−9.17/−11.39	−10.14/−7.87/−8.99

由图 3.16、图 3.17、表 3.7 和表 3.8 可以发现，在中/低频正弦平动误差情况下，改进两步运动补偿算法与传统两步运动补偿算法的补偿性能相近。但在高频正弦平动误差情况下，改进两步运动补偿算法的整体补偿效果要优于传统两步运动补偿算法。

3.4.2　基于回波参数估计的运动补偿算法

在实际情况中，仅依靠传感器测量数据很难获得令人满意的机载低频 SAR 运动补偿效果，因此还需要实施基于回波参数估计的运动补偿，以进一步提升实测图像质量。常用的回波参数估计算法主要包括基于距离多普勒域回波的多普勒参数估计和基于图像域数据的自聚焦算法。本节将重点介绍适用于机载低频 SAR 的回波参数估计运动补偿算法。

1. 多普勒调频率估计

1) 多普勒参数估计模型

在非理想运动情况下，雷达 APC 到目标的瞬时斜距为

$$r_e(t_a;r_0) \approx \sqrt{\left[x + \Delta x(t_a) - x_P\right]^2 + r_0^2} - \frac{r_0}{\sqrt{\left[x + \Delta x(t_a) - x_P\right]^2 + r_0^2}}$$

$$\cdot \left[\Delta y(t_a)\sin\theta + \Delta z(t_a)\cos\theta\right] \tag{3.57}$$

$$= \sqrt{\left[x + \Delta x(t_a) - x_P\right]^2 + r_0^2} - \cos\beta \cdot \Delta r(t_a;r_0)$$

式中

$$\cos\beta = \frac{r_0}{\sqrt{\left[x + \Delta x(t_a) - x_P\right]^2 + r_0^2}} \tag{3.58}$$

为雷达 APC 与目标间的瞬时斜视角 β 的余弦值。利用关系式 $\left|x + \Delta x(t_a) - x_P\right| < r_0$，对式 (3.57) 中的第一项进行泰勒级数展开，并保留到四次展开项，得

$$r_e(t_a;r_0) \approx r_0 + \frac{\left[x(t_a) + \Delta x(t_a) - x_P\right]^2}{2r_0} - \frac{\left[x(t_a) + \Delta x(t_a) - x_P\right]^4}{8r_0^3} - \cos\beta \cdot \Delta r(t_a;r_0)$$

$$\tag{3.59}$$

由于保留了较高次数的展开项，式 (3.59) 的瞬时斜距具有很高的近似精度，适用于本节所研究的高分辨低频 SAR 情况。由式 (3.59) 可知，如果能精确测得 $\Delta x(t_a)$、$\Delta y(t_a)$、$\Delta z(t_a)$ 等载机运动误差参数，则可采用实时调整脉冲重复频率或回波数据方位插值的算法来补偿航向速度误差，然后利用两步运动补偿算法[41,47] 补偿平动误差。当无运动测量数据可利用时，上述运动补偿算法不再适用，需研究基于回波数据的运动补偿算法。

设斜距 r_0 对应于第 m 个距离单元，对式 (3.59) 进行关于方位向慢时间 t_a 的二次求导，则可求得斜距 r_0 处的瞬时多普勒调频率为

$$\gamma_m(t_a;r_0) = -\frac{2}{\lambda}\frac{\mathrm{d}^2 r_e(t_a;r_0)}{\mathrm{d}t_a^2}$$

$$= -\frac{2v_e^2(t_a)}{\lambda r_0} - \frac{2a_X}{\lambda r_0}\left[x + \Delta x(t_a) - x_P\right] + \frac{3v_e^2(t_a)}{\lambda r_0^3}\left[x + \Delta x(t_a) - x_P\right]^2$$

$$+ \frac{3a_X}{\lambda r_0^3} \left[x + \Delta x(t_a) - x_P \right]^3 - \frac{2}{\lambda} a_{\mathrm{LOS}}(t_a; r_0)$$

$$= \left\{ -\frac{2v_e^2(t_a)}{\lambda r_0} + \frac{2a_X}{\lambda r_0} \left[x + \Delta x(t_a) - x_P \right] \right\} \cdot \left\{ 1 - \frac{3}{2} \left[\frac{x + \Delta x(t_a) - x_P}{r_0} \right]^2 \right\}$$

$$- \frac{2}{\lambda} a_{\mathrm{LOS}}(t_a; r_0) \tag{3.60}$$

式中，$a_{\mathrm{LOS}}(t_a; r_0)$ 为 LOS 方向的加速度；$v_e(t_a)$ 为瞬时航向速度。

设 $a_Y(t_a)$、$a_Z(t_a)$ 分别表示 Y 方向（侧向）和 Z 方向（法向）的加速度，则 $a_{\mathrm{LOS}}(t_a; r_0)$ 可表示为

$$a_{\mathrm{LOS}}(t_a; r_0) = \frac{\partial^2 \left[\Delta r(t_a; r_0) \right]}{\partial t_a^2} = \cos\beta \left[a_Y(t_a) \cos\theta + a_Z(t_a) \cos\theta \right] \tag{3.61}$$

此外，令 $\Delta v(t_a)$ 表示航向速度误差，则瞬时航向速度 $v(t_a)$ 可表示为

$$v_e(t_a) = v + \mathrm{d}\Delta x(t_a)/\mathrm{d}t_a = v + \Delta v(t_a) \tag{3.62}$$

式 (3.59) 的精度很高，因此式 (3.60) 的多普勒调频率适用于大多数高分辨率 SAR。

2) 多普勒调频率估计分析

基于式 (3.60)，本小节针对高分辨高频 SAR 和高分辨低频 SAR 两种极端情况，讨论多普勒调频率估计中可采用的近似处理算法，其他情况介于两者之间。

(1) 高分辨高频 SAR 情况。

当 SAR 系统工作在高频段时，通常有下述近似条件成立[36,77,82]。

近似条件 1：$\cos\beta \approx 1$。高分辨高频 SAR 通常合成孔径较短，满足 $|x + \Delta x(t_a) - x_P| \approx |x - x_P| \ll r_0$，此时有 $\cos\beta \approx 1$ 成立 (式 (3.58))，则式 (3.61) 变为

$$a_{\mathrm{LOS}}(t_a; r_0) = a_Y(t_a) \cos\theta + a_Z(t_a) \cos\theta \tag{3.63}$$

式 (3.63) 意味着可忽略平动误差方位空变性的影响。

近似条件 2：$a_X \approx 0$。在高分辨高频 SAR 中，合成孔径长度 L_a 通常满足以下关系式[77]：

$$L_a \leqslant \left(\frac{3\lambda r_0 v^2}{a_{\max}} \right)^{1/3} \tag{3.64}$$

式中，$a_{\max}$ 为一个合成孔径内的最大航向加速度值。当不等式(3.64)成立时，可忽略加速度 a_X 的影响[77]，即 $a_X \approx 0$。

当上述两个近似条件同时得到满足时，可将式(3.60)写为

$$\gamma_m\left(t_a; r_0\right) = -\frac{2v_e^2\left(t_a\right)}{\lambda r_0} - \frac{2}{\lambda}\left[a_Y\left(t_a\right)\cos\theta + a_Z\left(t_a\right)\cos\theta\right] \tag{3.65}$$

由已有研究[3,36,82]可知，在得到式(3.65)后，即可通过多普勒调频率估计、线性拟合和低通滤波的算法分离出 $v_e\left(t_a\right)$、$a_Y\left(t_a\right)$、$a_Z\left(t_a\right)$ 三个运动参数，然后计算出载机的三维运动误差信息，并进行补偿[36,82]。

(2)高分辨低频 SAR 情况。

与高分辨高频 SAR 相比，高分辨低频 SAR 具有工作频段低、波束角大的特点，此时上述近似条件不再满足。

近似条件 1：$\cos\beta \approx 1$。与高分辨高频 SAR 不同，高分辨低频 SAR 的合成孔径很长，通常与场景斜距处于同一数量级或仅差一个数量级。此时，不等式 $\left|x + \Delta x\left(t_a\right) - x_P\right| \approx \left|x - x_P\right| \ll r_0$ 不再成立，$\cos\beta \approx 1$ 的近似不成立，意味着平动误差的方位空变性不可忽略。

近似条件 2：$a_X \approx 0$。由前面的分析可知，只有当式(3.64)成立时，才能忽略航向加速度 a_X 的影响。在高分辨高频 SAR 中，式(3.64)通常是成立的，但在高分辨低频 SAR 中，式(3.64)不一定成立，下面通过仿真试验加以说明。设 SAR 方位向分辨率 $\rho_a = 1\text{m}$，斜距 $r_0 = 10\text{km}$，载机预设飞行速度 $v = 70\text{m/s}$。针对 X 波段 SAR(高分辨高频 SAR)与 P 波段 SAR(高分辨低频 SAR)两种情况，图 3.18 给出了最大航向加速度 $a_{\max}$ 值分别为 0.01m/s^2、0.1m/s^2 和 1m/s^2 时，理论方位向分辨率对应的合成孔径长度 L_a 与 $a_{\max}$ 对应的合成孔径长度(由式 $\left(3\lambda r_0 v^2/a_{\max}\right)^{1/3}$ 算得)间的关系曲线。由图 3.18(a)可以发现，在高分辨高频 SAR 中，当 $a_{\max} = 1\text{m/s}^2$ 时，不等式(3.64)依然成立。然而，由图 3.18(b)可以发现，在高分辨低频 SAR 中，即使是在 $a_{\max} = 0.01\text{m/s}^2$ 的情况下，不等式(3.64)仍不成立。由此可知，在高分辨低频 SAR 的运动参数估计中，不能忽略航向加速度 a_X 的影响，即 $a_X \approx 0$ 的近似不成立。

由上述分析可知，与高分辨高频 SAR 不同，在高分辨低频 SAR 的运动参数估计中，平动误差方位空变性和航向加速度 a_X 的影响不可忽略。此外，高分辨低频 SAR 中的正侧闪烁效应也会影响到运动参数估计和分离的精度。高分辨低频 SAR 的上述特点导致文献[3]与[36]提出的三级运动补偿算法不再适用，需根据高分辨低频 SAR 的特点，对传统运动补偿算法进行改进，以获得更好的补偿效果。

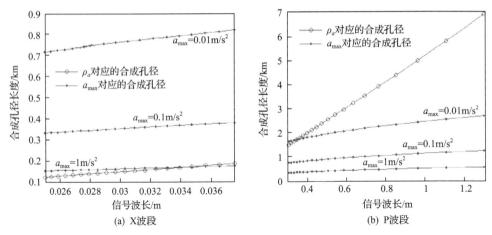

(a) X波段　　　(b) P波段

图 3.18　航向加速度可忽略条件仿真

3)多普勒调频率估计与补偿

常用的多普勒调频率估计算法有图像漂移法(map drift algorithm，MDA)[36,86]和对比度最优法(contrast optimized algorithm，COA)[17,76]。两种算法都具有稳健的性能和较高的估计精度，均可用于低频 SAR 实测数据处理。已有很多文献详细论述了上述算法的原理和实现步骤，这里不再赘述。

多普勒调频率估计是在回波的距离多普勒域内进行的，实施步骤如下：首先，在二维时域沿方位向将一个完整孔径回波划分成若干子孔径回波。由于惯性，短时间内飞机运动状态可看成是稳定的。然后，在子孔径回波内，利用 MDA 或 COA 实施多普勒调频率估计。在实际情况中，为提高估计精度，可采用子孔径重叠的估计算法。

与全孔径回波相比，子孔径回波还有如下特点：

(1)子孔径回波的有效多普勒带宽远小于全孔径回波的多普勒带宽。因此，在进行多普勒调频率估计时，可先通过方位向低通滤波抑制子孔径回波的带外杂波，以消除杂波信号对多普勒调频率估计的影响。

(2)子孔径回波对应的等效合成孔径长度小于全孔径回波，这样就可认为前面提到的近似条件 1 能得到近似满足，即 $\cos\beta \approx 1$。

设第 m 个距离单元(对应于斜距 r_0)、第 n 个子孔径回波(目标 $P(x_p, y_p, z_p)$ 所在子孔径回波)对应的多普勒调频率为 $\kappa_{a,mn}\left(t_a^{(s)}; r_0\right)$，则有

$$\begin{aligned}
\kappa_{a,mn}\left(t_a^{(s)}; r_0\right) = &-\frac{2v_e^2\left(t_a^{(s)}\right)}{\lambda r_0} + \frac{2a_X\left(t_a^{(s)}\right)}{\lambda r_0}\left[x\left(t_a^{(s)}\right) + \Delta x\left(t_a^{(s)}\right) - x_P\right] \\
&-\frac{2}{\lambda}\left[a_Y\left(t_a^{(s)}\right)\sin\theta + a_Z\left(t_a^{(s)}\right)\cos\theta\right]
\end{aligned} \tag{3.66}$$

式中，$t_a^{(s)} \in [-T_s/2, T_s/2]$ 为子孔径回波对应的方位向慢时间，T_s 为子孔径回波对应的合成孔径时间。

利用 $H \ll r_0$ 与 $\dfrac{1}{r_0} \approx \dfrac{2}{r_c} - \dfrac{r_0}{r_c^2}$，对式 (3.66) 进行整理，得

$$
\begin{aligned}
\kappa_{a,mn}\left(t_a^{(s)}; r_0\right) r_0 &= \left\{ -\frac{2v_e^2\left(t_a^{(s)}\right)}{\lambda} + \frac{2a_X}{\lambda}\left[x\left(t_a^{(s)}\right) + \Delta x\left(t_a^{(s)}\right) - x_P \right] - \frac{2}{\lambda}a_Z\left(t_a^{(s)}\right)H \right. \\
&\quad \left. + \frac{2}{\lambda}a_Y\left(t_a^{(s)}\right)\frac{H^2}{r_c} \right\} + \left[-\frac{2}{\lambda}a_Y\left(t_a^{(s)}\right) - \frac{2}{\lambda}a_Y\left(t_a^{(s)}\right)\frac{H^2}{2r_c^2} \right] r_0 \\
&= A\left(t_a^{(s)}\right) + B\left(t_a^{(s)}\right) r_0
\end{aligned}
$$

$$(3.67)$$

由式 (3.67) 可以发现，$\kappa_{a,mn}\left(t_a^{(s)}; r_0\right) r_0$ 与 r_0 呈线性关系。其中，$A\left(t_a^{(s)}\right)$ 为常数项，$B\left(t_a^{(s)}\right)$ 为一次项系数。因此，可采用线性拟合的算法求取每个距离单元对应的多普勒调频率。与高频 SAR 相比，常数项 $A\left(t_a^{(s)}\right)$ 中多了一个航向加速度 $a_X\left(t_a^{(s)}\right)$ 相关项，使得采用低通滤波分离航向瞬时速度 $v_e(t_a)$ 与法向加速度 $a_Z(t_a)$ 的算法不再适用。这也是在低频 SAR 实测数据处理中，利用参数分离法[3,36,82]难以提取高精度航向瞬时速度和法向加速度的重要原因。尽管如此，通过线性拟合求取每个距离单元对应的多普勒调频率仍具有较高精度。

下面通过仿真试验加以说明，设发射信号波长 $\lambda = 0.6\mathrm{m}$，载机飞行高度 $H = 3\mathrm{km}$，理想航向速度 $v = 70\mathrm{m/s}$。在子孔径回波内，载机侧向加速度与法向加速度分别为 $a_Y^{(s)} = a_Z^{(s)} = 0.25\mathrm{m/s}^2$，航向加速度 $a_X^{(s)} = 0.05\mathrm{m/s}^2$，航向加速度的加权因子 $x\left(t_a^{(s)}\right) + \Delta x\left(t_a^{(s)}\right) - x_P = 2\mathrm{m}$。图 3.19(a) 给出了每个距离单元的真实多普勒调频率和采用线性拟合法及多距离单元平均法[4,5]得到的多普勒调频率估计值。

由图 3.19(a) 可以发现，线性拟合法得到的多普勒调频率精度远高于多距离单元平均法。此外，通过仿真试验还发现，侧向加速度 a_Y 越大，多距离单元平均法求得的多普勒调频率精度越差。随着测绘带宽度的增加，线性拟合法的近似精度开始下降，如图 3.19(b) 所示。因此，在处理宽测绘带回波数据时，应先将测绘带划分成若干距离子带，然后在每个子带内实施基于多普勒调频率估计的运动补偿，从而提高对实测回波数据的整体聚焦效果。

综上所述，子孔径回波内进行的多普勒调频率估计步骤如下。

步骤 1：对子孔径回波数据进行方位向低通滤波。

步骤 2：按照对比度最优准则[103]选取若干个距离单元。

步骤 3：基于所选取的距离单元，利用 MDA 或 COA 实施多普勒调频率估计。

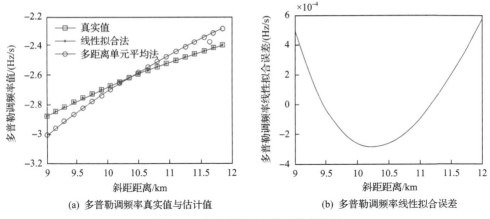

(a) 多普勒调频率真实值与估计值   (b) 多普勒调频率线性拟合误差

图 3.19   多普勒调频率估计仿真结果

步骤 4：对估计出的多普勒调频率做关于斜距的线性拟合处理，得到每个距离单元对应的瞬时多普勒调频率值。

重复步骤 1～步骤 4，直至完成所有子孔径回波的多普勒调频率估计处理。然后，对估计结果进行方位向的曲线拟合来求取各个方位时刻对应的瞬时多普勒调频率值。第 m 个距离单元对应的瞬时多普勒调频率可表示为

$$\kappa_{a,m}(t_a;r_0) = \overline{\kappa}_{a,m}(r_0) + \Delta\kappa_{a,m}(t_a;r_0), \quad -T_a/2 \leqslant t_a \leqslant T_a/2 \tag{3.68}$$

式中，$\overline{\kappa}_{a,m}(r_0)$ 为理想多普勒调频率值；$\Delta\kappa_{a,m}(t_a;r_0)$ 为多普勒调频率误差；T_a 为全孔径时间。

对式(3.68)进行二次积分，可求得多普勒相位历程：

$$\begin{aligned}
\varphi_m(t_a;r_0) &= \int_{t_n}^{t_a}\int_{t_n}^{s} \kappa_{a,m}(u;r_0)\mathrm{d}u\mathrm{d}s \\
&= \int_{t_n}^{t_a}\int_{t_n}^{s} \overline{\kappa}_{a,m}(u;r_0)\mathrm{d}u\mathrm{d}s + \int_{t_n}^{t_a}\int_{t_n}^{s} \Delta\kappa_{a,m}(u;r_0)\mathrm{d}u\mathrm{d}s \\
&= \overline{\varphi}_m(t_a;r_0) + \Delta\varphi_m(t_a;r_0)
\end{aligned} \tag{3.69}$$

式中，$\overline{\varphi}_m(t_a;r_0)$ 为理想相位；$\Delta\varphi_m(t_a;r_0)$ 为求得的二次相位误差。在二维时域内乘以 $\exp\left[-\mathrm{j}\Delta\varphi_m(t_a;r_0)\right]$ 即可完成相位误差补偿。为改善补偿效果，可采用循环迭代的补偿处理方式。通常情况下，循环迭代两次即能获得较好的补偿效果。

此外，由上述推导可以发现，在得到多普勒调频率估计值后，可以根据每个距离单元对应的估计结果反求出载机的等效瞬时速度分量。令 $v_e^{(m)}(t_a)$ 表示第 m 个距离单元对应的等效瞬时速度分量，对 $v_e^{(m)}(t_a)$ 进行距离向平均，得

$$v'_e(t_a) = \frac{1}{M} \sum_{m=1}^{M} v_e^{(m)}(t_a) \tag{3.70}$$

$v'_e(t_a)$ 即为载机航向速度粗估计结果。当然，由此得到的粗速度 $v'_e(t_a)$ 中包含了载机平动误差的影响。然而，当载机平动误差较小、航向速度误差较大时，可利用速度粗估计结果来提高回波信号的距离向聚焦精度。

2. 图像域自聚焦补偿

3.4.1 节给出的基于多普勒调频率估计的运动补偿算法只能消除回波中的二次相位误差。然而对于低频 SAR，若要得到纹理清晰、具有良好对比度的实测图像，高次相位误差的影响同样不可忽略。

高次相位误差通常是采用基于图像域的自聚焦算法进行补偿的，目前，应用比较广泛的自聚焦算法主要有两种：一种是相位梯度自聚焦(phase gradient autofocus，PGA) 算法[71,72,98,99]；另一种是基于相位调整的对比度增强(phase adjustment based contrast enhancement, PACE) 算法[17,79,101]。这两种算法都是无预设模型的自聚焦算法，理论上能够提取图像中的任意阶相位误差，有效消除高次相位误差的影响，提高实测图像的聚焦质量。

1) PGA 算法

PGA 算法原理如下：假定 SAR 图像中的每个距离单元内有一个或若干个孤立强散射点复信号被相位误差调制，并且对各个距离单元内的孤立强散射点而言，该相位误差调制相同，即相位误差间存在冗余性。基于上述条件，就可以通过提取若干个孤立强散射点的相位误差函数来获得整个回波数据对应的相位误差函数。

设 SAR 图像中有 M 个距离单元，每个距离单元的回波信号可以表示为

$$s_m(n) = \sigma_m \exp[j\phi(n)] + e_m(n) \tag{3.71}$$

式中，$m \in [0, M-1]$ 为距离单元序号；n 为方位单元序号；σ_m 为信号幅度；$\phi(n)$ 为相位误差；$e_m(n)$ 为加性噪声，是若干个高斯随机过程之和：

$$e_m(n) = \sigma_m^{(e)}(n) \cdot \exp[j\varphi_m(n)] \tag{3.72}$$

$e_m(n)$ 的幅度 $\sigma_m^{(e)}(n)$ 服从瑞利分布，相位 $\varphi_m(n)$ 在 $[0, 2\pi]$ 上服从均匀分布，$\sigma_m^{(e)}(n)$ 和 $\varphi_m(n)$ 是相互独立的。

$s_m(n)$ 的瞬时相位 $\Phi_m(n)$ 为

$$\Phi_m(n) = \phi(n) + \arctan\left[\frac{\dfrac{\sigma_m^{(e)}(n)}{\sigma_m}\mathrm{Im}\left(\exp\left\{j[\varphi_m(n)-\phi(n)]\right\}\right)}{1+\dfrac{\sigma_m^{(e)}(n)}{\sigma_m}\mathrm{Re}\left(\exp\left\{j[\varphi_m(n)-\phi(n)]\right\}\right)}\right] \tag{3.73}$$

式中，$\mathrm{Im}(\cdot)$ 表示求虚部运算；$\mathrm{Re}(\cdot)$ 表示求实部运算。

在大信噪比 $a_m^{(e)}(n)/a_m \ll 1$ 的条件下，式 (3.73) 可以近似表示为

$$\Phi_m(n) \approx \phi(n) + \frac{\sigma_m^{(e)}(n)}{\sigma_m}\sin\left[\varphi_m(n)-\phi(n)\right] \tag{3.74}$$

令 $\vartheta_m(n)$ 表示式 (3.74) 中的第二项，则有

$$\vartheta_m(n) = \frac{\sigma_m^{(e)}(n)}{\sigma_m}\sin\left[\varphi_m(n)-\phi(n)\right] \tag{3.75}$$

根据式 (3.74) 和式 (3.75)，$\Phi_m(n)$、$\phi(n)$ 和 $\vartheta_m(n)$ 的差分之间有如下关系：

$$\dot{\Phi}_m(n) \approx \dot{\phi}(n) + \dot{\vartheta}_m(n) \tag{3.76}$$

假定相位误差的变化比较缓慢，即 $\left|\dot{\phi}(n)\right| = \left|\phi(n+1)-\phi(n)\ll 1\right|$，并且信号的信噪比足够大，则有如下近似式成立：

$$\dot{\Phi}_m(n) = \frac{\mathrm{Im}\left[\dot{s}_m(n)\cdot s_m^*(n)\right]}{\left|s_m(n)\right|^2} \approx \frac{\mathrm{Im}\left[\dot{s}_m(n)\cdot s_m^*(n)\right]}{\left[\sigma_m\right]^2} \tag{3.77}$$

式中，$\dot{s}_m(n)$ 为 $s_m(n)$ 的差分；$s_m^*(n)$ 为 $s_m(n)$ 的共轭。

为了根据 M 个样本 $\dot{\Phi}_m(n), m \in [0, M-1]$ 估计相位误差的差分 $\dot{\phi}(n)$，下面根据式 (3.77) 构造线性观测模型：

$$\dot{\Phi}(n) = U \cdot \dot{\phi}(n) + \dot{\Gamma}(n) \tag{3.78}$$

式中

$$\begin{cases} \dot{\Phi}(n) = \left[\dot{\Phi}_0(n), \dot{\Phi}_1(n), \cdots, \dot{\Phi}_{M-1}(n)\right]^{\mathrm{T}} \\ U = [1, 1, \cdots, 1]^{\mathrm{T}} \\ \dot{\Gamma}(n) = \left[\dot{\vartheta}_0(n), \dot{\vartheta}_1(n), \cdots, \dot{\vartheta}_{M-1}(n)\right] \end{cases} \tag{3.79}$$

则对相位误差差分 $\dot{\phi}(n)$ 的线性无偏最小方差的估计值 $\hat{\dot{\phi}}(n)$ 为

$$\hat{\dot{\phi}}(n) = \left(U^{\mathrm{T}} \cdot R_\Gamma^{-1} \cdot U\right)^{-1} \cdot \left[U^{\mathrm{T}} \cdot R_\Gamma^{-1} \cdot \dot{\Phi}(n)\right] \tag{3.80}$$

式中，R_Γ 为 $\dot{\Gamma}(n)$ 的协方差矩阵。

将式(3.77)、式(3.78)代入式(3.80)，可求得相位误差差分 $\dot{\phi}_s(n)$ 的估计值为

$$\hat{\dot{\phi}}_s(n) \approx \frac{\sum\limits_{m=0}^{M-1} \mathrm{Im}\left[\dot{s}_m(n) \cdot s_m^*(n)\right]}{\sum\limits_{m=0}^{M-1} |s_m(n)|^2} \tag{3.81}$$

对 $\hat{\dot{\phi}}(n)$ 进行积分后即得到所估计的相位误差，然后可进行相应的补偿处理。

在实际应用 PGA 算法时，通常采用循环迭代的聚焦算法，以提高实测图像的聚焦效果。

2）PACE 算法

PACE 算法原理[79]如下：以 SAR 图像对比度为衡量图像聚焦质量的准则，根据对比度函数值的变化调整 SAR 回波中的待估计参数，当待估计参数调整到最优值时，对比度函数达到最大，然后利用估计出的参数值构造相位误差函数并补偿。PACE 算法的优点是抗杂波干扰能力强，图像中不需要有孤立强散射点，适用于信噪比较低或成像场景较均匀的实测图像自聚焦处理。

将 SAR 图像对比度 CR 定义为图像幅度的均方差与均值之比，考虑到利用多个距离单元均值来减小噪声的影响，则 CR 可表示为

$$\mathrm{CR}(p) = \frac{1}{M} \sum_{m=0}^{M-1} \frac{\sigma_m(p)}{u_m(p)}, \quad m = 0,1,\cdots,M-1 \tag{3.82}$$

$$\sigma_m = \sqrt{\frac{1}{N} \sum_{n=0}^{N-1} \left(|f_m(n)| - u_m\right)}, \quad n = 0,1,\cdots,N-1 \tag{3.83}$$

$$u_m = \frac{1}{N} \sum_{n=0}^{N-1} |f_m(n)| \tag{3.84}$$

式中，p 为待估计参数；σ_m 为某个距离单元图像幅度的均方差；u_m 为均值；M 为所选用的距离单元数；N 为每个距离单元所包含的方位采样点数；m 为距离单元序号；n 为方位单元序号；$f_m(n)$ 为某个距离单元对应的复图像：

$$f_m(n) = \sum_{k=0}^{N-1} \exp(\mathrm{j}2\pi nk/N), \quad k = 0,1,\cdots,N-1 \tag{3.85}$$

$$u_m(k) = \tilde{u}_m(k)\exp[\mathrm{j}\phi(k)] \tag{3.86}$$

式中，$\tilde{u}_m(k)$ 为含有相位误差的回波数据；$\phi(k)$ 为消除回波相位误差用到的相位校正函数。

由式(3.63)～式(3.67)可知，图像幅度的均方差和均值都是相位校正量 $\phi(k)$ 的函数，因此 PACE 算法的数学模型可表示为

$$\max[\mathrm{CR}(\phi(k))] = \frac{1}{M}\sum_{m=0}^{M-1}\frac{\sigma_m(k)}{u_m(k)}, \quad k = 0,1,\cdots,N-1 \tag{3.87}$$

显然，式(3.87)是一个无约束非线性最优化问题，需要通过最优化理论中的拟牛顿算法或共轭梯度算法[107]搜索使对比度达到最大的 $\phi(k)$。在迭代搜索相位校正量的最优估计之前，需要先提供对比度函数关于相位校正量的梯度表达式：

$$\frac{\mathrm{d}\,\mathrm{CR}}{\mathrm{d}\phi(k)} = \sum_{i=0}^{M-1}\varsigma_m \cdot \mathrm{Im}\left[u_m^* q_m(k)\right] \tag{3.88}$$

$$\varsigma_m = -\frac{1}{MN}\left(\frac{1}{\sigma_m}+\frac{\sigma_m}{u_m^2}\right), \quad m = 0,1,\cdots,M-1 \tag{3.89}$$

$$q_m(k) = \sum_{n=0}^{N-1}\frac{f_m(n)}{|f_m(n)|}\exp(-\mathrm{j}2\pi nk/N) \tag{3.90}$$

根据式(3.88)～式(3.90)确定的梯度表达式，利用最优化搜索算法[107]，通过迭代的方式即可求取回波中相位误差校正矢量的最优估计值。

PACE 算法虽然具有良好的自聚焦性能，但原始 PACE 算法的运算量与待估计变量个数直接相关，当回波数据较大时，PACE 算法的运算量巨大，处理效率低下。与原始 PACE 算法相比，一种改进算法——插值 PACE(interpolated PACE, IPACE)算法[17,101]具有更好的实用性。IPACE 算法通过减少待估计变量个数来提高算法的运算效率。IPACE 算法的具体步骤为：首先，对相位误差校正变量进行降采样，仅选择原始相位误差校正序列中的若干个点进行变量估计；其次，对待估计变量进行插值处理恢复出原始相位误差校正序列；最后，利用恢复出的相位误差校正序列实施相位误差补偿。文献[17]中给出了 IPACE 算法的详细推导过程，这里不再赘述。另外，与 PGA 算法一样，在实际应用 PACE 算法时，也应采用循环迭代的处理算法来提高实测图像的聚焦效果。

3)图像分块自聚焦处理及拼接算法

实际上，PGA 算法和 PACE 算法均是针对聚束 SAR 成像模型提出来的。在聚束 SAR 成像模型中，场景内所有目标经历的合成孔径相同，具有相同的相位历

程，因此成像区域内不同方位位置上散射点的相位误差几乎相同。因此，在进行相位误差估计时，可充分利用不同目标间的相位误差冗余性来提高相位误差的估计精度。然而，本章研究的低频 SAR 是条带工作模式，SAR 波束是随天线相位中心移动而扫过成像场景的，这就产生了随载机运动而移动的合成孔径，导致成像场景内不同方位位置的散射点沿方位向具有不同的相位误差曲线。对于方位间距较大的两个强散射点，由于经历的合成孔径不同，相位误差间不存在或存在较差的冗余性。由此可知，低频 SAR 图像中的高次相位误差具有二维空变特性，不能直接应用 PGA/PACE 算法进行自聚焦处理[102]。

为解决这个问题，可采用图像分块自聚焦算法[102,103]。算法原理如下：高分辨低频 SAR 波束角很大，在对低频 SAR 图像实施分块后，每个子图像可近似等效成聚束 SAR 图像，从而满足应用 PGA/PACE 算法的前提条件。待所有子图像完成自聚焦处理后，再将聚焦子图像进行拼接，得到完整的低频 SAR 聚焦图像。

采用图像分块自聚焦处理时，聚焦后的子图像与聚焦前相比会存在方位平移现象，导致聚焦子图像拼接失真。为此，可采用基于参考点对齐的子图像拼接算法[20]。算法原理如下：在 PGA/PACE 算法自聚焦处理前后，子图像中的最强散射点的聚焦质量改善最大，失真最小。因此，可以最强散射点为参考点，进行子图像平移失真校正，具体步骤如下。

步骤 1：选择聚焦前子图像中的能量最强散射点作为参考点，记为 $P_{\max}$。找出 $P_{\max}$ 在子图像中的距离向和方位向位置坐标(像素)，记为 $P_{\max}\left(m_p, n_p\right)$。

步骤 2：找出聚焦后子图像中的能量最强散射点及其在图像中的距离向和方位向位置坐标(像素)，记为 $P'_{\max}\left(m'_p, n'_p\right)$。

步骤 3：计算 $P_{\max}$ 与 $P'_{\max}$ 间的位置坐标差值，即 $\left(\Delta m_p, \Delta n_p\right) = \left(m'_p - m_p, n'_p - n_p\right)$，然后利用 $\left(\Delta m_p, \Delta n_p\right)$ 对聚焦后的子图像进行平移失真校正。

以上讨论了低频 SAR 图像分块自聚焦算法。实际上，自聚焦处理的作用只是进一步改善了低频 SAR 实测图像的聚焦质量，在一定程度上提高了实测图像的对比度，使低频 SAR 实测图像的纹理更清晰。但是，上述自聚焦算法的聚焦性能受图像信噪比等因素的影响较大，待聚焦图像散焦非常严重，信噪比很低，降低了实测图像的自聚焦效果。

基于本节所提算法，设计了如图 3.20 所示基于回波数据运动补偿算法的机载低频 LSAR 成像处理流程。其中，区域①～区域③分别对应子孔径 Stolt 插值处理、基于多普勒调频率估计的二次相位误差补偿和基于图像域自聚焦算法的高次相位误差补偿。首先，通过子孔径 Stolt 插值处理，削弱了航向速度误差对回波距离聚焦的影响，提高了后续成像处理和参数估计的精度。其次，通过多普勒调频率估计提取回波中的二次相位误差并进行补偿。最后，利用基于图像域自聚焦算法消除二维空变高次相位误差,得到聚焦实测图像。在图 3.20 的二次相位误差补偿中,采用基于距离子带的处理算法, 目的是削弱相位误差距离空变性(详见 3.4.2 节)的影响。在实际情况中, 假设测绘带较窄, 可不进行距离子带划分, 以提高成像效率。

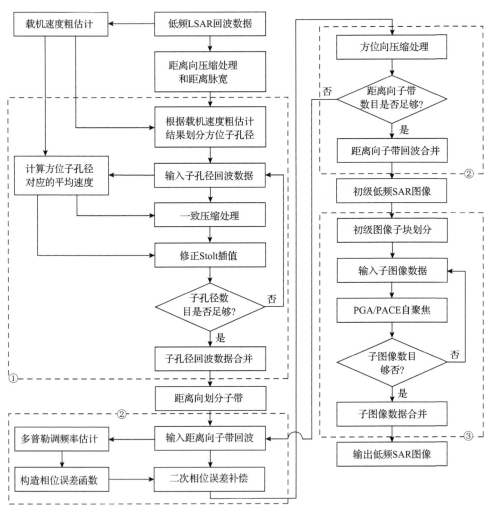

图 3.20　基于回波数据运动补偿算法的机载低频 LSAR 成像处理流程

这里需要补充说明的是:基于多普勒调频率估计的二次相位误差补偿和基于图像域自聚焦算法的高阶相位误差补偿的作用是提高目标的方位向聚焦质量,对回波信号的距离向聚焦几乎没有改善。因此, 假设回波信号受较大运动误差的影响, 导致距离向聚焦精度较低, 能量分散, 存在明显的残余距离弯曲现象, 这种情况无法通过上述补偿算法予以消除。此外，残余距离弯曲现象将导致回波方位信号失真，这将在一定程度上影响回波数据运动补偿算法的实际效果。

第 2 章中曾指出 RFI 抑制是低频 SAR 实测数据处理中不可或缺的步骤，否则难以获得高质量的低频 SAR 实测图像，因此上述成像处理流程中必须加入 RFI 抑制处理。关于 RFI 抑制算法，请参见 2.5 节。

3.4.3　机载低频 LSAR 三级运动补偿算法

当前，大多数机载低频 SAR 系统实际配备的传感器测量精度都不能满足高精度运动补偿要求。为解决这个问题，本节提出一种机载低频 LSAR 三级运动补偿算法，具体处理步骤为：首先，利用低精度 GPS 测量数据对回波进行粗补偿(第一级)，消除回波包络误差和部分相位误差，提高距离聚焦精度。其次，利用 3.4.2 节所提基于回波数据的运动补偿算法进行进一步的精补偿，以消除残余相位误差。其中，精补偿中包括两级处理，分别为基于多普勒调频率估计的二次相位误差补偿(第二级)和基于图像域自聚焦算法的高次相位误差补偿(第三级)。实测数据的成像结果表明：本节所提三级运动补偿算法可有效补偿小型机载低频 LSAR 实测数据中的运动误差，获得令人满意的聚焦图像，下面简要阐述本节所提算法的具体处理过程。

1. GPS 数据预处理

GPS 数据预处理包括两部分内容：GPS 数据的坐标变换和位移数据的平滑滤波。

1) GPS 数据的坐标变换

在实际情况下, GPS 设备记录的运动测量数据是定义在 1984 世界大地测量系统(world geodetic system 1984, WGS-84)坐标系中的经度(ϑ)、纬度(φ)和高度(h)，这些参数信息不能直接用于运动补偿处理。因此，在进行基于 GPS 数据的运动补偿前，需先对获取的测量数据进行坐标变换，以获取所需的运动误差参数信息。坐标变换过程可简要概括为：首先，将测量参数由 WGS-84 坐标系变换到地心地固(earth centered earth fixed, ECEF)坐标系(以地球球心为原点的直角坐标系，下标为 e)；然后，由 ECEF 坐标系变换到以航迹起始点为原点的东北天坐标系(下标为 g)；最后，由东北天坐标系变换到成像坐标系，获得所需参数信息。图 3.21 给出了不同坐标系定义示意图。

具体变换步骤为：首先，将 WGS-84 坐标系下以经度、纬度和高度表示的雷达航迹变换到 ECEF 坐标系，变换关系为

$$\begin{bmatrix} x_e \\ y_e \\ z_e \end{bmatrix} = \begin{bmatrix} \dfrac{R_a \cos \vartheta}{\sqrt{1 + (1 - E^2)\tan^2 \varphi}} + h\cos \vartheta \cos \varphi \\ \dfrac{R_a \sin \vartheta}{\sqrt{1 + (1 - E^2)\tan^2 \varphi}} + h\sin \vartheta \cos \varphi \\ \dfrac{R_a (1 - E^2)\sin \varphi}{\sqrt{1 - E^2 \sin^2 \varphi}} + h\sin \varphi \end{bmatrix} \qquad (3.91)$$

$$= \begin{bmatrix} (R_e + h)\cos \vartheta \cos \varphi \\ (R_e + h)\sin \vartheta \cos \varphi \\ [R_e(1 - E^2) + h]\sin \varphi \end{bmatrix}$$

式中，$R_e = R_a / \sqrt{1 - E^2 \sin^2 \varphi}$；$R_a = 6378137\mathrm{m}$ 为平均赤道半径；E 为偏心率。

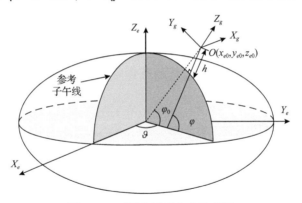

图 3.21　不同坐标系定义示意图

其次，从 ECEF 坐标系变换到东北天坐标系时，需要在载机飞行航迹上选定一点作为东北天坐标系的原点，一般以开始成像时飞机所在位置为原点，以 $O(x_{e0}, y_{e0}, z_{e0})$ 为东北天坐标系的原点，不同坐标系之间的变换流程图如图 3.22 所示。以理想航迹方向为前向，天向、法向与参考航迹垂直，从 ECEF 坐标系到东北天坐标系的变换关系为

$$\begin{bmatrix} x_g \\ y_g \\ z_g \end{bmatrix} = \begin{bmatrix} -\sin \vartheta & \cos \vartheta & 0 \\ -\sin \varphi \cos \vartheta & -\sin \varphi \sin \vartheta & \cos \varphi \\ \cos \varphi \cos \vartheta & \cos \varphi \sin \vartheta & \sin \varphi \end{bmatrix} \times \begin{bmatrix} x_e - x_{e0} \\ y_e - y_{e0} \\ z_e - z_{e0} \end{bmatrix} \qquad (3.92)$$

式中，(x_e, y_e, z_e) 为飞机航迹上任意点的坐标。

图 3.22　不同坐标系之间的变换流程图

最后，围绕 Z_g 轴，顺时针旋转参考航迹角 α_{ref}（理想航迹与正北方向的夹角），即可得到成像坐标系下的飞机航迹，相应的变换关系为

$$
\begin{bmatrix} x_i \\ y_i \\ z_i \end{bmatrix} = \begin{bmatrix} -\sin\alpha_{\text{ref}} & \cos\alpha_{\text{ref}} & 0 \\ \cos\alpha_{\text{ref}} & \sin\alpha_{\text{ref}} & 0 \\ 0 & 0 & 1 \end{bmatrix} \times \begin{bmatrix} -\sin\vartheta & \cos\vartheta & 0 \\ -\sin\varphi\cos\vartheta & -\sin\varphi\sin\vartheta & \cos\varphi \\ \cos\varphi\cos\vartheta & \cos\varphi\sin\vartheta & \sin\varphi \end{bmatrix} \times \begin{bmatrix} x_e - x_{e0} \\ y_e - y_{e0} \\ z_e - z_{e0} \end{bmatrix}
$$

$$(3.93)$$

式中，x_i 为前向位移；y_i 为侧向位移；z_i 为天向（法向）位移。将侧向位移和天向位移投影到视线方向即可得到 LOS 方向位移（平动误差），进而实施运动补偿。

2）位移数据的平滑滤波

在本章所研究的低频 SAR 系统中，脉冲重复频率在 1kHz 左右，而所装配的 GPS 测量设备的采样率不到 20Hz。GPS 设备的低采样率将引起测量误差，导致图像信噪比下降。为解决这个问题，在实施改进两步运动补偿前，需先对前面得到的位移数据实施基于低通滤波器的平滑滤波处理，消除测量误差，提高图像信噪比。

在实施位移数据的低通滤波时，截止频率的选择很重要。如果截止频率设置过高，则无法获得良好的数据平滑结果，不能有效消除测量误差的影响；反之，如果截止频率设置过低，则会引起数据平滑失真，导致滤波后的数据不能准确反映载机的运动误差信息，影响运动补偿效果。在实际应用中，可依据下述准则来确定滤波器的截止频率，令

$$
R_e = \begin{bmatrix} \Delta y(t_1) & \cdots & \Delta y(t_m) & \cdots & \Delta y(t_M) \\ \Delta z(t_1) & \cdots & \Delta z(t_m) & \cdots & \Delta z(t_M) \end{bmatrix}, \quad m = 1, 2, \cdots, M \qquad (3.94)
$$

表示原始位移数据矩阵，其中，$\Delta y(t_m)$ 与 $\Delta z(t_m)$ 分别表示侧向平动误差向量和法向平动误差向量，M 为回波方位向采样点数。

设

$$
R_{\text{LF}} = \begin{bmatrix} \Delta y_{\text{LF}}(t_1) & \cdots & \Delta y_{\text{LF}}(t_m) & \cdots & \Delta y_{\text{LF}}(t_M) \\ \Delta z_{\text{LF}}(t_1) & \cdots & \Delta z_{\text{LF}}(t_m) & \cdots & \Delta z_{\text{LF}}(t_M) \end{bmatrix} \qquad (3.95)
$$

表示采用截止频率为 f_{LF} 的低通滤波器实施平滑处理后得到的位移数据矩阵。令

$\Phi_{LFE} = (\phi_{nm})_{N \times M}$ 表示位移数据平滑滤波处理引起的相位误差矩阵，则有

$$\Phi_{LFE} = A^{T} [R - R_{LF}] \tag{3.96}$$

式中，矩阵 A 为

$$A = \frac{4\pi}{\lambda} \begin{bmatrix} \sin\theta_1 & \cdots & \sin\theta_n & \cdots & \sin\theta_N \\ \cos\theta_1 & \cdots & \cos\theta_n & \cdots & \cos\theta_N \end{bmatrix}, \quad n = 1, 2, \cdots, N \tag{3.97}$$

式中，θ_n 为每个距离单元对应的俯仰角；N 为距离单元总数。

若要不影响图像聚焦质量，相位误差最大值需小于预设相位误差容忍值 $\delta\phi_{Tol}$（如 $\pi/4$ 或 $\pi/2$），由此可求得低通滤波器的截止频率 $f_{LF,MAX}$ 为

$$f_{LF,MAX} = \left\{ f_{LF} \Big|_{\max_{1 \leqslant n \leqslant N, 1 \leqslant m \leqslant M}} \left[|\phi_{nm}| \right] \leqslant \delta\phi_{Tol} \right\} \tag{3.98}$$

在上述推导中，认为载机飞行状态的变化比较平稳。在实际情况中，受气流扰动等因素的影响，某个时刻载机可能发生突然性的剧烈波动。此时，如果仍然按照上述算法来确定截止频率，则不够准确。图 3.23 给出某次飞行试验中获得的位移数据低通滤波前后的结果。由图 3.23(a) 和图 3.23(b) 可以发现，低通滤波前，由于 GPS 采样率较低，位移数据呈现阶梯跳跃变化，即存在测量误差；低通滤波后，位移数据的阶梯跳跃现象被消除，且较为准确地反映了平台运动误差的变化趋势，从而证明了低通滤波处理的有效性。由图 3.23(c) 和图 3.23(d) 可以发现，在大部分的方位时间内，位移数据滤波前后的差值很小。然而在载机发生突然性的剧烈波动时，滤波前后的数据差值剧增(箭头标记处)。尽管少量的突变差值不会影响整体运动补偿效果，但会影响到滤波器截止频率的确定(式(3.98))。因此，有必要对上述截止频率的确定算法进行修正。修正算法为：在求得相位误差(式(3.96))后，去掉载机剧烈波动时刻对应的"坏点"值，然后利用剩余相位误差值来确定滤波器截止频率。在实际情况中，可根据实际获取 GPS 测量数据的变化情况和期望获得的运动补偿精度要求，预设一个"坏点"容忍值，大于容忍值的测量数据即认为是"坏点"，需从 Φ_{LFE} 中去掉对应的相位误差值。

在完成 GPS 数据坐标变换和位移数据的平滑滤波处理后，即可利用三级运动补偿算法对低频 SAR 实测数据进行成像处理。三级运动补偿具体为：基于 GPS 数据的粗补偿(第一级)；基于多普勒调频率估计的二次相位误差补偿(第二级)；基于图像域自聚焦算法的高次相位误差补偿(第三级)。

2. 粗补偿

粗补偿是指利用 GPS 测量数据进行的改进两步运动补偿。选择场景中心斜距

r_c 为参考斜距,构造包络误差补偿因子:

$$E(k_y, x) = \exp\left[jk_y \Delta r(x; r_c) \right] \tag{3.99}$$

将获取的回波信号变换到距离频域,乘以式(3.99),即实现包络误差补偿。

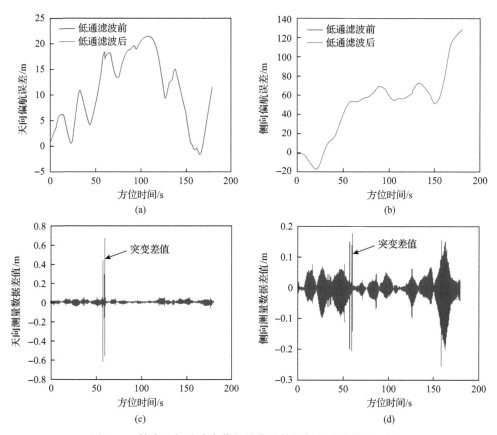

图 3.23 某次飞行试验中获得的位移数据低通滤波前后的结果

考虑到低频 SAR 大波束角将引起运动误差的方位空变性,在进行相位误差补偿时,采用了方位子块补偿算法[94]。平动误差不仅与斜视角 β 有关,还与方位向慢时间有关,当两者均发生变化时,要补偿这种方位空变误差是不可行的。一种可行的算法是先固定其中一个变量确定,再补偿由另一个变量引起的空变性。基于这种思想,对回波数据进行方位分块,子块回波对应的方位向慢时间很短,因此可认为子块时间的运动误差近似恒定。在子块回波内补偿斜视角 β 产生的方位空变误差。方位子块补偿算法的实施步骤如下。

步骤 1:沿方位向将回波划分成若干子块,每个子块回波的方位向点数记为 N_s。

步骤 2：对子块回波进行方位向 FFT 处理，并乘以相应的相位误差补偿因子，即

$$C_i\left(k_x;r_0\right) = \exp\left[jk_c \cos\beta_i \cdot \Delta r\left(x^i_{\text{mid\_block}};r_0\right) \right], \quad 0 \leqslant i \leqslant N_s - 1 \quad (3.100)$$

式中，$x^i_{\text{mid\_block}}$ 表示第 i 个子块回波的方位中心位置；$\cos\beta_i = \sqrt{1-\left(k_x/k_c\right)^2}$ 表示第 i 个子块回波对应的斜视角；k_x 表示方位向波数。相位误差补偿后，将子块回波进行方位向 IFFT 处理，变换回方位时域。

步骤 3：将所有子块回波合并，得到粗补偿回波。

在实施方位子块补偿时，应合理选择子块长度[19,21]。若子块长度过大，则子块内的运动误差变化较大，影响补偿效果；若子块长度过小，则角度分辨率较低，同样会影响补偿效果。此外，当载机运动误差变化较快(高频误差)时，可采用子块重叠的补偿算法，以提高补偿精度，但这种算法会在一定程度上增加运算量，降低成像处理效率。

通过粗补偿提高了回波信号的 RCMC 处理精度，将有助于提高基于回波数据的精补偿效果。对于本节所要处理的小型机载低频 SAR 实测数据，运动误差复杂，单纯依靠基于回波数据的运动补偿算法无法得到聚焦良好的实测图像，因此粗补偿不可或缺。

3. 精补偿

粗补偿只是实现了相位误差的部分补偿，因此在粗补偿的基础上还需采用基于回波数据的精补偿，以进一步消除残余相位误差。基于回波数据的精补偿包括基于多普勒调频率估计的二次相位误差补偿(第二级)和基于图像域自聚焦算法的高次相位误差补偿(第三级)两部分，相关内容已在 3.4.2 节进行了详细介绍，这里不再赘述。

4. 算法处理流程

基于本节所提算法，设计了结合三级运动补偿算法的小型机载低频 SAR 实测数据成像处理流程，如图 3.24 所示。其中，成像算法仍然选择具有精确成像能力的 EOK 算法。整个成像处理流程包括回波数据预处理、GPS 数据坐标变换及预处理、EOK 成像、基于 GPS 数据的粗补偿和基于回波数据的精补偿等步骤。在回波数据获取过程中，采用了脉冲重复频率实时调整措施补偿载机飞行速度误差[65]。尽管这种调整不是十分精确，但可消除航向速度误差对回波距离聚焦的影响。鉴于此，为简化数据处理流程，提高成像效率，本小节采用全孔径修正 Stolt 插值处理算法。

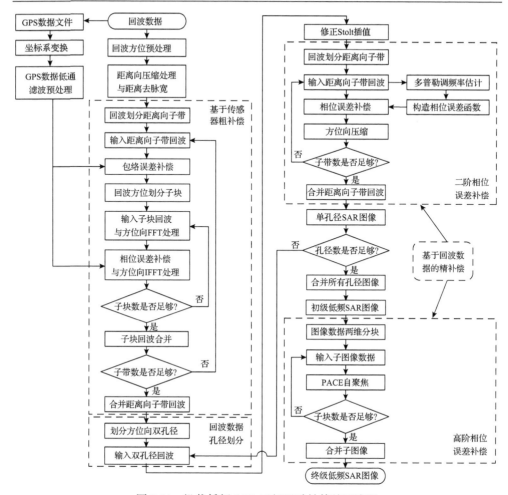

图 3.24　机载低频 SAR 三级运动补偿处理流程

为获得长距离(指载机飞行航程)低频 SAR 实测图像,采用了重叠孔径的成像方式。具体步骤为:首先,以两个全孔径回波数据为一个处理单元,沿方位向将整个回波数据划分成若干处理单元,相邻处理单元间存在半个孔径的重叠区。其次,将待处理单元依次输入,每个处理单元将产生一帧图像。最后,将所有帧图像进行拼接,即得到完整的低频 SAR 实测图像。

3.5　试　验　结　果

3.5.1　小场景实测数据成像处理

本小节通过对国防科技大学获取的机载低频 SAR 实测数据进行成像处理进

一步对比分析 EOK 算法和 NCS 算法的实测数据成像性能。该机载低频 SAR 系统工作在 P 波段，发射信号相对带宽约为 50%，方位向积累角约为 16.7°；载机飞行高度为 5.4km，载机预设飞行速度约为 106m/s，场景中心斜距约为 10km，测绘带宽约为 1.22km，原始回波数据的点数为 4608×10240（距离向×方位向）。在数据获取过程中，载机上未安装专门用于运动补偿的传感器系统，没有可利用的运动测量数据，为获得聚焦良好的实测图像，必须采用基于回波参数估计的运动补偿算法，而 ωK 算法不易于结合自聚焦运动补偿算法，因此本节采用 EOK 算法和 NCS 算法两种算法。在利用这两种算法进行成像时，均采用了相同的基于回波数据的运动补偿算法[37]。为了检验 3.4.2 节所提基于回波参数估计的运动补偿算法的有效性和实用性，分别采用文献[36]中的三级运动补偿算法和本节所提算法对实测数据进行成像处理。为获得良好的成像精度，选择 EOK 算法作为成像算法。此外，在进行多普勒调频率估计时，将回波数据沿方位向划分成 39 个子孔径回波，每个子孔径回波长度为 512 点，相邻子孔径回波的重叠比为 0.5。

图 3.25 给出了载机飞行速度粗估计结果。

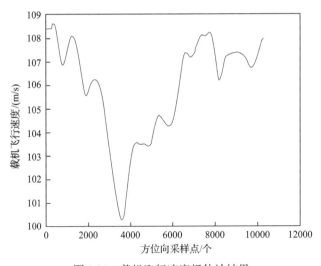

图 3.25　载机飞行速度粗估计结果

图 3.26(a)～图 3.26(c)分别给出了第一次、第二次和第三次估计出的二次相位误差结果。可以发现，随着迭代次数的增加，残余二次相位误差越来越小，通常情况下，两次迭代即可得到良好的补偿效果。当迭代次数继续增加时，图像质量改善幅度越来越小，但成像效率会显著下降。

图 3.27 和图 3.28 分别给出了采用不同算法获得的成像结果（垂直方向为距离向，水平方向为方位向）。其中，图 3.27 为结合三级运动补偿算法的 EOK 算法成

像结果，可以发现，从回波中分离出的运动参数精度较低，不能满足实际运动补偿要求，因此所得实测图像的聚焦质量仍然较差，不够理想。图 3.28 为结合本章所提算法的 EOK 算法成像结果。为了提高图像聚焦质量，在进行基于多普勒调频率估计的相位误差补偿时，采取了循环迭代的补偿算法。

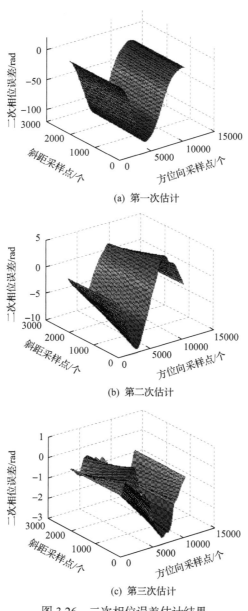

(a) 第一次估计

(b) 第二次估计

(c) 第三次估计

图 3.26　二次相位误差估计结果

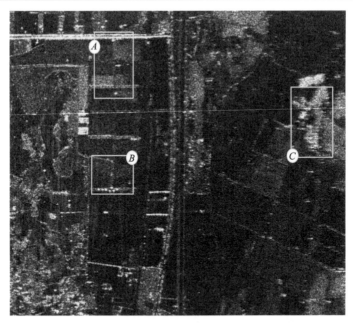

图 3.27　结合三级运动补偿算法的 EOK 算法成像结果

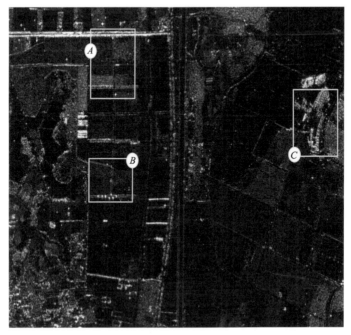

图 3.28　结合本章所提算法的 EOK 算法成像结果

　　由于场景较大，从全景图像不易对比两种算法的聚焦质量差异。因此，从图 3.27 和图 3.28 中提取了 A、B、C 三个局部区域图像，并将其放大，如图 3.29

所示，其中由左至右，分别对应于 A、B、C 三个局部区域放大图。

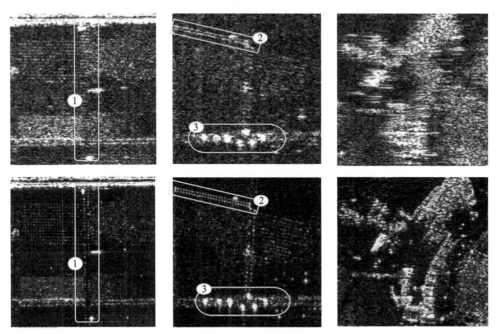

图 3.29　局部区域放大图（上方对应于图 3.27；下方对应于图 3.28）
1：道路及两侧的树木；2：两排树木；3：隐藏在树林中的车辆

由图 3.29 可以发现，在利用结合三级运动补偿算法的 EOK 算法获得的实测图像中，农田、道路、树木等地貌信息模糊不清，强散射点散焦仍然比较严重，图像整体聚焦质量不够理想。与之相比较，在利用结合本章所提算法的 EOK 算法获得的实测图像中，农田、道路、树木等地貌信息十分清楚，图像纹理清晰（如 A 区、C 区），强散射点聚焦良好（如 B 区），图像整体聚焦质量良好，实测数据成像结果证明了本章所提算法的有效性。

此外，为便于对比分析采用 EOK 算法和 NCS 算法对机载低频 SAR 实测数据成像性能的差异，这里利用 NCS 算法对相同实测数据进行成像处理（图 3.30），并分别从利用 EOK 算法（图 3.28）和 NCS 算法（图 3.30）获得两幅实测图像中截取两个小场景，将其放大以便进行更为精准的对比分析，场景局部区域放大图如图 3.31 所示。其中，图 3.31（a）和图 3.31（b）为场景近端，图 3.31（c）和图 3.31（d）为场景中心，两个小场景间的斜距间隔约为 0.45km。

虽然该机载低频 SAR 具有较大的相对带宽，但方位向积累角不是非常大，只有 16.7°，场景的测绘带宽度也相对较小，能够满足 NCS 算法的良好聚焦条件，因此采用 NCS 算法也能得到聚焦良好的图像。由图 3.31（c）、图 3.31（d）可以发现，在场景中心处，两种算法的聚焦质量相差无几，但仔细观察测绘带近端的小场景

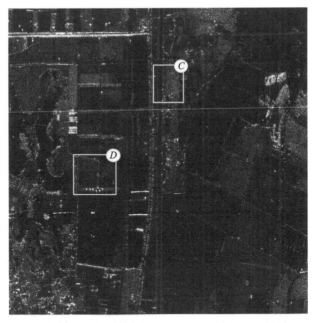

图 3.30　基于 NCS 算法的低频 SAR 实测数据成像结果

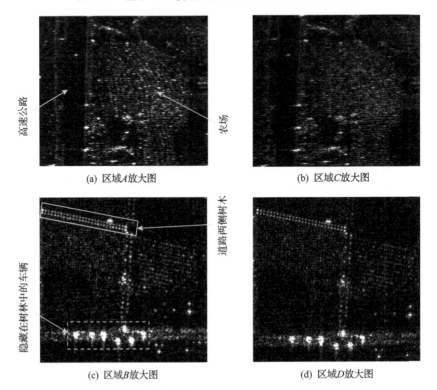

图 3.31　场景局部区域放大图

图像可以发现，两种算法的成像性能略有差别。相比于图 3.31(b)，图 3.31(a) 的纹理更加清晰，强散射点的聚焦质量也略好。由此可见，NCS 算法中的一些近似处理限制了该算法的良好聚焦测绘带宽度。当测绘带较宽时，偏离场景中心越远的目标，聚焦质量越差。因此，在利用 NCS 算法对宽测绘带低频 SAR 实测数据进行成像时，最好采用距离分块成像的方式，以提高图像的整体聚焦质量，但这会在一定程度上降低该算法的成像效率。与 NCS 算法不同，EOK 算法不存在良好聚焦测绘带宽度的限制，因此图 3.31(a) 所示低频 SAR 图像的聚焦质量略高于图 3.31(b)。

在上述试验结果的基础上，将本章所提低频 SAR 三级运动补偿算法应用于国防科技大学自主研制的小型机载低频 SAR 实测数据成像处理中。该实测数据是由载机 P 波段 SAR 系统获取的。载机预设飞行速度为 67m/s，飞行场高为 2.5km，系统设计两维分辨率为 1m。图 3.32 给出了由所装配传感器测得的载机飞行参数。

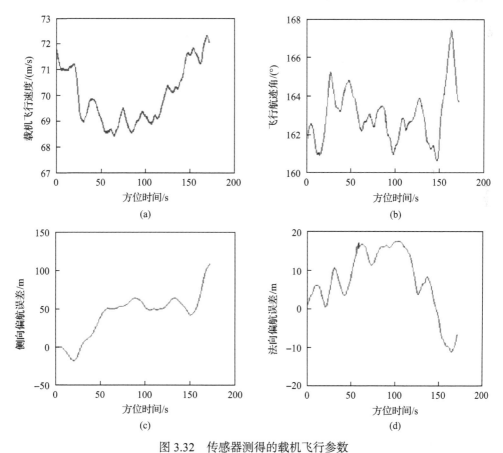

图 3.32　传感器测得的载机飞行参数

由图 3.32 可以发现，在 200s 的飞行过程中，载机飞行速度误差波动幅度将近 5m/s，飞行航迹角波动范围将近 8°，最大侧向（Y 方向）偏航误差达 120m，最大法向（Z 方向）偏航误差达 20m。由此可知，载机飞行状态控制得很不平稳，由此带来的运动误差将严重影响实测回波数据的成像处理，必须采用有效的补偿措施。

下面给出采用不同算法得到的实测数据成像结果，图 3.33 为采用基于 GPS 数据粗补偿得到的实测图像。由于 GPS 测量精度不高，仅依赖 GPS 数据无法获得良好的补偿效果，所得图像散焦严重。图 3.34 为采用基于回波数据精补偿得到的实测图像。载机运动状态较差，回波信号中的运动误差复杂，导致基于回波数据的运动补偿效果下降，所得实测图像的聚焦质量也不能令人满意。图 3.35 给出了采用本章所提三级运动补偿算法获得的成像结果。可以发现，所得实测图像的聚焦质量相比于图 3.33 和图 3.34 有了极大改善，图像对比度好，纹理清晰。场景中的城镇、仓房、道路等城市地貌清晰可见。道路两侧的路灯和小树等强散射点目标也非常清楚。

图 3.33　采用基于 GPS 数据粗补偿得到的实测图像

为更细致地观察图像聚焦质量，从图 3.35 中提取出道路及道路西侧的小树和工厂厂房的局部放大图（图 3.35 中方形框标记处），如图 3.36 所示。

为定量地评估所得实测图像的聚焦质量，提取出道路两侧某路灯（图 3.36 中箭头标记处）的两维剖面图，并计算距离向分辨率 ρ_r、方位向分辨率 ρ_a、PSLR 和 ISLR 指标参数，点目标脉冲响应剖面图如图 3.37 所示。为获得良好的 PSLR 和 ISLR，在实测数据成像过程中，距离向和方位向均采用了汉明窗加权处理。由

图 3.34　采用基于回波数据精补偿得到的实测图像

图 3.35　采用三级运动补偿算法获得的成像结果

图 3.37 可以发现，强散射点的各项指标参数均接近或达到理论值，从而进一步证明了本章所提三级运动补偿算法的有效性和实用性。

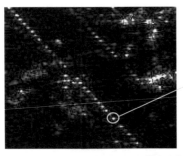

(a) 道路及道路西侧的小树

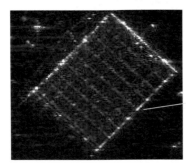

(b) 工厂厂房

图 3.36　局部区域放大图及光学照片

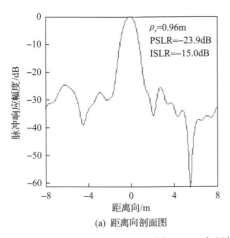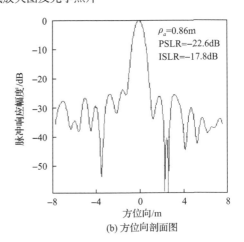

ρ_r=0.96m
PSLR=−23.9dB
ISLR=−15.0dB

ρ_a=0.86m
PSLR=−22.6dB
ISLR=−17.8dB

(a) 距离向剖面图　　　　　　　　　　　　　(b) 方位向剖面图

图 3.37　点目标脉冲响应剖面图

3.5.2　大场景实测数据成像处理

　　除以上小场景实测图像外,图 3.38 和图 3.39 给出了国防科技大学自主研制的小型机载 P 波段 SAR 系统获取的两幅大场景实测数据处理结果。图 3.38 给出的成像场景大小约为 2.8km×4km(距离向×方位向),其中水平方向为方位向,成像场景为南方某市的某国道附近，主要包括高速公路、普通公路、山丘和山脚下的梯田等。图 3.39 的成像场景大小约为 3.5km×5km（距离向×方位向），同样水平方向为方位向，成像场景主要为南方某市郊区的自然场景。

图 3.38　机载 P 波段 SAR 实测图像（①山丘；②山脚下的梯田；③公路）

图 3.39　机载 P 波段 SAR 实测图像（自然场景）

图 3.38 采用结合运动补偿的 EOK 算法，图 3.39 采用结合运动补偿的 NCS 算法。观察两幅机载低频 SAR 大场景图像可以发现，其均实现了良好聚焦成像，从而证明了两种算法对机载低频 SAR 大场景实测数据成像的有效性和实用性。

近年来，低频 SAR 技术得到快速发展，主要表现为三方面：一是低频 SAR 系统越来越轻小型化，可搭载的飞行平台越来越多，尤其是无人机载低频 SAR 技术发展迅速；二是星载低频 SAR 技术得到快速发展，如国内的星载 L 波段 SAR 系统（陆探一号[108,109]）和欧洲太空局的星载 P 波段 SAR 系统（BIOMASS 系统[110,111]），这些星载低频 SAR 系统将进一步推动低频 SAR 技术的发展与应用；三是低频 SAR

技术的应用范围越来越广。当前，低频 SAR 技术已经由传统的叶簇隐蔽目标探测等军事应用，逐步向国土资源勘察、极地科考等民用领域拓展，并发挥出越来越大的社会效益和经济价值。

参 考 文 献

[1] Carrara W G, Goodman R S, Majewski R M. Spotlight Synthetic Aperture Radar Signal Processing Algorithms[M]. Boston: Artech House, 1995.

[2] Soumekh M. Synthetic Aperture Radar Signal Processing with MATLAB Algorithms[M]. New York: Wiley, 1999.

[3] 保铮, 邢孟道, 王彤. 雷达成像技术[M]. 北京: 电子工业出版社, 2005.

[4] 邢孟道, 保铮, 李真芳. 雷达成像算法进展[M]. 北京: 电子工业出版社, 2014.

[5] Massonnet D, Souyris J. 合成孔径雷达成像[M]. 邓云凯译. 北京: 电子工业出版社, 2015.

[6] Cumming I G, Wong F H. 合成孔径成像算法与实现[M]. 洪文, 胡东辉, 韩冰, 等译. 北京: 电子工业出版社, 2019.

[7] Lu J G. Design Technology of Synthetic Aperture Radar[M]. Beijing: National Defense Industry Press, 2019.

[8] Davis M E. Foliage Penetration Radar—Detection and Characterization of Objects Under Trees[M]. Raleigh: SciTech, 2011.

[9] Hellsten H, Frolind P O, Gustavsson A, et al. Ultra-wideband VHF SAR-design and measurements[C]. Proceedings of Aerial Surveillance Sensing Including Obscured and Underground Object Dection, Orlando, 1994: 16-25.

[10] Hellsten H, Ulander L M H, Gustavsson A, et al. Development of VHF CARABAS Ⅱ SAR[C]. Proceedings of Radar Sensor Technology, Orlando, 1996: 48-60.

[11] 王顺华. 机载大处理角 UWB SAR 成像理论及算法研究[D]. 长沙: 国防科学技术大学, 1998.

[12] Soumekh M, Nobles D A, Wicks M C, et al. Signal processing of wide bandwidth and wide beamwidth P-3 SAR data[J]. IEEE Transactions on Aerospace and Electronic Systems, 2001, 37(4): 1122-1141.

[13] 董臻. UWB-SAR 信息处理中的若干问题研究[D]. 长沙: 国防科学技术大学, 2001.

[14] 刘光平. 超宽带合成孔径雷达高效成像算法[D]. 长沙: 国防科学技术大学, 2003.

[15] 王建. 基于子孔径结构的超宽带 SAR 实时成像算法研究[D]. 长沙: 国防科学技术大学, 2004.

[16] 王亮. 基于实测数据的机载超宽带合成孔径雷达实测数据成像处理技术研究[D]. 长沙: 国防科学技术大学, 2007.

[17] 薛国义. 机载高分辨超宽带合成孔径雷达运动补偿技术研究[D]. 长沙: 国防科学技术大学,

2008.

[18] Vu V T. Practical consideration on ultrawideband synthetic aperture radar data processing[D]. Sweden: Blekinge Institue of Technology Licentiate Dissertation, 2009.

[19] 李建阳. 机载超宽带 SAR 实时成像处理技术研究[D]. 长沙: 国防科学技术大学, 2010.

[20] 安道祥. 高分辨率 SAR 成像处理技术研究[D]. 长沙: 国防科学技术大学, 2011.

[21] 严少石. 无人机载 UWB SAR 实时运动补偿技术研究[D]. 长沙: 国防科学技术大学, 2012.

[22] An D X, Wang W, Chen L P. Extended subaperture imaging method for airborne low frequency ultrawideband SAR data[J]. Sensors, 2019, 19(20): 4516.

[23] Ulander L M H, Blom M, Flood B, et al. The VHF/UHF-band LORA SAR and GMTI system[C]. Proceedings of SPIE, Orlando, 2003: 206-215.

[24] Ulander L M H, Frolind P O. Ulatra-wideband SAR interferometry[J]. IEEE Transactions on Geoscience and Remote Sensing, 1998, 36(5): 1540-1550.

[25] 杨志国. 基于 ROI 的 UWB SAR 叶簇覆盖目标鉴别方法研究[D]. 长沙: 国防科学技术大学, 2007.

[26] 王广学. UWB SAR 叶簇隐蔽目标变化检测技术研究[D]. 长沙: 国防科学技术大学, 2011.

[27] 许军毅. 重轨低频超宽带干涉合成孔径雷达关键技术研究[D]. 长沙: 国防科学技术大学, 2015.

[28] 罗雨潇. 圆周 SAR 图像道路提取技术研究[D]. 长沙: 国防科技大学, 2021.

[29] Yegulalp A F. Fast backprojection algorithm for synthetic aperture radar[C]. Proceedings of IEEE Radar Conference, Waltham, 1999: 60-65.

[30] McCorkle J, Rofheart M. An order $N^2 \log(N)$ backprojector algorithm for focusing wide-angle wide-bandwidth arbitrary-motion synthetic aperture radar[C]. Proceedings of SPIE AeroSense Conference, Orlando, 1996: 25-36.

[31] Basu S, Bresler Y. $O\left(N^2 \log_2 N\right)$ filtered backprojection reconstruction algorithm for tomography[J]. IEEE Transactions on Image Processing, 2000, 9(10): 1760-1773.

[32] Mittermayer J, Moreira A, Loffeld O. Spotlight SAR data processing using the frequency scaling algorithm[J]. IEEE Transactions on Geoscience and Remote Sensing, 1999, 37(5): 2198-2214.

[33] Fornaro G, Lanari R, Sansosti E, et al. A two-step spotlight SAR data focusing approach[C]. Proceedings of International Geoscience and Remote Sensing Symposium, Honolulu, 2000: 84-86.

[34] Lanari R, Tesauro M, Sansosti E, et al. Spotlight SAR data focusing based on a two-step processing approach[J]. IEEE Transactions on Geoscience and Remote Sensing, 2001, 39(9): 1993-2004.

[35] Ulander L M H, Hellsten H, Stenstrom G. Synthetic-aperture radar processing using fast factorized back-projection[J]. IEEE Transactions on Aerospace and Electronic Systems, 2003,

39(3): 760-776.

[36] Xing M D, Jiang X W, Wu R B, et al. Motion compensation for UAV SAR based on raw radar data[J]. IEEE Transactions on Geoscience and Remote Sensing, 2009, 47(8): 2870-2883.

[37] 安道祥, 黄晓涛, 周智敏. 结合 MWD 算法的低频 UWB SAR 运动补偿[J]. 电子学报, 2010, 38(12): 2839-2845.

[38] Munson D C, O'Brien J D, Jenkins W K. A tomographic formulation of spotlight mode synthetic aperture radar[J]. Proceedings of IEEE, 1983, 71: 917-925.

[39] Cafforio C, Prati C, Rocca F. SAR data focusing using seismic migration and techniques[J]. IEEE Transactions on Aerospace and Electronic Systems, 1991, 35(3): 194-207.

[40] Reigber A, Potsis A, Alivizatos E. Wavenumber domain SAR focusing with integrated motion compensation[C]. Proceedings of International Geoscience and Remote Sensing Symposium, Toulouse, 2003: 1465-1467.

[41] Reigber A, Alivizatos E, Potsis A, et al. Extended wavenumber domain synthetic aperture radar focusing with integrated motion compensation[J]. IEE Proceedings Radar, Sonar and Navigation, 2006, 153(2): 301-310.

[42] Bamler R. A comparison of range-doppler and wavenumber domain SAR focusing algorithms[J]. IEEE Transactions on Geoscience and Remote sensing, 1992, 30(4): 706-713.

[43] Raney R K, Runge H, Bamler R, et al. Precision SAR processing using chirp scaling[J]. IEEE Transactions on Geoscience and Remote Sensing, 1994, 32(4): 786-799.

[44] Davidson G W, Cumming I G, Ito M R. A Chirp Scaling approach for processing squint mode SAR data[J]. IEEE Transactions on Aerospace and Electronic Systems, 1996, 32(1): 121-133.

[45] Moreira A, Mittermayer J, Scheiber R. Extended chirp scaling algorithm for air-and spaceborne SAR data processing in stripmap and scanSAR imaging modes[J]. IEEE Transactions on Geoscience and Remote Sensing, 1996, 34(5): 1123-1136.

[46] Davidson G W, Wong F H, Cumming I G. The effect of pulse phase errors on the chirp scaling SAR processing algorithm[J]. IEEE Transactions on Geoscience and Remote Sensing, 1996, 34(2): 471-478.

[47] Moreira A, Huang Y H. Airborne SAR processing of highly squinted data using a chirp scaling approach with integrated motion compensation[J]. IEEE Transactions on Geoscience and Remote Sensing, 1994, 32(5):1029-1040.

[48] Zaugg E C, Long D G. Generalized frequency-domain SAR processing[J]. IEEE Transactions on Geoscience and Remote Sensing, 2009, 47(11): 3761-3773.

[49] An D X, Li Y H, Huang X T, et al. Performance evaluation of frequency-domain algorithms for chirped low frequency UWB SAR data processing[J]. IEEE Journal of Selected Topics in Applied Earth Observations and Remote Sensing, 2014, 7(2): 678-690.

[50] 贾高伟. 无人机载微型 SAR 高分辨成像技术研究[D]. 长沙: 国防科学技术大学, 2015.

[51] 顾承飞. 微型 SAR 实时成像处理技术研究[D]. 长沙: 国防科学技术大学, 2017.

[52] Chen J W, An D X, Wang W, et al. Extended polar format algorithm for large-scene high-resolution WAS-SAR imaging[J]. IEEE Journal of Selected Topics in Applied Earth Observations and Remote Sensing, 2021, 14: 5326-5338.

[53] 数学手册编写组. 数学手册[M]. 北京: 高等教育出版社, 2010.

[54] Stolt R H. Migration by Fourier transform[J]. Geophysics, 1978, 43(1): 23-48.

[55] Potsis A, Reigber A, Alivizatos E, et al. Comparison of chirp scaling and wavenumber domain algorithms for airborne low-frequency SAR[C]. Proceedings of SPIE, SAR Image Analysis, Modeling, and Techniques V, Orlando, 2003: 11-19.

[56] Na Y B, Lu Y L, Sun H B. A comparison of back-projection and range migration algorithms for ultra-wideband SAR imaging[C]. Proceedings of Fourth IEEE Workshop on Sensor Array and Multichannel Processing, Waltham, 2006:320-324.

[57] Sjogren T K, Vu V T, Pettersson M I. A comparative study of the polar version with the subimage version of fast factorized backprojection in UWB SAR[C]. Proceedings of Radar Symposium, Wroclaw, 2008: 1-4.

[58] Vu V T, Sjogren T K, Pettersson M I. A comparison between fast factorized backprojection and frequency domain algorithms in UWB lowfrequency SAR[C]. Proceedings of International Geoscience and Remote Sensing Symposium, Boston, 2008: 1284-1287.

[59] 安道祥, 黄晓涛, 李欣, 等. MWD 算法和 NCS 算法在低频 UWB SAR 成像中的比较[J]. 宇航学报, 2010, 31(12): 2754-2763.

[60] Vu V T, Sjogren T K, Pettersson M I. On synthetic aperture radar azimuth and range resolution equations[J]. IEEE Transactions on Aerospace and Electronic Systems, 2012, 48(2): 1764-1769.

[61] Vu V T, Sjogren T K, Pettersson M I, et al. Defination on SAR image quality measurements for UWB SAR[C]. Proceedings of SPIE Image and Signal Process, Remote Sens XIV, Cardiff, 2008: 1-9.

[62] Farrell J L, Mims J H, Sorrell A. Effection of navigation errors in maneuvering SAR[J]. IEEE Transactions on Aerospace and Electronic Systems, 1973, 9(5): 750-776.

[63] Kennedy T A. A technique for specifying navigation system performance requirements in SAR motion compensation applications[C]. IEEE Position Location & Navigation Symposium, Las Vegas, 1990: 118-126.

[64] 丁赤飚. 基于惯导系统的机载 SAR 运动补偿精度分析[J]. 电子与信息学报, 2002, 24(1): 12-18.

[65] 李建阳, 常文革, 李悦丽. UWB SAR 实时 PRF 调整[J]. 现代雷达, 2009, 31(4): 34-37.

[66] Cumming I G, Wong F H. 合成孔径雷达成像算法与实现[M]. 洪文, 胡东辉, 韩冰, 等译. 北京: 电子工业出版社, 2019.

[67] Fornaro G. Trajectory deviations in airborne SAR: Analysis and compensation[J]. IEEE Transactions on Aerospace and Electronic Systems, 1999, 35(3): 997-1009.

[68] Kirk J C. Motion compensation for synthetic aperture radar[J]. IEEE Transactions on Aerospace and Electronic Systems, 1975, 11(3): 338-348.

[69] Moreira J R. A new method of aircraft motion error extraction from radar raw data for real time motion compensation[J]. IEEE Transactions on Geoscience and Remote Sensing, 1990, 28(4): 620-626.

[70] Gallon A, Impagnatiello F. Motion compensation in chirp scaling SAR processing using phase gradient autofocusing[C]. IEEE International Geoscience and Remote Sensing Symposium, Seattle, 1998: 633-635.

[71] Wahl D E, Eichel P H, Ghiglia D C, et al. Phase gradient autofocus-a robust tool for high resolution SAR phase correction[J]. IEEE Transactions on Aerospace and Electronic Systems, 1994, 30(3): 827-835.

[72] Chan H L, Yeo T S. Noniterative quality phase-gradient autofocus algorithm for spotlight SAR imagery [J]. IEEE Transactions on Aerospace and Electronic Systems, 1994, 30(3): 827-834.

[73] Wahl D E, Jakowatz C V, Thompson P A, et al. New approach to strip-map SAR autofocus[C]. Proceedings of Digital Signal Processing Workshop, Yosemite National Park, 1994: 53-56.

[74] Warner D W, Ghiglia D C, Fitzgerrell A, et al. Two-dimensional phase gradient autofocus[C]. Proceedings of SPIE on Image Reconstruction from Incomplete Data, San Diego, 2000: 162-173.

[75] 邢孟道, 保铮. 基于运动参数估计的 SAR 成像[J]. 电子学报, 2001, 29(S1): 1824-1828.

[76] 刘月花, 荆麟角. 对比度最优自聚焦算法[J]. 电子与信息学报, 2003, 25(1): 24-30.

[77] 黄源宝, 保铮, 周峰. 一种新的机载条带式 SAR 沿航向运动补偿方法[J]. 电子学报, 2005, 33(3): 459-462.

[78] 潘凤艳, 邢孟道, 廖桂生. 结合运动补偿的波数域算法[J]. 电子与信息学报, 2005, 27(3): 454-457.

[79] Kolman J. PACE: An autofocus algorithm for SAR[C]. Proceedings of International Radar Conference, Arlington, 2005: 310-314.

[80] de Macedo K A C, Scheiber R. Precise topography-and aperture-dependent motion compensation for airborne SAR[J]. IEEE Geoscience and Remote Sensing Letters, 2005, 2(2): 172-176.

[81] van Rossum W L, Otten M P G, van Bree R J P. Extended PGA for range migration algorithms[J]. IEEE Transactions on Aerospace and Electronic Systems, 2006, 42(2): 478-488.

[82] 周峰. 机载 SAR 运动补偿和窄带干扰抑制及其单通道 GMTI 的研究[D]. 西安: 西安电子科技大学, 2007.

[83] Prats P, de Macedo K A C, Reigber A, et al. Comparison of topography- and aperture-dependent motion compensation algorithms for airborne SAR[J]. IEEE Geoscience and Remote Sensing Letters, 2007, 4(3): 349-353.

[84] de Macedo K A C, Scheiber R, Moreira A. An autofocus approach for residual motion errors with application to airbone repeat-pass SAR interferometry[J]. IEEE Transactions on Geoscience and Remote Sensing, 2008, 46(10): 3151-3162.

[85] Guccione P, Cafforio C. Motion compensation processing of airborne SAR data[C]. Proceedings of IEEE International Geoscience and Remote Sensing Symposium, Boston, 2008: 1154-1157.

[86] Samczynski P, Kulpa K. Coherent mapdrift technique[J]. IEEE Transactions on Geoscience and Remote Sensing, 2010, 48(3): 1505-1517.

[87] Zhang L, Qiao Z J, Xing M D, et al. A robust motion compensation approach for UAV SAR imagery[J]. IEEE Transactions on Geoscience and Remote Sensing, 2012, 50(8): 3202-3218.

[88] Mao X H, Zhu D Y, Zhu Z D. Autofocus correction of APE and residual RCM in spotlight SAR polar format imagery[J]. IEEE Transactions on Aerospace and Electronic Systems, 2013, 49(4): 2693-2706.

[89] Zhong X L, Xiang M S, Yue H Y, et al. Algorithm on the estimation of residual motion errors in airborne SAR images[J]. IEEE Transactions on Geoscience and Remote Sensing, 2014, 52(2): 1311-1323.

[90] Li N, Wang R, Deng Y K, et al. Autofocus correction of residual RCM for VHRSAR sensors with light-small aircraft[J]. IEEE Transactions on Geoscience and Remote Sensing, 2017, 55(1): 441-452.

[91] 高文斌. 慢速无人机载 SAR 高分辨成像与运动补偿算法研究[D]. 北京: 北京理工大学, 2018.

[92] 陆钱融. 机载合成孔径雷达成像和运动补偿技术研究[D]. 上海: 上海交通大学, 2019.

[93] 陈潇翔. 机载超高分辨 SAR 运动补偿成像技术研究[D]. 西安: 西安电子科技大学, 2021.

[94] Potsis A, Reigber A, Mittermayer J, et al. Sub-aperture algorithm for motion compensation improvement in wide-beam SAR data processing[J]. Electronics Letters, 2001, 37(23): 1405-1407.

[95] Madsen S N. Motion compensation for ultra wide band SAR[C]. IEEE International Geoscience and Remote Sensing Symposium, Syndney, 2001: 1436-1438.

[96] Potsis A, Reigber A, Mittermayer J, et al. Improving the focusing properties of SAR processors for wide-band and wide-beam low frequency imaging[C]. IEEE International Geoscience and Remote Sensing Symposium, Sydney, 2001: 3047-3049.

[97] 赖涛. 机载超宽带合成孔径雷达子孔径运动补偿方法研究[D]. 长沙: 国防科学技术大学, 2004.

[98] 郭微光. 机载超宽带合成孔径雷达运动补偿技术研究[D]. 长沙: 国防科学技术大学, 2003.

[99] 安道祥. 基于实测数据的 UWB SAR 图像自聚焦算法研究[D]. 长沙: 国防科学技术大学, 2006.

[100] 李燕平, 邢孟道, 保铮. 结合非线性 CS 算法的 UWB SAR 运动补偿[J]. 系统工程与电子技术, 2007, 29(4): 514-519.

[101] 薛国义, 周智敏, 安道祥. 一种适用于机载 SAR 的改进 PACE 自聚焦算法[J]. 电子与信息学报, 2008, 30(11): 2719-2723.

[102] 安道祥, 黄晓涛, 王亮. UWB SAR 图像的非均匀分段 PGA 算法[J]. 信号处理, 2008, 24(6): 931-935.

[103] 安道祥, 王亮, 黄晓涛, 等. 基于 SPGA 算法的低频超宽带 SAR 运动补偿方法[J]. 系统工程与电子技术, 2010, 32(2): 260-265.

[104] 安道祥, 黄晓涛, 周智敏. 结合 MWD 算法的低频 UWB SAR 运动补偿[J]. 电子学报, 2010, 38(12): 2839-2845.

[105] 安道祥, 周智敏, 周智敏. 一种小型机载低频 UWB SAR 的三级运动补偿方法[J]. 电子学报, 2011, 39(12): 2776-2783.

[106] Torgrimsson J, Dammert P, Hellsten H, et al. Factorized geometrical autofocus for synthetic aperture radar processing[J]. IEEE Transactions on Geoscience and Remote Sensing, 2014, 52(10): 6674-6687.

[107] Abramowitz M, Stegun I A. Handbook of Mathematical Functions with Formulas, Graphs, and Mathematical Tables[M]. New York: Dover Publications, 1964.

[108] 宋鑫友, 张磊, 李涛, 等. 陆探一号干涉 SAR 在轨测试阶段基线精化与 DEM 精度分析[J]. 测绘学报, 2024, 53(10): 1920-1929.

[109] 李涛, 唐新明, 李世金, 等. L 波段差分干涉 SAR 卫星基础形变产品分类[J]. 测绘学报, 2023, 52(5): 769-779.

[110] Neil C R, Shaun Q, Jun S K, et al. Impacts of ionospheric scintillation on the BIOMASS P-band satellite SAR BIOMASS P-band satellite SAR[J]. IEEE Transactions on Geoscience and Remote Sensing, 2014, 52(3): 1856-1868.

[111] Berenger Z, Denis L, Tupin F, et al. Applying deep learning to P-band SAR tomographic imaging in preparation for the future biomass mission[C]. IEEE International Geoscience and Remote Sensing Symposium (IGARSS), Pasadena, 2023: 7758-7760.

第 4 章 机载双站低频 SAR 成像

双站 SAR 是指发射机和接收机分别位于不同搭载平台上的 SAR 系统,如星-机双站 SAR 系统、机-机双站 SAR 系统、机-地双站 SAR 系统等。搭载平台分置于不同的空间位置,因此可以对发射机和接收机进行灵活配置,且其工作时不但能接收地物目标的后向散射信息,还能接收地物目标的非后向散射信息,从而可实现非后向散射角度的 SAR 成像。与单站 SAR 成像相比,双站 SAR 成像具有很多独特优势,因此一经提出便受到研究者的关注,并得到了快速发展[1-6]。

机载双站低频 SAR 系统[7]是指将机载低频 SAR 成像技术和双站 SAR 成像技术相结合的一种雷达系统,同时继承了机载低频 SAR 和双站 SAR 的优势,具体表现为以下方面:

(1)系统构型配置灵活,安全性能高[8]。发射机和接收机分别位于不同的搭载平台,因此在军事应用中双站 SAR 系统通常采用远发近收的工作模式。发射机可以部署在相对安全的区域(远离被侦察区域),以提高其战场生存能力;接收机可以部署在相对危险的区域(靠近被侦察区域),接收机以无源方式工作(即静默工作),因此难以被敌方侦察和发现,从而避免受到反辐射导弹等武器的攻击,以保证其安全性。接收机不需要发射电磁波,因此其体积较小、重量较轻,可以安装在小型无人机平台上,以提高其战场生存能力。即使接收机被敌人发现和摧毁,也不会泄露整个 SAR 系统的核心技术,从而可以将损失降到最低。远发近收工作模式还可以有效降低发射机的发射功率,从而使其抗截获性能得到提高。因此,机载双站低频 SAR 系统具有良好的隐蔽性、抗干扰能力和抗截获能力。

(2)多方位观测,可获得目标非后向散射信息[8]。根据发射机、接收机和场景之间的空间位置关系,通过调整发收双站角可以对场景进行多方位观测,从而获得不同视角下的目标非后向散射信息。在军事应用中,隐身目标的后向散射信息通常很低,单站 SAR 系统观测难以获得隐身目标的图像;双站 SAR 系统多方位观测能获取隐身目标的非后向散射信息,从而可以通过成像处理获得隐身目标的图像,因此双站 SAR 系统能有效提高隐身目标的侦察能力。通过多方位观测、非后向散射信息获取、SAR 图像获得与融合使双站 SAR 系统能够获取更为丰富的目标信息,进而实现目标监测和识别。

(3)可实现前视(后视)成像[9-11]。单站 SAR 系统在搭载平台运动的正前方不能形成合成孔径,从而不能形成等距离线与等多普勒线的正交,且存在多普勒模糊问题,因此不能对搭载平台正前方区域的高分辨率成像[9]。双站 SAR 系统的发射机和接收机可以按各自的运动矢量独立运动，因此能够由发射平台形成合成孔径，而接收平台接收正前方的回波信号，从而实现前视成像或后视成像。在民用领域，前视成像可以实时监测飞行平台正前方的地貌和天气状况，以辅助飞行器起飞和降落。在军用领域，前视成像能够应用于导弹制导、战场侦察、目标识别和战斗机前视成像侦察等方面，有助于构建察打一体攻击系统。

(4) 提升叶簇/浅地表穿透能力[12-14]。机载双站低频 SAR 系统发射信号的波长较长，具有很强的叶簇/浅地表穿透能力，能够对叶簇覆盖目标或浅埋地表目标进行有效探测和高分辨率成像。通过选择合适的双站构型，能够减少穿透叶簇或浅地表电磁波的损耗，从而有效提高叶簇/浅地表穿透能力。因此，机载双站低频 SAR 系统能有效提高隐蔽目标的探测能力。

(5) 提高隐蔽目标的信杂比。对于单站 SAR 系统，树干杂波的 RCS 通常比较高，而对于不同收/发天线视角的机载双站低频 SAR 系统，树干杂波的 RCS 大幅度衰减[15,16]。当收/发天线视角发生变化时，树干散射特性将偏离最强的二面角散射区，从而导致树干杂波的 RCS 发生显著变化。然而，隐蔽目标(如坦克、卡车等)的尺寸通常与双站低频 SAR 系统的波长相当，因此这类目标的 RCS 变化幅度很小。利用上述特点，合理选择双站构型可以有效降低树干杂波的回波功率，从而提高丛林地带 SAR 图像中隐蔽目标的信杂比。此外，对于城市地区隐蔽目标的成像，建筑物墙角反射的能量可能会掩盖目标的信息，合理选择双站构型可以有效降低或避免这种掩盖效应，从而提高城市地区 SAR 图像中隐蔽目标的信杂比。因此，双站低频 SAR 系统能有效提高隐蔽目标的信杂比，进而增强隐蔽目标的检测能力。

综上所述，与传统单站低频 SAR 相比，双站低频 SAR 能够获取更加丰富的信息，且具有很强的抗干扰能力和隐蔽性好等优点，在军用领域和民用领域均具有广泛的应用前景。然而，要想实现高精度的双站低频 SAR 成像还面临许多问题：

(1) 发射机和接收机的同步问题。发射机和接收机分置于不同的搭载平台，因此双站低频 SAR 系统首先需要解决三大同步问题，即波束同步、时间同步和频率同步。近年来，国内外开展了大量的双站低频 SAR 试验，在一定程度上解决了三大同步问题。针对波束同步问题，可以采用严格的波位设计来实现波束同步，同时也可以采用复杂的波束追赶法来实现波束同步。针对时间同步和频率同步问题，可以采用高精度铷原子钟、跟踪直达波信号、基于 GPS 秒脉冲信号等算法来实现时间同步，同时也可以通过基于数据的自适应处理实现时间同步。然而，高分辨双站低频 SAR 系统的合成孔径时间比较长，因此对收/发的时频同步要求更高，实现起来更为复杂。

(2) 高精度成像处理问题。首先，双站低频 SAR 系统具有长合成孔径和大积累角的特点，导致接收的回波数据具有很强的距离方位耦合性；其次，双站低频

SAR 系统的双程斜距是由发射机、接收机和目标位置共同决定的,导致接收的回波数据具有很强的二维空变性,从而增加了高精度成像处理的难度。

(3)高精度运动补偿问题。首先,与传统的高频窄带双站 SAR 系统相比,相同的运动误差在双站低频 SAR 成像处理中对图像聚焦质量的影响更大;其次,双站低频 SAR 系统具有复杂的成像几何,使得其双程斜距比较复杂,从而导致其运动误差具有二维空变性,进而增加了高精度运动误差补偿的难度。

本章将围绕作者团队近些年开展的研究工作,重点介绍双站低频 SAR 成像技术,包括机载双站低频 SAR 成像几何、空间分辨率分析、成像算法等,并给出相应的试验结果,以供读者参考。本章内容安排如下:4.1 节给出机载双站低频 SAR 成像几何与回波信号模型;4.2 节分析机载双站低频 SAR 空间分辨率,并给出仿真试验结果;4.3 节介绍机载双站低频 SAR 成像算法;4.4 节给出机载双站低频 SAR 仿真和实测数据处理结果,以验证本章理论研究的正确性和有效性。

4.1　机载双站低频 SAR 成像几何与回波信号模型

4.1.1　机载双站低频 SAR 成像几何

一般而言,根据发射平台和接收平台的运动状态可将双站低频 SAR 系统的成像几何构型分为以下两类:

(1)移不变(translational invariant, TI)模式。TI 模式下的双站低频 SAR 系统在运动过程中,发射机和接收机的相对空间位置保持不变,从而具有稳定的基线和方位非移变(空变)特性。该模式下的回波数据处理较为简单,但是要求发射机和接收机的搭载平台必须以相同的速度矢量运动,从而极大地限制了系统的灵活性[17]。

(2)移变(translational variant, TV)模式。TV 模式下的双站低频 SAR 系统在运动过程中,发射机和接收机的相对空间位置是不断变化的,从而具有变化的基线和方位移变特性。该模式下的回波数据处理较为复杂,然而其优点是发射机和接收机的搭载平台可以按照各自不同的速度矢量运动,从而极大地提高了系统的灵活性[11]。

本章以 TV 模式中的一站固定式双站低频 SAR 系统为例,对其信号模型、空间分辨率以及成像处理等进行介绍。

一站固定式双站低频 SAR 成像几何构型示意图如图 4.1 所示。该系统包含一个运动雷达(机载发射机或接收机)和一个固定雷达(位于高台的接收机或发射机)。发射机向场景发射雷达信号,经场景目标发射后,使接收机接收场景目标的回波信号。为方便分析,假设运动雷达的运动轨迹为直线。固定雷达位于 $r_S =$

(x_S, y_S, z_S)，运动雷达以速度 v_M 沿平行于 Y 轴的直线轨迹运动，且运动雷达在慢时间 $t_a = 0$ 时刻的位置为 $r_M(0) = (x_M, y_M, z_M)$，则其在任意 t_a 时刻的位置为 $r_M(t_a) = (x_M, y_M + v_M \eta, z_M)$。设 P 点为场景中位于 $r_P = (x_P, y_P, 0)$ 的任意点目标（假设场景为地平面，所以点目标的高度为 0），则在 t_a 时刻，发射机发射雷达信号后，经点目标 P 反射后到达接收机的双程斜距历程为

$$R_B(t_a; r_P) = R_S(r_P) + R_M(t_a; r_P) \tag{4.1}$$

式中，$R_S(r_P)$ 为点目标 P 到固定雷达天线相位中心的距离；$R_M(t_a; r_P)$ 为 t_a 时刻点目标 P 到运动雷达天线相位中心的距离，即

$$R_S(r_P) = |r_P - r_S| = \sqrt{(x_P - x_S)^2 + (y_P - y_S)^2 + z_S^2} \tag{4.2}$$

$$\begin{aligned} R_M(t_a; r_P) &= |r_P - r_M(t_a)| \\ &= \sqrt{(x_P - x_M)^2 + (y_P - y_M - v_M t_a)^2 + z_M^2} \\ &= \sqrt{R_{M0}^2 + (y_P - y_M - v_M t_a)^2} \end{aligned} \tag{4.3}$$

式中，R_{M0} 为点目标 P 到运动雷达天线相位中心的最小距离，即

$$R_{M0} = \sqrt{(x_P - x_M)^2 + z_M^2} \tag{4.4}$$

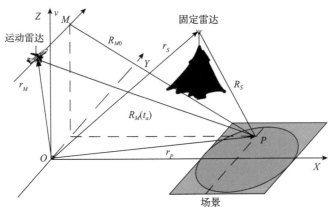

图 4.1　一站固定式双站低频 SAR 成像几何构型示意图

由式 (4.2) 和式 (4.3) 可知，对场景中的任意点目标 P 而言，距离 $R_M(t_a; r_P)$ 是随着慢时间 t_a 的变化而不断变化的，而距离 $R_S(r_P)$ 则与慢时间 t_a 无关，因此点目标 P 到收/发雷达的双程斜距历程的变化量仅与运动雷达的运动相关。

因此，t_a 时刻发射信号经点目标 P 反射后到达接收机所经历的时延为

$$\tau_d = \frac{R_B\left(t_a; r_P\right)}{c} \tag{4.5}$$

式中，c 为电磁波传播速度。

4.1.2　机载双站低频 SAR 回波信号模型

假设一站固定式双站低频 SAR 系统的发射信号为一连串的线性调频脉冲信号，即

$$f\left(\tau\right) = \sum_{n=1}^{N} p\left(\tau - nT\right) \tag{4.6}$$

式中，τ 为快时间；N 为发射信号包含的总脉冲数；T 为脉冲重复周期。

线性调频信号 $p(\tau)$ 为

$$p\left(\tau\right) = \mathrm{rect}\left(\frac{\tau}{T_P}\right)\exp\left(\mathrm{j}2\pi f_c\tau + \mathrm{j}\pi\kappa\tau^2\right) \tag{4.7}$$

式中，T_P 为发射脉冲的持续时间（即脉宽）；f_c 为发射信号的载波频率；κ 为距离向调频率；$\mathrm{rect}(\cdot)$ 为矩形窗函数，即

$$\mathrm{rect}\left(\frac{\tau}{T_P}\right) = \begin{cases} 1, & |\tau| \leqslant T_P/2 \\ 0, & \text{其他} \end{cases} \tag{4.8}$$

设发射信号经过场景中任意点目标 P 散射后，到达接收天线的点目标回波信号为

$$\begin{aligned} s_r\left(\tau; r_P\right) &= \sigma_P w\left(\tau; r_P\right) f\left(\tau - \tau_d\right) \\ &= \sigma_P w\left(\tau; r_P\right) \sum_{n=1}^{N} p\left[\tau - nT - R_B\left(t_a; r_P\right)/c\right] \end{aligned} \tag{4.9}$$

式中，σ_P 为点目标 P 的雷达散射截面积；$w\left(\tau; r_P\right)$ 为天线调制因子。因此，点目标 P 的回波信号可以表示为发射信号的时延与点目标雷达散射截面积 σ_P 以及天线调制因子 $w\left(\tau; r_P\right)$ 的乘积。

将式(4.7)代入式(4.9)，可得

$$s_r(\tau;r_P) = \sigma_P w(\tau;r_P) \sum_{n=1}^{N} \mathrm{rect}\left(\frac{\tau - nT - R_B(t_a;r_P)/c}{T_P}\right)$$
$$\cdot \exp\left[j2\pi f_c(\tau - nT - R_B(t_a;r_P)/c)\right] \tag{4.10}$$
$$\cdot \exp\left[j\pi\kappa(\tau - nT - R_B(t_a;r_P)/c)^2\right]$$

与单站 SAR 系统相似，由于雷达运动的速度远小于电磁波传播的速度，"走-停-走"的假设同样适用于双站 SAR 系统。换句话说，假设在一个脉宽时间内，发射信号传播时收/发雷达的天线是静止不动的，只有当接收机接收到回波信号后，收/发雷达才运动到下一个位置，因此可以认为 $w(\tau,r_P)$ 在一个脉宽时间内变化很小，可以用慢时间 $t_a = nT$ 来刻画其变化。再令 $\tau \underset{\mathrm{def}}{=} \tau - nT$ 为快时间，用来表示发射信号在一个脉宽时间内的变化。根据该假设，回波信号可以用两个独立变量（快时间与慢时间）来表示，则式(4.10)可以改写为

$$s_r(\tau,t_a;r_P) = \sigma_P w(t_a;r_P) \mathrm{rect}\left(\frac{\tau - R_B(t_a;r_P)/c}{T_P}\right)$$
$$\cdot \exp\left[j2\pi f_c(\tau - R_B(t_a;r_P)/c)\right]\exp\left[j\pi\kappa(\tau - R_B(t_a;r_P)/c)^2\right] \tag{4.11}$$

通过正交解调后，接收的点目标的回波信号为

$$s_r(\tau,t_a;r_P) = \sigma_P w(t_a;r_P) \mathrm{rect}\left(\frac{\tau - R_B(t_a;r_P)/c}{T_P}\right)$$
$$\cdot \exp\left[j\pi\kappa(\tau - R_B(t_a;r_P)/c)^2\right]\exp\left[-j2\pi f_c R_B(t_a;r_P)/c\right] \tag{4.12}$$

式(4.12)即为一站固定式双站低频 SAR 系统点目标回波信号的数学模型。需要说明的是，后面的许多结论均是基于式(4.12)推导得到的。

在实际的 SAR 成像过程中，场景一般由若干个点目标组成，所以一站固定式双站低频 SAR 系统的场景回波信号是由场景中所有点目标的回波信号叠加组成的，即

$$s(\tau,t_a) = \int s_r(\tau,t_a;r_P)\mathrm{d}r_P \tag{4.13}$$

设 $h(\tau,t_a;r_P) = s_r(\tau,t_a;r_P)/\sigma_P$，$H(f_r,f_a;r_P)$ 为其对应的二维频谱，其中 f_r 为距离向频率，f_a 为方位向频率，则将式(4.13)进行二维傅里叶变换后，可得

$$S(f_r,f_a) = \int H(f_r,f_a;r_P)\sigma_P\mathrm{d}r_P \tag{4.14}$$

SAR 成像过程就是从接收信号中恢复雷达散射截面积 σ_P 的过程。该过程体现在式(4.15)中，即已知 $S(f_r,f_a)$，通过构造滤波函数 $H(f_r,f_a;r_P)$ 来求解雷达散射截面积 σ_P，令 $\hat{\sigma}_P$ 表示 σ_P 的求解值，即

$$\hat{\sigma}_P = \iint S(f_r,f_a)H^*(f_r,f_a;r_P)\mathrm{d}f_r\mathrm{d}f_a \tag{4.15}$$

由式(4.15)可知，SAR 成像过程可认为是一个二维匹配滤波处理过程，但是在双站 SAR 成像过程中，不仅 $H(f_r,f_a;r_P)$ 难以构造，而且需要对每个像素点进行二维积分，运算量极大。因此，需要寻求上述积分的快速算法，这将在后续内容中进行讨论。

在单站 SAR 系统中，通常采用 POSP 来求解点目标回波频谱的解析表达式。对于一站固定式双站低频 SAR 系统，其多普勒频率仅由运动雷达与点目标的相对运动决定，这与单站 SAR 系统是一致的，因此同样可以应用 POSP 来求解点目标回波的频谱表达式。

首先，对点目标回波信号 $s_r(\tau,t_a;r_P)$ 进行距离向傅里叶变换，即

$$\mathrm{Ss}_r(f_r,t_a;r_P) = \int s_r(\tau,t_a;r_P)\mathrm{e}^{-\mathrm{j}2\pi f_r\tau}\mathrm{d}\tau \tag{4.16}$$

由 POSP 可知，对于距离向频率 f_r 的任意值，式(4.16)中的积分只有在驻定相位点附近才显著不为零。将式(4.12)代入式(4.16)，则式(4.16)中与 τ 相关的相位为

$$\theta_1(\tau) = \pi\kappa\left[\tau - \frac{R_B(t_a;r_P)}{c}\right]^2 - 2\pi f_r\tau \tag{4.17}$$

然后，令 $\theta_1(\tau)$ 关于 τ 的导数为零，则可计算出其驻定相位点为

$$\tau = \frac{f_r}{\kappa} + \frac{R_B(t_a;r_P)}{c} \tag{4.18}$$

将式(4.18)代入式(4.16)中，并且忽略调制因子的影响，整理化简可得到回波信号的距离向傅里叶变换结果为

$$\mathrm{Ss}_r(f_r,t_a;r_P) = \sigma_P\mathrm{rect}\left(\frac{f_r}{\kappa}\right)\exp\left(-\mathrm{j}\pi\frac{f_r^2}{\kappa}\right)\exp\left[-\mathrm{j}2\pi(f_c+f_r)\frac{R_B(t_a;r_P)}{c}\right] \tag{4.19}$$

再对式(4.19)进行方位向傅里叶变换，可得

$$\mathrm{SS}_r\left(f_r,f_a;r_P\right) = \int \mathrm{Ss}_r\left(f_r,t_a;r_P\right)\mathrm{e}^{-\mathrm{j}2\pi f_a t_a}\mathrm{d}t_a \tag{4.20}$$

将式(4.1)~式(4.4)中的双程斜距历程代入式(4.20)，可得到式(4.20)中与 t_a 相关的相位为

$$\theta_2(t_a) = -\frac{2\pi\left(f_c+f_r\right)}{c}\left[\sqrt{R_{M0}^2+\left(y_P-y_M-v_M t_a\right)^2}\right] - 2\pi f_a t_a \tag{4.21}$$

同样，由 POSP 可知，对 $\theta_2(t_a)$ 求解关于 t_a 的一阶导数并令导数为零，可得

$$f_a = \frac{v_M\left(f_c+f_r\right)\left(y_P-y_M-v_M t_a\right)}{c\sqrt{R_{M0}^2+\left(y_P-y_M-v_M t_a\right)^2}} \tag{4.22}$$

从而解得驻定相位点为

$$t_a^* = -\frac{cf_a R_{M0}}{v_M\sqrt{\left(f_c+f_r\right)^2 v_M^2 - c^2 f_a^2}} + \frac{y_P-y_M}{v_M} \tag{4.23}$$

将式(4.23)代入式(4.20)，整理后可得点目标回波信号的二维频谱为

$$\begin{aligned}
\mathrm{SS}_r\left(f_r,f_a;r_P\right) &= \sigma_P\mathrm{rect}\left(\frac{f_r}{\kappa}\right)\exp\left(-\mathrm{j}\pi\frac{f_r^2}{\kappa} - \mathrm{j}2\pi f_a\frac{y_P-y_M}{v_M}\right)\\
&\cdot \exp\left\{-\mathrm{j}2\pi\frac{f_c+f_r}{c}\left[R_{M0}\sqrt{1-\frac{c^2 f_a^2}{\left(f_c+f_r\right)^2 v_M^2}} + R_M\left(r_P\right)\right]\right\}
\end{aligned} \tag{4.24}$$

用符号 $D_{2\mathrm{df}}\left(f_r,f_a\right)$ 表示式(4.24)中的根号项，即

$$D_{2\mathrm{df}}\left(f_r,f_a\right) = \sqrt{1-\frac{c^2 f_a^2}{\left(f_c+f_r\right)^2 v_M^2}} \tag{4.25}$$

将式(4.22)代入式(4.25)中，经化简可得

$$D_{2\mathrm{df}}\left(f_r,f_a\right) = \frac{R_{M0}}{\sqrt{R_{M0}^2+\left(y_P-y_M-v_M t_a\right)^2}} \tag{4.26}$$

由式(4.26)可见，与单站 SAR 相似，$D_{2\mathrm{df}}\left(f_r,f_a\right)$ 就是方位时刻为 t_a 时运动雷达斜视角的余弦值。如果将式(4.24)中的根号项进行重写，则可得

$$\mathrm{SS}_r\left(f_r, f_a; r_P\right) = \sigma_P \mathrm{rect}\left(\frac{f_r}{\kappa}\right) \exp\left(-\mathrm{j}\pi \frac{f_r^2}{\kappa}\right) \exp\left(-\mathrm{j}2\pi f_a \frac{y_P - y_M}{v_M}\right)$$

$$\cdot \exp\left[-\mathrm{j}2\pi \frac{f_c + f_r}{c} R_M\left(r_P\right)\right] \exp\left[-\mathrm{j}2\pi \frac{R_{M0} f_c}{c} \sqrt{D^2\left(f_a\right) + \frac{f_r^2}{f_c^2} + 2\frac{f_r}{f_c}}\right]$$

$$(4.27)$$

式中

$$D\left(f_a\right) = \sqrt{1 - \frac{c^2 f_a^2}{v_M^2 f_c^2}} \tag{4.28}$$

式 (4.27) 中，第一个指数项代表线性调频脉冲频谱；第二个指数项包含点目标 P 的方位向信息；第三个指数项包含由斜距 $R_M\left(r_P\right)$ 导致的距离向偏移信息；第四个指数项是距离方位耦合项，该项在一站固定式双站低频 SAR 成像中具有十分重要的意义，因为几乎所有的频域成像算法都是基于对此项进行解耦建立的。式 (4.24) 和式 (4.27) 均表示点目标回波信号的二维频谱，以上推导中除了应用 POSP 以外未用到任何近似，因此两式都可视为对信号频谱的精确表达。

4.2　机载双站低频 SAR 空间分辨率分析

空间分辨率是衡量图像质量的重要指标之一，用于表示区分图像中相邻目标的能力，尤其是在一维或多维方向上区分具有相近幅度的两个目标，如 X 轴方向和 Y 轴方向。因此，空间分辨率对图像的分类和识别有重要影响。空间分辨率也是衡量 SAR 系统性能重要的指标之一，主要由雷达系统信号带宽、雷达系统与目标之间的相对运动决定。在天线波束指向保持不变的单站 SAR（条带 SAR）系统中，距离向分辨率的大小仅与发射信号带宽有关；方位向分辨率的大小仅与方位向积累角有关，旁瓣方向则由雷达的运动方向和天线波束指向共同决定。收/发雷达分置导致双站 SAR 系统的几何构型更为复杂，从而使得其空间分辨率特性比单站 SAR 系统复杂得多。与单站 SAR 系统相比，双站 SAR 系统的空间分辨率还与其空间几何关系密切相关。

目前，许多国内外学者从不同角度研究了双站 SAR 系统的空间分辨率特性，并给出了距离向分辨率和方位向分辨率的数学表达式。现有的空间分辨率分析算法主要包括梯度法[18,19]、回波数据频谱（波数）支撑域法[20-26]和模糊函数法[27]。Cardillo[18]将梯度法扩展应用到双站 SAR 系统的空间分辨率分析中，Moccia 等[19]利用梯度法推导了基于双站 SAR 系统空间几何关系的空间分辨率，并比较了不同分辨率分析算法的优点和缺点。梯度法的应用有一个前提条件：假设距离向时延的梯度和方位向多普勒的梯度在方位向积累时间内不变，即回波数据频谱的形状可以近似为平行四边形。因此，梯度法常用于分析方位向积累角较小的双站 SAR 系统的空间分辨率，这是因为其在空间分辨率分析过程中没有考虑回波数据频谱的耦合性。文献[20]和[21]利用回波数据频谱支撑域法在理论上推导了双站 SAR 系统空间分辨率的非解析表达式，文献[22]～[26]在不考虑回波数据频谱耦合性的情况下，利用回波数据频谱支撑域法分析了双站 SAR 系统的空间分辨率。文献[27]～[30]从模糊函数的角度和基于广义的双站 SAR 系统几何模型，推导了双站 SAR 系统的空间分辨率的解析表达式，但是其只适用于窄波束和窄带双站 SAR 系统的空间分辨率分析。

对于一站固定式双站低频 SAR 系统，由于其合成孔径长，方位向积累角大，回波数据频谱支撑域法作为分辨率分析算法比较可靠。因此，本节采用回波数据频谱支撑域法来分析一站固定式双站低频 SAR 系统的空间分辨率[31,32]，以期对系统设计、飞行试验、图像特性分析等提供理论依据。

4.2.1 空间波数分析

一站固定式双站低频 SAR 系统空间波数示意图如图 4.2 所示。平行于 Y 轴的虚直线 l_1 表示运动雷达的理想航迹，实曲线表示运动雷达的实际航迹，μ_M 为运动雷达的飞行速度。在 t_a 时刻，运动雷达的位置为 $r_M(t_a) = (x_M(t_a), y_M(t_a), z_M(t_a))$，固定雷达的位置为 $r_S = (x_S, 0, z_S)$。假设 P 为场景中的任意点目标，且位于 $r_P = (x_P, y_P, 0)$。平行于 Y 轴的虚直线 l_2 经过点目标 P。P_M 和 P_S 分别为 t_a 时刻运动雷达和固定雷达在虚直线 l_2 上的投影，且它们的投影位置分别为 r_{PM} 和 r_{PS}。t_a 时刻，运动雷达和固定雷达到点目标 P 的距离分别为 $R_M(t_a, r_P)$ 和 $R_S(r_P)$。t_a 时刻，运动雷达和固定雷达相对于点目标 P 的俯仰角分别为 μ_M 和 μ_S，而运动雷达和固定雷达相对于点目标 P 的斜视角分别为 θ_M 和 θ_S，且它们在 X-Y 平面的投影分别为 θ_{Mg} 和 θ_{Sg}。t_a 时刻，α_M 和 α_S 分别为运动雷达和固定雷达相对于点目标 P 的侧视角。因此，上述各角度的定义为

$$
\begin{cases}
\mu_M = \arccos\left[z_M(t_a) / |r_P - r_M(t_a)| \right] \\
\mu_S = \arccos\left(z_S / |r_P - r_S| \right) \\
\theta_M = \arcsin\left\{ \left[y_P - y_M(t_a) \right] / |r_P - r_M(t_a)| \right\} \\
\theta_S = \arcsin\left(y_P / |r_P - r_S| \right) \\
\alpha_M = \arcsin\left\{ \left[x_P - x_M(t_a) \right] / |r_{PM} - r_M(t_a)| \right\} \\
\alpha_S = \arcsin\left[(x_P - x_S) / |r_{PS} - r_S| \right]
\end{cases}
\tag{4.29}
$$

在实际的一站固定式双站低频 SAR 系统中，假设运动雷达和固定雷达的高度均大于场景的高度。因此，俯仰角 μ_M 和 μ_S 的取值范围为 $[0, \pi/2]$。另外，假设运动雷达和固定雷达相对于场景均为右侧视，则侧视角 α_M 和 α_S 的取值范围为 $[0, \pi/2]$，而斜视角 θ_M 和 θ_S 的取值范围为 $[-\pi/2, \pi/2]$。因此，t_a 时刻运动雷达和固定雷达到点目标 P 的双程斜距为

$$R(t_a, r_P) = R_M(t_a, r_P) + R_S(r_P) = |r_P - r_M(t_a)| + |r_P - r_S| \tag{4.30}$$

同样，设 $r = (x, y, z)$ 为场景中任意采样点的位置，则 t_a 时刻运动雷达和固定雷达到采样点 r 的双程斜距为

$$R(t_a, r) = R_M(t_a, r) + R_S(r) = |r - r_M(t_a)| + |r - r_S| \tag{4.31}$$

式中，$R_M(t_a, r)$ 和 $R_S(r)$ 分别为 t_a 时刻运动雷达和固定雷达到采样点 r 的距离。

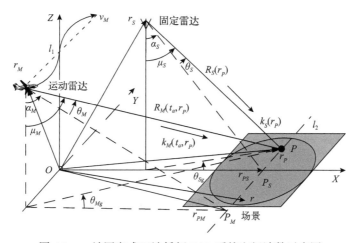

图 4.2　一站固定式双站低频 SAR 系统空间波数示意图

一个线性 SAR 系统可以采用系统脉冲响应函数或者系统传输函数的傅里叶变换来描述。系统传输函数的波数域支撑非常重要，因为它决定了 SAR 系统可能最优的空间分辨率。为了分析一站固定式双站低频 SAR 系统的空间分辨率，首先需要分析其空间波数。

设 $k_r = 2\pi f/c$ 是与发射信号频率 f 相对应的波数，最大波数和最小波数分别为 $k_{r,\max} = 2\pi(f_c + B/2)/c$ 和 $k_{r,\min} = 2\pi(f_c - B/2)/c$，中心波数为 $k_c = 2\pi f_c/c$，其中 B 为发射信号带宽。t_a 时刻，运动雷达和固定雷达到点目标 P 的波数向量分别为 $k_M(t_a, r_P)$ 和 $k_S(r_P)$，即

$$\begin{cases} k_M\left(t_a, r_P\right) = k_r \dfrac{R_M\left(t_a, r_P\right)}{\left|R_M\left(t_a, r_P\right)\right|} \\[3mm] k_S\left(r_P\right) = k_r \dfrac{R_S\left(r_P\right)}{\left|R_S\left(r_P\right)\right|} \end{cases} \tag{4.32}$$

式中，$R_M\left(t_a, r_P\right)/\left|R_M\left(t_a, r_P\right)\right|$ 表示 t_a 时刻运动雷达指向点目标 P 的单位向量；$R_S\left(r_P\right)/\left|R_S\left(r_P\right)\right|$ 表示固定雷达指向点目标 P 的单位向量。

同样，设 t_a 时刻运动雷达和固定雷达到采样点 r 的波数向量分别为 $k_M\left(t_a, r\right)$ 和 $k_S(r)$，即

$$\begin{cases} k_M\left(t_a, r\right) = k_r \dfrac{R_M\left(t_a, r\right)}{\left|R_M\left(t_a, r\right)\right|} \\[3mm] k_S(r) = k_r \dfrac{R_S(r)}{\left|R_S(r)\right|} \end{cases} \tag{4.33}$$

式中，$R_M\left(t_a, r\right)/\left|R_M\left(t_a, r\right)\right|$ 表示 t_a 时刻运动雷达指向采样点 r 的单位向量；$R_S(r)/\left|R_S(r)\right|$ 表示固定雷达指向采样点 r 的单位向量。为了便于推导，令 $k_M = \left|k_M\left(t_a, r_P\right)\right| = \left|k_M\left(t_a, r\right)\right| = k_r$ 和 $k_S = \left|k_S\left(r_P\right)\right| = \left|k_S(r)\right| = k_r$。

假设雷达发射信号为 $p(\tau)$，经正交解调后，点目标 P 的回波信号为

$$\begin{aligned} s(\tau, t_a) &= \sigma_P\, p\!\left[\tau - \frac{R(t_a, r_P)}{c}\right] \exp\left\{-\mathrm{j}\!\left[k_{Mc} R_M\left(t_a, r_P\right) + k_{Sc} R_S\left(r_P\right)\right]\right\} \\ &= \sigma_P\, p\!\left[\tau - \frac{R(t_a, r_P)}{c}\right] \exp\left[-\mathrm{j} k_c R(t_a, r_P)\right] \end{aligned} \tag{4.34}$$

式中，σ_P 为点目标 P 的雷达散射截面积；k_{Mc} 和 k_{Sc} 分别为与 k_M 和 k_S 对应的中心波数。

因此，经距离向压缩后，点目标 P 的回波信号变为

$$s_{rc}(\tau, t_a) = \sigma_P\, p_{rc}\!\left\{B\!\left[\tau - \frac{R(t_a, r_P)}{c}\right]\right\} \exp\left[-\mathrm{j} k_c R(t_a, r_P)\right] \tag{4.35}$$

式中，$p_{rc}\{\}$ 为距离向压缩信号的包络。

BPA 可以视为将距离向压缩后的雷达回波信号直接变换为 SAR 图像的过程。本节中，假设利用 BPA 对场景回波信号进行成像处理，则获得的一站固定式双站低频 SAR 图像中采样点 r 处的值为

$$
\begin{aligned}
I(r) &= \int_{t_{ac}-T_a/2}^{t_{ac}+T_a/2} s_{rc}\left[\frac{R(t_a,r)}{c},t_a\right]\exp\left\{j\left[k_{Mc}R_M(t_a,r)+k_{Sc}R_S(t_a,r)\right]\right\}dt_a \\
&= \int_{t_{ac}-T_a/2}^{t_{ac}+T_a/2}\sigma_P p_r\left\{B\left[\frac{R(t_a,r)-R(t_a,r_P)}{c}\right]\right\}\exp\left\{jk_c\left[R(t_a,r)-R(t_a,r_P)\right]\right\}dt_a
\end{aligned}
$$

$$(4.36)$$

式中，t_{ac} 为运动雷达的合成孔径中心时间；t_a 为点目标 P 相对于运动雷达的积累时间。

对于 SAR 远场成像处理，假设平面波是有效的。考虑一站固定式双站低频 SAR 图像中点目标 P 邻近处（采样点 r ）的脉冲响应，式(4.30)和式(4.31)可以分别改写为

$$
\begin{aligned}
R(t_a,r_P) &= \frac{\left[r_P-r_M(t_a)\right]\cdot k_M(t_a,r_P)}{|k_M(t_a,r_P)|}+\frac{(r_P-r_S)\cdot k_S(r_P)}{|k_S(r_P)|} \\
&= \frac{\left[k_M(t_a,r_P)+k_S(r_P)\right]\cdot r_P-k_M(t_a,r_P)\cdot r_M(t_a)-k_S(r_P)\cdot r_S}{k_r}
\end{aligned}
$$

$$(4.37)$$

和

$$
\begin{aligned}
R(t_a,r) &= \frac{\left[r-r_M(t_a)\right]\cdot k_M(t_a,r)}{|k_M(t_a,r)|}+\frac{(r-r_S)\cdot k_S(r)}{|k_S(r)|} \\
&= \frac{\left[k_M(t_a,r)+k_S(r)\right]\cdot r-k_M(t_a,r)\cdot r_M(t_a)-k_S(r)\cdot r_S}{k_r}
\end{aligned}
$$

$$(4.38)$$

由文献[33]可知，对于远场景 SAR 成像系统，由于采样点 r 位于点目标 P 邻近处，所以 $k_M(t_a,r)\approx k_M(t_a,r_P)$ 和 $k_S(r)\approx k_S(r_P)$ 成立。因此，可得

$$
R(t_a,r)-R(t_a,r_P)\approx\frac{\left[k_M(t_a,r)+k_S(r)\right]\cdot(r-r_P)}{k_r}
$$

$$(4.39)$$

将式(4.39)代入式(4.36)，则式(4.36)可以近似为[33]

$$
\begin{aligned}
I(r) &\approx \int_{t_{ac}-T_a/2}^{t_{ac}+T_a/2}\sigma_P p_{rc}\left(\frac{B\left\{\left[k_M(t_a,r_P)+k_S(r_P)\right]\cdot(r-r_P)\right\}}{\omega}\right) \\
&\quad \cdot\exp\left\{\frac{j\omega_c\left[k_M(t_a,r_P)+k_S(r_P)\right]\cdot(r-r_P)}{\omega}\right\}dt_a
\end{aligned}
$$

$$(4.40)$$

式中，ω 为波数 k_r 对应的角频率，即 $\omega=k_r c$ ；ω_c 为中心角频率。

此外，式 (4.40) 还可以表示为发射信号 $p(\tau)$ 的傅里叶变换 $P(\omega)$，即[33]

$$I(r) \approx \frac{1}{2\pi} \iint P(\omega) \exp\left(j\left\{\left[k_M(t_a, r_P) + k_S(r_P)\right] \cdot (r - r_P)\right\}\right) dt_a d\omega \qquad (4.41)$$

因此，式 (4.41) 的傅里叶变换可以计算为[33]

$$
\begin{aligned}
H(k_B) &= \int I(r) \exp\left[-j(k_B \cdot r)\right] dr \\
&\approx \frac{\exp(-jk_B \cdot r_P)}{2\pi} \iiint P(\omega) \exp\left(-j\left\{\left[k_B - k_M(t_a, r_P) - k_S(r_P)\right] \cdot r\right\}\right) dt_a d\omega dr \\
&\approx \frac{\exp(-jk_B \cdot r_P)}{2\pi} \iint P(\omega) F(k_B, t_a) dt_a d\omega
\end{aligned}
$$

$$(4.42)$$

式中，k_B 为运动雷达和固定雷达到点目标 P 的总波数向量；$H(k_B)$ 为一站固定式双站低频 SAR 系统的传输函数，即

$$F(k_B, t_a) = \int \exp\left(-j\left\{\left[k_B - k_M(t_a, r_P) - k_S(r_P)\right] \cdot r\right\}\right) dr \qquad (4.43)$$

当且仅当满足 $k_B = k_M(t_a, r_P) + k_S(r_P)$ 时，式 (4.43) 才不为零。式 (4.42) 和式 (4.43) 表示一站固定式双站低频 SAR 图像谱 $H(k_B)$ 在波数域中的支撑是由波数 $k_M(t_a, r_P) + k_S(r_P)$ 决定的，而对于其他的采样点，图像谱近似为零。根据图 4.2 中的一站固定式双站低频 SAR 系统空间波数示意图，波数向量 k_B 在 X 轴和 Y 轴方向的分量分别为

$$
\begin{cases}
k_{Mg} = k_M \sin\mu_M = k_r \sin\mu_M \\
k_{Sg} = k_S \sin\mu_S = k_r \sin\mu_S \\
k_y = k_{Mg} \sin\theta_{Mg} + k_{Sg} \sin\theta_{Sg} \\
\quad = k_r \left(\sin\mu_M \sin\theta_{Mg} + \sin\mu_S \sin\theta_{Sg}\right) \\
k_x = k_{Mg} \cos\theta_{Mg} + k_{Sg} \cos\theta_{Sg} \\
\quad = k_r \left(\sin\mu_M \cos\theta_{Mg} + \sin\mu_S \cos\theta_{Sg}\right)
\end{cases} \qquad (4.44)
$$

式中，k_{Mg} 和 k_{Sg} 分别为波数 k_M 和 k_S 在 X-Y 平面上的投影；k_x 和 k_y 分别为 X 轴和 Y 轴方向对应的波数。假设 θ_{Mc} 为运动雷达在零多普勒位置对应的斜视角，$\phi_H \in [0, \pi/2]$ 为运动雷达积累角的 $1/2$。θ_{Mgc} 和 θ_{Sg} 分别为雷达斜视角 θ_{Mc} 和 θ_S 在 X-Y 平面上的投影。假设双站低频 SAR 系统是完全同步的，为了简化分析，可以认为运动雷达的积累角与天线波束角相同。

4.2.2　空间分辨率分析

为简化分析，本节只讨论运动雷达正侧视下场景中心点目标 $r_P = (0,0,0)$ 的空间分辨率。由于 $\theta_{Mc} = \theta_S = 0$，所以场景中心点目标的波数向量在 X 轴和 Y 轴方向的分量分别为

$$\begin{cases} k_y = k_r \sin \mu_M \sin \theta_{Mg} \\ k_x = k_r \left(\sin \mu_M \cos \theta_{Mg} + \sin \mu_S \right) \end{cases}, \quad -\phi_{Hg} \leqslant \theta_{Mg} \leqslant \phi_{Hg} \tag{4.45}$$

式中，ϕ_{Hg} 为半积累角 ϕ_H 在 X-Y 平面的投影。

图 4.3 给出了场景中心点目标回波数据的二维波数域支撑，是三维波数域支撑在 k_x - k_y 平面的投影。由图 4.3 可知，固定雷达提供了一个方向不变的波数向量，而运动雷达提供了一个方向变化的波数向量。对于大相对带宽和大积累角的双站低频 SAR，场景中心点目标回波数据的二维波数域支撑比单站低频 SAR 回波数据的二维波数域支撑更为复杂，波数分量 k_x 和 k_y 之间的耦合非常严重。因此，矩形不能很好地近似表示双站低频 SAR 场景中心点目标回波数据的二维波数域支撑。如果利用矩形表示双站低频 SAR 场景中心点目标回波数据的二维波数域支撑，将会产生很大误差。

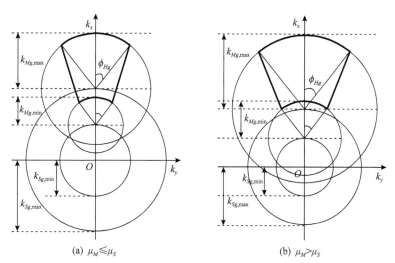

(a) $\mu_M \leqslant \mu_S$　　　　　　　　(b) $\mu_M > \mu_S$

图 4.3　场景中心点目标回波数据的二维波数域支撑(加粗线标注的是二维波数域支撑)

为了计算场景中心点目标的 X 轴方向分辨率 ρ_x，需要计算场景中心点目标回波数据二维波数域支撑在 X 轴方向的宽度[34,35]。由图 4.3 可知，X 轴方向的波数为

$$k_x = k_S \sin \alpha_S + k_M \cos \phi \sin \alpha_M, \quad -\phi_H \leqslant \phi \leqslant \phi_H \tag{4.46}$$

则波数 k_x 的最大值和最小值分别为

$$\begin{cases} k_{x,\max} = k_{r,\max} \sin \alpha_S + k_{r,\max} \sin \alpha_M \\ k_{x,\min} = k_{r,\min} \sin \alpha_S + k_{r,\min} \cos \phi_H \sin \alpha_M \end{cases} \tag{4.47}$$

由此可得，二维波数域支撑在 X 轴方向的最大宽度为

$$\begin{aligned} W_{k_x} &= k_{x,\max} - k_{x,\min} \\ &= \left(k_{r,\max} - k_{r,\min} \cos \phi_H \right) \sin \alpha_M + \left(k_{r,\max} - k_{r,\min} \right) \sin \alpha_S \end{aligned} \tag{4.48}$$

进而场景中心点目标的 X 轴方向最优分辨率可以计算为

$$\rho_x = \frac{2\pi}{W_{kx}} = \frac{\lambda_c}{B_r \sin \alpha_S + \left[(1 + B_r/2) - (1 - B_r/2) \cos \phi_H \right] \sin \alpha_M} \tag{4.49}$$

式中，λ_c 为发射信号中心频率 f_c 对应的中心波长；B_r 为发射信号相对带宽（带宽和中心频率之比），即 $B_r = B/f_c$。由式(4.49)可知，X 轴方向最优分辨率 ρ_x 与中心波长 λ_c、相对带宽 B_r、半积累角 ϕ_H 以及侧视角 α_M 和 α_S 密切相关。

同样，为了计算场景中心点目标的 Y 轴方向分辨率 ρ_y，需要计算场景中心点目标回波数据二维波数域支撑在 Y 轴方向的宽度[34,35]。由图 4.2 可知，Y 轴方向的波数为

$$k_y = k_M \sin \phi, \quad -\phi_H \leqslant \phi \leqslant \phi_H \tag{4.50}$$

则波数 k_y 的最大值和最小值分别为

$$\begin{cases} k_{y,\max} = k_{r,\max} \sin \phi_H \\ k_{y,\min} = -k_{r,\max} \sin \phi_H \end{cases} \tag{4.51}$$

因此，二维波数域支撑在 Y 轴方向的最大宽度为

$$\begin{aligned} W_{ky} &= k_{y,\max} - k_{y,\min} \\ &= 2k_{r,\max} \sin \phi_H \end{aligned} \tag{4.52}$$

场景中心点目标的 Y 轴方向最优分辨率可以计算为

$$\rho_y = \frac{2\pi}{W_{ky}} = \frac{\lambda_c}{(2 + B_r) \sin \phi_H} \tag{4.53}$$

由式(4.53)可知，最优分辨率 ρ_y 与中心波长 λ_c、相对带宽 B_r 和半积累角 ϕ_H 密切

相关。

此外，如果雷达天线方位图是全方位的，则运动雷达对场景目标的观察角 (积累角) 达到最大，即 $2\phi_H = \pi$。对于窄带双站 SAR 系统，假设 $f_c \gg B/2$ 时雷达系统带宽可以忽略，则式 (4.53) 中的分辨率 ρ_y 可进一步简化为

$$\rho_y = \lambda_c/2 \tag{4.54}$$

由式 (4.54) 可知，与单站 SAR 系统的极限分辨率 (1/4 波长) 相比，一站固定式双站低频 SAR 系统的极限分辨率为 1/2 波长 (半波长)，与衍射极限是一致的，而且与场景目标所处的位置无关。

为了与传统窄波束或窄带一站固定式双站低频 SAR 的二维分辨率相比，本节接下来分析场景中心点目标的分辨率缩窄/展宽比 (narrowing/broadening factor, NBF)，即所提二维分辨率与传统二维分辨率之比。

对于信号相对带宽和方位向积累角比较小的传统一站固定式双站低频 SAR 系统，场景中心点目标回波数据的二维波数域支撑可以近似表示为

$$\begin{cases} k_{x,\max} \approx k_{r,\max} \sin\alpha_S + k_{r,\max} \sin\alpha_M \\ k_{x,\min} \approx k_{r,\min} \sin\alpha_S + k_{r,\max} \sin\alpha_M \end{cases} \tag{4.55}$$

和

$$\begin{cases} k_{y,\max} \approx k_c \sin\phi_H \\ k_{y,\min} \approx -k_c \sin\phi_H \end{cases} \tag{4.56}$$

因此，传统一站固定式双站低频 SAR 系统中场景中心点目标的 X 轴和 Y 轴方向的分辨率可以分别计算为

$$\begin{cases} \rho_{x,\text{traditional}} = \dfrac{2\pi}{k_{x,\max} - k_{x,\min}} = \dfrac{\lambda_c}{B_r\left(\sin\alpha_S + \sin\alpha_M\right)} \\ \rho_{y,\text{traditional}} = \dfrac{2\pi}{k_{y,\max} - k_{y,\min}} = \dfrac{\lambda_c}{2\sin\phi_H} \end{cases} \tag{4.57}$$

从式 (4.57) 可以发现，假设半积累角 $\phi_H \to 0$ 成立，则传统分辨率 $\rho_{x,\text{traditional}}$ 可看作所提出分辨率 ρ_x 的一个特例。同样，假设相对带宽 $B_r \to 0$ 成立，则传统分辨率 $\rho_{y,\text{traditional}}$ 也可看作所提出分辨率 ρ_y 的一个特例。因此，式 (4.49) 和式 (4.53) 中的分辨率同样适用于传统一站固定式双站低频 SAR 系统。但是，式 (4.57) 中的分辨率不适用于一站固定式双站低频 SAR 系统，因为该系统中的大信号相对带宽和大积累角是不可忽略的。因此，场景中心点目标的 X 轴方向分辨率缩窄/扩展

比为

$$\begin{aligned}
\varepsilon_x &= \frac{\rho_x}{\rho_{x,\text{traditional}}}\\
&= \frac{B_r\left(\sin\alpha_S + \sin\alpha_M\right)}{B_r\sin\alpha_S + \left[(1+B_r/2)-(1-B_r/2)\cos\phi_H\right]\sin\alpha_M}
\end{aligned}\tag{4.58}$$

同样，场景中心点目标的 Y 轴方向分辨率缩窄/扩展比为

$$\begin{aligned}
\varepsilon_y &= \frac{\rho_y}{\rho_{y,\text{traditional}}}\\
&= \frac{2}{2+B_r}
\end{aligned}\tag{4.59}$$

由式(4.58)和式(4.59)可知，分辨率缩窄/扩展比 ε_x 和 ε_y 体现了信号相对带宽和运动雷达积累角对场景中心点目标 X 轴和 Y 轴方向分辨率的影响，也可以说体现了场景中心点目标回波数据的波数 k_x 和 k_y 之间的耦合程度。

4.2.3 仿真分析

为了验证本节所提空间分辨率的正确性，以传统空间分辨率为参考，本小节给出场景中心点目标的二维分辨率仿真结果与分析。

1. 理论分辨率分析

一站固定式双站低频 SAR 系统的主要仿真参数如表 4.1 所示。对于任何一站固定式双站低频 SAR 系统，发射信号相对带宽 B_r 的范围为 $(0,2]$。如果运动雷达的航迹为直线，则其积累角的范围为 $[-\pi/2,\pi/2]$，即 $\phi_H \in [0,\pi/2]$。图 4.4 给出了场景中心点目标的 X 轴方向分辨率和相应的 NBF，其中，发射信号中心频率 $f_c = 500\text{MHz}$。由图 4.4(a)可以发现，当半积累角 ϕ_H 一定时，所提 X 轴方向分辨率随着相对带宽 B_r 的增大而减小；当相对带宽 B_r 一定时，所提 X 轴方向分辨率随着半积累角 ϕ_H 的增大而减小，这与式(4.49)是相符合的。由图 4.4(b)可知，传统 X 轴方向分辨率仅随着相对带宽 B_r 的增大而减小，而与半积累角 ϕ_H 无关，这是因为式(4.57)中的传统 X 轴方向分辨率没有考虑积累角 $2\phi_H$ 的影响。此外，当相对带宽 B_r 和半积累角 ϕ_H 相同时，所提 X 轴方向分辨率要比传统 X 轴方向分辨率小。由图 4.4(c)可知，当相对带宽 B_r 一定时，X 轴方向分辨率 NBF 随着半积累角 ϕ_H 的增大而减小；当半积累角 ϕ_H 一定时，X 轴方向分辨率 NBF 随着相对带宽 B_r 的增大而增大。因此，X 轴方向分辨率 NBF 的值完全取决于相对带宽 B_r 和半积累角 ϕ_H，且与中心波长 λ_c 无关。此外，当半积累角 ϕ_H 很小时，X 轴方向分辨

率 NBF 可以近似为 1，则式 (4.49) 和式 (4.57) 中的传统 X 轴方向分辨率近似相等；当相对带宽 B_r 和半积累角 ϕ_H 均很大时，X 轴方向分辨率 NBF 可以近似为 1。总之，对于一站固定式双站低频 SAR 系统，积累角 $2\phi_H$ 对 X 轴方向分辨率的影响是不能忽略的，尽管其影响程度没有相对带宽 B_r 大。

表 4.1　一站固定式双站低频 SAR 系统的主要仿真参数

参数	数值
中心频率/MHz	500
脉冲重复频率/Hz	100
运动雷达初始位置/m	(0, 0, 100)
运动雷达速度/(m/s)	50
固定雷达位置/m	(1200, 0, 30)
场景大小(距离向×方位向)/(m×m)	1000×3000
场景中心地距/m	2500

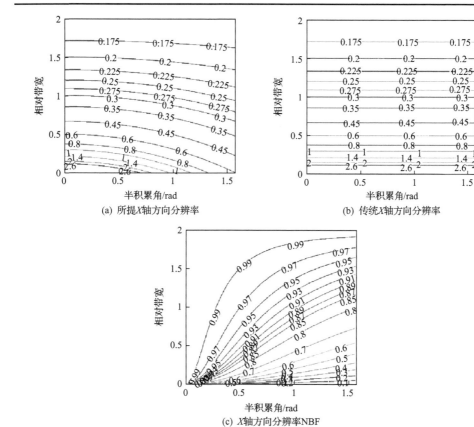

(a) 所提 X 轴方向分辨率　　　(b) 传统 X 轴方向分辨率

(c) X 轴方向分辨率 NBF

图 4.4　场景中心点目标的 X 轴方向分辨率和相应的 NBF

图 4.5 给出了场景中心点目标的 Y 轴方向分辨率和相应的 NBF，其中发射信号中心频率 $f_c = 500\text{MHz}$。由图 4.5(a) 可以发现，当相对带宽 B_r 一定时，所提 Y 轴方向分辨率随着半积累角 ϕ_H 的增大而减小；当半积累角 ϕ_H 一定时，所提 Y 轴方向分辨率随着相对带宽 B_r 的增大而减小，这与式(4.53)是相符的。由图 4.5(b) 可知，传统 Y 轴方向分辨率仅随着半积累角 ϕ_H 的增大而减小，而与相对带宽 B_r 无关，因为式(4.57)中的传统 Y 轴方向分辨率没有考虑相对带宽 B_r 的影响。此外，当相对带宽 B_r 和半积累角 ϕ_H 相同时，所提 Y 轴方向分辨率要比传统 Y 轴方向分辨率小。由图 4.5(c) 可知，Y 轴方向分辨率 NBF 仅随着相对带宽 B_r 的增大而减小，而与中心波长 λ_c 和半积累角 ϕ_H 无关。此外，当系统的相对带宽 B_r 很小时，Y 轴方向分辨率 NBF 可以近似为 1，则式(4.53)和式(4.57)中的传统 Y 轴方向分辨率近似相等。总之，对于一站固定式双站低频 SAR 系统，相对带宽 B_r 对 Y 轴方向分辨率的影响是不能忽略的，尽管其影响程度没有积累角 $2\phi_H$ 大。

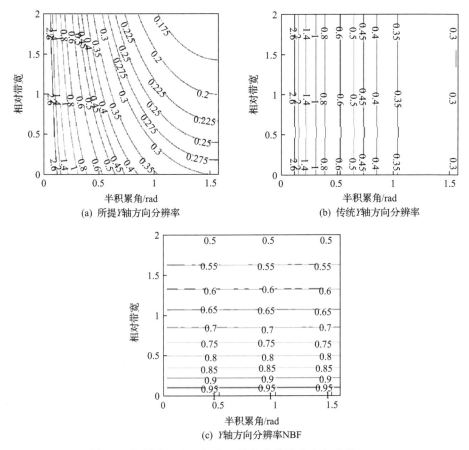

(a) 所提 Y 轴方向分辨率　　　　　　　　　(b) 传统 Y 轴方向分辨率

(c) Y 轴方向分辨率 NBF

图 4.5　场景中心点目标的 Y 轴方向分辨率和相应的 NBF

2. 成像分辨率分析

为了进一步验证所提分辨率的可行性和有效性，本节根据表 4.1 中的系统参数仿真了离散点目标场景回波信号。由于 BPA 是最准确的成像算法，所以被用来处理仿真回波数据。本节采用仿真数据，可以避免不理想因素对双站 SAR 系统分辨率的影响（如杂波、干扰、噪声、多径等）。

系统主要仿真参数如表 4.1 所示，场景中心位置为 $(2150\mathrm{m}, 0\mathrm{m}, 0\mathrm{m})$。场景包含 9 个离散点目标，排成 3 行 3 列，相邻点目标之间的距离向和方位向间隔都为 100m，仿真中假设所有点目标的 RCS 为 $1\mathrm{m}^2$。

图 4.6 给出了不同相对带宽和积累角情况下一站固定式双站低频 SAR 系统成像结果。图 4.6 第一列为场景成像结果，可以发现所有点目标均实现了良好的聚焦，而且相对带宽和积累角越大，聚焦点目标的分辨率越高。为了进一步分析场景中心点目标的聚焦性能，图 4.6 第二列给出了场景中心点目标的成像结果。由图 4.6(a) 第二列可知，场景中心点目标只存在正交旁瓣，几乎没有非正交旁瓣。由图 4.6(b) 第二列可以发现，相对带宽和积累角开始对场景中心点目标的成像结果产生影响。与图 4.6(a) 第二列相比，图 4.6(b) 中 X 轴方向的正交旁瓣开始变大，而 Y 轴方向的正交旁瓣开始变小，并且分成两个对称的非正交旁瓣。由图 4.6(c)

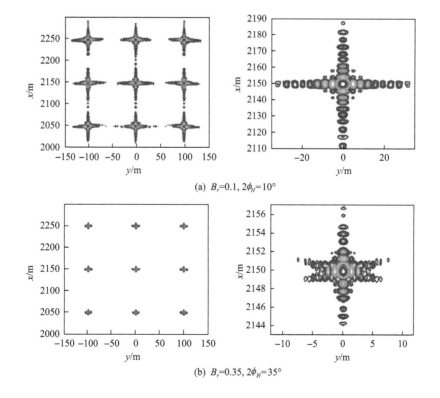

(a) B_r=0.1, $2\phi_H$=10°

(b) B_r=0.35, $2\phi_H$=35°

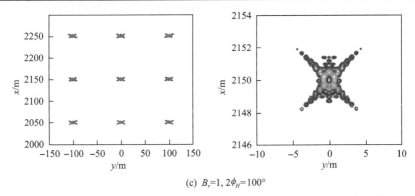

(c) $B_r = 1, 2\phi_H = 100°$

图 4.6　不同相对带宽和积累角情况下一站固定式双站低频 SAR 系统成像结果

第二列可知，由于采用极大的相对带宽和积累角，X 轴方向的正交旁瓣变得很大，而 Y 轴方向的正交旁瓣变得很小(甚至消失)，但两个对称的非正交旁瓣很明显。

根据图 4.6 中场景点目标主瓣的–3dB 宽度，计算了场景中心点目标 X 轴和 Y 轴方向的分辨率。为了比较测量分辨率(仿真结果)与所提分辨率及传统分辨率(理论表达式)，本节利用分辨率误差来评估所提分辨率的准确性[36]。其中，DR_MP 表示测量分辨率和所提分辨率之间的相对误差，DR_MT 表示测量分辨率和传统分辨率之间的相对误差。表 4.2 给出了场景中心点目标的测量分辨率、所提分辨率和传统分辨率。由表 4.2 可知，对于 X 轴方向分辨率，分辨率误差 DR_MT 比分辨率误差 DR_MP 大，DR_MT 的最大值可达–6.33%，而 DR_MP 的最大值仅达到 1.67%。对于 Y 轴方向分辨率，分辨率误差 DR_MT 也比分辨率误差 DR_MP 大，DR_MT 的最大值可达–42.3%，而 DR_MP 的最大值仅达到 5.10%。因此，可以发现所提 X 轴和 Y 轴方向分辨率的 DR_MP 均比较小，这可能是由平面波数域支撑假设引起的[37]。

表 4.2　场景中心点目标的测量分辨率、所提分辨率和传统分辨率

系统参数		$B_r = 0.1, 2\phi_H = 10°$	$B_r = 0.35, 2\phi_H = 35°$	$B_r = 1, 2\phi_H = 100°$
	测量分辨率值/m	3.164	0.876	0.300
	所提分辨率值/m	3.135	0.864	0.295
X 轴方向分辨率	DR_MP/%	0.90	1.29	1.67
	传统分辨率值/m	3.192	0.912	0.319
	DR_MT/%	−0.89	−4.09	−6.33
	测量分辨率值/m	4.207	1.126	0.351
	所提分辨率值/m	4.182	1.083	0.333
Y 轴方向分辨率	DR_MP/%	0.58	3.87	5.10
	传统分辨率值/m	4.391	1.272	0.499
	DR_MT/%	−4.39	−12.9	−42.3

4.3　机载双站低频 SAR 成像算法

高分辨一站固定式双站低频 SAR 系统具有大信号相对带宽、宽方位向积累角等特点，使得接收的回波信号具有方位空变性强、距离方位耦合性强、距离单元徙动复杂、运动误差大以及数据量大等特点，从而将增大一站固定式双站低频 SAR 系统精确成像的难度。

按照回波信号处理域的不同，双站 SAR 成像算法也可分为两大类：基于点目标频域模型的频域成像算法（简称频域成像算法）和基于回波信号的时域成像算法（简称时域成像算法）。频域成像算法的目的是最小化成像处理时间，但会存在一些限制条件，如带宽、积累时间、运动误差、近似处理、存储空间要求等，从而限制了频域成像算法的广泛应用。现有的双站 SAR 频域成像算法，如 RD 算法[38,39]、ωK 算法[40-43]和 CS 算法[44-46]，只适用于方位空不变性的双站 SAR 成像处理，而不能用于具有方位空变性的一站固定式双站低频 SAR 成像处理。WCS 算法及其改进算法[47-50]可以实现具有强方位空变性的一站固定式双站低频 SAR 成像处理。但是，WCS 算法在处理空变的距离单元徙动、距离方位耦合和运动误差时存在一定的近似性，在一站固定式双站低频 SAR 成像处理中可能会产生很大的相位误差，因此 WCS 算法也不适用于高分辨率的一站固定式双站低频 SAR 成像处理。如果要求相位误差最小，并获得高分辨率 SAR 图像，则只能采用时域成像算法进行成像处理，因为时域成像算法不需要考虑频域成像算法所面对的限制。

时域 BPA 是将雷达回波信号直接变换为 SAR 图像[51,52]，因此它可以直接用于高精度双站 SAR 成像处理，且能够精确处理回波信号的方位空变性、距离方位耦合以及复杂距离单元徙动和运动误差，但是 BPA 具有计算量大的缺点。为了克服 BPA 计算量大的问题，BPA 的高效实现已应用于单站 SAR 的成像处理中，即快速 BPA（fast BPA，FBPA）[53-55]和快速因式分解 BPA（fast factorized BPA，FFBPA）[56]。FBPA 和 FFBPA 处理单站 SAR 回波信号是以子孔径处理技术为基础的，能够在保持 BPA 高精度优势的同时，极大地减少成像处理的计算量。目前，单站 FBPA 和 FFBPA 已成功应用于双站 SAR 的成像处理中，即双站 FBPA（bistatic FBPA，BFBPA）[57-61]和双站 FFBPA（bistatic FFBPA，BFFBPA）[62-65]。Ulander 等[62]最早利用 BFFBPA 处理了一站固定式双站低频 SAR 试验数据，并获得了较好的试验结果，然后将 BFFBPA 应用于低频窄带双站 SAR 成像处理中[63]，并给出了 BFFBPA 的基本原则，但未能给出算法的实现细节。此外，Rodriguez-Cassola 等[64]首次提出一种基于椭圆极坐标的 BFFBPA，即利用椭圆极坐标网格表示子图像来降低算法的计算量，但是该算法在推导子图像网格的采样间隔时没有考虑雷达的运动误差，而且仅适用于高角速度的双站 SAR 情况。Vu 等[65]提出了一种快速时域成像算法来处理双站低频 SAR 数据，该算法在直角坐标地平面表示子图像，但是在推导划分子孔径和子图像条件时没有考虑雷达的运动误差，且没有给出子图像网格的采样间隔。基于上述 BFFBPA，本节将研究适用于一站固定式双站低频 SAR 成像处理的快速时域成像算法[66-68]。

　　在实际的一站固定式双站低频 SAR 成像处理中，运动雷达的轨迹一般不是理想的直线轨迹，而是存在运动误差的非线性轨迹。因此，本节重点研究非线性轨迹情况下结合运动补偿的一站固定式双站低频 SAR 快速时域成像算法。

4.3.1　基于椭圆极坐标的双站 BPA

　　非线性轨迹情况下一站固定式双站 SAR 椭圆极坐标成像几何如图 4.7 所示。平行于 Y 轴的虚直线表示运动雷达的理想运动轨迹，而实曲线表示其实际的运动轨迹，且 t_a 时刻运动雷达 A 的位置坐标为 $(x_M(t_a), y_M(t_a), z_M(t_a))$，而固定雷达 B 的位置坐标为 (x_S, y_S, z_S)，$P_0(x_0, y_0)$ 表示成像场景中任意的点目标，则 t_a 时刻点目标 P_0 到运动雷达和固定雷达的双程斜距为

$$r_B(t_a, x_0, y_0) = r_M(t_a, x_0, y_0) + r_S(t_a, x_0, y_0) \tag{4.60}$$

式中

$$\begin{cases} r_M(t_a, x_0, y_0) = \sqrt{[x_M(t_a) - x_0]^2 + [y_M(t_a) - y_0]^2 + [z_M(t_a)]^2} \\ r_S(t_a, x_0, y_0) = \sqrt{(x_S - x_0)^2 + (y_S - y_0)^2 + z_S^2} \end{cases} \tag{4.61}$$

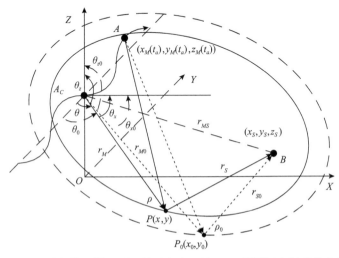

图 4.7　非线性轨迹情况下一站固定式双站 SAR 椭圆极坐标成像几何

假设发射信号为 LFM 信号 $p(\tau) = w_r(\tau) \cdot \exp\left(\mathrm{j}2\pi f_c \tau + \mathrm{j}\pi\kappa\tau^2\right)$，则点目标 P_0 的回波信号经正交解调和距离向压缩后为

$$s_{rc}(\tau, t_a) \approx \sigma_0 \cdot \mathrm{sinc}\left\{B\left[\tau - \frac{r_B(t_a, x_0, y_0)}{c}\right]\right\} \cdot w_a(t_a - t_{ac}) \cdot \exp\left[-\mathrm{j}2\pi f_c \frac{r_B(t_a, x_0, y_0)}{c}\right]$$

$$(4.62)$$

式中，t_{ac} 为合成孔径中心对应的慢时间。

设运动雷达合成孔径中心 A_C 的坐标为 $(x_M(t_{ac}), y_M(t_{ac}), z_M(t_{ac}))$。$P(x, y)$ 表示成像场景中任意的网格采样点。r_M、r_S 分别为合成孔径中心 A_C 和固定平台 B 到网格采样点 P 的距离，r_{MS} 为合成孔径中心 A_C 和固定平台 B 之间的基线长度。定义椭圆极坐标 (ρ, θ)，极距 ρ 为 t_{ac} 时刻网格采样点 P 到合成孔径中心 A_C 和固定平台 B 的双程斜距，极角 θ 为 t_{ac} 时刻 r_M 和 Y 轴之间的夹角，即

$$\begin{cases} \rho = r_M + r_S = r_M(t_{ac}, x, y) + r_S(t_{ac}, x, y) \\ \theta = \arccos\left[\dfrac{y - y_M(\eta_c)}{r_M}\right], \quad \theta \in \left[\dfrac{\pi - \Theta}{2}, \dfrac{\pi + \Theta}{2}\right] \end{cases}$$

$$(4.63)$$

式中，Θ 为运动雷达的方位向波束角宽度。

利用以上公式可以得到以下关系：

$$\begin{cases} y = r_M \cos\theta + y_M(t_{ac}) \\ x = \sqrt{(r_M \sin\theta)^2 - \left[z_M(t_{ac})\right]^2} + x_M(t_{ac}) \end{cases}$$

$$(4.64)$$

根据成像几何，r_S 可以表示为

$$r_S^2 = (x - x_S)^2 + (y - y_S)^2 + z_S^2$$

$$(4.65)$$

令 $e = r_{MS}/\rho$ 为图 4.7 中虚线椭圆的离心率，基于式 (4.60)、式 (4.63) 和式 (4.64)，式 (4.65) 可以简化为

$$A r_M^2 + B r_M + C = 0$$

$$(4.66)$$

式中

$$\begin{cases} A = 4\left(\left\{\left[y_M(t_{ac}) - y_S\right]\cos\theta + \rho\right\}^2 - \left\{\left[x_M(t_{ac}) - x_S\right]\sin\theta\right\}^2\right) \\ B = -4\left\{\rho^2(1 - e^2) + 2z_M(t_{ac})\left[z_M(t_{ac}) - z_S\right]\right\} \cdot \left\{\left[y_M(t_{ac}) - y_S\right]\cos\theta + \rho\right\} \\ C = \left\{\rho^2(1 - e^2) + 2z_M(t_{ac})\left[z_M(t_{ac}) - z_S\right]\right\}^2 + 4\left\{\left[x_M(t_{ac}) - x_S\right]z_M(t_{ac})\right\}^2 \end{cases}$$

$$(4.67)$$

解式(4.66)方程可得

$$r_M = \frac{-B \pm \sqrt{B^2 - 4AC}}{2A} \tag{4.68}$$

因此，距离 r_M 和 r_S 均可表示为极坐标网格 (ρ, θ) 的函数。

定义角度 θ_x 为 t_{ac} 时刻直线 A_CP 与 X 轴正方向的夹角，角度 θ_z 为 t_{ac} 时刻直线 A_CP 与 Z 轴正方向的夹角，即

$$\begin{cases} \theta_x = \arccos\left[\dfrac{x - x_M(t_{ac})}{r_M}\right] \\ \theta_z = \arccos\left[\dfrac{-z_M(t_{ac})}{r_M}\right] \end{cases} \tag{4.69}$$

角度 α 定义为

$$\alpha = \arccos\left[\frac{-z_M(t_{ac})}{r_M \sin\theta}\right] = f(\rho, \theta) \tag{4.70}$$

因此，角度 θ_x 和 θ_z 可以表示为

$$\begin{cases} \theta_x = \arccos\{\sin\theta \sin[f(\rho, \theta)]\} \\ \theta_z = \arccos\{\sin\theta \cos[f(\rho, \theta)]\} \end{cases} \tag{4.71}$$

同样，可以定义 t_{ac} 时刻点目标 P_0 对应的参数 ρ_0、θ_0、α_0、θ_{x0} 和 θ_{z0}，即

$$\begin{cases} \rho_0 = r_{M0} + r_{S0} = r_M(t_{ac}, x_0, y_0) + r_S(t_{ac}, x_0, y_0) \\ \theta_0 = \arccos\left[\dfrac{y_0 - y_M(t_{ac})}{r_{M0}}\right] \\ \alpha_0 = \arccos\left[\dfrac{-z_M(t_{ac})}{r_{M0} \sin\theta_0}\right] = f(\rho_0, \theta_0) \\ \theta_{x0} = \arccos\left[\dfrac{x_0 - x_M(t_{ac})}{r_{M0}}\right] = \arccos\{\sin\theta_0 \sin[f(\rho_0, \theta_0)]\} \\ \theta_{z0} = \arccos\left[\dfrac{-z_M(t_{ac})}{r_{M0}}\right] = \arccos\{\sin\theta_0 \cos[f(\rho_0, \theta_0)]\} \end{cases} \tag{4.72}$$

假设 t_a 时刻网格采样点 P 到收/发雷达天线相位中心的双程斜距为 $r_B(t_a, \rho, \theta) = r_B(t_a, x, y)$，令 $r_B(t_a, \rho_0, \theta_0) = r_B(t_a, x_0, y_0)$，则一站固定式双站 SAR 成像中基

于椭圆极坐标的 BPA 可表示为

$$
\begin{aligned}
I(\rho,\theta,t_{ac}) &= \frac{1}{T_a}\int_{t_{ac}-\frac{T_a}{2}}^{t_{ac}+\frac{T_a}{2}} s_{rc}\left[\frac{r_B(t_a,\rho,\theta)}{c},\eta\right]\cdot\exp\left[\frac{\mathrm{j}2\pi f_c r_B(t_a,\rho,\theta)}{c}\right]\mathrm{d}t_a \\
&\approx \frac{\sigma_0}{T_a}\mathrm{sinc}\left[\frac{B}{c}(\rho-\rho_0)\right] \\
&\quad\cdot\int_{t_{ac}-\frac{T_a}{2}}^{t_{ac}+\frac{T_a}{2}} w_a(t_a-t_{ac})\exp\left\{\frac{\mathrm{j}2\pi f_c\left[r_B(t_a,\rho,\theta)-r_B(t_a,\rho_0,\theta_0)\right]}{c}\right\}\mathrm{d}t_a
\end{aligned}
\tag{4.73}
$$

式中，$I(\rho,\theta,t_{ac})$ 为一站固定式双站低频 SAR 图像中网格采样点 (ρ,θ) 的像素值；T_a 为方位积累时间。

将 $\rho(t_a)$ 在 $t_a=t_{ac}$ 处进行一阶泰勒级数展开，则式 (4.73) 中的积分项可近似为

$$
\begin{aligned}
&\int_{t_{ac}-\frac{T_a}{2}}^{t_{ac}+\frac{T_a}{2}} w_a(t_a-t_{ac})\exp\left\{\frac{\mathrm{j}2\pi f_c\left[r_B(t_a,\rho,\theta)-r_B(t_a,\rho_0,\theta_0)\right]}{c}\right\}\mathrm{d}t_a \\
&\approx T_a\cdot\exp\left[\frac{\mathrm{j}2\pi f_c}{c}(\rho-\rho_0)\right] \\
&\quad\cdot\mathrm{sinc}\left\{\frac{f_c T_a}{c}\left[(\cos\theta-\cos\theta_0)v_{My}+(\cos\theta_x-\cos\theta_{x0})v_{Mx}+(\cos\theta_z-\cos\theta_{z0})v_{Mz}\right]\right\}
\end{aligned}
\tag{4.74}
$$

式中，v_{Mx}、v_{My} 和 v_{Mz} 分别表示运动雷达 t_{ac} 时刻 X 轴、Y 轴和 Z 轴方向的速度分量。

将式 (4.74) 代入式 (4.73)，可得基于椭圆极坐标的双站 BPA 近似解析表达式：

$$
\begin{aligned}
I(\rho,\theta,t_{ac}) &\approx \sigma_0\,\mathrm{sinc}\left[\frac{B}{c}(\rho-\rho_0)\right]\exp\left[\frac{\mathrm{j}2\pi f_c}{c}(\rho-\rho_0)\right] \\
&\quad\cdot\mathrm{sinc}\left[\frac{f_c T_a}{c}\begin{pmatrix}(\cos\theta-\cos\theta_0)v_{My}\\ +\left\{\sin\theta\sin[f(\rho,\theta)]-\sin\theta_0\sin\left[f(\rho_0,\theta_0)\right]\right\}v_{Mx}\\ +\left\{\sin\theta\cos[f(\rho,\theta)]-\sin\theta_0\cos\left[f(\rho_0,\theta_0)\right]\right\}v_{Mz}\end{pmatrix}\right]
\end{aligned}
\tag{4.75}
$$

式中，两个 sinc[·] 项分别为点目标距离向和方位向的点扩展函数，指数项是与双程斜距相关的相位。

在实际 BPA 成像处理中，式 (4.73) 中对慢时间 t_a 的积分是通过离散累加的算法实现的。也就是说，BPA 成像处理是沿慢时间对距离压缩回波的相干叠加，因

此式 (4.73) 的离散表达式为

$$I(\rho,\theta,t_{ac}) = \sum_{k=1}^{L} s'_{rc} \left[\frac{r'_B(t_{a,k},\rho,\theta)}{c}, t_{ak} \right] \exp \left[\frac{\mathrm{j}2\pi f_c r_B(t_{a,k},\rho,\theta)}{c} \right] \quad (4.76)$$

式中，L 为运动雷达所有实孔径点个数；$r_B(t_{a,k},\rho,\theta)$ 为 $t_{a,k}$ 时刻网格采样点 (ρ,θ) 到运动雷达和固定雷达的双程斜距；$r'_B(t_{a,k},\rho,\theta)$ 为极距方向最接近 $r_B(t_{a,k},\rho,\theta)$ 的离散采样点；$s'_{rc}(r'_B(t_{a,k},\rho,\theta)/c, t_{a,k})$ 为经过距离向升采样后，距离向压缩回波数据中 $(r'_B(t_{a,k},\rho,\theta)/c, t_{a,k})$ 处的值。本节推导的基于椭圆极坐标的双站 BPA，为后续的研究奠定了理论基础。

4.3.2　基于椭圆极坐标的双站 BFFBPA 成像

与单站 FFBPA 相似，BFFBPA 在成像中也可以处理运动雷达的非线性轨迹，即补偿运动雷达的运动误差。在第一级处理中，利用后向投影原则在子孔径成像处理中能精确地补偿运动误差，也就是说，利用计算子图像采样点到每个运动雷达子孔径位置和固定雷达位置的双程斜距，来校正运动误差对每条后向投影回波数据线的影响。在后续各级处理中，下一级较高分辨率的子图像是通过上一级较低分辨率的子图像插值获得的。因此，随着处理过程中分辨率的不断提高，运动误差在 BFFBPA 中也得到精确补偿。

文献[64]在推导椭圆极子图像网格的采样间隔时没有考虑雷达的运动误差，而且仅适用于高角速度的双站 SAR 情况。此外，文献[64]提出利用数值算法计算精确的子图像网格采样间隔，并且考虑了运动误差的影响，但这将会增加成像处理的计算量。因此，本节着重研究运动雷达的运动误差在椭圆极子图像网格采样间隔推导中的影响，使 BFFBPA 成像处理中的精确度和效率值达到最佳折中。

1. 子孔径成像处理

设运动雷达第 n 个子孔径中心时刻为 $t_{a,n}$，则第 n 个子孔径中心 A_n 的位置为 $(x_M(t_{a,n}), y_M(t_{a,n}), z_M(t_{a,n}))$。参数 ρ_n、θ_n、ρ_{n0} 和 θ_{n0} 的定义与图 4.7 中参数 ρ、θ、ρ_0 和 θ_0 的定义相似。因此，第 n 个子孔径对应的第 n 个椭圆极子图像为

$$I_n(\rho_n,\theta_n,t_{a,n}) = \sum_{k=1}^{N_n} s'_{rc} \left[\frac{r'_B(t_{a,n}(k),\rho_n,\theta_n)}{c}, t_{a,n}(k) \right] \exp \left[\frac{\mathrm{j}2\pi f_c r_B(t_{a,n}(k),\rho_n,\theta_n)}{c} \right]$$

$$(4.77)$$

式中，N_n 为第 n 个子孔径包含的实孔径点个数；$r_B(t_{a,n}(k),\rho_n,\theta_n)$ 为 $t_{a,n}(k)$ 时刻

网格采样点 (ρ_n,θ_n) 到运动雷达和固定雷达的双程斜距；$r_B'\left(t_{a,n}(k),\rho_n,\theta_n\right)$ 为极距方向最接近 $r_B\left(t_{a,n}(k),\rho_n,\theta_n\right)$ 的离散采样点；$s_{rc}'\left[r_B'\left(t_{a,n}(k),\rho_n,\theta_n\right)/c,t_{a,n}(k)\right]$ 为经过距离向升采样后，距离向压缩回波数据中 $\left[r_B'\left(t_{a,n}(k),\rho_n,\theta_n\right)/c,t_{a,n}(k)\right]$ 处的值。

2. 考虑运动误差的子图像网格采样间隔

为了便于研究双站 SAR 成像处理中椭圆极子图像极角采样间隔，需要计算椭圆极子图像中两相邻极角采样点的双程斜距之差。

图 4.8 为第 n 个椭圆极子图像中两相邻极角采样点的双程斜距差示意图。不失一般性地，假设第 n 个子孔径中心 A_n 处的位置为 $\left(\Delta X(t_{a,n}),v_M t_{a,n}+\Delta Y(t_{a,n}),z_M+\Delta Z(t_{a,n})\right)$，其中，$v_M$ 和 z_M 分别为运动雷达的理想运动速度和高度，ΔX、ΔY 和 ΔZ 分别表示运动雷达运动误差在 X 轴、Y 轴和 Z 轴方向的分量。因此，运动雷达位置 $A_{-0.5T_{a,n}}$ 处的坐标为 $\left(\Delta X(t_{a,n}-0.5T_{a,n}),v_M(t_{a,n}-0.5T_{a,n})+\Delta Y(t_{a,n}-0.5T_{a,n}),z_M+\Delta Z(t_{a,n}-0.5T_{a,n})\right)$，其中，$T_{a,n}$ 为第 n 个子孔径时间。因此，向量 $A_nA_{-0.5T_{a,n}}$ 定义为 d_n，即 $\left(\Delta X_n,-0.5v_M T_{a,n}+\Delta Y_n,\Delta Z_n\right)$。其中，$\Delta X_n$、$\Delta Y_n$ 和 ΔZ_n 分别表示运动雷达位置 $A_{-0.5T_{a,n}}$ 相对于子孔径中心 A_n 的相对运动误差在 X 轴、Y 轴和 Z 轴方向的分量。$P(\rho_n,\theta_n)$ 和 $P_{\pm\Delta\theta_n}(\rho_n,\theta_n\pm\Delta\theta_n)$ 分别为第 n 个椭圆极子图像中两相邻的极角采样点。r_{Mn}、r_{Sn}、$r_{Mn,\pm\Delta\theta_n}$ 和 $r_{Sn,\pm\Delta\theta_n}$ 分别为 $t_{a,n}$ 时刻两个相邻极角采样点对应的距离参数。

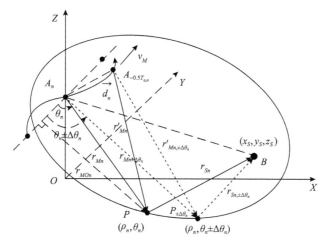

图 4.8　第 n 个椭圆极子图像中两相邻极角采样点的双程斜距差示意图

令 $z_M(t_{a,n})=z_M+\Delta Z(t_{a,n})$，则向量 r_{Mn} 可以表示为 $\left(\sqrt{r_{Mn}^2\sin^2\theta_n-z_M^2(t_{a,n})},\right.$

$r_{Mn} \cos\theta_n, -z_M\left(t_{a,n}\right)\big)$。因此，$t_{a,n} - 0.5T_{a,n}$ 时刻极角采样点 P 到运动雷达和固定雷达的双程斜距为

$$
\begin{aligned}
r_B(P) &= r'_{Mn} + r'_{Sn} \\
&= \left\{ r_{Mn}^2 + d_n^2 - 2\left[\begin{array}{l} \left(-0.5v_M T_{a,n} + \Delta Y_n\right) r_{Mn} \cos\theta_n \\ -\Delta Z_n z_M\left(t_{a,n}\right) + \Delta X_n \sqrt{r_{Mn}^2 \sin^2\theta_n - z_M^2\left(t_{a,n}\right)} \end{array} \right] \right\}^{1/2} + r_{Sn}
\end{aligned}
$$

$$(4.78)$$

同样，$t_{a,n} - 0.5T_{a,n}$ 时刻极角采样点 $P_{\pm\Delta\theta_n}$ 到运动雷达和固定雷达的双程斜距为

$$
\begin{aligned}
r_B\left(P_{\pm\Delta\theta_n}\right) &= r'_{Mn,\pm\Delta\theta_n} + r'_{Sn,\pm\Delta\theta_n} \\
&= \left\{ r_{Mn,\pm\Delta\theta_n}^2 + d_n^2 - 2\left[\begin{array}{l} \left(-0.5v_M T_{a,n} + \Delta Y_n\right) r_{Mn,\pm\Delta\theta_n} \cos\left(\theta_n \pm \Delta\theta_n\right) - \Delta Z_n z_M\left(t_{a,n}\right) \\ +\Delta X_n \sqrt{r_{Mn,\pm\Delta\theta_n}^2 \sin^2\left(\theta_n \pm \Delta\theta_n\right) - z_M^2\left(t_{a,n}\right)} \end{array} \right] \right\}^{1/2} \\
&\quad + r_{Sn,\pm\Delta\theta_n}
\end{aligned}
$$

$$(4.79)$$

因此，两相邻极角采样点 $P_{\pm\Delta\theta_n}$ 和 P 的双程斜距之差可计算和近似为

$$
\begin{aligned}
\Delta r_B &= r_B\left(P_{\pm\Delta\theta_n}\right) - r_B(P) \\
&\approx \frac{r_{Mn,\pm\Delta\theta_n}^2 - r_{Mn}^2}{2r'_{Mn}} + \frac{\left(v_M T_{a,n} - 2\Delta Y_n\right)\left[r_{Mn,\pm\Delta\theta_n} \cos\left(\theta_n \pm \Delta\theta_n\right) - r_{Mn} \cos\theta_n\right]}{2r'_{Mn}} \\
&\quad - \frac{\Delta X_n}{r'_{Mn}}\left[\sqrt{r_{Mn,\pm\Delta\theta_n}^2 \sin^2\left(\theta_n \pm \Delta\theta_n\right) - z_M^2\left(t_{a,n}\right)} - \sqrt{r_{Mn}^2 \sin^2\theta_n - z_M^2\left(t_{a,n}\right)}\right] \\
&\quad + r_{Sn,\pm\Delta\theta_n} - r_{Sn}
\end{aligned}
$$

$$(4.80)$$

假设 $r_{Mn,\pm\Delta\theta_n} \approx r_{Mn}$、$r_{Sn,\pm\Delta\theta_n} \approx r_{Sn}$ 和 $z_M\left(\eta_n\right) \ll r_{Mn}$，则双程斜距之差 Δr_B 可以进一步近似为

$$
\Delta r_B \approx \frac{r_{Mn}\left(l_{Mn} - 2\Delta Y_n\right)\Delta\left(\cos\theta_n\right)}{2r'_{Mn}} - \frac{r_{Mn}\Delta X_n \Delta\left(\sin\theta_n\right)}{r'_{Mn}} \tag{4.81}
$$

式中，$l_{Mn} = T_{a,n}v_M$、$\Delta\left(\cos\theta_n\right) = \cos\left(\theta_n \pm \Delta\theta_n\right) - \cos\theta_n$ 和 $\Delta\left(\sin\theta_n\right) = \sin\left(\theta_n \pm \Delta\theta_n\right) - \sin\theta_n$。从而，可得双程斜距之差 Δr_B 的最大值为

$$\left|\Delta r_B\right| \leqslant \left|\frac{r_{Mn}\left(l_{Mn}-2\Delta Y_n\right)\Delta\left(\cos\theta_n\right)}{2r'_{Mn}}\right| + \left|\frac{r_{Mn}\Delta X_n\Delta\left(\sin\theta_n\right)}{r'_{Mn}}\right|$$
$$\leqslant \frac{r_{Mn}\left(l_{Mn}+2\left|\Delta Y_n\right|\right)\left|\Delta\left(\cos\theta_n\right)\right|}{2r_{MOn}} + \frac{r_{Mn}\left|\Delta X_n\right|\left|\Delta\left(\sin\theta_n\right)\right|}{r_{MOn}} \tag{4.82}$$

式中，$r_{MOn}=r_{Mn}\sin\theta_n$，表示极角采样点 P 到运动雷达的零多普勒距离。

当 $\Delta\theta_n\to 0$ 时，$\left|\Delta\left(\cos\theta_n\right)\right|\approx\left|\Delta\theta_n\right|\sin\theta_n$ 和 $\left|\Delta\left(\sin\theta_n\right)\right|\approx\left|\Delta\theta_n\right|\left|\cos\theta_n\right|$ 成立，则式 (4.82) 可以近似为

$$\left|\Delta r_B\right| \leqslant \frac{1}{2}\left(l_{Mn}+2\left|\Delta Y_n\right|+2\left|\Delta X_n\right|\left|\cot\theta_n\right|\right)\left|\Delta\theta_n\right|$$
$$\leqslant \frac{1}{2}\left\{l_{Mn}+2\left|\Delta Y_n\right|_{\max}+2\left|\Delta X_n\right|_{\max}\cot\left[(\pi-\Theta)/2\right]\right\}\left|\Delta\theta_n\right| \tag{4.83}$$

式中，$\left|\Delta X_n\right|_{\max}$ 和 $\left|\Delta Y_n\right|_{\max}$ 分别为 $\left|\Delta X_n\right|$ 和 $\left|\Delta Y_n\right|$ 的最大值。

一般情况下，波束角 Θ 的值小于 $\pi/2$，所以 $\cot\left[(\pi-\Theta)/2\right]$ 的值小于 1。由文献 [56] 可知，双程斜距之差 Δr_B 需要满足以下条件：

$$\left|\Delta r_B\right| \leqslant \frac{\lambda_c}{2} \tag{4.84}$$

将式 (4.82) 代入式 (4.84)，可得极角采样间隔为

$$\left|\Delta\theta_n\right| \leqslant \frac{\lambda_c}{l_{Mn}+2\left|\Delta Y_n\right|_{\max}+2\left|\Delta X_n\right|_{\max}\cot\left[(\pi-\Theta)/2\right]} \tag{4.85}$$

同样，设双站 SAR 工作模式为一站固定式，则极角采样间隔上限为

$$\left|\Delta\theta_n\right| \leqslant \frac{\lambda_{\min}}{l_{Mn}+2\left|\Delta Y_n\right|_{\max}+2\left|\Delta X_n\right|_{\max}\cot\left[(\pi-\Theta)/2\right]} \tag{4.86}$$

由式 (4.86) 可知，$\left|\Delta\theta_n\right|$ 仅与子孔径长度 l_{Mn}、运动误差 $\left|\Delta X_n\right|_{\max}$ 和 $\left|\Delta Y_n\right|_{\max}$ 成反比。对于理想情况下的一站固定式双站低频 SAR 系统，其满足条件 $\left|\Delta X_n\right|_{\max}=0$ 和 $\left|\Delta Y_n\right|_{\max}=0$，式 (4.86) 中的极角采样间隔上限可简化为

$$\left|\Delta\theta_n\right| \leqslant \frac{\lambda_{\min}}{l_{Mn}} \tag{4.87}$$

另外，极距采样间隔也需要满足奈奎斯特 (Nyquist) 采样定律，即

$$\left|\Delta\rho_n\right| \leqslant \frac{c}{B} \tag{4.88}$$

为了分析 BFFBPA 采用椭圆极坐标网格表示椭圆极子图像的优点，下面详细推导直角坐标子图像的方位向采样间隔。假设 $P_{\pm \Delta y_n}$ 为第 n 个子图像中与采样点 P 相邻的方位向采样点，其坐标表示为 $\left(\sqrt{r_{Mn}^2 \sin^2 \theta_n - z_M^2 (t_{a,n})}, r_{Mn} \cos \theta_n \pm \Delta y_n, 0 \right)$。$r_{Mn, \pm \Delta y_n}$ 和 $r_{Sn, \pm \Delta y_n}$ 分别为 $t_{a,n}$ 时刻采样点 $P_{\pm \Delta y_n}$ 到运动雷达和固定雷达的距离。因此，$t_{a,n} - 0.5 T_{a,n}$ 时刻采样点 $P_{\pm \Delta y_n}$ 到运动雷达和固定雷达的双程斜距为

$$
\begin{aligned}
r_B \left(P_{\pm \Delta y_n} \right) &= r'_{Mn, \pm \Delta y_n} + r'_{Sn, \pm \Delta y_n} \\
&= \left\{ r_{Mn, \pm \Delta y_n}^2 + d_n^2 - 2 \begin{bmatrix} \left(-0.5 v_M T_{a,n} + \Delta Y_n \right) \left(r_{Mn} \cos \theta_n \pm \Delta y_n \right) \\ -\Delta Z_n z_M \left(t_{a,n} \right) + \Delta X_n \sqrt{r_{Mn}^2 \sin^2 \theta_n - z_M^2 \left(t_{a,n} \right)} \end{bmatrix} \right\}^{1/2} \\
&\quad + r_{Sn, \pm \Delta y_n}
\end{aligned}
$$

(4.89)

因此，两相邻采样点 $P_{\pm \Delta y_n}$ 和 P 的双程斜距之差计算和近似为

$$
\begin{aligned}
\Delta r'_B &= r_n \left(P_{\pm \Delta y_n} \right) - r_n (P) \\
&\approx \frac{r_{Mn, \pm \Delta y_n}^2 - r_{Mn}^2}{2 r'_{Mn}} \pm \frac{\Delta y_n \left(v_M T_{a,n} - 2 \Delta Y_n \right)}{2 r'_{Mn}} + r_{Sn, \pm \Delta y_n} - r_{Sn}
\end{aligned}
$$

(4.90)

假设 $r_{Mn, \pm \Delta y_n} \approx r_{Mn}$ 和 $r_{Sn, \pm \Delta y_n} \approx r_{Sn}$，则双程斜距之差 $\Delta r'_B$ 可以进一步近似为

$$
\Delta r'_B \approx \pm \frac{\Delta y_n \left(l_{Mn} - 2 \Delta Y_n \right)}{2 r'_{Mn}}
$$

(4.91)

从而可得双程斜距之差 $\Delta r'_B$ 的最大值为

$$
\left| \Delta r'_B \right| \leqslant \frac{\left| \Delta y_n \right| \left(l_{Mn} + 2 \left| \Delta Y_n \right|_{\max} \right)}{2 r_{MOn}}
$$

(4.92)

同样，对于一站固定式双站低频 SAR 系统，双程斜距之差 $\Delta r'_B$ 需要满足以下条件：

$$
\left| \Delta r'_B \right| \leqslant \frac{\lambda_{\min}}{2}
$$

(4.93)

将式 (4.92) 代入式 (4.93)，可得方位向采样间隔的上限为

$$
\left| \Delta y_n \right| \leqslant \frac{\lambda_{\min} r_{MOn}}{l_{Mn} + 2 \left| \Delta Y_n \right|_{\max}}
$$

(4.94)

由式(4.94)可知，$|\Delta y_n|$ 不仅与子孔径长度 l_{Mn} 和运动误差 $|\Delta Y_n|_{max}$ 成反比，而且与运动雷达到采样点 P 的距离 r_{MOn} 成正比。即使对较小子孔径进行成像，也可能需要采用较小方位向采样间隔的网格来表示较低分辨率的直角坐标子图像，否则图像将产生混淆。然而，式(4.86)中的极角采样间隔 $|\Delta\theta_n|$ 仅与子孔径长度 l_{Mn}、运动误差 $|\Delta X_n|_{max}$ 和 $|\Delta Y_n|_{max}$ 有关。因此，对较小子孔径进行成像，可以采用较大极角采样间隔的网格来表示较低分辨率的椭圆极子图像，且图像无混淆现象，能极大地减小计算量。

在上述子图像网格采样间隔的推导中，假设运动雷达的运动误差是已知的，即通过 GPS 等传感器获得雷达轨迹数据的测量误差的精度足够高。在实际 SAR 成像处理中，测量误差的精度越高，获得的 SAR 图像质量越高。如果测量误差的精度不能满足成像要求，则需要采用其他算法来提高 SAR 图像的质量，如自聚焦算法等。

3. 相位校正和实现

BFFBPA 的实现与单站 FFBPA 的实现相似，两者主要区别是用于表示子图像的网格与子图像的采样间隔不同。同样，非线性轨迹一站固定式双站低频 SAR 成像处理中 BFFBPA 的实现过程也包括三个步骤。图 4.9 给出了 BFFBPA 实现流程图。

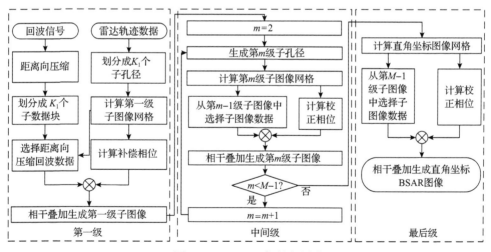

图 4.9　BFFBPA 实现流程图

假设运动雷达有 L 个实孔径位置，且 BFFBPA 经 M 次合并后形成全孔径，即

$$L = \prod_{m=1}^{M} F_m, \quad m = 1, 2, \cdots, M \tag{4.95}$$

式中，F_m 为第 m 次合并的子孔径数目。

(1) 第一级。首先将运动雷达全孔径划分为 L/F_1 个较小的子孔径，同时对距离压缩后的回波数据进行相同的划分；然后根据式(4.86)和式(4.88)中的采样间隔生成椭圆极坐标网格；最后将各子孔径对应的回波数据后向投影到椭圆极坐标网格上，并相干叠加生成第一级初始椭圆极子图像。将式(4.77)中的参数 ρ_n、θ_n、$t_{a,n}$、$t_{a,n}(k)$ 和 N_n 分别改写为 ρ_n^1、θ_n^1、t_{an}^1、$t_{an}^1(k)$ 和 F_1，则第一级第 n 个子孔径对应的椭圆极子图像的表达式为

$$I_n^1\left(\rho_n^1,\theta_n^1,t_{an}^1\right)=\sum_{k=1}^{F_1}s_{rc}'\left(\frac{r_B'\left(t_{an}^1(k),\rho_n^1,\theta_n^1\right)}{c},t_{an}^1(k)\right)\exp\left[\frac{\mathrm{j}2\pi f_c r_B\left(t_{an}^1(k),\rho_n^1,\theta_n^1\right)}{c}\right]$$

$$(4.96)$$

(2) 中间级。中间级是一个循环过程。在第 $m(1<m<M)$ 级中，第 m 级椭圆极子图像是由第 $m-1$ 级椭圆极子图像插值生成的。首先，将每 F_m 个第 $m-1$ 级子孔径合并为相应的第 m 级子孔径，并根据式(4.86)和式(4.88)中的采样间隔生成第 m 级较高分辨率的椭圆极坐标网格 $\left(\rho_q^m,\theta_q^m\right)$；然后，将每 F_m 个第 $m-1$ 级较低分辨率的椭圆极子图像插值到相应的第 m 级椭圆极坐标网格 $\left(\rho_q^m,\theta_q^m\right)$，并生成 F_m 个椭圆极子图像；最后，将每 F_m 个椭圆极子图像相干叠加生成相应的第 m 级较高分辨率的椭圆极子图像。因此，生成第 m 级椭圆极子图像的表达式为

$$I_q^m\left(\rho_q^m,\theta_q^m,t_{aq}^m\right)=\sum_{p=1+(q-1)F_m}^{qF_m}I_p^{m-1}\left(\rho_{p,\mathrm{cor}}^{m-1},\theta_{p,\mathrm{cor}}^{m-1},t_{ap}^{m-1}\right) \qquad (4.97)$$

式中，$I_q^m\left(\rho_q^m,\theta_q^m,t_{aq}^m\right)$ 为第 m 级第 q 个椭圆极子图像；$I_p^{m-1}\left(\rho_{p,\mathrm{cor}}^{m-1},\theta_{p,\mathrm{cor}}^{m-1},t_{ap}^{m-1}\right)$ 为第 $m-1$ 级第 p 个椭圆极子图像；t_{aq}^m 和 t_{ap}^{m-1} 分别为对应的子孔径中心时刻；$\left(\rho_{p,\mathrm{cor}}^{m-1},\theta_{p,\mathrm{cor}}^{m-1}\right)$ 为第 $m-1$ 级第 p 个子图像中与第 m 级第 q 个子图像中网格 $\left(\rho_q^m,\theta_q^m\right)$ 相对应的位置。

在实际成像处理中，$\left(\rho_{p,\mathrm{cor}}^{m-1},\theta_{p,\mathrm{cor}}^{m-1}\right)$ 不可能正好是第 $m-1$ 级第 p 个子图像中的离散采样点。在以往的 FFBPA 中，第 $m-1$ 级第 p 个子图像中 $\left(\rho_{p,\mathrm{cor}}^{m-1},\theta_{p,\mathrm{cor}}^{m-1}\right)$ 处的值通常利用高精度插值算法从周边相邻采样点的值进行计算。在 BFFBPA 成像处理中，进行插值之前需要对第 $m-1$ 级第 p 个子图像的数据进行升采样，否则将直接影响最后 SAR 成像的精度。由此可知，对第 $m-1$ 级第 p 个子图像的升采样操

作可能会极大地增加 BFFBPA 中的插值计算量。为了保持 BFFBPA 中插值的精度，而且不增加 BFFBPA 的总计算量，本节将分析 BFFBPA 中无升采样操作的插值所带来的相位误差，然后研究一种相位误差校正(phase error correction, PEC)算法，以降低相位误差对成像处理的影响。在插值中使用升采样操作二维线性插值算法，本节假设利用第 $m-1$ 级第 p 个子图像中 $\left(\rho_{p,\text{cor}}^{m-1},\theta_{p,\text{cor}}^{m-1}\right)$ 处周边 4 个相邻采样点的值来计算第 m 级第 q 个子图像中采样点 $\left(\rho_q^m,\theta_q^m\right)$ 处的值。首先，需要在 F_m 个相应的第 $m-1$ 级子图像中找到该 4 个相邻采样点；然后，将 F_m 个第 $m-1$ 级子图像中该 4 个相邻采样点处的值插值到第 $m-1$ 级子图像中 $\left(\rho_{p,\text{cor}}^{m-1},\theta_{p,\text{cor}}^{m-1}\right)$ 处；最后，将这 F_m 个第 $m-1$ 级子图像中 $\left(\rho_{p,\text{cor}}^{m-1},\theta_{p,\text{cor}}^{m-1}\right)$ 处的值线性叠加。

但是，第 $m-1$ 级子图像中 $\left(\rho_{p,\text{cor}}^{m-1},\theta_{p,\text{cor}}^{m-1}\right)$ 位置与其周边 4 个相邻采样点位置存在差异，这可能导致第 $m-1$ 级处理存在双程斜距误差，进而使得生成的第 m 级子图像存在相位误差。当位置 $\left(\rho_{p,\text{cor}}^{m-1},\theta_{p,\text{cor}}^{m-1}\right)$ 正好位于其周边 4 个相邻采样点中心时，双程斜距误差会达到最大值，即极距采样间隔的 1/2。因此，最大双程斜距误差导致的相位误差为

$$\Delta\phi = \frac{2\pi f_c}{c}\cdot\frac{c}{2B} = \frac{\pi}{B/f_c} = \frac{\pi}{B_r} \tag{4.98}$$

式中，B_r 为发射信号相对带宽(带宽和中心频率之比)，即 $B_r = B/f_c$。

众所周知，对于任何 SAR 系统，相对带宽 B_r 的范围为 $(0,2]$，因此式(4.98)中相位误差的范围为 $[\pi/2,+\infty)$。可以发现，该相位误差大于 $\pi/4$，将严重影响基于相干叠加的成像处理中 SAR 图像的质量。为了降低相位误差对成像处理的影响，在计算第 m 级第 q 个子图像中采样点 $\left(\rho_q^m,\theta_q^m\right)$ 处的值时，需要进行相位误差校正。

根据以上分析，本节研究了一种相位误差校正算法来提高成像结果的聚焦质量。结合相位误差校正算法，式(4.97)的表达式需改写为

$$I_q^m\left(\rho_q^m,\theta_q^m,t_{aq}^m\right) = \sum_{p=1+(q-1)F_m}^{qF_m}\begin{bmatrix} I_p^{m-1}\left(\left\lfloor\rho_{p,\text{cor}}^{m-1}\right\rfloor,\left\lfloor\theta_{p,\text{cor}}^{m-1}\right\rfloor,t_{ap}^{m-1}\right)w_{p,\rho}^{m-1}w_{p,\theta}^{m-1}e^{j2\pi f_c\left(\left\lfloor\rho_{p,\text{cor}}^{m-1}\right\rfloor-\rho_{p,\text{cor}}^{m-1}\right)/c} \\ +I_p^{m-1}\left(\left\lfloor\rho_{p,\text{cor}}^{m-1}\right\rfloor,\left\lceil\theta_{p,\text{cor}}^{m-1}\right\rceil,t_{ap}^{m-1}\right)w_{p,\rho}^{m-1}\left(1-w_{p,\theta}^{m-1}\right)e^{j2\pi f_c\left(\left\lfloor\rho_{p,\text{cor}}^{m-1}\right\rfloor-\rho_{p,\text{cor}}^{m-1}\right)/c} \\ +I_p^{m-1}\left(\left\lceil\rho_{p,\text{cor}}^{m-1}\right\rceil,\left\lfloor\theta_{p,\text{cor}}^{m-1}\right\rfloor,t_{ap}^{m-1}\right)\left(1-w_{p,\rho}^{m-1}\right)w_{p,\theta}^{m-1}e^{j2\pi f_c\left(\left\lceil\rho_{p,\text{cor}}^{m-1}\right\rceil-\rho_{p,\text{cor}}^{m-1}\right)/c} \\ +I_p^{m-1}\left(\left\lceil\rho_{p,\text{cor}}^{m-1}\right\rceil,\left\lceil\theta_{p,\text{cor}}^{m-1}\right\rceil,t_{ap}^{m-1}\right)\left(1-w_{p,\rho}^{m-1}\right)\left(1-w_{p,\theta}^{m-1}\right)e^{j2\pi f_c\left(\left\lceil\rho_{p,\text{cor}}^{m-1}\right\rceil-\rho_{p,\text{cor}}^{m-1}\right)/c} \end{bmatrix}$$

$$\tag{4.99}$$

式中，$\left\lfloor \rho_{p,\text{cor}}^{m-1} \right\rfloor$ 为小于 $\rho_{p,\text{cor}}^{m-1}$ 但最接近 $\rho_{p,\text{cor}}^{m-1}$ 的采样位置；$\left\lceil \rho_{p,\text{cor}}^{m-1} \right\rceil$ 为大于 $\rho_{p,\text{cor}}^{m-1}$ 但最接近 $\rho_{p,\text{cor}}^{m-1}$ 的采样位置；$\left\lfloor \theta_{p,\text{cor}}^{m-1} \right\rfloor$ 为小于 $\theta_{p,\text{cor}}^{m-1}$ 但最接近 $\theta_{p,\text{cor}}^{m-1}$ 的采样位置；$\left\lceil \theta_{p,\text{cor}}^{m-1} \right\rceil$ 为大于 $\theta_{p,\text{cor}}^{m-1}$ 但最接近 $\theta_{p,\text{cor}}^{m-1}$ 的采样位置。

$w_{p,\rho}^{m-1}$ 和 $w_{p,\theta}^{m-1}$ 分别为极距维和极角维加权系数，即

$$\begin{cases} w_{p,\rho}^{m-1} = \left(\left\lceil \rho_{p,\text{cor}}^{m-1} \right\rceil - \rho_{p,\text{cor}}^{m-1} \right) / \left(\left\lceil \rho_{p,\text{cor}}^{m-1} \right\rceil - \left\lfloor \rho_{p,\text{cor}}^{m-1} \right\rfloor \right) \\ w_{p,\theta}^{m-1} = \left(\left\lceil \theta_{p,\text{cor}}^{m-1} \right\rceil - \theta_{p,\text{cor}}^{m-1} \right) / \left(\left\lceil \theta_{p,\text{cor}}^{m-1} \right\rceil - \left\lfloor \theta_{p,\text{cor}}^{m-1} \right\rfloor \right) \end{cases} \tag{4.100}$$

该过程一直循环直到最后级。

(3) 最后级。为了减少计算量，将第 $M-1$ 级椭圆极子图像直接插值到直角坐标系，生成全分辨率 SAR 图像。首先将第 $M-1$ 级所有子孔径合并为全孔径，并根据二维分辨率大小生成第 M 级全分辨率的直角坐标网格 (x,y)；然后将 F_M 个第 $M-1$ 级较低分辨率的椭圆极子图像插值到对应的直角坐标网格 (x,y)，并生成 F_m 个直角坐标子图像；最后将这 F_m 个直角坐标子图像相干叠加生成第 M 级全分辨率 SAR 图像。同样，结合相位误差校正，生成的第 M 级全分辨率 SAR 图像为

$$I(x,y) = \sum_{p=1}^{F_M} \begin{bmatrix} I_p^{M-1}\left(\left\lfloor \rho_{p,\text{cor}}^{M-1} \right\rfloor, \left\lfloor \theta_{p,\text{cor}}^{M-1} \right\rfloor, t_{ap}^{M-1} \right) w_{p,\rho}^{M-1} w_{p,\theta}^{M-1} \text{e}^{\text{j}2\pi f_c \left(\left\lfloor \rho_{p,\text{cor}}^{M-1} \right\rfloor - \rho_{p,\text{cor}}^{M-1} \right)/c} \\ + I_p^{M-1}\left(\left\lfloor \rho_{p,\text{cor}}^{M-1} \right\rfloor, \left\lceil \theta_{p,\text{cor}}^{M-1} \right\rceil, t_{ap}^{M-1} \right) w_{p,\rho}^{M-1} \left(1 - w_{p,\theta}^{M-1} \right) \text{e}^{\text{j}2\pi f_c \left(\left\lfloor \rho_{p,\text{cor}}^{M-1} \right\rfloor - \rho_{p,\text{cor}}^{M-1} \right)/c} \\ + I_p^{M-1}\left(\left\lceil \rho_{p,\text{cor}}^{M-1} \right\rceil, \left\lfloor \theta_{p,\text{cor}}^{M-1} \right\rfloor, t_{ap}^{M-1} \right) \left(1 - w_{p,\rho}^{M-1} \right) w_{p,\theta}^{M-1} \text{e}^{\text{j}2\pi f_c \left(\left\lceil \rho_{p,\text{cor}}^{M-1} \right\rceil - \rho_{p,\text{cor}}^{M-1} \right)/c} \\ + I_p^{M-1}\left(\left\lceil \rho_{p,\text{cor}}^{M-1} \right\rceil, \left\lceil \theta_{p,\text{cor}}^{M-1} \right\rceil, t_{ap}^{M-1} \right) \left(1 - w_{p,\rho}^{M-1} \right) \left(1 - w_{p,\theta}^{M-1} \right) \text{e}^{\text{j}2\pi f_c \left(\left\lceil \rho_{p,\text{cor}}^{M-1} \right\rceil - \rho_{p,\text{cor}}^{M-1} \right)/c} \end{bmatrix}$$

$$\tag{4.101}$$

式中，$I(x,y)$ 为直角坐标双站 SAR 图像；$\left(\rho_{p,\text{cor}}^{M-1}, \theta_{p,\text{cor}}^{M-1} \right)$ 为第 $M-1$ 级第 p 个子图像中与直角坐标图像中网格 (x,y) 相对应的位置。

4. 算法计算量评估

本章所提 BFFBPA 的计算量主要包括计算椭圆极子图像网格、选择椭圆极子图像网格周边相邻采样点、计算补偿相位和校正相位、相位相乘以及椭圆极子图像相干叠加等。

设成像场景方位向和距离向的大小为 $N_A \times N_R$（采样点数），运动雷达方位向有 L 个实孔径点。每一级因式分解的因子为常数 l，全孔径共分解为 M 级，即

$L = l^M$。在第 M 级处理中，椭圆极子图像极角维和极距维大小分别为 $N_{\theta,M}$ 和 $N_{\rho,M}$，它们与成像场景维度的关系为 $N_{\theta,M} = \mu_\theta \cdot N_A$ 和 $N_{\rho,M} = \mu_\rho \cdot N_R$。与原始 BPA 相比，本章所提 BFFBPA 的提速因子可表示为

$$\text{AF} = \frac{L}{l\left[(M-1)\mu_\theta\mu_\rho + 1\right]} \tag{4.102}$$

由式 (4.102) 可知，提速因子 AF 主要由 L、l、μ_θ 和 μ_ρ 等参数决定，而 μ_θ 和 μ_ρ 的值一般大于或者等于 1。当子孔径长度 l 以及因子 μ_θ 和 μ_ρ 为固定值，方位向全孔径点数 L 增大时，式 (4.102) 分母中的 M 以 $\log_l L$ 的速度不断增大。图 4.10 给出了不同 μ_θ 和 μ_ρ 情况下 BFFBPA 提速因子 AF 以 2 为底的对数值，其中 $l = 2$。由图 4.10 可知，不同 μ_θ 和 μ_ρ 表示的提速因子 AF 的对数值与 $\log_2 L$ 几乎成正比，且因子 μ_θ 和 μ_ρ 的乘积越大，提速因子 AF 的对数值越小。由 $\mu_\theta = \mu_\rho = 1$ 情况下的提速因子可知，对于所有孔径长度，提速因子的值均大于 1。但是在实际 SAR 成像处理中，因子 μ_θ 和 μ_ρ 均会大于 1，因此对于较小孔径长度，提速因子的值会小于 1。因为在较小孔径成像处理时，BFFBPA 中子图像网格计算和选择，以及相位计算和相乘存在较大的计算量，可能比原始 BPA 的计算量还要大。所以，与原始 BPA 相比，在中高分辨率成像处理时，BFFBPA 能极大地减少计算量，提高成像效率；但是在低分辨率成像处理时，BFFBPA 在成像效率上几乎没有优势。

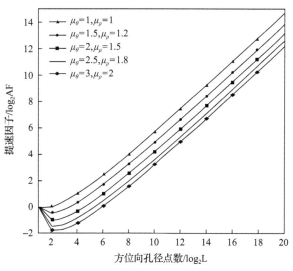

图 4.10　不同 μ_θ 和 μ_ρ 情况下 BFFBPA 提速因子 AF 以 2 为底的对数值

4.4 试 验 结 果

4.4.1 仿真试验

为了验证本章所提 BFFBPA 的正确性和有效性，本节通过仿真试验对比分析本章所提 BFFBPA 与原始 BPA 对一站固定式双站低频 SAR 系统成像处理的性能。同样，以原始 BPA 成像处理获得的结果为参考进行对比分析。

一站固定式双站低频 SAR 系统仿真参数如表 4.3 所示。由表 4.3 可以计算出运动雷达合成孔径时间 T_a 约为 4.54s。在运动雷达的理想线性轨迹上加入运动误差，其中 $\delta x = 10\sin\left[2\pi(1/T_a)t_a\right] + 0.3t_a$ 表示 X 轴方向的地距误差，$\delta y = 2\sin\left[2\pi(0.3/T_a)t_a\right] + 0.1t_a$ 表示 Y 轴方向的偏航误差，$\delta z = 5\sin\left[2\pi(0.5/T_a)t_a\right] + 0.2t_a$ 表示 Z 轴方向的高度误差。场景点目标分布如图 4.11(a)所示。在 300m×300m(距离向×方位向)的场景内放置了 9 个点目标，依次编号为 $A\sim I$，排成 3 行 3 列，点目标 E 位于场景中心(0m, 1650m, 0m)，点目标的距离向和方位向间距均为 100m。假设场景中所有点目标的雷达散射截面积为 1m^2。为了真实反映点目标的聚焦性能，成像处理中没有采取任何加权或旁瓣抑制措施。

表 4.3 一站固定式双站低频 SAR 系统仿真参数

参数	数值	参数	数值
中心频率/MHz	600	运动雷达理想高度/m	100
信号带宽/MHz	200	运动雷达理想速度/(m/s)	45
脉冲重复频率/Hz	100	运动雷达方位向波束角/(°)	10.2
固定雷达位置/m	(400, 0, 10)	运动雷达斜视角/(°)	10

图 4.11(b)为利用原始 BPA 进行成像处理获得的结果，可以发现所有的点目标都实现了良好聚焦。图 4.11(c)为利用无相位误差校正 BFFBPA 进行成像处理获得的结果，可以发现所有的点目标都存在严重的方位向散焦现象。图 4.11(d)为利用本章所提 BFFBPA 进行成像获得的结果，可以发现所有点目标都实现了良好聚焦。由图 4.11(c)和图 4.11(d)的比较可知，相位误差校正对 BFFBPA 成像处理非常有效。

图 4.12 给出了场景中心点目标 E 和场景边缘点目标 G 成像结果的轮廓图。由图 4.12 可以发现，点目标成像结果具有低频超宽带 SAR 图像的特点，如正交旁瓣和非正交旁瓣等。点目标的方位向非正交旁瓣在某些方向的强度(左上和右下)比其他方向的强度(左下和右上)要强，这可能是由斜视角和几何构型引起的。

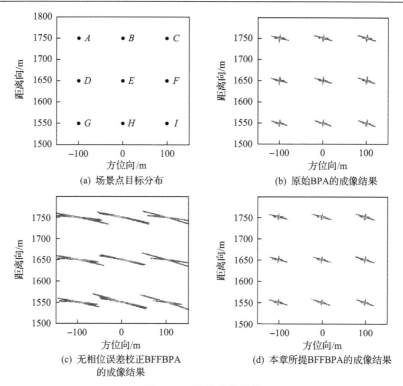

图 4.11 场景成像结果

此外还可以发现，点目标的距离向旁瓣存在一个倾斜角，这是由于运动雷达天线存在一个斜视角。由图 4.12 中的对比结果可知，本章所提 BFFBPA 获得的成像结果与原始 BPA 获得的成像结果十分相似，且点目标成像结果同样存在低频超宽带特点。

　　为了进一步评估点目标成像结果的质量，图 4.13 和图 4.14 提取了所选点目标距离向和方位向的幅度与相位剖面，其中实线表示原始 BPA 成像结果的剖面，虚线表示本章所提 BFFBPA 成像结果的剖面。由图 4.13 可以发现，两种成像算法获得的点目标 E 的幅度剖面与相位剖面很接近。在主瓣区域，两种成像算法所获得的点目标幅度和相位几乎无差别。然而，由于本章所提 BFFBPA 受到较小残余相位误差的影响，旁瓣区域的幅度和相位存在轻微差别。因此，本章所提 BFFBPA 中的残余相位误差仅轻微降低了 SAR 图像的聚焦质量。从图 4.14 中点目标 G 的聚焦质量对比可以得出类似的结论。

　　为了定量评估本章所提 BFFBPA 对点目标的成像性能，分别计算了图 4.11 成像结果中点目标 B、C、E 和 G 的距离向分辨率、方位向分辨率、PSLR 和 ISLR，计算结果如表 4.4 所示。由表 4.4 可知，两种成像算法获得的各项测量参数相差很小，本章所提 BFFBPA 获得点目标成像结果的分辨率比原始 BPA 略有下降。

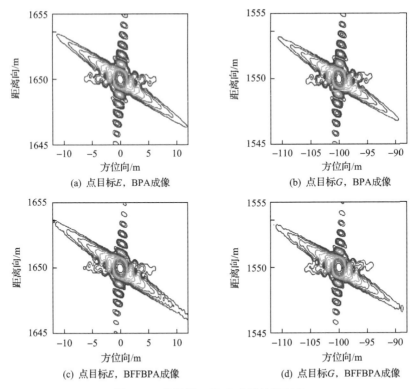

(a) 点目标E，BPA成像　　　　　　(b) 点目标G，BPA成像

(c) 点目标E，BFFBPA成像　　　　　(d) 点目标G，BFFBPA成像

图 4.12　点目标 E 和 G 成像结果对比

　　为了验证本章所提 BFFBPA 成像处理的效率，在相同仿真条件下对两种成像算法的处理时间进行测量。仿真中采用 2.93GHz 主频、2.0GB 内存和双核 CPU 的台式计算机，并利用某软件编程实现。原始 BPA 的处理时间约为 444.8s，本章所提 BFFBPA 的处理时间约为 48.6s，因此与原始 BPA 相比，本章所提 BFFBPA 的提速因子约为 9.1，与理论分析结果相符合。

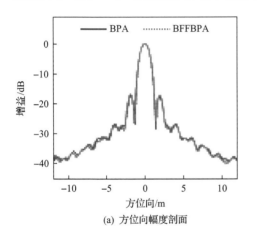

(a) 方位向幅度剖面

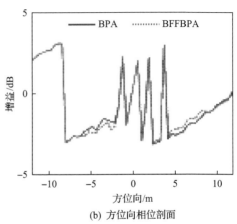

(b) 方位向相位剖面

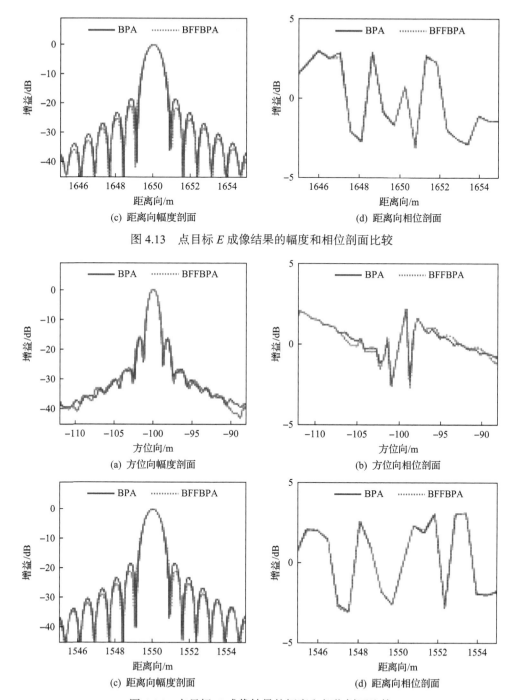

(c) 距离向幅度剖面

(d) 距离向相位剖面

图 4.13　点目标 E 成像结果的幅度和相位剖面比较

(a) 方位向幅度剖面

(b) 方位向相位剖面

(c) 距离向幅度剖面

(d) 距离向相位剖面

图 4.14　点目标 G 成像结果的幅度和相位剖面比较

表 4.4   点目标聚焦性能比较

成像算法	测量参数	点目标 B	点目标 C	点目标 E	点目标 G
原始 BPA	距离向分辨率/m	0.736	0.740	0.736	0.736
	方位向分辨率/m	1.213	1.238	1.213	1.161
	PSLR/dB	−14.10	−13.54	−14.20	−14.15
	ISLR/dB	−10.21	−10.51	−10.41	−9.68
本章所提 BFFBPA	距离向分辨率/m	0.770	0.776	0.776	0.771
	方位向分辨率/m	1.231	1.269	1.287	1.125
	PSLR/dB	−14.81	−13.61	−14.93	−14.87
	ISLR/dB	−10.29	−10.62	−10.46	−9.71

4.4.2   机载双站低频 SAR 飞行试验

本节给出国防科技大学利用自主研制的机载双站低频 SAR 系统开展的外场飞行试验及实测数据处理结果。外场飞行试验地点为陕西省渭南市，试验中所使用的雷达系统工作在 P 波段。该系统部分参数如表 4.5 所示。

表 4.5   机载双站低频 SAR 系统部分参数

参数	波段	极化方式	图像分辨率/m	平台飞行高度/m	运动站速度/(km/h)
数值	P 波段	HH	≤2	≥2000	≈120

试验中将接收站安装在机场塔台楼顶，形成固定的雷达接收平台，接收平台高度 (H_{RX}) 约为 18m；同时，将发射机安装在一架塞斯纳 172 小型有人机上，从而形成运动的雷达发射平台。为了评估不同双基地角下的双站低频 SAR 成像结果，设计了 8 条不同高度的飞行航线，其中最低飞行航线的高度 (H_{TX}) 为 2000m，相邻飞行航迹的高度间隔 ΔH_{TX} 为 20m。发射平台和接收平台之间的地距 (d_1) 为 3230m，接收平台和目标之间的地距 (d_2) 为 477m。图 4.15 给出了试验中所使用的雷达发射机和接收机。图 4.16 给出了机载双站低频 SAR 成像几何构型示意图，其中飞机的飞行方向是垂直纸面，最大双站角为 27.78°，最小双站角为 26.14°。

利用本章所提 BFFBPA 对获取的双站低频 SAR 实测数据进行处理，得到的成像结果如图 4.17 所示。在该成像结果中，强直达波的影响导致图像整体较暗，但成像场景中所布置的三面角反射器和隐藏在小树林后面的车辆目标依然可以从成像结果中辨别出来。图 4.18 给出了成像场景中三面角反射器的放大图与目标 1 的二维剖面图。从该图可以发现，双站低频 SAR 实测数据实现了良好的聚焦处理，且成像结果的分辨率与理论结果相符，从而证明了本章所提 BFFBPA 的有效性和可行性。

(a) 发射机

(b) 接收机

图 4.15　机载双站低频 SAR 雷达发射机和接收机布置

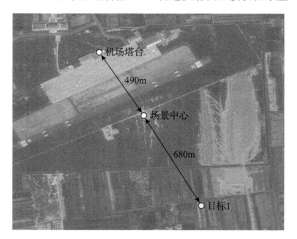

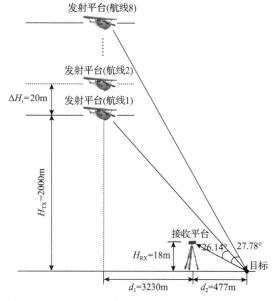

图 4.16　机载双站低频 SAR 成像几何构型示意图

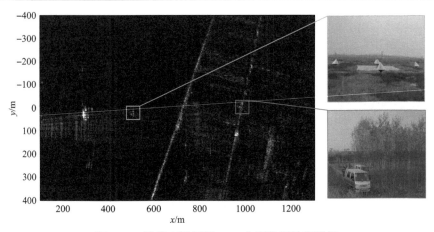

图 4.17 机载双站低频 SAR 实测数据处理结果

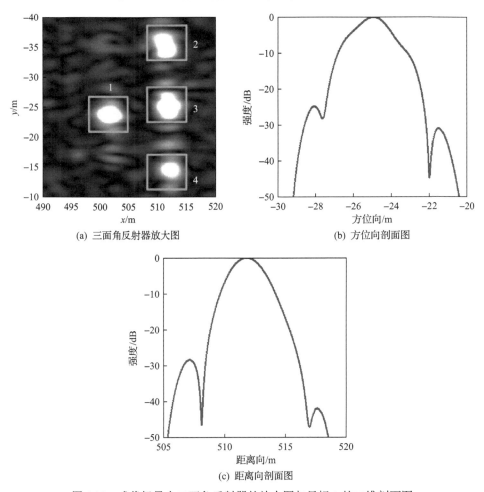

(a) 三面角反射器放大图

(b) 方位向剖面图

(c) 距离向剖面图

图 4.18 成像场景中三面角反射器的放大图与目标 1 的二维剖面图

近年来，各类飞行器集群技术的发展推动了双/多站 SAR 技术的研究与应用。与单站 SAR 相比，双/多站 SAR 成像具有很多独特优势，也具有重要的应用潜力。然而，要真正实现具有良好实用性能的双/多站 SAR 成像效能，还有很多问题需要研究，如双/多站 SAR 高精度时/频/空同步、双站 SAR 图像分析与校正、双站 SAR 旁瓣抑制、星基双站 SAR 成像、双站 SAR 干涉、双/多站 SAR 信息融合与提取等[61-74]。本章开展的双站低频 SAR 成像技术研究还不够深入，试验验证也不够充分，但所得到的研究结论也许能够为从事相关研究工作的读者提供参考和借鉴，从而继续推动双/多站低频 SAR 技术的发展与应用。

参 考 文 献

[1] 汤子跃, 张守融. 双站合成孔径雷达系统原理[M]. 北京: 科学出版社, 2003.

[2] Ender J. A step to bistatic SAR processing[C]. Proceeding of the European Conference on Synthetic Aperture Radar, Dresden, 2004: 356-359.

[3] 仇晓兰, 丁赤飚, 胡东辉. 双站 SAR 成像处理技术[M]. 北京: 科学出版社, 2010.

[4] 曾涛. 双基地合成孔径雷达发展现状与趋势分析[J]. 雷达学报, 2012, 1(4): 329-341.

[5] 杨建宇. 双基合成孔径雷达[M]. 北京: 国防工业出版社, 2017.

[6] Wang R, Deng Y K. Bistatic SAR System and Signal Processing Technology[M]. Singapore: Springer, 2018.

[7] Davis M E. Foliage Penetration Radar: Detection and Characterization of Objects under Trees[M]. Raleigh: SciTech, 2011.

[8] 杨科锋. 移变双基地 SAR 特性与成像方法研究[D]. 长沙: 国防科学技术大学, 2010.

[9] Balke J. Bistatic forward-looking synthetic aperture radar[C]. Proceedings of IEEE Radar Conference, Philadelphia, 2004: 1-5.

[10] Espeter T, Walterscheid I, Klare J, et al. Bistatic forward-looking SAR: Results of a spaceborne-airborne experiment[J]. IEEE Geoscience and Remote Sensing Letters, 2011, 8(4): 765-768.

[11] 冯东. 双站前视 FOPEN SAR 成像技术研究[D]. 长沙: 国防科学技术大学, 2015.

[12] 谢洪途. 一站固定式低频双站 SAR 高分辨率成像处理技术研究[D]. 长沙: 国防科学技术大学, 2015.

[13] Rasmusson J R, Blom M, Flood B, et al. Bistatic VHF and UHF SAR for urban environments[J]. SPIE Proceedings of Radar Sensor Technology XI, Orlando, 2007: 654705.

[14] Baqué R, Dreuillet P, du Plessis O R, et al. LORAMbis A bistatic VHF/UHF SAR experiment for FOPEN[C]. 2010 IEEE Radar Conference, Arlington, 2010: 832-837.

[15] Baqué R, Dreuillet P, du Plessis O R, et al. Results of the LORAMbis bistatic VHF/UHF SAR experiment for FOPEN[C]. Proceedings of 2011 IEEE CIE International Conference on Radar, Chengdu, 2011: 51-54.

[16] Ulander L M H, Barmettler A, Flood B, et al. Signal-to-clutter ratio enhancement in bistatic VHF-band SAR images of truck vehicles in forested and urban terrain[J]. IET Radar Sonar & Navigation, 2010, 4(3):438-448.

[17] 陈士超. 同轨双基 SAR 成像算法研究[D]. 西安: 西安电子科技大学, 2014.

[18] Cardillo G P. On the use of the gradient to determine bistatic SAR resolution[C]. Proceedings of Antennas & Propagation Society International Symposium IEEE, Dallas, 1990: 1032-1035.

[19] Moccia A, Renga A. Spatial resolution of bistatic synthetic aperture radar impact of acquisition geometry on imaging performance[J]. IEEE Transactions on Geoscience and Remote Sensing, 2011, 49(10): 3487-3503.

[20] Wang J G, Wang Y F, Zhang J M, et al. Resolution calculation and analysis in bistatic SAR with geostationary illuminator[J]. IEEE Geoscience and Remote Sensing Letters, 2013, 10(1): 194-198.

[21] Cherniakov M, Zeng T, Plakidis E. Ambiguity function for bistatic SAR and its application in SS-BSAR performance analysis[C]. Proceedings of the International Conference on Radar, Adelaide, 2003: 343-348.

[22] Ender J. The meaning of k-space for classical and advanced SAR techniques[C]. Proceedings of PSIP, Marseille, 2001: 23-38.

[23] Gierull C H. Bistatic synthetic aperture radar[R]. Ottawa: Defence R&D Canada, 2004.

[24] Ausherman D A, Kozma A, Walker J L, et al. Developments in radar imaging[J]. IEEE Transactions on Aerospace and Electronic Systems, 1984, 20(4): 363-400.

[25] Rigling B D. Signal processing strategies for bistatic synthetic aperture radar[D]. Columbus: The Ohio State University, 2003.

[26] Homer J, Donskoi E, Mojarrabi B, et al. Three dimensional bistatic synthetic aperture radar imaging system: Spatial resolution analysis[J]. IEE Radar Sonar Navigation, 2005, 152(6): 391-394.

[27] Walterscheid I, Klare J, Brenner A R, et al. Challenges of a bistatic spaceborne/airborne SAR experiment[C]. Proceedings of the European Conference on Synthetic Aperture Radar, Dresden, 2006.

[28] Zeng T, Cherniakov M, Long T. Generalized approach to resolution analysis in BSAR[J]. IEEE Transactions on Aerospace and Electronic Systems, 2005, 41(2): 461-474.

[29] Hu C, Zeng T, Zhu Y, et al. The accurate resolution analysis in geosynchronous SAR[C]. Proceedings of the European Conference on Synthetic Aperture Radar, Aachen, 2010: 925-928.

[30] Hu C, Long T, Zeng T, et al. The accurate focusing and resolution analysis method in geosynchronous SAR[J]. IEEE Transactions on Geoscience and Remote Sensing, 2011, 49(10): 3548-3563.

[31] Xie H T, An D X, Huang X T, et al. Research on spatial resolution of one-stationary bistatic ultrahigh frequency ultrawidebeam ultrawideband SAR based on scattering target wavenumber

domain support[J]. IEEE Journal of Selected Topics in Applied Earth Observations and Remote Sensing, 2015, 8(4): 1782-1798.

[32] Xie H T, An D X, Huang X T, et al. Spatial resolution analysis of low frequency UWB one-stationary bistatic SAR[C]. Proceedings of 2015 IEEE 5th Asia-Pacific Conference on Synthetic Aperture Radar, Marina Bay Sands, 2015: 10-14.

[33] Ulander L, Martin T. Bistatic ultra-wideband SAR for imaging of ground targets under foliage[C]. Proceedings of IEEE International Radar Conference, Arlington, 2005: 419-423.

[34] Soumekh M. Synthetic Aperture Radar Signal Processing: With MATLAB Algorithms[M]. New York: Wiley, 1999.

[35] Ponce O, Prats-Iraola P, Pinheiro M, et al. Fully polarimetric high-resolution 3-D imaging with circular SAR at L-band[J]. IEEE Transactions on Geoscience and Remote Sensing, 2014, 52(6): 3074-3090.

[36] Vu V T, Sjogren T K, Pettersson M I. Definition on SAR image quality measurements for UWB SAR[C]. Proceedings of SPIE Image and Signal Processing for Remote Sensing, Cardiff, 2008: 367-375.

[37] Vu V T, Sjogren T K, Pettersson M I. On synthetic aperture radar azimuth and range resolution equations[J]. IEEE Transactions on Aerospace and Electronic Systems, 2012, 48(2): 1764-1769.

[38] Neo Y L, Wong F H, Cumming I G. Processing of azimuth-invariant bistatic SAR data using the range Doppler algorithm[J]. IEEE Transactions on Geoscience and Remote Sensing, 2008, 46(1): 14-21.

[39] Jun S, Zhang X L, Yang J Y. Principle and methods on bistatic SAR signal processing via time correlation[J]. IEEE Transactions on Geoscience and Remote Sensing, 2008, 46(10): 3163-3178.

[40] Soumekh M. Bistatic synthetic aperture radar imaging using wide-bandwidth continuous-wave sources[C]. Proceedings of SPIE Radar Processing Technology and Applications, San Diego, 1998: 99-109.

[41] Walterscheid I, Ender J H G, Brenner A R, et al. Bistatic SAR processing using an omega-K type algorithm[C]. Proceedings of IEEE International Geoscience and Remote Sensing Symposium, Seoul, 2005: 1064-1067.

[42] Qiu X L, Hu D H, Ding C B. An Omega-K algorithm with phase error compensation for bistatic SAR of a translational invariant case[J]. IEEE Transactions on Geoscience and Remote Sensing, 2008, 46(8): 2224-2232.

[43] Shin H S, Lim J T. Omega-K algorithm for airborne spatial invariant bistatic spotlight SAR imaging[J]. IEEE Transactions on Geoscience and Remote Sensing, 2009, 47(1): 238-250.

[44] Rodriguez-Cassola M, Krieger G, Wendler M. Azimuth-invariant, bistatic airborne SAR processing strategies based on monostatic algorithms[C]. Proceedings of IEEE International

Geoscience and Remote Sensing Symposium, Seoul, 2005: 1047-1050.

[45] Li F, Li S, Zhao Y G. Focusing azimuth-invariant bistatic SAR data with chirp scaling[J]. IEEE Geoscience and Remote Sensing Letters, 2008, 5(3): 484-486.

[46] Wang R, Loffeld O, Nies H, et al. Chirp-scaling algorithm for bistatic SAR data in the constant-offset configuration[J]. IEEE Transactions on Geoscience and Remote Sensing, 2009, 47(3): 952-964.

[47] Wong F H, Cumming I G, Neo Y L. Focusing bistatic SAR data using the nonlinear chirp scaling algorithm[J]. IEEE Transactions on Geoscience and Remote Sensing, 2008, 46(9): 2493-2505.

[48] Qiu X L, Hu D H, Ding C B. An improved NLCS algorithm with capability analysis for one-stationary bistatic BiSAR[J]. IEEE Transactions on Geoscience and Remote Sensing, 2008, 46(10): 3179-3186.

[49] Qi C D, Zeng T, Li F. An improved nonlinear chirp scaling algorithm with capability motion compensation for one-stationary BiSAR[C]. Proceedings of IEEE International Conference on Signal Processing, Beijing, 2010: 2035-2038.

[50] Li Z Y, Wu J J, Li W C, et al. One-stationary bistatic side-looking SAR imaging algorithm based on extended keystone transforms and nonlinear chirp scaling[J]. IEEE Geoscience and Remote Sensing Letters, 2013, 10(2): 211-215.

[51] Bauck J L, Jenkins W K. Convolution-backprojection image reconstruction for bistatic synthetic aperture radar[C]. Proceedings of IEEE International Symposium on Circuits and Systems, Portland, 1989: 631-634.

[52] Xie H T, Chen L P, An D X, et al. Back-projection algorithm based on elliptical polar coordinate for low frequency ultra wide band one stationary bistatic SAR imaging[C]. Proceedings of IEEE International Conference on Signal Processing, Beijing, 2012: 1984-1988.

[53] Seger O, Herberthson M, Hellsten H. Real-time SAR processing of low frequency ultra wide-band radar data[C]. Proceeding of the European Conference on Synthetic Aperture Radar, Friedrichshafen, 1998: 489-492.

[54] Yegulalp A F. Fast backprojection algorithm for synthetic aperture radar[C]. Proceedings of IEEE International Radar Conference, Waltham, 1999: 60-65.

[55] McCorkle J W, Rofheart M. Order $N^2\log(N)$ backprojector algorithm for focusing wide-angle wide-bandwidth arbitrary-motion synthetic aperture radar[C]. Proceedings of SPIE Aerosense Conference, Orlando, 1996: 25-36.

[56] Ulander L M H, Hellsten H, Stenstrom G. Synthetic-aperture radar processing using fast factorized back-projection[J]. IEEE Transactions on Aerospace and Electronic Systems, 2003, 39(3): 760-776.

[57] Ding Y, Munson D C J. A fast back-projection algorithm for bistatic SAR imaging[C]. Proceedings of International Conference on Image Processing, Rochester, 2002: 449-452.

[58] Chen J, Xiong J T, Huang Y L, et al. Research on a novel fast backprojection algorithm for stripmap bistatic SAR imaging[C]. Proceedings of Asian and Pacific Conference on Synthetic Aperture Radar, Huangshan, 2007: 622-625.

[59] Vu V T, Sjogren T K, Pettersson M I. Fast backprojection algorithm for UWB bistatic SAR[C]. Proceedings of IEEE International Radar Conference, Kansas, 2011: 431-434.

[60] Vu V T, Sjogren T K, Pettersson M I. SAR imaging in ground plane using fast backprojection for mono-and bistatic cases[C]. Proceedings of IEEE International Radar Conference, Atlanta 2012: 184-189.

[61] Shao Y F, Wang R, Deng Y K, et al. Fast backprojection algorithm for bistatic SAR imaging[J]. IEEE Geoscience and Remote Sensing Letters, 2013, 10(5): 1080-1084.

[62] Ulander L M H, Flood B, Frolind P O, et al. Bistatic experiment with ultra-wideband VHF synthetic aperture radar[C]. Proceedings of the European Conference on Synthetic Aperture Radar, Friedrichshafen, 2008: 1-4.

[63] Ulander L M H, Frolind P O, Gustavsson A, et al. Fast factorized back-projection for bistatic SAR processing[C]. Proceedings of the European Conference on Synthetic Aperture Radar, Aachen, 2010: 1002-1005.

[64] Rodriguez-Cassola M, Prats P, Krieger G, et al. Efficient time-domain image formation with precise topography accommodation for general bistatic SAR configurations[J]. IEEE Transactions on Aerospace and Electronic Systems, 2011, 47(4): 2949-2966.

[65] Vu V T, Sjogren T K, Pettersson M I. Fast time-domain algorithms for UWB bistatic SAR processing[J]. IEEE Transactions on Aerospace and Electronic Systems, 2013, 49(3): 1982-1994.

[66] Feng D, An D X, Huang X T. Spatial resolution analysis for ultrawideband bistatic forward-looking SAR[J]. IEEE Geoscience and Remote Sensing Letters, 2017, 14(6): 974-978.

[67] Xie H T, An D X, Huang X T, et al. Fast time-domain imaging in elliptical polar coordinate for general bistatic VHF/UHF ultra-wideband SAR with arbitrary motion[J]. IEEE Journal of Selected Topics in Applied Earth Observations and Remote Sensing, 2015, 8(2): 879-895.

[68] Feng D, An D X, Huang X T. An extended fast factorized back projection algorithm for missile-borne bistatic forward-looking SAR imaging[J]. IEEE Transactions on Aerospace and Electronic Systems, 2018, 54(6): 2724-2734.

[69] Vu V T. Area resolution for bistatic ultrawideband ultrawide-beam SAR[J]. IEEE Transactions on Aerospace and Electronic Systems, 2021, 57(2): 1371-1377.

[70] Vu V T, Pettersson M I. Sidelobe control for bistatic SAR imaging[J]. IEEE Geoscience and Remote Sensing Letters, 2022, 19: 4016005.

[71] Vu V T, Pettersson M I. Tilt phenomenon in bistatic SAR image[J]. IEEE Geoscience and Remote Sensing Letters, 2022, 19: 4503605.

[72] Bachmann M, Kraus T, Bojarski A, et al. The TanDEM-X mission phases—Ten years of bistatic acquisition and formation planning[J]. IEEE Journal of Selected Topics in Applied Earth Observations and Remote Sensing, 2021, 14: 3504-3518.

[73] 武俊杰, 孙稚超, 吕争, 等. 星源照射双/多基地 SAR 成像[J]. 雷达学报, 2023, 12(1): 13-35.

[74] 安洪阳. 基于高轨照射源的双基 SAR 成像与动目标检测技术研究[D]. 成都: 电子科技大学, 2020.

第5章 机载低频 CSAR 成像

CSAR[1-7]是 20 世纪 90 年代出现的一种 SAR 成像模式。与传统 LSAR 成像不同，CSAR 成像过程中，雷达搭载平台围绕观测场景做 360°圆周运动，同时雷达天线波束以设定的俯视角始终指向观测区域。相比较于 LSAR 成像，CSAR 成像具有目标观测角度大[8-10]、图像质量高[11,12]、地面运动目标持续检测跟踪[13-18]、SAR 视频成像[19-21]、高精度 SAR 图像解译[22-27]和三维成像[28-39]等诸多优点，因此尤其适用于对重点区域/重点目标的全方位精细成像侦察与长时间持续跟踪监视。

低频 CSAR[40]是指工作在 P、L 等低频段的 CSAR 系统。显然，低频 CSAR 结合了 CSAR 成像模式的长时间宽角度高分辨成像与低频电波良好叶簇/浅地表穿透性两方面优势，具有更好的隐蔽目标成像侦察探测性能。概括地讲，低频 CSAR 具有以下优势：

（1）低频 CSAR 成像可获得比传统低频 LSAR 成像更高的图像分辨率和图像质量，从而提高了图像信杂比。

（2）低频 CSAR 的 0°～360°全方位观测成像可有效降低人造目标正侧闪烁效应的影响，避免低频 LSAR 成像中电波沿非正侧闪烁方向入射时引起的信杂比下降问题。

（3）低频 CSAR 成像可在更广方位角范围内获取人造目标与树干杂波的散射特性随方位角的变化关系，从而辅助提高隐蔽目标探测性能。

（4）低频 CSAR 成像可有效拓宽目标对应的频谱宽度，能够提高雷达图像空间分辨率，且具有高维分辨能力，因此具备获取观测目标三维图像的潜力[41-43]。

当然，一切事物都具有两面性，低频 CSAR 所具备的性能优势是以更复杂的系统控制与成像处理为代价的。在低频 CSAR 数据获取及信号处理中，突出的技术挑战包括精确天线波束控制、高精度成像与运动补偿等。相比于 LSAR 成像，标准圆周飞行更难以控制，因而需要精确导航技术，以实现较为理想的圆周飞行；低频 CSAR 在载机飞行过程中的波束控制误差等使得雷达波束"脚印"发生偏离，减小了有效观测范围，精确天线波束控制是实现低频 CSAR 数据获取的关键；在成像方面，低频 CSAR 的非线性轨迹使得传统的适用于线性轨迹 SAR 模式的成像算法[44-48]均不再适用，需要研究与之相适应的高效率成像算法；运动补偿是机载 SAR 成像处理的共性挑战，在低频 CSAR 更长的合成孔径内实现对运动误差的精确消除具有更大的难度[49,50]。此外，与传统低频 LSAR 相比，低频 CSAR 的成像观测区域有限，因此只适用于重点区域/重点目标的成像观测，而不适用于大区域高分辨 SAR 成像探测。

本章将简要介绍作者团队近些年在机载低频 CSAR 成像方面开展的理论研究、外场试验和实测数据处理工作，从而为从事相关技术研究的读者提供参考。本章内容安排如下：5.1 节介绍机载低频 CSAR 成像几何与回波信号模型；5.2 节推导 SAR 脉冲响应函数，在此基础上，5.3 节给出 CSAR 空间分辨率分析；5.4 节介绍机载低频 CSAR 成像算法与自聚焦算法；5.5 节给出试验结果。

5.1　机载低频 CSAR 成像几何与回波信号模型

5.1.1　机载低频 CSAR 成像几何

SAR 成像技术的基本原理是通过雷达搭载平台的运动形成一个长虚拟合成孔径，从而获得实孔径天线无法达到的方位向分辨率。对于方位向积累角为 ϕ_I 的正侧视 SAR，其方位向分辨率可以表示为[51]

$$\rho_a = \frac{k_a \lambda_c}{4 \sin(\phi_I / 2)} \tag{5.1}$$

式中，k_a 为孔径加权引起的方位向展宽因子；λ_c 为雷达中心频率对应的波长。由式(5.1)可见，在固定系统载频下，要提高图像的方位向分辨率，需增大方位向积累角 ϕ_I，在 LSAR 中方位向积累角与合成孔径长度成正比，因此在探测距离不变的情况下，增加成像合成孔径长度可以达到提高方位向分辨率的目的。

传统 SAR 成像模式以雷达搭载平台做直线运动为主，条带 SAR 成像和聚束 SAR 成像是其中最常用的 SAR 工作模式。LSAR 成像几何如图 5.1 所示，在条带 SAR 成像中，天线方位向波束指向相对于搭载平台保持不变，能够进行连续的大面积成像。相比之下，聚束 SAR 成像则通过控制天线方位向波束指向来调整雷达视线角，使其固定指向某一场景。聚束/条带 SAR 成像模式下的目标观测角度示意图如图 5.2 所示，不难发现，相比较于条带 SAR 成像，聚束 SAR 成像增加了方位向积累角，从而达到提高方位向分辨率的目的。

假设两种模式下，观测过程中飞行平台的轨迹长度皆为 L_{Aper}，对于条带 SAR 模式，观测场景的最大合成孔径长度由天线波束宽度 ϕ_{Antenna} 确定，即

$$L_{\text{Syn}} = 2 R_T \tan \frac{\phi_{\text{Antenna}}}{2} \leqslant L_{\text{Aper}} \tag{5.2}$$

式中，R_T 为天线到被观测目标之间的最小斜距，则该目标的最大孔径积累角为

$$\phi_{\text{I\_Strip}} = 2\arctan\frac{L_{\text{Syn}}}{2R_T} = \phi_{\text{Antenna}} \tag{5.3}$$

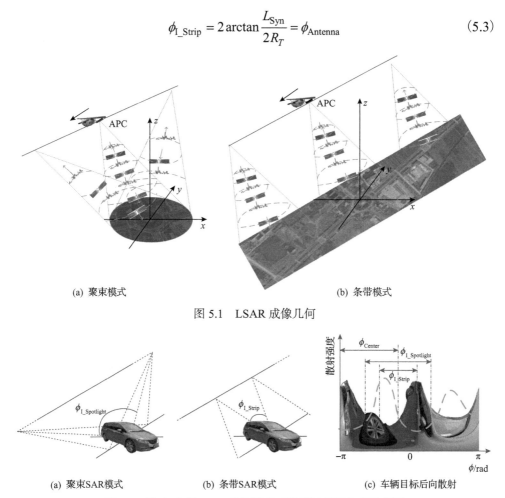

(a) 聚束模式　　　　　　　　　　　　(b) 条带模式

图 5.1　LSAR 成像几何

(a) 聚束SAR模式　　　　(b) 条带SAR模式　　　　(c) 车辆目标后向散射

图 5.2　聚束/条带 SAR 成像模式下的目标观测角度示意图

在条带 SAR 模式中,天线波束宽度决定了目标能被有效侦察到的最大孔径积累角。受天线收/发功率等方面的限制,天线波束宽度不能随着天线尺寸的减小而任意提高。对于聚束 SAR,其合成孔径长度即为平台运动长度,因此观测目标的最大反射积累角为

$$\phi_{\text{I\_Spotlight}} = 2\arctan\frac{L_{\text{Syn}}}{2R_T} \tag{5.4}$$

聚束 SAR 积累角与合成孔径长度的关系如图 5.3 所示,聚束 SAR 积累角随着合成孔径长度的增加而增大,当搭载平台运动趋于一条无限长直线时,理论反射积累角 $\phi_{\text{I\_Spotlight}}$ 接近于 180°,而实际中无法达到如此大的反射积累角。在自然场景中,绝大部分目标的后向雷达散射截面积随着其观测的方位角的变化而改变。如

图 5.2(c) 所示，车辆目标后向散射在主侧面最强，其他方位则相对较弱。采取 LSAR 模式对其进行观测，难以保证观测角度覆盖车辆强散射面，在成像结果中存在车辆目标的正侧闪烁现象。因此，LSAR 模式对目标观测的有限角度限制了其在实际军事侦察中对非合作目标的探测能力。

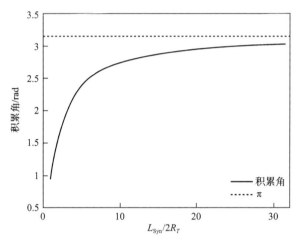

图 5.3　聚束 SAR 积累角与合成孔径长度的关系

　　CSAR 围绕场景观测一周，即对场景实施了全方位观测，因此能有效获取观测场景的全方位散射信息。

　　机载 CSAR 成像几何如图 5.4 所示。雷达系统搭载平台在与 xy 轴平行的平面绕 z 轴做半径为 R_{xy}、切向速度为 V 的 360° 圆轨迹飞行，飞行高度为 H，雷达视线方向始终指向场景中心 O。设飞行平台位于 x 正半轴时为慢时间 t_a 的零时刻点，则方位角为 $\phi(t_a)$，以 x 轴为相对起点，取值为 $\phi(t_a) = Vt_a/R_{xy}$。设雷达俯仰角 θ、雷达搭载平台相对场景中心的瞬时斜距 R_c 在整个运动过程中保持不变，记 t_a 时刻雷达天线相位中心位置矢量为 $l(t_a) = (x(t_a), y(t_a), H)$，保持理想运动轨迹时有以下几何关系：

$$\begin{cases} x(t_a) = R_{xy} \cos\left[\phi(t_a)\right] \\ y(t_a) = R_{xy} \sin\left[\phi(t_a)\right] \\ R_c = \sqrt{R_{xy}^2 + H^2} \end{cases} \tag{5.5}$$

　　设 P 为观测场景中的任意点目标，其位置矢量可以表示为 $r_P = (x_p, y_p, z_p)$，则天线相位中心 $l(t_a)$ 到点目标 P 的瞬时斜距为

$$R(l(t_a), r_P) = \sqrt{\left[x(t_a) - x_p\right]^2 + \left[y(t_a) - y_p\right]^2 + \left[H(t_a) - z_p\right]^2} \tag{5.6}$$

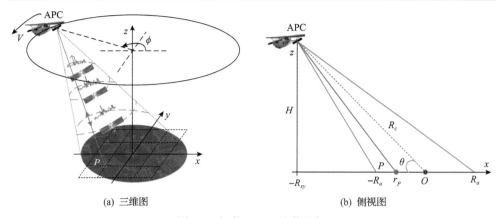

(a) 三维图　　　　　　　　　　(b) 侧视图

图 5.4　机载 CSAR 成像几何

对于 CSAR，在成像几何确定后，不考虑波束指向的抖动，有效成像场景由波束在地面的投影重合面确定。设天线波束主瓣在俯仰向宽度为 $\theta_{\mathrm{BW\_E}}$，方位向宽度为 $\theta_{\mathrm{BW\_A}}$，则如图 5.5(a) 所示波束照射至观测平面形成的椭圆面的两轴长度分别为

$$\begin{cases} R_{\mathrm{ScR}} = H\left\{ \tan\left[\arctan\left(\dfrac{R_{xy}}{H} \right) + \dfrac{\theta_{\mathrm{BW\_E}}}{2} \right] - \tan\left[\arctan\left(\dfrac{R_{xy}}{H} \right) - \dfrac{\theta_{\mathrm{BW\_E}}}{2} \right] \right\} \\ R_{\mathrm{ScA}} = 2\sqrt{H^2 + R_{xy}^2}\,\tan\left(\dfrac{\theta_{\mathrm{BW\_A}}}{2} \right) \end{cases} \tag{5.7}$$

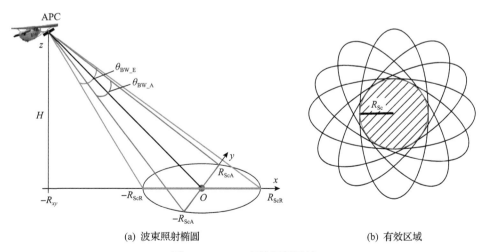

(a) 波束照射椭圆　　　　　　　　　(b) 有效区域

图 5.5　CSAR 有效照射区域

在雷达运动过程中始终被波束照射到的区域为一个圆形区域，如图 5.5(b) 所

示，其半径为 $R_{\mathrm{Sc}} = \min\left(R_{\mathrm{ScR}}, R_{\mathrm{ScA}}\right)$。

5.1.2 机载低频 CSAR 回波信号模型

设 SAR 系统的发射信号为一连串的 LFM 信号，即

$$s_T(t) = \sum_{n=1}^{N} s_{\mathrm{pul}}(t - nT) \tag{5.8}$$

式中，t 为全时间；N 为发射信号包含的脉冲总数；T 为脉冲重复周期。

单个脉冲的线性调频信号为

$$s_{\mathrm{pul}}(\tau) = \mathrm{rect}\left(\frac{\tau}{T_P}\right)\exp\left(\mathrm{j}2\pi f_c\tau + \mathrm{j}\pi\kappa\tau^2\right) \tag{5.9}$$

式中，$\mathrm{rect}(\cdot)$ 为矩形窗函数；τ 为快时间变量；T_P 为发射信号的脉宽；f_c 为发射信号的中心频率；κ 为线性调频率。

发射信号经过观测场景中任意点目标 P 反射后，返回接收天线处的点目标回波信号为

$$s_r(t; r_P) = \sigma_P(t; r_P) w_P(t; r_P) \sum_{n=1}^{N} s_{\mathrm{pul}}\left[t - nT - 2R(l(t), r_P)/c\right] \tag{5.10}$$

式中，$\sigma_P(t; r_P)$ 为目标 P 的后向雷达散射截面积；$w_P(t; r_P)$ 为天线调制因子；c 为真空中光速。

将式(5.9)代入式(5.10)，可得

$$\begin{aligned}
s_r(t; r_P) = {} & \sigma_P(l(t); r_P) w_P(l(t); r_P) \sum_{n=1}^{N} \mathrm{rect}\left[\frac{t - nT - 2R(l(t), r_P)/c}{T_P}\right] \\
& \cdot \exp\left\{\mathrm{j}2\pi f_c\left[t - nT - 2R(l(t), r_P)/c\right]\right\} \\
& \cdot \exp\left\{\mathrm{j}\pi\kappa\left[t - nT - 2R(l(t), r_P)/c\right]^2\right\}
\end{aligned} \tag{5.11}$$

CSAR 同样基于"走—停—走"的假设，即由于雷达搭载平台运动的速度远小于电磁波的速度，故在一个脉冲时间内，在信号发射至接收过程中，可忽略天线位置的变化，将其视为保持静止不动。将慢时间 $t_a = nT$ 作为描述天线运动的时间量，快时间与慢时间之间的关系为

$$t = nT + \tau \tag{5.12}$$

式(5.11)中，$\sigma_P(l(t); r_P)$、$w_P(l(t); r_P)$ 受目标和天线之间相对位置的影响。根

据上述假设，可以忽略其中的快时间变量，即 $\sigma_P(l(t);r_P) \approx \sigma_P(l(t_a);r_P)$，$w_P(l(t);r_P) \approx w_P(l(t_a);r_P)$。将式(5.12)代入式(5.11)，可将回波信号用快时间 τ 与慢时间 t_a 这两个独立的变量来表示：

$$
\begin{aligned}
s_r(t_a,\tau;r_P) = {} & \sigma_P(l(t_a);r_P) w_P(l(t_a);r_P) \mathrm{rect}\left[\frac{\tau - 2R(l(t_a),r_P)/c}{T_P}\right] \\
& \cdot \exp\left\{\mathrm{j}2\pi f_c\left[\tau - 2R(l(t_a),r_P)/c\right]\right\} \\
& \cdot \exp\left\{\mathrm{j}\pi\kappa\left[\tau - 2R(l(t_a),r_P)/c\right]^2\right\}
\end{aligned}
\tag{5.13}
$$

经过正交解调后，系统所获取的点目标回波变为

$$
\begin{aligned}
s_r(t_a,\tau;r_P) = {} & \sigma_P(t_a;r_P) w_P(t_a;r_P) \mathrm{rect}\left[\frac{\tau - 2R(l(t_a),r_P)/c}{T_P}\right] \\
& \cdot \exp\left[-\mathrm{j}4\pi f_c\, R(l(t_a),r_P)/c\right] \\
& \cdot \exp\left\{\mathrm{j}\pi\kappa\left[\tau - 2R(l(t_a),r_P)/c\right]^2\right\}
\end{aligned}
\tag{5.14}
$$

式(5.14)即为 CSAR 下点目标回波信号的数学模型。

实际场景中的目标可视为由多个点目标组成，因此雷达接收的回波信号是由照射场景中所有点目标回波信号累加组成的，总回波信号的表达式为

$$
s(t_a,\tau) = \int_{|r_P| \leqslant R_{Sc}} s_r(t_a,\tau;r_P)\mathrm{d}r_P
\tag{5.15}
$$

5.2　SAR 脉冲响应函数

在 SAR 成像中，通常以基于点目标脉冲响应函数的–3dB 宽度（或半能量宽度）来估计成像结果的方位向分辨率和距离向分辨率。对于具有小相对带宽与窄天线波束的 NSAR 系统，脉冲响应函数的二维 sinc 函数近似具有很高的精度。二维 sinc 函数可用于 SAR 图像质量评估和 SAR 空间分辨率估计，但仅限于 NSAR 系统。对于宽方位向积累角，甚至全方位向积累角的 CSAR 系统，点目标 SAR 图像的二维傅里叶变换不再是二维矩形函数。同时，其点目标 SAR 图像对应的脉冲响应函数比较复杂，在图像域内的形式不能再简单地表示成一个二维 sinc 函数，否则将在进行图像质量评估与空间分辨率估计时导致较大的失真，因此必须建立一个能够更加准确地描述 CSAR 点目标脉冲响应特点的函数形式。

5.2.1 LSAR 脉冲响应函数

为了便于理解 CSAR 脉冲响应函数，首先回顾第 2 章给出的 LSAR 脉冲响应函数。在传统的 LSAR 系统中，通常称天线运动方向为方位向，信号电磁波运动方向为距离向。然而在 CSAR 系统中，天线做圆周运动，其轨迹方向不断改变，因此对于一个完整孔径的 CSAR，难以用 LSAR 中的方位向和距离向来定义系统坐标。为统一阐述，本小节令 x、y 分别表示 LSAR 的方位向和距离向，而在 CSAR 极坐标系中，它们分别对应于 0°方向和 90°方向。

信号频率可以用波数 k_r 表示，通常定义为角频率 ω 除以等效速度。在单站 SAR 中，电磁波是双程传播的，故其等效速度可视为 $c/2$，则有

$$k_r = \frac{\omega}{c/2} = \frac{2\pi f}{c/2} = \frac{4\pi}{\lambda} \tag{5.16}$$

式(5.16)表示波数又可以等效为 4π 除以波长 λ，令 k_x、k_y 分别表示斜距平面上的方位向波数和距离向波数，则它们之间的关系可表示为

$$\omega = \frac{c}{2}\sqrt{k_x^2 + k_y^2} \tag{5.17}$$

设点目标在 SAR 图像域表示函数 $h(x,y)$，则其经二维 FFT 处理所得波数域内的结果 $H(k_x, k_y)$ 可表示为

$$H(k_x, k_y) = \int_{-\infty}^{\infty}\int_{-\infty}^{\infty} h(x,y) \cdot e^{-j(k_x x + k_y y)} \mathrm{d}x\mathrm{d}y \tag{5.18}$$

根据傅里叶变换对的关系，点目标的 SAR 图像 $h(x,y)$ 可由 $H(k_x, k_y)$ 表示为

$$h(x,y) = \frac{1}{(2\pi)^2}\int_{-\infty}^{\infty}\int_{-\infty}^{\infty} H(k_x, k_y) \cdot e^{j(k_x x + k_y y)} \mathrm{d}k_x\mathrm{d}k_y \tag{5.19}$$

由第 2 章内容可知，对于传统 NSAR 系统，其相对带宽和方位向积累角均很小，窄带 LSAR 点目标二维波数域支撑如图 5.6 所示。因此，$k_{x,\max} - k_{x,\min} \approx 2k_c \sin\dfrac{\phi_I}{2}$，点目标的二维频谱近似于矩形，可表示为

$$H(k_x, k_y) \approx \begin{cases} 1, & k_{x,\min} \leqslant k_x \leqslant k_{x,\max}; k_{y,\min} \leqslant k_y \leqslant k_{y,\max} \\ 0, & \text{其他} \end{cases} \tag{5.20}$$

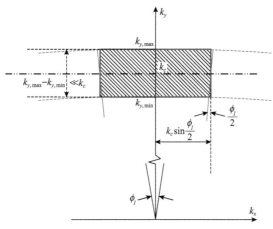

图 5.6　NSAR 点目标二维波数域支撑

将式(5.20)代入式(5.19)，忽略常数项，则点目标图像在直角坐标系内的数学表达式(详细推导过程请见文献[47])为

$$h_1(x, y) \approx \mathrm{sinc}\left(\frac{k_c}{\pi}\sin\frac{\phi_I}{2}x\right) \cdot \mathrm{sinc}\left(\frac{k_{y,\max} - k_{y,\min}}{2\pi}y\right) \tag{5.21}$$

式中，k_c 为中心波数；ϕ_I 为方位向积累角。

式(5.21)也可称为 NSAR 系统的脉冲响应函数。根据 SAR 图像质量评估的定义，空间分辨率、ISLR 和 PSLR 等为评价 SAR 图像质量的主要性能参数。这些图像质量评价指标可基于点目标的脉冲响应函数进行估计。通常定义分辨率为压缩后信号中脉冲主瓣的两个-3dB 点之间的间隔，即脉冲峰值幅度下降至最大值的 0.707 处的脉宽。可以通过式(5.21)中的 sinc 函数获取方位向分辨率与距离向分辨率，即

$$20\lg\left[\mathrm{sinc}\left(\frac{k_c}{\pi}\sin\frac{\phi_I}{2}x\right)\right] = -3\mathrm{dB}$$
$$20\lg\left[\mathrm{sinc}\left(\frac{k_{y,\max} - k_{y,\min}}{2\pi}y\right)\right] = -3\mathrm{dB} \tag{5.22}$$

式中，sinc 函数的定义为

$$\mathrm{sinc}(t) = \frac{1}{2\pi}\int_{-\pi}^{\pi}\mathrm{e}^{jwt}\mathrm{d}w = \begin{cases} 1, & t = 0 \\ \dfrac{\sin(\pi t)}{\pi t}, & t \neq 0 \end{cases} \tag{5.23}$$

由积分表达式可知，sinc 函数可理解为宽是 2π、高是 1 的矩形脉冲的傅里叶逆变换结果。sinc 函数如图 5.7 所示，可得在取值为 ±0.4422 时，$20\lg[\mathrm{sinc}(\pm0.4422)] \approx -3$。

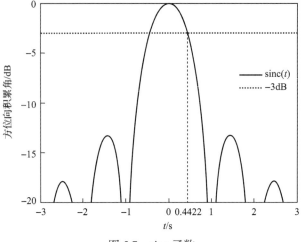

图 5.7　sinc 函数

设 ρ_a 与 ρ_r 分别为窄带 LSAR 的方位向分辨率和距离向分辨率，可得

$$\begin{cases} \dfrac{k_c}{\pi} \sin\dfrac{\phi_I}{2} \dfrac{\rho_a}{2} = 0.4422 \\[3mm] \dfrac{k_{y,\max} - k_{y,\min}}{2\pi} \dfrac{\rho_r}{2} = 0.4422 \end{cases} \tag{5.24}$$

又有

$$\begin{cases} k_c \sin\dfrac{\phi_I}{2} = \dfrac{4\pi}{\lambda_c} \sin\dfrac{\phi_I}{2} \\[3mm] \dfrac{k_{y,\max} - k_{y,\min}}{2} = \dfrac{4\pi f_{y,\max} - 4\pi f_{y,\min}}{2c} = \dfrac{2\pi B}{c} \end{cases} \tag{5.25}$$

将式(5.25)代入式(5.24)可得方位向分辨率和距离向分辨率分别为

$$\begin{cases} \rho_a = \dfrac{0.2211\lambda_c}{\sin\dfrac{\phi_I}{2}} \approx \dfrac{\lambda_c}{4\sin\dfrac{\phi_I}{2}} \\[4mm] \rho_r = \dfrac{0.4422c}{B} \approx \dfrac{c}{2B} \end{cases} \tag{5.26}$$

式中，$\lambda_c = c/f_c$ 为中心波长。

需要注意的是，上述距离向分辨率为参考斜距平面分辨率，若所求为地距分辨率，则根据参考斜距平面与地面的夹角，即电磁波相对场景中心的入射角 θ，将式(5.26)更新为

$$\begin{cases} \rho_a = \dfrac{\lambda_c}{4\sin\dfrac{\phi_I}{2}} \\[4mm] \rho_r = \dfrac{c\csc\theta}{2B} \end{cases} \tag{5.27}$$

式中，$\csc(\cdot)$ 为余割函数。

若方位向积累角 ϕ_I 很小，满足 $\sin\dfrac{\phi_I}{2}\approx\dfrac{\phi_I}{2}$，则方位向分辨率可以进一步简化为

$$\rho_a = \frac{\lambda_c}{2\phi_I} \tag{5.28}$$

式 (5.28) 常在工程上用于粗略估计传统 LSAR 的方位向分辨率。

随着 SAR 成像模式和所采用发射信号的多样化，将二维支撑域视为矩形的假设越来越不适应分辨率精确估计的需求。例如，对于高分辨低频 SAR，其大方位向积累角、大信号相对带宽的特点使其二维支撑域呈现为一个扇形，与矩形相差甚远。图 5.8 给出了 SAR 点目标在斜距平面上的通用二维波数支撑域。

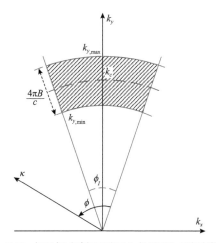

图 5.8　SAR 点目标在斜距平面上的通用二维波数支撑域

为便于推导和获取更通用的结果，将点目标由 $\left(k_x,k_y\right)$ 变换到归一化后的极坐标系 (κ,ϕ) 中，两坐标系的相互变换关系为

$$\begin{cases} \dfrac{k_x}{k_c}=\zeta\cos\phi \\[3mm] \dfrac{k_y}{k_c}=\zeta\sin\phi \end{cases}, \quad \begin{cases} x=\dfrac{\rho\cos\varphi}{k_c} \\[3mm] y=\dfrac{\rho\sin\varphi}{k_c} \end{cases} \tag{5.29}$$

式中，(ρ, φ) 为对应的图像域极坐标系，ρ 为极径，φ 为极角。

SAR 点目标二维波数支撑域可表示为

$$H(\zeta, \phi) = \begin{cases} 1, & -\phi_I/2 \leqslant \phi \leqslant \phi_I/2 ; 1 - B_r/2 \leqslant \zeta \leqslant 1 + B_r/2 \\ 0, & \text{其他} \end{cases} \tag{5.30}$$

式中，B_r 为相对带宽，可由式(5.31)计算得到

$$B_r = \frac{k_{\rho \max} - k_{\rho \min}}{k_c} = \frac{4\pi f_{\max}/c - 4\pi f_{\min}/c}{4\pi f_c/c} = \frac{f_{\max} - f_{\min}}{f_c} = \frac{B}{f_c} \tag{5.31}$$

将式(5.29)、式(5.30)代入式(5.19)，可得点目标脉冲响应函数在极坐标系下的积分表达形式为

$$h(\rho, \varphi) = \left(\frac{k_c}{2\pi}\right)^2 \int_{-\infty}^{\infty} \int_{-\infty}^{\infty} \zeta H(\zeta, \phi) \mathrm{e}^{\mathrm{j}(\zeta \cos \phi \cdot \rho \cos \varphi + \zeta \sin \phi \cdot \rho \sin \varphi)} \mathrm{d}\zeta \mathrm{d}\phi$$

$$= \left(\frac{k_c}{2\pi}\right)^2 \int_{-\phi_I/2}^{\phi_I/2} \int_{1-B_r/2}^{1+B_r/2} \zeta \mathrm{e}^{\mathrm{j}\zeta \rho \cos(\phi - \varphi)} \mathrm{d}\zeta \mathrm{d}\phi \tag{5.32}$$

再将式(5.30)代入式(5.32)，可得点目标脉冲响应函数为[47]

$$h(\rho, \varphi) = \left(\frac{k_c}{2\pi}\right)^2 \frac{\mathrm{e}^{-\mathrm{j}\varphi}}{\rho} \left[\phi_I \sum_{n=-\infty}^{\infty} \frac{\mathrm{j}^n}{\mathrm{e}^{\mathrm{j}(n-1)\varphi}} \mathrm{sinc}\left(\frac{n\phi_I}{2\pi}\right) f_{n-1}(\rho, B_r) + g(\rho, \varphi, B_r, \phi_I) \right] \tag{5.33}$$

式中

$$f_{n-1}(\rho, B_r) = -\left(1 + \frac{B_r}{2}\right) \mathrm{J}_{n-1}\left[\rho\left(1 + \frac{B_r}{2}\right)\right] + \left(1 - \frac{B_r}{2}\right) \mathrm{J}_{n-1}\left[\rho\left(1 - \frac{B_r}{2}\right)\right] \tag{5.34}$$

以及

$$g(\rho, \varphi, B_r, \phi_I) = B_r \mathrm{e}^{\mathrm{j}\left[\rho \cos(\phi_I/2 - \varphi) + \phi_I/2\right]} \mathrm{sinc}\left[\frac{B_r \rho \cos(\phi_I/2 - \varphi)}{2\pi}\right]$$

$$- B_r \mathrm{e}^{\mathrm{j}\left[\rho \cos(\phi_I/2 + \varphi) - \phi_I/2\right]} \mathrm{sinc}\left[\frac{B_r \rho \cos(\phi_I/2 + \varphi)}{2\pi}\right] \tag{5.35}$$

式中，$\mathrm{J}_{n-1}[\cdot]$ 为贝塞尔函数。在式(5.33)中，对于 LSAR 模型，极坐标系中 $\varphi = 0°$ 对应方位向，$\varphi = 90°$ 对应距离向。同样，上述点目标脉冲响应函数为斜距平面上的推导结果，若需要其在地距上的结果，还应该考虑入射角。

5.2.2　CSAR 脉冲响应函数

条带 SAR 的成像处理通常选取在斜距平面上进行，尤其是频域成像，如 RD、ωK、CS 等，雷达成像结果展现在斜距平面上。CSAR 的回波获取面无法统一地展示在同一个斜距平面上，其完整的获取数据面可视为一个圆锥曲面，因此其三维空间的波数支撑域也可以用该曲面进行表示。图 5.9(a) 给出一个位于场景中心的点目标波数支撑域(三维视图)。

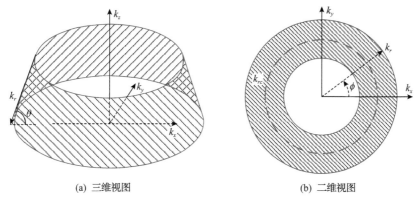

(a)　三维视图　　　　　　　　　　　　(b)　二维视图

图 5.9　CSAR 波数支撑域图

为统一 CSAR 二维成像结果，通常将其呈现在水平面上，即 x-y 平面上，该平面上的波数支撑域的投影(二维视图)如图 5.9(b) 所示，其在 x-y 平面上的波数为

$$\begin{cases} k_x = k_r \cos\theta \cos\phi \\ k_y = k_r \cos\theta \sin\phi \end{cases} \tag{5.36}$$

式中，θ 为入射角；ϕ 为方位角。

定义水平径向波数为

$$k_{rg} = \sqrt{k_x^2 + k_y^2} \tag{5.37}$$

对应支撑谱上的内、外圆波数半径和中心波数半径分别为

$$\begin{cases} k_{rg,\min} = k_{r,\min} \cos\theta \\ k_{rg,\max} = k_{r,\max} \cos\theta \\ k_{rc} = k_c \cos\theta \end{cases} \tag{5.38}$$

同样可以依据 CSAR 波数域表示函数获取其在 x-y 平面的点目标脉冲响应函数，即令式(5.33)中的方位向积累角 $\phi_I = 2\pi$，则 $g(\rho, \varphi, B_r, \phi_I = 2\pi) = 0$，可得

$$h_{\mathrm{CSAR}}(\rho,\varphi) = \frac{k_{rc}^2}{2\pi\rho}\left\{-\left(1+\frac{B_r}{2}\right)\mathrm{J}_{-1}\left[\rho\left(1+\frac{B_r}{2}\right)\right]+\left(1-\frac{B_r}{2}\right)\mathrm{J}_{-1}\left[\rho\left(1-\frac{B_r}{2}\right)\right]\right\} \quad (5.39)$$

为更好地理解式(5.39)，令

$$\begin{cases} 1+\dfrac{B_r}{2} = \dfrac{2k_{rc}+k_{rg,\max}-k_{rg,\min}}{2k_{rc}} = \dfrac{k_{rg,\max}}{k_{rc}} \\[3mm] 1-\dfrac{B_r}{2} = \dfrac{2k_{rc}-k_{rg,\max}+k_{rg,\min}}{2k_{rc}} = \dfrac{k_{rg,\min}}{k_{rc}} \end{cases} \quad (5.40)$$

同时，设极化坐标系中的归一化半径 $\tilde{\rho}$（单位：m）为

$$\tilde{\rho} = \frac{x}{\cos\varphi} = \frac{y}{\sin\varphi} = \frac{\rho}{k_c} \quad (5.41)$$

将其代入式(5.39)，可得

$$h_{\mathrm{CSAR}}(\tilde{\rho},\varphi) = -\frac{1}{2\pi}\left[\frac{k_{rg,\max}}{\tilde{\rho}}\mathrm{J}_{-1}\left(k_{rg,\max}\tilde{\rho}\right) - \frac{k_{rg,\min}}{\tilde{\rho}}\mathrm{J}_{-1}\left(k_{rg,\min}\tilde{\rho}\right)\right] \quad (5.42)$$

再利用贝塞尔函数性质 $\mathrm{J}_{-n}(z) = (-1)^n\mathrm{J}_n(z)$，可将式(5.42)改写为

$$h_{\mathrm{CSAR}}(\tilde{\rho},\varphi) = \frac{1}{2\pi}\left[\frac{k_{rg,\max}}{\tilde{\rho}}\mathrm{J}_1\left(k_{rg,\max}\tilde{\rho}\right) - \frac{k_{rg,\min}}{\tilde{\rho}}\mathrm{J}_1\left(k_{rg,\min}\tilde{\rho}\right)\right] \quad (5.43)$$

由式(5.43)可知，理想点目标的 CSAR 脉冲响应函数与方位角 φ 无关，与雷达发射电磁波的载频和带宽均有关，而不仅取决于信号带宽。同时，CSAR 成像中的主要指标，如分辨率、PSLR、ISLR 等，由一阶贝塞尔函数特性和载频、带宽决定。式(5.43)还可通过将两个支撑域为圆面的点目标脉冲响应函数进行相减得出。

5.3　CSAR 空间分辨率分析

从孔径累加的角度，CSAR 的二维成像处理主要分为两大类：相干成像与非相干成像。CSAR 两种不同成像处理方式示意图如图 5.10 所示，相干成像是将全孔径进行相干累加，得到最终成像结果；非相干成像是通过子孔径划分并分别成像，将所获得的子图像通过非相干方式进行累加，得到最终结果。由前面的分析

可知，相干成像的高分辨率由较大的目标散射角提供。然而在实际场景中，绝大多数目标的有效散射角度范围很小，限制了相干成像的高分辨率优势。研究报告表明：对于城镇区域的高分辨成像，由于其场景中以各向异性散射人造目标为主，采用非相干成像可以带来更优的图像结果。图 5.11 为 Gotcha 实测数据中某车辆目标在相干成像和非相干成像下得到的结果。由图中可以看出：在相干成像结果中，相干斑较多，且轮廓不清晰，有断续；在非相干结果中，轮廓平滑，具有很高的图像辨识度，有利于后续的车辆检测识别处理。

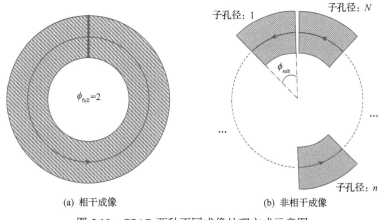

(a) 相干成像　　　　　　　　　　(b) 非相干成像

图 5.10　CSAR 两种不同成像处理方式示意图

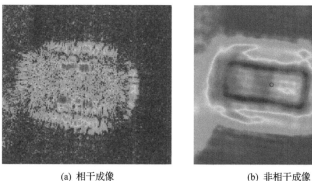

(a) 相干成像　　　　　　　　　　(b) 非相干成像

图 5.11　Gotcha 实测数据中某车辆目标在相干成像和非相干成像下得到的结果

　　关于 CSAR 相干成像下的点目标脉冲响应函数，已在 5.2 节中做了详细推导与分析。由于两种处理算法不同，原有基于相干成像得出的点目标脉冲响应函数不再适用于非相干成像情况。已有试验结果显示，非相干成像下的空间分辨率除了与发射信号的中心频率、带宽有关外，还与处理过程中所采用的子孔径积累角有关。然而，已有文献并未对非相干成像的分辨率进行研究，限制了非相干成像在 CSAR 实测数据处理中的推广应用。因此，本小节将对相干成像和非相干成像两种成像方式下的 CSAR 空间分辨率进行深入探讨。

5.3.1 相干成像空间分辨率分析

依据式 (5.43)，图 5.12 给出了在 CSAR 相干成像下不同载频和相对带宽的点目标脉冲响应函数对比。从图中可以看出：点目标的分辨率随着载频和相对带宽的增大而提高，且载频较相对带宽对分辨率的影响更大；点目标脉冲响应函数的 PSLR 主要受相对带宽的影响，随着相对带宽的增大而降低。

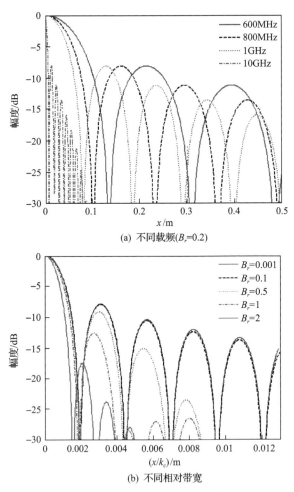

(a) 不同载频(B_r=0.2)

(b) 不同相对带宽

图 5.12　CSAR 点目标脉冲响应函数对比图

考虑相对带宽极小的情形，如发射信号为点频信号的极端情况，其波数支撑域由圆环缩减为一个圆边，此时有 $B_r = \delta(0)/k_{rc}$，其中，载频波数 $k_{rc} = 4\pi/\lambda_{rc}$，则根据式 (5.32)，可求得脉冲响应函数为

$$h_{\mathrm{CSAR}}(\rho,\varphi)=\left(\frac{k_{rc}}{2\pi}\right)^2\int_{1-\delta(0)/k_{rc}}^{1+\delta(0)/k_{rc}}\int_{-\pi}^{\pi}e^{j\zeta\rho\cos(\phi-\varphi)}d\phi d\zeta \tag{5.44}$$

根据汉克尔(Hankel)变换，有

$$\mathrm{J}_0(z)=\frac{1}{2\pi}\int_{-\pi}^{\pi}e^{jz\cos\theta}d\theta \tag{5.45}$$

式中，$\mathrm{J}_0(z)$ 为零阶第一类贝塞尔函数。

将式(5.45)代入式(5.44)，可得

$$\begin{aligned}h(\rho,\varphi)&=\frac{k_{rc}^2}{2\pi}\int_{1-\delta(0)/k_{rc}}^{1+\delta(0)/k_{rc}}\mathrm{J}_0(\zeta\rho)\zeta d\zeta\\&=\frac{k_{rc}}{2\pi}\mathrm{J}_0(\rho)\end{aligned} \tag{5.46}$$

由式(5.46)可知，当发射电磁波为点频信号时，CSAR 对理想点目标具有成像能力，且对应的点目标脉冲响应函数特性由零阶贝塞尔函数特性决定。图 5.13 给出了零阶第一类贝塞尔函数，由此得出，定义为–3dB 主瓣宽度的 CSAR 分辨率为

$$\begin{aligned}\varDelta_{\mathrm{CSAR}}&=\frac{1.225\times 2}{k_{rc}}=\frac{2.45}{k_{rc}}=\frac{2.45}{4\pi}\lambda_{rc}\\&\approx 0.1951\lambda_{rc}\end{aligned} \tag{5.47}$$

式中，λ_{rc} 为 k_{rc} 对应的波长。

若考虑入射角为 θ，则式(5.47)可更新为

$$\varDelta_{\mathrm{CSAR}}=\frac{0.1950}{\cos\theta}\lambda_{rc} \tag{5.48}$$

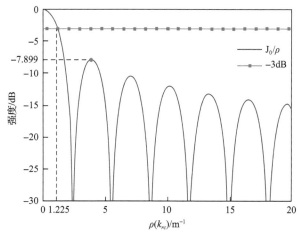

图 5.13　零阶第一类贝塞尔函数

同时，峰值旁瓣比为

$$PSLR = -7.899dB \tag{5.49}$$

由式 (5.48) 可知，CSAR 下理想点目标的分辨率可达到亚波长量级。结合式 (5.43) 和图 5.12 可得，采用带宽信号的 CSAR 分辨率和 PSLR 均随着相对带宽的增大而得到改善。

显然，从式 (5.43) 中难以得到 CSAR 分辨率和 PSLR 的解析表达式。但受点频信号指标分析的启发，可以通过数值计算的方法获取 CSAR 分辨率和 PSLR 的评估表达式。首先，不考虑载频的影响，即采用归一化的 CSAR 点目标脉冲响应表达式 (式 (5.39))，对于相对带宽 B_r，在其取值区间 $(0, 2]$ 进行仿真；然后，获取相应的 CSAR 分辨率和 PSLR 变化曲线；最后，通过拟合该曲线获得便于使用的 CSAR 分辨率和 PSLR 解析表达式。

图 5.14 与图 5.15 分别给出了 CSAR 分辨率和 PSLR 随相对带宽变化的曲线图和数值拟合结果，其中拟合处理采用的是三次多项式拟合，更高精度的拟合算法导致解析表达式变得更加复杂。由图中的拟合误差可以看出，三次多项式拟合就可保证较高的拟合精度。

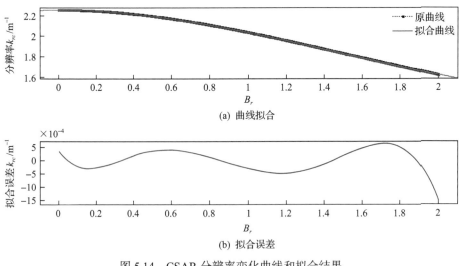

图 5.14　CSAR 分辨率变化曲线和拟合结果

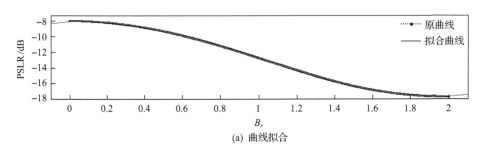

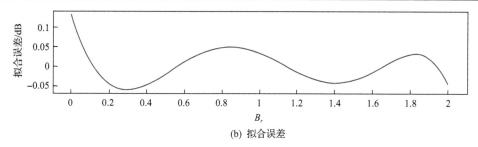

(b) 拟合误差

图 5.15　PSLR 变化曲线和拟合结果

设分辨率的拟合因子为

$$\vartheta(B_r) = a_\vartheta B_r^3 + b_\vartheta B_r^2 + c_\vartheta B_r + d_\vartheta \tag{5.50}$$

根据仿真数据可得，式(5.50)的多项式系数为

$$\begin{cases} a_\vartheta = 0.0645 \\ b_\vartheta = -0.292 \\ c_\vartheta = 0.00918 \\ d_\vartheta = 2.25 \end{cases} \tag{5.51}$$

则 CSAR 的分辨率可由式(5.52)求得，即

$$\Delta_{\mathrm{CSAR}} = \frac{\vartheta(B_r)}{4\pi \cos\theta} \lambda_c \tag{5.52}$$

峰值旁瓣比为

$$\mathrm{PSLR}_{\mathrm{CSAR}} = a_\varpi B_r^3 + b_\varpi B_r^2 + c_\varpi B_r + d_\varpi \tag{5.53}$$

式中

$$\begin{cases} a_\varpi = 3.014 \\ b_\varpi = -9.167 \\ c_\varpi = 1.533 \\ d_\varpi = -8.031 \end{cases} \tag{5.54}$$

为验证上述 CSAR 相干成像的分辨率计算公式的准确性，本节给出点目标成像仿真结果。表 5.1 提供了仿真试验中的系统参数设置，并采用成像误差最小的成像算法——BPA 来处理回波数据。同时，将所提的分辨率评估算法和文献[52]的算法进行了比较分析，仿真点目标的成像质量参数测量如图 5.16 所示。由仿真结果可以发现，相较于文献[52]的算法，本节所提算法能更准确地估计出 CSAR 相干成像处理下的空间分辨率和 PSLR。

表 5.1　仿真试验中的系统参数设置

参数	数值
工作频段	P 波段
信号带宽/MHz	125
圆周轨迹半径/m	3000
入射角/(°)	45

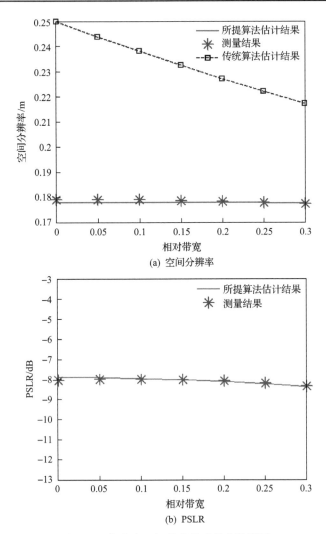

图 5.16　仿真点目标的成像质量参数测量

对于 CSAR 高度向分辨率,同样可以利用其波数支撑域高度向的投影来估计。将 CSAR 三维空间谱在 $x\text{-}z$ 平面进行投影,可得如图 5.17 所示的 CSAR 波数支撑域高度向-方位向频谱，该频谱近似梯形，根据 5.2.1 节中的分析，只考虑中心位置处的频谱宽度，可将高度向的点响应函数写为

$$h_z(z) \approx A \cdot \mathrm{sinc}\left(\frac{k_{z,\max} - k_{z,\min}}{2\pi} z\right) \tag{5.55}$$

式中，A 为常数，并有

$$\frac{k_{z,\max} - k_{z,\min}}{2} = \frac{2\pi B_z}{c} = \frac{2\pi B \sin(\theta)}{c} \tag{5.56}$$

则可得高度向分辨率为

$$\Delta_z = \frac{0.4422c}{B\sin(\theta)} \tag{5.57}$$

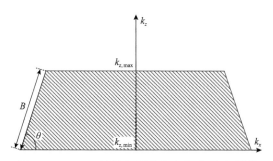

图 5.17　CSAR 波数支撑域高度向-方位向频谱

由式 (5.57) 可见，CSAR 的高度向分辨率取决于信号带宽和入射角决定的高度向投影带宽。图 5.18 给出了带宽分别为 600MHz、200MHz 和 100MHz 三种情况下，不同中心频率下点目标高度向分辨率和估计误差对比。与仿真结果相比，理论估计误差小于 3%，能较准确地估计出 CSAR 高度向分辨率。

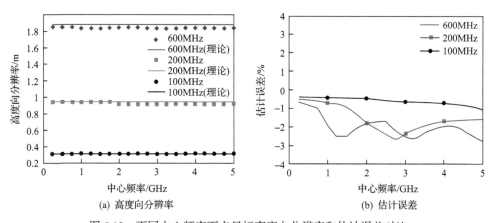

(a) 高度向分辨率　　　　　　　(b) 估计误差

图 5.18　不同中心频率下点目标高度向分辨率和估计误差对比

需要说明的是，高度向的带宽投影会产生高度向分辨率的原理同样适用于 LSAR 情况。因此，在高度向分辨率方面，CSAR 和 LSAR 并无太大区别。然而 LSAR 观测孔径较小，不同高度位置的目标与雷达之间的距离历程可能相同，导致其无法区分高度向的差别。在 CSAR 完整孔径观测过程中，处于不同高度位置的目标与雷达间的距离不可能保持完全相同的状态，故可区分场景中目标的高度，使得 CSAR 具有三维成像能力。

5.3.2 非相干成像空间分辨率分析

本小节将分析 CSAR 非相干成像下的分辨率及其估计算法。CSAR 非相干成像可以分为三大步骤：首先，根据分辨率需求和场景中目标实际散射角情况，将全孔径数据分割成若干子孔径数据；然后，对这些子孔径数据分别进行成像处理，可采用极坐标算法或者 BPA；最后，通过插值将所有子图像投影到同一坐标系，并进行非相干累加得到最终的成像结果。基于上述算法，本小节将对该算法下的点目标脉冲响应函数进行推导。

设分割成的子孔径积累角为 ϕ_{sub}，则子孔径的个数为 $N = 2\pi/\phi_{\mathrm{sub}}$。子孔径的点目标脉冲响应函数精确表达式同样可由式 (5.32) 进行表示。不同方位角对应的子孔径的点目标脉冲响应函数可以通过旋转其方位中心角来获取，并将这些子孔径非相干叠加，则非相干成像下的 CSAR 点目标脉冲响应函数为

$$h_{\mathrm{non}}(\rho,\varphi) = \sum_{n=0}^{N-1}\left|h\left(\rho,\varphi+n\phi_{\mathrm{sub}}\right)\right| \tag{5.58}$$

联立式 (5.58) 和式 (5.32)，可得

$$
\begin{aligned}
h_{\mathrm{non}}(\rho,\varphi) = \left(\frac{k_c}{2\pi}\right)^2 \sum_{n=0}^{N-1}\Bigg| & \frac{\mathrm{e}^{-\mathrm{j}(\varphi+n\phi_{\mathrm{sub}})}}{\rho}\Bigg[\phi_{\mathrm{sub}}\sum_{m=-\infty}^{\infty}\left(\frac{\mathrm{j}^m}{\mathrm{e}^{\mathrm{j}(m-1)(\varphi+n\phi_{\mathrm{sub}})}}\mathrm{sinc}\left(\frac{m\phi_{\mathrm{sub}}}{2\pi}\right)\right. \\
& \cdot\left\{\left(1-\frac{B_r}{2}\right)J_{m-1}\left[\left(1-\frac{B_r}{2}\right)\rho\right] - \left(1+\frac{B_r}{2}\right)J_{m-1}\left[\left(1+\frac{B_r}{2}\right)\rho\right]\right\}\right) \\
& -\mathrm{e}^{\mathrm{j}\rho\cos\left[\frac{\phi_0}{2}+(\varphi+n\phi_{\mathrm{sub}})\right]-\mathrm{j}\frac{\phi_{\mathrm{sub}}}{2}}B_r\mathrm{sinc}\left\{\frac{B_r}{2\pi}\cos\left[\frac{\phi_{\mathrm{sub}}}{2}+(\varphi+n\phi_{\mathrm{sub}})\right]\rho\right\} \\
& +\mathrm{e}^{\mathrm{j}\rho\cos\left[\frac{\phi_{\mathrm{sub}}}{2}-(\varphi+n\phi_{\mathrm{sub}})\right]+\mathrm{j}\frac{\phi_{\mathrm{sub}}}{2}}B_r\mathrm{sinc}\left\{\frac{B_r}{2\pi}\cos\left[\frac{\phi_{\mathrm{sub}}}{2}-(\varphi+n\phi_{\mathrm{sub}})\right]\rho\right\}\Bigg]\Bigg|
\end{aligned}
$$

$$\tag{5.59}$$

由式 (5.59) 可知, 非相干成像下的点目标脉冲响应函数主要由相对带宽 B_r 和子孔径积累角 ϕ_{sub} 决定。显然, 式 (5.59) 形式复杂, 操作性不强。实际中, 非相干成像处理所选取的子孔径积累角较小, 子孔径频谱可近似为一个二维矩形函数。因此, 在式 (5.59) 中的 $h(\rho, \varphi + n\phi_{\mathrm{sub}})$ 可以采用更简洁的近似表达式 (式 (5.21)) 代替。对于高波段 CSAR 系统, 如获取 Gotcha 实测数据的 X 波段 CSAR 系统能满足上述近似处理。因此, 利用式 (5.21), 可将式 (5.59) 重写为

$$h_{\mathrm{non}}(\rho, \varphi) = \sum_{n=0}^{N-1} \left| \mathrm{sinc}\left[\frac{k_{y,\max} - k_{y,\min}}{2\pi} \rho \sin(\varphi + n\phi_{\mathrm{sub}}) \right] \mathrm{sinc}\left[\frac{k_c}{\pi} \sin\frac{\phi_{\mathrm{sub}}}{2} \rho \cos(\varphi + n\phi_{\mathrm{sub}}) \right] \right|$$

$$(5.60)$$

在非相干成像下, 位于场景中心处的理想点目标在 CSAR 图像中同样呈现为各向相等的圆点。因此, 式 (5.60) 关于 φ 对称, 换言之, 与 φ 无关。因此, 为简化式 (5.60), 将 φ 取为零, 同时为得到更具一般性的结果, 对式 (5.60) 进行相对于中心波数 k_c 的归一化, 可得

$$h_{\mathrm{non}}(\tilde{\rho}, 0) = \sum_{n=0}^{N-1} \left| \mathrm{sinc}\left[\frac{B_r}{2\pi} \tilde{\rho} \sin(n\phi_{\mathrm{sub}}) \right] \mathrm{sinc}\left[\frac{1}{\pi} \sin\frac{\phi_{\mathrm{sub}}}{2} \tilde{\rho} \cos(n\phi_{\mathrm{sub}}) \right] \right| \quad (5.61)$$

由式 (5.61) 可见, CSAR 非相干成像处理下的点目标脉冲响应函数由相对带宽 B_r 和所划分的子孔径积累角 ϕ_{sub} 决定。需要注意的是, 式 (5.61) 是基于子孔径积累角符合窄波束窄带假设 (方位向分辨率低于距离向分辨率或者相对带宽小于 20%) 条件成立的。若划分的子孔径空间不满足该情况, 则仍需要参考式 (5.59) 进行计算。

当给定 B_r 和 ϕ_{sub} 时, 通过计算点目标脉冲响应函数的 $-3\mathrm{dB}$ 宽度可求得其分辨率, 即

$$h_{\mathrm{non}}(\rho_r, 0) = -3\mathrm{dB} \quad (5.62)$$

显然, 式 (5.62) 难以得出关于 ρ_r 的根解析表达式。因此, 本章采取数值分析的算法寻找 B_r 和 ϕ_{sub} 两个变量与根之间的关系, 有

$$\Delta_\rho = \Gamma(B_r, \phi_{\mathrm{sub}})/k_c \quad (5.63)$$

式中, Δ_ρ 为通过 CSAR 点目标脉冲响应函数估计得到的非相干分辨率; $\Gamma(B_r, \phi_{\mathrm{sub}})$ 为波数展开因子。

下面将对波数展开因子进行数值分析, 该因子由 B_r 和 ϕ_{sub} 两个变量确定, 基于这两个变量的 $\Gamma(B_r, \phi_{\mathrm{sub}})$ 仿真结果如图 5.19 所示。

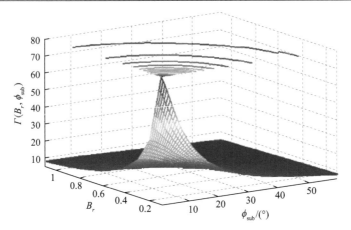

图 5.19　不同子孔径积累角与相对带宽下波数展开因子的仿真结果

观察图 5.19 可以发现，$\Gamma\left(B_r,\phi_{\mathrm{sub}}\right)$ 的数值随着相对带宽和子孔径积累角的增加呈指数下降趋势。采用曲线拟合的算法，可得到波数展开因子曲面的表达式为

$$\Gamma\left(B_r,\phi_{\mathrm{sub}}\right)=a+b\cdot\exp\left(-w_1\cdot\phi_{\mathrm{sub}}^{c_1}\right)\cdot\exp\left(-w_2\cdot B_r^{c_2}\right) \tag{5.64}$$

式中，拟合参数为

$$\begin{cases}a=7.1704\\b=118.25\end{cases},\ \begin{cases}c_1=1.058\\c_2=0.789\end{cases},\ \begin{cases}w_1=3.584\\w_2=3.817\end{cases} \tag{5.65}$$

考虑电磁波入射角 θ 和中心频率 f_c，最终非相干成像处理下的 CSAR 空间分辨率可由式(5.66)进行计算：

$$\Delta_\rho=\frac{\Gamma\left(B_r,\phi_{\mathrm{sub}}\right)\cdot c}{4\pi f_c\sin\theta} \tag{5.66}$$

需要注意的是，$\Gamma\left(B_r,\phi_{\mathrm{sub}}\right)$ 拟合函数是基于 $B_r\leqslant1$ 和 $\phi_{\mathrm{sub}}\leqslant40°$ 数据得到的，因此当子孔径积累角较大时（$\phi_{\mathrm{sub}}>40°$），用一个近似的 $\Gamma\left(B_r,\phi_{\mathrm{sub}}\right)$ 来估计非相干成像下的 CSAR 分辨率是不合适的。从已有关于目标散射范围的研究可知[52]，强散射体具有的方位向散射角范围通常较小，大多数为 $2°\sim5°$，少数能达到 $10°\sim20°$。因此，式(5.64)所给出的拟合范围能够涵盖绝大多数非相干成像的空间分辨率估计。

图 5.20(a)给出了成像方式示意图。图 5.20(a)和(b)给出了在 $B_r=0.2$ 时，CSAR 点目标非相干成像分辨率与其所对应的子孔径分辨率的对比，其中纵坐标表示的分辨率单位为相对应的载波波长。为便于分析，图中的方位向和距离向基于图 5.20(a)中的子孔径给出。由图 5.20(b)可知，当 $\phi_{\mathrm{sub}}\leqslant9.6°$ 时，非相干成像的方位向分辨率

优于其子孔径方位向分辨率，尤其是在小子孔径时，非相干成像的方位向分辨率相较于其子孔径方位向分辨率有很大的提高；当 $\phi_{sub} > 9.6°$ 时，非相干成像的方位向分辨率反而不如其子孔径的方位向分辨率。图 5.20(c)所示的距离向分辨率对比则恰好相反，当 $\phi_{sub} \leqslant 9.6°$ 时，非相干成像的距离向分辨率差于其子孔径的距离向分辨率；当 $\phi_{sub} > 9.6°$ 时，非相干成像的距离向分辨率优于其子孔径的距离向分辨率。

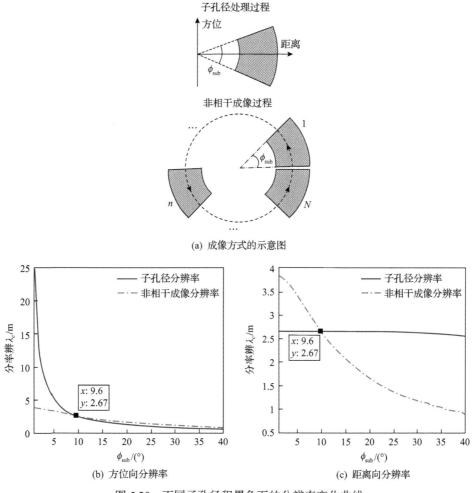

(a) 成像方式的示意图

(b) 方位向分辨率

(c) 距离向分辨率

图 5.20　不同子孔径积累角下的分辨率变化曲线

为了更好地对图 5.20 的分析结果进行解释，图 5.21 给出了非相干成像的点目标累加示意图。用 ρ_r 和 ρ_a 分别表示单个子孔径图像中距离向分辨率和方位向分辨率。图中椭圆曲线表示子孔径图像中目标的-3dB 曲线轮廓，椭圆长轴对应的分辨率为 $\rho_{max} = \max[\rho_r, \rho_a]$，椭圆短轴对应的分辨率为 $\rho_{min} = \min[\rho_r, \rho_a]$。对于一个理想点目标，CSAR 非相干成像就是将图 5.21 中的全部子图像进行非相干累加操作，所得–3dB 的轮廓将出现在图 5.21 中虚线浅色圆处，其分辨率在图 5.21 中两个虚线圆之间，说明非相干处理结果的分辨率将在其子图像–3dB 椭圆轮廓的两轴分辨率之间，即有 $\Delta_\rho \in [\rho_{\min}, \rho_{\max}]$。在本仿真参数中（$B_r = 0.2$），图 5.20 中标识的曲线交点出现在 $\phi_{\text{sub}} \approx 9.6°$ 处，此时有 $\Delta_\rho = \rho_r = \rho_a$。

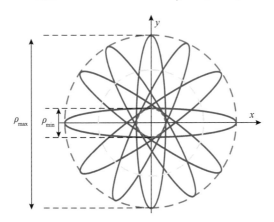

图 5.21　非相干成像的点目标累加示意图

除了分辨率，PSLR 也是评估 SAR 图像质量的重要参考指标。由 5.3.1 节分析可知，在相干成像中 CSAR 图像的 PSLR 取决于信号的相对带宽，相对带宽越大，PSLR 越好。然而，CSAR 相干成像的 PSLR 并不优于 LSAR 成像。在文献[52]中，L 波段 CSAR 图像的 PSLR 为–8dB，与传统 LSAR 图像（无加窗处理下）的理想值–13dB 相差较大。在非相干成像中，旁瓣得到了抑制，因此 PSLR 得到了很大的改善。其原因在于：CSAR 的非相干成像本质上可以视为一种多视处理。在多视处理中，将子图像称为视。在不同视中，目标旁瓣的方向不同，且不完全重合，主瓣的主要能量区域则可视为无方向性，且相互重叠。在非相干累加后，旁瓣的能量相对于原子图像变化不大，而主瓣能量部分则得到显著提升。因此，相对主瓣而言，旁瓣能量得到了抑制。多视处理对 SAR 图像中的目标旁瓣具有很强的抑制作用。

为更好地分析旁瓣，图 5.22 给出了非相干成像中点目标成像结果的主瓣与旁瓣变化示意图。与图 5.21 一致，实曲线表示目标主瓣–3dB 轮廓，在平行于其长轴和短轴两个方向分别有方位向旁瓣和距离向旁瓣，以虚线椭圆表示，同时将较靠近主瓣的旁瓣记为内侧旁瓣；较远离主瓣的旁瓣记为外侧旁瓣。图 5.22 中有阴影填充的一组椭圆表示一个子图像中的一组点目标的主瓣、方位向旁瓣和距离向旁瓣。在非相干成像后，成像结果的第一旁瓣出现的位置有以下三种情况。

情况 1：当内侧旁瓣远离主瓣时，非相干成像结果的第一旁瓣将出现在内侧旁瓣组成的环处。

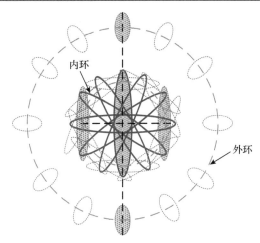

图 5.22　非相干成像中点目标成像结果的主瓣与旁瓣变化示意图

情况 2：当内侧旁瓣靠近外侧旁瓣时，第一旁瓣将出现在内外侧旁瓣之间。

情况 3：当内侧旁瓣靠近主瓣时，内侧旁瓣能量被主瓣覆盖，第一旁瓣将出现在外侧旁瓣处。

无论第一旁瓣出现在哪个位置，主瓣能量增长均远大于第一旁瓣的增长量。因此，在 CSAR 非相干成像处理中，图像 PSLR 较之在相干成像处理中得到了很大改善。

5.4　机载低频 CSAR 成像算法与自聚焦算法

5.4.1　机载低频 CSAR 成像算法

概括来说，目前关于 CSAR 的成像算法可以分为两类。一类是基于时域相关积累的处理算法，包括共焦投影算法[42]、互相关算法[43]、BPA 及其改进算法等（如 FFBPA）[48]。以 BPA 为例，BPA 在精确获知载机运动轨迹的情况下，能够适应非线性轨迹[53]，但其运算量巨大。另一类是基于傅里叶变换及匹配滤波的成像算法，Soumekh[54]提出了一种基于系统核函数共轭转置的波前重建算法，为 CSAR 的频域成像处理做出了突出的理论贡献。该算法能够对场景中心点及其附近小区域进行成像处理，但随着成像场景的增大，算法的处理精度明显下降。此外，改进极坐标算法[55]和其他频域成像算法也陆续被提出[56-58]，但总的来说适用于 CSAR 的频域成像算法仍不成熟，表现在有关 CSAR 频谱特性的理论研究较少，以及现有频域成像算法的成像范围较小。

时域成像算法（如 BPA）虽适用于低频 CSAR 的特殊成像几何，但计算量巨大。因此，有学者提出了 FFBPA，该算法采用极线图像近似区域图像，通过局部近似处理和递归孔径划分处理来大幅减小 BPA 运算量。Ponce 等[52]率先采用 FFBPA 处理了 L 波段全极化 CSAR 数据，并取得了良好的成像结果。

从成像效率和成像几何适应性两方面考虑，FFBPA 是 CSAR 成像处理的首选，但此时高精度运动补偿又成为难题。当成像分辨率提高或者飞行平台稳定性下降时，仅依靠常规 GPS/INS 等传感器测量数据很难获得满足要求的运动补偿效果，因此必须结合高性能的自聚焦算法。本章将重点介绍目前低频 CSAR 常用的成像算法及自聚焦算法。

对观测场景进行网格划分，设 P 为观测场景中的任意点目标，其位置矢量可以表示为 $r_P = (x_p, y_p, z_p)$，则天线相位中心 l_k 到点目标 r_P 之间的单斜距历程为

$$R(l_k, r_P) = \sqrt{(x_k - x_p)^2 + (y_k - y_p)^2 + (z_k - z_p)^2} \tag{5.67}$$

设发射信号采用线性调频信号，信号经目标反射，由接收天线接收，再经过 I/Q 解调和距离向脉冲压缩，所得回波可以表示为

$$s_{rc}(\tau, l_k) = \sigma_p p_{rc}\left\{ B\left[\tau - \frac{2R(l_k, r_P)}{c} \right] \right\} \exp\left[-j4\pi f_c \frac{R(l_k, r_P)}{c} \right] \tag{5.68}$$

式中，σ_p 为点目标 P 的后向雷达散射截面积；p_{rc} 为匹配滤波后的脉冲压缩函数。

设成像平面内任意一点位置的向量为 $r = (x, y, z)$。由于实际应用中的数据采集基于离散形式，在 CSAR 成像结果中，位于 r 处的成像结果可以表示为 K 条方位向回波投影的离散和：

$$z(r) = \sum_k s_{rc}\left(\frac{R(l_k, r_P)}{c}, l_k \right) \cdot \exp\left[j4\pi f_c \frac{R(l_k, r_P)}{c} \right] \tag{5.69}$$

式 (5.69) 即为对 CSAR 成像的 BPA 基本表达式，其中积分式沿着圆周孔径进行。其理论计算量高达 $O(N^3)$，不利于高分辨率 CSAR 的快速成像处理。

BPA 的网格划分是以成像的分辨率为基础的，因此为便于后续讨论，本节首先从空间谱角度将子孔径扇环形孔径谱近似为矩形谱来估计不完整 CSAR 的分辨率。

图 5.23 为 CSAR 空间谱 x-y 平面投影图，其中 $\phi_0 \in [0, \pi]$ 为孔径对应的半方位向积累角，ϕ_n 为孔径中心相对于 x 轴的方位角，最大波数以及最小波数在 x-y 平面上的投影分别为

$$\begin{cases} k_{r,\max} = \cos\theta_z \cdot 2\pi(f_c + B/2)/c \\ k_{r,\min} = \cos\theta_z \cdot 2\pi(f_c + vB/2)/c \end{cases} \tag{5.70}$$

式中，$\theta_z = \arctan(z/R_{xy})$ 为雷达俯仰角；$\nu = \begin{cases} -1, & 0 < \phi_0 \leqslant \dfrac{\pi}{2} \\[2mm] 1, & \dfrac{\pi}{2} < \phi_0 \leqslant \pi \end{cases}$。

由发射信号带宽与分辨率关系可得，垂直于 ϕ_n 方向的分辨率为

$$\rho_\perp = \frac{\pi}{2k_{r,\max}\gamma} \tag{5.71}$$

式中

$$\gamma = \begin{cases} \sin\phi_0, & 0 < \phi_0 \leqslant \dfrac{\pi}{2} \\[2mm] 1, & \dfrac{\pi}{2} < \phi_0 \leqslant \pi \end{cases} \tag{5.72}$$

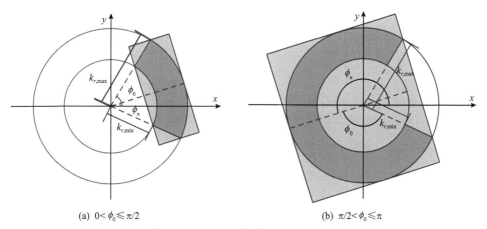

(a) $0 < \phi_0 \leqslant \pi/2$ (b) $\pi/2 < \phi_0 \leqslant \pi$

图 5.23 CSAR 空间谱 $x\text{-}y$ 平面投影图

由式(5.72)可见，当子孔径半方位向积累角大于 $\pi/2$ 时，$\rho_\perp$ 不再改变，而平行于 ϕ_n 方向的分辨率为

$$\rho_\parallel = \frac{\pi}{k_{r,\max} - k_{r,\min}\cos\phi_0} \tag{5.73}$$

尤其当 $\phi_0 = \pi$ 时，即在全孔径情况下，上述二维分辨率可表示为

$$\rho_\parallel = \rho_\perp = \frac{c}{4(f_c + BW/2)} \tag{5.74}$$

由式(5.74)可知，全孔径情况下的分辨率可达亚波长量级，但是要求目标具

有各向同性的散射特性，实际场景中目标方位角散射范围有限，故难以达到理论分辨率。

FFBPA 相对于原始 BPA 主要采用了两种加速技术：一种是局部近似处理；另一种是递归孔径划分处理。局部近似处理是指将距离向压缩后的数据仅投影到成像区域中的距离中心线上，而非原本对整个成像区域的后向投影，这样可以大幅减小 BPA 的计算量。然而，近似算法不可避免地会引入成像误差，因此需要对 FFBPA 进行误差控制。递归孔径划分处理则是将邻近孔径合并为一些子孔径，得到粗分辨率子图像，然后将子孔径合并为一些新的子孔径，得到分辨率提高的子图像，接着不断进行子孔径合并以得到分辨率更高的子图像，直至得到所需分辨率图像。然而，每级合并孔径后对应的图像需要更换新的坐标系，增加了子图像累加的难度，尤其对于 CSAR 构型，其坐标系变换更加复杂。下面首先讨论这两个问题。

距离误差分析如图 5.24 所示，左侧圆点表示子孔径采样位置，中心距离线 OP' 与子孔径之间的夹角为 φ。根据局部近似处理，将中心距离线上的数据近似为中心距离线附近的数据，因此在中心距离线上的数据没有误差。现在考虑非中心距离线上的任意点 P'，其与中心距离线上的点 P 都位于以孔径中心 O 为圆心、以 r 为半径的同一圆上，故可由点 P 表示。孔径上其他采样位置到点 P 和 P' 距离不同，在局部近似处理中将被忽略，这就引入了误差，而误差大小则由孔径末端点 O_k 到 P 和 P' 的距离误差确定，可记为 $\Delta R = |R(\varphi + \Delta\theta) - R(\varphi)|$，其中 $\Delta\theta$ 为 P 和 P' 相差方位角。当 $\Delta R \ll R$ 时，距离误差可进行以下近似：

$$
\begin{aligned}
\Delta R &= \left| R(\varphi + \Delta\theta) - R(\varphi) \right| \\
&= \left| \frac{R^2(\varphi + \Delta\theta) - R^2(\varphi)}{R(\varphi + \Delta\theta) + R(\varphi)} \right| \\
&\approx \left| \frac{R^2(\varphi + \Delta\theta) - R^2(\varphi)}{2R(\varphi)} \right|
\end{aligned}
\tag{5.75}
$$

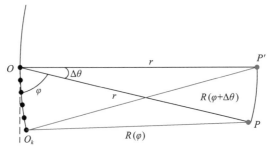

图 5.24　距离误差分析

在子孔径中，当孔径弧度很小时，可近似为直线处理，则 $R(\varphi)$ 可表示为

$$R(\varphi) \approx \sqrt{r^2 + \widehat{OO}_k^{\,2} - 2r\widehat{OO}_k \cos\varphi} \tag{5.76}$$

式中，$\widehat{OO}_k$ 为半子孔径弧长。

将式(5.76)代入式(5.75)，得

$$\Delta R \approx \left| \frac{2r\widehat{OO}_k \cos\varphi - 2r\widehat{OO}_k \cos(\varphi + \Delta\theta)}{2\sqrt{r^2 + \widehat{OO}_k^{\,2} - 2r\widehat{OO}_k \cos\varphi}} \right|$$

$$= \left| \frac{r\widehat{OO}_k}{\sqrt{r^2 + \widehat{OO}_k^{\,2} - 2r\widehat{OO}_k \cos\varphi}} \right| \left| \cos\varphi - \cos(\varphi + \Delta\theta) \right| \tag{5.77}$$

记 $\left| \cos\varphi - \cos(\varphi + \Delta\theta) \right|$ 为 $\Delta(\cos\varphi)$，则可得

$$|\Delta(\cos\varphi)| = |\cos\varphi - \cos(\varphi + \Delta\theta)|$$

$$= \left| 2\sin\left(\varphi + \frac{\Delta\theta}{2}\right)\sin\left(-\frac{\Delta\theta}{2}\right) \right| \tag{5.78}$$

$$= 2\left| \sin\frac{\Delta\theta}{2}\left(\sin\varphi\cos\frac{\Delta\theta}{2} + \cos\varphi\sin\frac{\Delta\theta}{2}\right) \right|$$

当 $\Delta\theta \to 0$ 时，式(5.78)可改写为

$$|\Delta(\cos\varphi)| = 2\left| \frac{\Delta\theta}{2}(\sin\varphi + 0 \cdot \cos\varphi) \right|$$

$$= |\Delta\theta\sin\varphi| \tag{5.79}$$

令 $u = \widehat{OO}_k / r$，则可得

$$f(u, \varphi) = \left| \frac{u}{\sqrt{1 + u^2 - 2u\cos\varphi}} \right|$$

$$= \left| \frac{u}{\sqrt{1 - \cos^2\varphi + (\cos\varphi - u)^2}} \right| \tag{5.80}$$

$$\leqslant \left| \frac{u}{\sqrt{1 - \cos^2\varphi}} \right| = \left| \frac{u}{\sin\varphi} \right|$$

将式(5.79)与式(5.80)代入式(5.77)，可得

$$\Delta R \approx \left| rf(u,\varphi) \right| \left| \Delta(\cos\varphi) \right|$$

$$\leqslant \left| r\frac{u}{\sin\varphi} \right| \left| \Delta\theta\sin\varphi \right| \tag{5.81}$$

$$= \left| \widehat{OO_k} \cdot \Delta\theta \right|$$

如果选取图像角度向分辨率 $\rho_\theta = |\Delta\theta|$，那么角度相差 $|\Delta\theta|$ 的两个像素点将处于同一个分辨单元内。同时，为了保证各个回波在距离向偏移不超过一个分辨单元，需要满足 $\Delta R \leqslant \dfrac{c}{2B}$，此时有

$$\begin{cases} \Delta\rho_r \leqslant \Delta R \leqslant \dfrac{c}{2B} \\ \Delta\rho_\theta \leqslant |\Delta\theta| \leqslant \dfrac{\lambda_c}{4\widehat{OO_k}} \end{cases} \tag{5.82}$$

式中，$\Delta\rho_r$ 和 $\Delta\rho_\theta$ 分别为子孔径中极坐标的距离向和方位向采样间隔。它们由信号载频的波长和子孔径长度确定，若分辨率选取超出这个约束，则图像将出现分裂、重叠等现象。

将成像坐标系 x-y 通过平移得到新的直角坐标系 x'-y'，其中左上角是以某子孔径中心为原点的直角坐标系 x'-y'。子孔径中心位于成像坐标系 x-y 的 $\left(R_{xy}\cos\phi_i, R_{xy}\sin\phi_i \right)$ 处，其中 ϕ_i 为子孔径中心相对于成像坐标系的方位角，则可得成像平面内任意点 (x,y) 坐标与子孔径极坐标的变换关系为

$$\begin{cases} \rho = \sqrt{\left(R_{xy}\cos\phi_i - x \right)^2 + \left(R_{xy}\sin\phi_i - y \right)^2} \\ \theta = \text{atan}\left(\dfrac{y - R_{xy}\sin\phi_i}{x - R_{xy}\cos\phi_i} \right) \end{cases} \tag{5.83}$$

同时可得子孔径极坐标系下的波束中心角为

$$\theta_{ic} = \begin{cases} \pi + \phi_i, & 0 \leqslant \phi_i \leqslant \pi \\ \phi_i - \pi, & \pi < \phi_i < 2\pi \end{cases} \tag{5.84}$$

且积累角 ψ_{In} 为

$$\psi_{In} = 2\arctan\left(R_{\text{scene}}/R_{xy} \right) \tag{5.85}$$

式中，R_{scene} 为成像场景半径。

因此，θ 的范围为 $\left[\theta_{ic} - \psi_{In}/2, \theta_{ic} + \psi_{In}/2 \right]$，$\rho$ 的范围为 $\left[R_{xy} - R_{\text{scene}}, R_{xy} + \right.$

R_{scene}］，子孔径成像几何关系如图 5.25 所示。

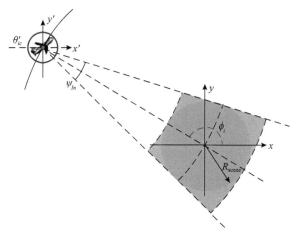

图 5.25　子孔径成像几何关系

设在第 i 级子孔径合并过程中，通过式(5.82)～式(5.85)确立新子孔径的成像极坐标网格，$\left(\rho^{(p+1)}, \theta^{(p+1)}\right)$ 为该成像极坐标网格中的任意点，其对应的成像直角坐标系位置为 (x, y)。同理，可得点 (x, y) 在合成该孔径的第 n 个子孔径极坐标为 $\left(\rho_n^{(i)}, \theta_n^{(i)}\right)$，$1 \leqslant n \leqslant I$，其中 I 为该级的分解因子。因此，子孔径合成过程可表示为

$$G^{(i+1)}\left(\rho^{(i+1)}, \theta^{(i+1)}\right) = \sum_{n=1}^{I} G_n^{(i)}\left(\rho_n^{(i)}, \theta_n^{(i)}\right) \cdot \exp\left(\mathrm{j}4\pi\rho_n^{(i)} f_c / c\right) \tag{5.86}$$

式中，G 表示各级子孔径所对应的图像。

基于 FFBPA 的 CSAR 成像处理基本思想为：首先对圆周全孔径进行子孔径划分，获得若干子圆弧孔径；然后对子圆弧孔径分别采用直线 FFBPA 进行处理；最后将所获得的子图像进行相干累加。具体步骤如下。

步骤 1：假设某次圆周飞行沿航迹进行了 L_{full} 次采样，距离向采样点数为 M，则回波数据为矩阵 $D_{L_{\text{full}} \times M}$。将圆周全孔径数据均匀分成 K 段子圆弧孔径数据(一般取 $K/L_{\text{full}} \leqslant 1/8$)，使得每段圆弧数据为 $D_{N \times M}$，其中 $N = \lfloor L_{\text{full}}/K \rfloor$，可采用补零或者剪裁的方式对 N 进行适当调整，以便后续进行因式分解。根据因式分解原理确定圆弧数据的最佳初始孔径长度 l_0 及每次合并的子图像个数 I，记为分解因子，则有 $N = l_0 \times I^P$，其中 P 为分解层数。

步骤 2：以各个初始子孔径中心为原点建立极坐标系 (ρ_i', θ_i')，确定待成像场景区域的取值范围，按误差控制确定初始图像角度和距离向采样间隔。计算圆弧数据以生成图像的分辨率，最终角度向分辨率可由式(5.87)计算：

$$\rho_{\theta N} = \rho_{\perp N} / \left(R_{xy} + R_{\text{scene}} \right) \tag{5.87}$$

式中，$\rho_{\perp N}$ 为 N 点采样子孔径对应的垂直向分辨率。

对每个子孔径按照传统 BPA 进行成像，得到 I^P 幅粗分辨子图像。对子孔径成像结果进行逐级合并，每进行一级合并，将 I 幅子图像生成一幅次一级子图像，第 $i+1$ 级子图像角度向分辨率和第 i 级子图像角度向分辨率存在以下关系：

$$\begin{cases} \rho_{\theta}^{(i+1)} = \rho_{\theta}^{(i)} \big/ I, & \rho_{\theta}^{(i)} > \rho_{\theta N} \\ \rho_{\theta}^{(i+1)} = \rho_{\theta}^{(i)}, & \rho_{\theta}^{(i)} \leqslant \rho_{\theta N} \end{cases} \tag{5.88}$$

不断进行子孔径合并，直至第 P 次孔径合并完毕，获得 K 个子图像。

步骤 3：将 K 个子图像由各自极坐标系插值至最终成像场景的直角坐标系中，便可得到最终成像结果。基于 FFBPA 的 CSAR 成像处理流程示意图如图 5.26 所示。

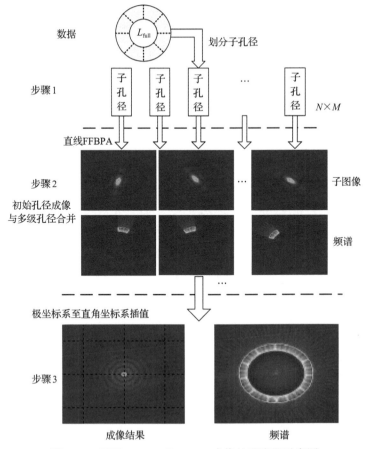

图 5.26　基于 FFBPA 的 CSAR 成像处理流程示意图

设最后成像场景矩阵大小为 $N_X \times N_Y$，且子圆弧方位角采样数 N 可表示为 $N = l_0 \times I^P$，初级子图像矩阵大小为 $N_{\theta 0} \times N_{\rho 0}$（角度向×距离向），则对于 FFBPA，其由 BPA 获得的初级子图像所需计算量为

$$
\begin{aligned}
C_0 &\propto K\left(\frac{L_{\text{full}}}{K}\Big/ l_0\right) l_0 N_{\theta 0} N_{\rho 0} \\
&= L_{\text{full}} N_{\theta 0} N_{\rho 0}
\end{aligned}
\tag{5.89}
$$

设第 i 级孔径合并后所获得的子图像大小为 $N_{\theta i} \times N_{\rho i}$，则该级合并所需计算量为

$$
\begin{aligned}
C_i &\propto K\left(\frac{L_{\text{full}}}{l_0 K}\Big/ I^i\right) I N_{\theta i} N_{\rho i} \\
&= \frac{L_{\text{full}}}{l_0 I^{i-1}} N_{\theta i} N_{\rho i}
\end{aligned}
\tag{5.90}
$$

将所有图像插值到最终图像中所需计算量为

$$
C_{\text{final}} \propto K N_X N_Y
\tag{5.91}
$$

故本章所提 FFBPA 总的计算量为

$$
\begin{aligned}
C_{\text{FFBPA}} &= C_0 + \sum_{i=1}^{P} C_i + C_{\text{final}} \\
&\propto L_{\text{full}} N_{\theta 0} N_{\rho 0} + \sum_{i=1}^{P} \frac{L_{\text{full}}}{l_0 I^{i-1}} N_{\theta i} N_{\rho i} + K N_X N_Y
\end{aligned}
\tag{5.92}
$$

假设孔径合成过程中网格划分存在以下关系：$N_{\rho 0} = N_{\rho P} = N_Y = N_X$，$N_{\theta P} = I^i N_{\theta 0} = \mu_\theta N_X$，则有

$$
\begin{aligned}
C_{\text{FFBPA}} &= C_0 + \sum_{i=1}^{P} C_i + C_{\text{final}} \\
&\propto L_{\text{full}} N_{\theta 0} N_{\rho 0} + \sum_{i=1}^{P} \frac{L_{\text{full}}}{l_0 I^{i-1}} N_{\theta i} N_{\rho i} + K N_X N_Y \\
&= \left[(l_0 + I \cdot P) \mu_\theta + 1 \right] K N_X N_Y
\end{aligned}
\tag{5.93}
$$

而 BPA 的计算量可表示为

$$
C_{\text{BPA}} \propto L_{\text{full}} N_X N_Y
\tag{5.94}
$$

由式 (5.94) 与式 (5.93) 可得 FFBPA 相对于 BPA 的提速因子为

$$
\begin{aligned}
\mathrm{AF}_{\mathrm{FFBPA}} &\propto \frac{L_{\mathrm{full}}}{\left[(l_0 + I \cdot P)\mu_\theta + 1\right]K} \\
&= \frac{N}{\left(l_0 + I \cdot \log_I \dfrac{N}{l_0}\right)\mu_\theta + 1}
\end{aligned}
\tag{5.95}
$$

由式(5.95)可知，该提速因子受子圆弧方位角采样数 N、分解因子 I、最佳初始孔径长度 l_0 及方位向插值因子 μ_θ 的影响。其中，提速因子与 N 成正比，而 $N = L_{\mathrm{full}}/K$，故 L_{full} 也与提速因子成正比，即孔径数据量越大，越能体现 FFBPA 快速的优势。提速因子与 l_0、I 成反比，因此适当的因式分解有助于提高 FFBPA 的计算效率；方位向插值因子 μ_θ 与子孔径方位角的采样间隔有关，一般取 $1/K \leqslant \mu_\theta \leqslant 1$，故子孔径方位角的采样间隔越大，$\mu_\theta$ 越小，算法的速度也就越快。

图 5.27 为不同分解因子下的 FFBPA 提速因子曲线，可见理论上 FFBPA 相对于 BPA 具有较大的速度改善。需要说明的是，FFBPA 需要额外的内存空间存储子图像数据，当子图像数据过于庞大时，硬件内存大小和数据传输快慢会对算法速度产生较大的影响。

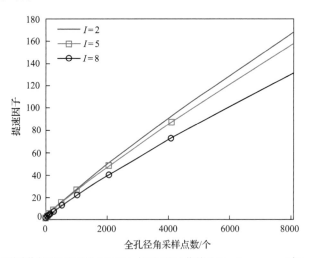

图 5.27　不同分解因子下的 FFBPA 提速因子曲线（$K = 8$，$\mu_\theta = 2/K$，$l_0 = I$）

5.4.2　机载低频 CSAR 自聚焦算法

运动是 SAR 的依据，也是产生问题的源头[51]。高精度机载 SAR 实测数据处理主要面临两个问题：

一是雷达搭载的飞行平台在运动过程中易受到空气气流扰动等影响，不能完全沿着理想轨迹运动。实际运动轨迹和理想轨迹之间存在差值，即为运动误差。

对于基于规则成像几何模型(如直线、理想圆等)的频域类算法来说,运动误差使得 SAR 高精度成像处理变得更加复杂。实际数据获取中需依靠安装在载机上的各种传感器测得飞行过程中的各项运动参数,进而得到不规则的实际运动轨迹。频域类处理算法根据获取的实际运动轨迹,对成像模型进行"修补",以降低运动误差带来的影响。然而,这些"修补"多是建立在一些近似处理基础上的,并不能完全消除运动误差的影响。对于时域成像算法,其成像几何具有灵活性,易与定位数据相结合,可以很好地消除运动误差。

二是获得的传感器数据不可避免地存在测量误差。受搭载平台空间、荷载和设备成本的限制,用于获取平台运动数据的传感器精度有限,其对运动轨迹的测量不可避免地存在误差。越是高精度的 SAR 成像,对运动误差越敏感,因此当运动误差超过成像聚焦所容许的上限时,需要自聚焦算法做进一步处理。

对于 CSAR,其获取完整孔径数据所需时间(分钟量级)远比 LSAR(毫秒、秒量级)长,因此对定位设备的精度提出了很高的要求。然而,受限于空间和成本,难以采用超高精度的定位设备,常采用 INS 或者 GPS 记录运动轨迹。目前在商业级产品中,常规 GPS/INS 所能达到的精度仅为亚米量级,还不能满足高分辨率CSAR 成像要求。过大的测量误差不仅会导致图像严重散焦,还会造成图像的几何形变。因此,自聚焦算法对 CSAR 成像必不可少。

目前,国内外对 CSAR 实测数据处理基于各种系统特点和试验条件,采取了一些弥补定位精度不足的辅助手段,其中具有代表性的有以下三种:

(1)美国 AFRL 在 Gotcha CSAR 车场数据处理中,采取在观测场景中放置四面角反射器的方法,将这些近似各向同性反射的四面角反射器作为定标器,以该反射器为基准,采用重叠子孔径的算法提取每一帧子孔径图像中四面角反射器的偏移位置,从而推算出相位误差数据[59,60]。

(2)法国 ONERA 在其机载 X 波段 CSAR 成像中放置了三个定标器,利用三角定位法来测定机载平台的运动误差数据[61]。

(3)德国 DLR 在其试验中同样放置了定标器。早期试验采用的定标器为楞勃透镜,因其具有良好的全向反射特性,可视为场景中的一个理想点目标,通过估计其二维频谱,得到运动补偿数据。在后续试验中,DLR 也采取了多个三面角反射器作为定标器,来校正运动误差[52-62]。上述算法的原理是通过人为放置定标器来获取精确的运动误差数据,以解决定位测量精度不足的问题。然而在实际应用中,尤其是在执行军事任务时,很难或者不可能在待观察区域提前预设定标器来辅助侦测行动。

因此,研究无定标器下的 CSAR 自聚焦算法更具实际意义。传统的基于回波数据的自聚焦算法(如相位梯度自聚焦算法),可直接应用于图像域进行自聚焦处理,但要求图像域数据和相位历史之间为傅里叶变换关系[63],该关系在 CSAR 的复杂成像几何中很难成立,因此不适于 CSAR 数据处理。图像位移算法(map drift algorithm, MDA）建立在相应直线轨迹误差模型上，不具有良好的普适性[64,65]。

根据最优化准则，Ash[66] 提出了一种基于最优化准则的反向投影自聚焦 (autofocus backprojection, ABP) 算法，将成像和自聚焦联系起来，理论上能适应任意的成像构型，且易与运动补偿和 DEM 数据相结合。然而，该算法需计算并存储每一条回波对整个场景的投影，带来了非常大的计算量和存储空间需求。Hu 等[67] 对其进行了改进，减小了计算量和存储空间，但忽略了 ABP 算法的相位误差估计结果受到观测场景目标能量分布的影响。最优化准则能将图像中由运动误差导致成像散焦的目标能量聚集起来，但其结果并不是理想聚焦结果。当观测场景中具有强点目标时，容易造成该点目标的过聚焦，这种过聚焦不仅不能反映场景的实际反射能量情况，还会导致图像其他区域散焦严重。针对上述问题，本章提出了扩展 ABP (extended ABP, EABP) 算法，并将其应用于低频 CSAR 成像处理中。

记 b_k 为第 k 个脉冲对成像场景中所有网格点的投影向量，则 b_k 中 r 处的后向投影值可表示为

$$b_{k,r} = s_{rc}\left[\frac{R(l_k, r)}{c}, l_k\right] \cdot \exp\left[\mathrm{j}4\pi f_c \frac{R(l_k, r)}{c}\right] \tag{5.96}$$

据此，聚焦图像可以由式 (5.97) 表示：

$$z = \sum_k b_k \tag{5.97}$$

尽管目前在实际系统中可采用高精度惯性导航等定位手段，以获得天线相位中心的准确位置，但是高分辨率 CSAR 成像要求的长时间高精度持续测量超过了现有常规机载定位系统所能达到的性能指标。因此，实际运动轨迹与测量所得轨迹之间存在的测量误差难以避免。设测量的第 k 个采样相位中心的位置为 $l'_k = (x'_k, y'_k, z'_k)$，则由其导致的相位误差可以表示为

$$\phi_k(r) = 4\pi\frac{f_c}{c}\left[R(l_k, r) - R(l'_k, r)\right] = 4\pi\frac{\Delta R(l'_k, l_k, r)}{\lambda} \tag{5.98}$$

式中，$\lambda = c/f_c$，为载波波长；$R(l'_k, r)$ 为相位中心与观测网格点之间的测量斜距。

常用的相位误差补偿模型假设相位误差与网格点位置无关，即 $\phi_k(r) \equiv \phi_k$。当存在上述相位误差时，压缩脉冲的投影结果受到相位误差的影响，变为

$$b_k \to \tilde{b}_k = b_k \mathrm{e}^{\mathrm{j}\phi_k} \tag{5.99}$$

在相位误差较大的情况下，直接求和 $\sum_k \tilde{b}_k$ 难以获得聚焦良好的成像结果。设估计所获得的各个采样位置的相位误差为 $\hat{\phi} = \left\{\hat{\phi}_1, \cdots, \hat{\phi}_k, \cdots, \hat{\phi}_K\right\}$，对相位误差进行补偿，则成像结果为

$$z = \sum_k \tilde{b}_k e^{-j\hat{\phi}_k} \tag{5.100}$$

第 3 章介绍的 COA[68]、PACE[69,70]等算法同样基于该误差补偿模型。然而，由上述推导可知，该模型忽略了相位误差对投影网格位置的空变性。表 5.2 给出了国防科技大学研制的机载 P 波段 CSAR 系统参数。不同方向的 1m 轨迹偏移产生的距离误差对比如图 5.28 所示，在该成像几何下，不同维度的偏移误差导致的距离斜距误差也不尽相同，但是其场景中不同点的距离误差差值 $\Delta|\Delta R|$<0.2m，该值会随着观测场景的变大而增大。由式 (5.98) 可知，相位误差在距离误差 ΔR 一定的情况下，与波长成反比。因此，在该模型假设下采用低频信号能获得更大的有效聚焦场景。

表 5.2　某机载 P 波段 CSAR 系统参数

参数	数值
信号载频	P 波段
信号带宽	100MHz
场景中心斜距	3000m
载机飞行高度	2500m
载机飞行速度	50m/s

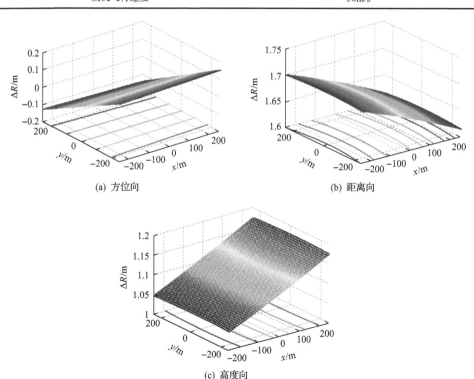

(a) 方位向　　(b) 距离向

(c) 高度向

图 5.28　不同方向的 1m 轨迹偏移产生的距离误差对比

Ash[66]提出的 ABP 算法也是基于上述模型提出的，其对误差相位的估计采取了能量最大化准则，即找到式(5.101)的最优解：

$$\hat{\phi} = \arg\max_{\phi} s(\phi) \tag{5.101}$$

式中，$s(\phi) = \|v\|^2 = \sum_i v_i^2, v_i = z_i z_i^*$ 为能量评估函数。剩下的问题就是如何去解这个多维优化问题。

将待估计的相位误差向量 $\hat{\phi}$ 视为多维空间中的一点，采取坐标下降法对其进行估计。该算法是一种非梯度优化算法，在每一次迭代中，沿当前点处的一个坐标方向进行一维搜索，以求得目标函数的局部极值。在 SAR 自聚焦应用中，能量评估函数 $s(\phi)$ 即为目标函数，如果第 n 次迭代结果 $\hat{\phi}^n = \left\{ \hat{\phi}_1^n, \cdots, \hat{\phi}_k^n, \cdots, \hat{\phi}_K^n \right\}$ 已经给定，那么 $\hat{\phi}^{n+1}$ 的第 k 个估计结果为

$$\hat{\phi}_k^{n+1} = \arg\max_{\phi} s\left(\hat{\phi}_1^{n+1}, \cdots, \hat{\phi}_{k-1}^{n+1}, \phi, \hat{\phi}_{k+1}^n, \cdots, \hat{\phi}_K^n \right), \quad k = 1, 2, \cdots, K \tag{5.102}$$

由以上原理可以看出，ABP 算法对误差的估计主要依赖其估计数据，因此除了误差模型存在的假设限制外，还存在以下问题：

(1)假设图像达到最大能量时图像聚焦效果达到最佳，但这个假设在一些条件下难以成立。图像的最大能量准则趋于集中被相位噪声干扰的能量源。或者说，$s(\phi)$ 数值的大小主要由场景中强散射点映射到图像上的亮点决定。因此，对相位误差的估计是偏向于对强散射点更好的聚焦，以获得更大的图像能量值。这意味着，当图像中能量分布严重不均匀时，图像的估计结果将主要由强能量部分决定，容易产生过聚焦。机载 P 波段 CSAR 成像结果如图 5.29 所示，在基于最大能量准则下，相位误差的估计主要由图中方框区域建筑的强反射能量决定，而忽略了

(a) 采用自聚焦处理前　　　　　　　　(b) 采用自聚焦处理后

图 5.29　机载 P 波段 CSAR 成像结果

其他较小散射点的聚焦情况。椭圆框内的点状路灯柱目标的成像反而散焦得比采用自聚焦处理前还严重。

(2)估计需要的计算量和存储空间大，且与成像网格点数和方位向采样点数正相关。

由上述分析可知，对于 ABP 算法，平衡其用于估计的图像能量非常必要。基于平衡图像能量，本节提出了 EABP 算法。

如式(5.101)所示，在上述优化模型中，具有强能量区域的目标对估计结果有重要作用。因此，在自聚焦过程中没有必要对所有的场景点进行估计。可以选择场景中多块分散的点目标区域，联合成新的投影向量 $\tilde{b}_k$ 用于估计相位。在实际应用中，可采用特征点检测算法来选取点目标区域，如角点检测算法、最大稳定外部区域(maximally stable external regions, MSER)算法[71]等。为避免产生局部区域过聚焦问题，本节引入了一个平衡算子 $\Gamma(\cdot)$ 来平衡 $\tilde{b}_k$ 的能量分布。为避免相位信息的损失，可将平衡算子表示为

$$\Gamma\left(\tilde{b}_k\right) = \Psi\left(\tilde{B}_k\right) \mathrm{e}^{\mathrm{j}\tilde{\theta}_k} \tag{5.103}$$

式中，$\tilde{B}_k = \left|\tilde{b}_k\right|$ 为数据幅值；$\tilde{\theta}_k = \mathrm{angle}\left(\tilde{b}_k\right)$ 为 $\tilde{b}_k$ 中各个网格点投影值的相位；$\Psi(\cdot)$ 的作用是降低 $\tilde{B}_k$ 幅值的动态范围，即减小不同区域的投影能量对 $s(\phi)$ 贡献的差距。可以用常见的非线性算子来减小数据能量的动态范围。在实测数据处理中，采用常见的 $\lg(\cdot)$。EABP 算法的流程图如图 5.30 所示，具体步骤如下。

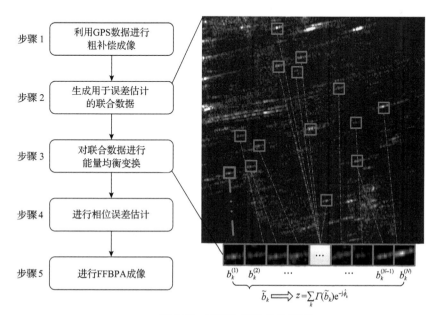

图 5.30　EABP 算法的流程图

步骤 1：结合低精度的 GPS 定位数据，采用 BP 算法获取粗聚焦图像。

步骤 2：采取特征点检测算法，选取观测场景中一些包含能量相对较强的散射特征点的区域数据，组成新的用于估计的联合数据 $\tilde{b}_k$，如图 5.30 右图所示。

步骤 3：利用平衡算子 $\Gamma(\cdot)$ 来减小联合数据 $\tilde{b}_k$ 的动态范围。

步骤 4：利用 $z = \sum_k \Gamma\left(\tilde{b}_k\right) \mathrm{e}^{-\mathrm{j}\hat{\phi}_k}$ 模型，基于最大能量准则对 $\hat{\phi}$ 进行估计。

步骤 5：对相位误差进行补偿，通过 BPA 获得最终的成像结果。该步骤可采用其他易与相位误差数据相结合的 SAR 快速成像算法(如 FFBPA)来提高计算效率。

目前，对于 CSAR 的二维成像，主要分为两大类算法[52]：一类是直接对全孔径数据进行相干累加，得到成像结果；另一类是先将全孔径分割成若干子孔径，再分别对这些子孔径数据进行成像处理来获得子图像，最后将所得子图像进行非相干叠加得到最终成像结果。虽然在采用全孔径相干累加时，这种宽角度的成像方式可以获得更高的分辨率，但是这种高分辨率获取的前提是目标为理想点散射体，具有全向且散射中心不变的后向散射特性。在实际场景中，绝大多数目标的散射角有限，且有多个散射中心。研究表明[59]：对于城镇场景的高分辨成像，非相干成像所获得的图像效果比相干成像所获得的图像效果更好。

为得到高质量实测图像，本章给出一个基于 EABP 子孔径处理的低频 CSAR 成像算法，其流程图如图 5.31 所示。首先，根据分辨率需求和观测目标的后向散射角范围，将完整孔径平均分成 N 个相同长度的子孔径；然后采用 EABP 算法分

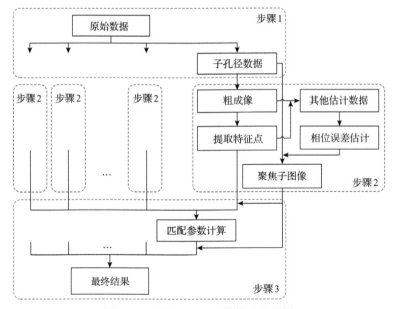

图 5.31　所提 CSAR 成像算法流程图

别对所得子孔径数据进行自聚焦成像处理，得到子图像；最后，将所有子图像通过特征点匹配，进行非相干叠加，得到最终的成像结果。

在获取所有高精度子孔径图像后，最后的工作就是将它们精确地累加起来，下面主要阐述 CSAR 子孔径图像的匹配叠加问题。

在 CSAR 成像中，观测时存在运动轨迹和采样频率误差，导致成像结果的投影发生偏差，形成了图像的偏移和尺度伸缩，也就是几何形变。更糟糕的是，这种形变使得各个相邻的孔径数据之间的误差估计变得不连续，这样在不同孔径中对同一位置的投影引入了不同的偏移。因此，直接将这些子图像进行叠加无法得到理想的聚焦结果，本节采取图像匹配算法来减小各个子图像之间的几何形变。

图像匹配可以获取正确的空间坐标变换，使得参考图像和待匹配图像中的同一个像素点得以投影到同一个坐标位置上。不失一般性地，选取第一幅子孔径图像作为参考图像，即为子图像 1，同时子图像 1 为其他所有子图像的全局参考图像。在实际场景中，大多数目标散射角度有限，导致观测角度相差很大的子图像上的反射能量差异很大。因此，为了方便匹配，将每两个相邻的子图像作为一对参考图像和待匹配图像。

设观测区域任意一个像素位置在待匹配图像 i 和参考图像 $i-1$ 中的坐标分别为 (x_i, y_i) 和 (x_{i-1}, y_{i-1})。两个坐标之间的变换关系可以表示为

$$\begin{cases} x_i = f_{i \to i-1}^{(x)}(x_{i-1}, y_{i-1}) \\ y_i = f_{i \to i-1}^{(y)}(x_{i-1}, y_{i-1}) \end{cases} \tag{5.104}$$

式中，$f_{i \to i-1}^{(x)}(\cdot)$ 和 $f_{i \to i-1}^{(y)}(\cdot)$ 为坐标变换函数，由变换模型确定，其中左下标 $i \to i-1$ 表示第 i 个子图像作为待匹配图像及第 $i-1$ 个子图像作为参考图像。

本节采用仿射模型作为坐标变换的基本模型。仿射模型对图像的旋转、尺度伸缩等几何形变具有良好的适应性，经常被用于 SAR 图像处理中。基于仿射模型，式 (5.104) 可以表示为

$$\begin{cases} x_i = f_{i \to i-1}^{(x)}(x_{i-1}, y_{i-1}) = a_{i \to i-1}^{(x)} x_{i-1} + b_{i \to i-1}^{(x)} y_{i-1} + c_{i \to i-1}^{(x)} \\ y_i = f_{i \to i-1}^{(y)}(x_{i-1}, y_{i-1}) = a_{i \to i-1}^{(y)} x_{i-1} + b_{i \to i-1}^{(y)} y_{i-1} + c_{i \to i-1}^{(y)} \end{cases} \tag{5.105}$$

式中，$a_{i \to i-1}^{(x)}$、$b_{i \to i-1}^{(x)}$、$c_{i \to i-1}^{(x)}$ 为坐标变换函数 $f_{i \to i-1}^{(x)}(\cdot)$ 的参数；$a_{i \to i-1}^{(y)}$、$b_{i \to i-1}^{(y)}$、$c_{i \to i-1}^{(y)}$ 为坐标变换函数 $f_{i \to i-1}^{(y)}(\cdot)$ 的参数。这些参数可以通过两图像之间相同特征点对应的位置关系计算得到，且这里的特征点可以沿用步骤 2 中组成待估计区域的特征点。更具体地说，首先寻找两图像之间的对应特征点，然后利用特征点的空间坐

标，通过最小二乘法解变换方程，如式(5.105)所示。可以将得到的坐标变换模型的参数写为

$$A_{i \to i-1} = \begin{bmatrix} a_{i \to i-1}^{(x)} & b_{i \to i-1}^{(x)} \\ a_{i \to i-1}^{(y)} & b_{i \to i-1}^{(y)} \end{bmatrix}, \quad C_{i \to i-1} = \begin{bmatrix} c_{i \to i-1}^{(x)} \\ c_{i \to i-1}^{(y)} \end{bmatrix} \tag{5.106}$$

据此，式(5.105)可变换为

$$\begin{bmatrix} x_i \\ y_i \end{bmatrix} = A_{i \to i-1} \begin{bmatrix} x_{i-1} \\ y_{i-1} \end{bmatrix} + C_{i \to i-1} \tag{5.107}$$

根据式(5.107)，在第 i 个子图像与全局参考图像之间的坐标变换方程可以写为

$$\begin{aligned}
\begin{bmatrix} x_i \\ y_i \end{bmatrix} &= A_{i \to i-1} \begin{bmatrix} x_{i-1} \\ y_{i-1} \end{bmatrix} + C_{i \to i-1} \\
&= A_{i \to i-1} A_{i-1 \to i-2} \begin{bmatrix} x_{i-2} \\ y_{i-2} \end{bmatrix} + A_{i \to i-1} C_{i-1 \to i-2} + C_{i \to i-1} \\
&\vdots \\
&= \left[\prod_{k=2}^{i} A_{k \to k-1} \right] \begin{bmatrix} x_1 \\ y_1 \end{bmatrix} + \left[\prod_{k=3}^{i} A_{k \to k-1} \right] C_{2 \to 1} + \left[\prod_{k=4}^{i} A_{k \to k-1} \right] C_{3 \to 2} \\
&\quad + \cdots + \left[\prod_{k=i}^{i} A_{k \to k-1} \right] C_{i-1 \to i-2} + C_{i \to i-1}
\end{aligned} \tag{5.108}$$

两图像之间的变换参数为

$$\begin{cases} A_{i \to 1} = \prod_{k=2}^{i} A_{k \to k-1} \\ C_{i \to 1} = \left[\prod_{k=3}^{i} A_{k \to k-1} \right] C_{2 \to 1} + \left[\prod_{k=4}^{i} A_{k \to k-1} \right] C_{3 \to 2} + \left[\prod_{k=i}^{i} A_{k \to k-1} \right] C_{i-1 \to i-2} + C_{i \to i-1} \end{cases} \tag{5.109}$$

基于式(5.108)，通过插值可获得图像匹配结果为

$$S_i'(x_1, y_1) = S_i(x_i, y_i) \tag{5.110}$$

同样，可以获得其他子图像对全局参考图像的匹配结果，最后将这些匹配结果进行非相干叠加，即

$$S_{\text{final}} = \sum_{i=1}^{N} |S_i'| \tag{5.111}$$

完整的子图像匹配处理流程如图 5.32 所示。首先，获取相邻子孔径之间的匹配参数；然后，推导待匹配子图像与全局参考图像之间的变换参数；接着，采用变换模型和插值处理获取图像匹配结果；最后，将所有匹配结果进行非相干累加，得到最终的成像结果。本章后面将给出机载 P 波段 CSAR 的实测数据处理结果，以证明所提算法的有效性和实用性。

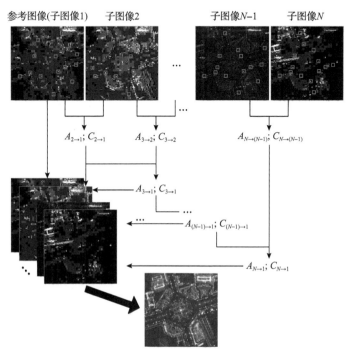

图 5.32　完整的子图像匹配处理流程

5.5　试　验　结　果

为了验证本章所提机载低频 CSAR 成像与运动补偿算法的有效性和实用性，将该算法应用于国防科技大学自主研制的机载 P 波段 CSAR 实测数据处理中[72]。试验地点为陕西省渭南市某国道附近，观测场景为某环形路口；试验搭载平台为塞斯纳 172 小型有人机，如图 5.33(a)所示，平均飞行高度约为 2085m，飞行半径约为 3000m。由于飞行平台较小，受气流扰动影响较大，飞行状态不稳定，圆周飞行轨迹如图 5.33(b)所示。试验中，该雷达系统加装了定位精度约为 1m 的 GPS，用于测量载机的运动参数。观测场景的直径为 2km，图 5.34 给出了利用本章所提算法得到的机载 P 波段 CSAR 的实测数据处理结果。

(a)

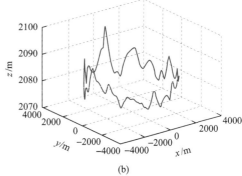

(b)

图 5.33　塞斯纳 172 小型有人机和圆周飞行轨迹

图 5.34　大场景 CSAR 成像结果图

　　下面将详细地展示试验结果，在图 5.34 所示观测场景中央环岛路口的右下方是一个纪念广场。纪念广场的 CSAR 成像结果如图 5.35 所示，在纪念广场上布置了两个三面角反射器(方框处)和三个圆柱反射器(圆圈处)。同时，在这些人造目标的南边静止站立了 4 名人员(虚线方框处)。从 CSAR 成像结果图 5.35(a)可以看出，由于波长太长以及人体反射能量很弱，很难将人体目标从背景噪声中分离出来。但是仔细观察，仍可以从图中看到非常微弱的四个人产生的图像痕迹。

　　为了分析 CSAR 对车辆目标的检测性能，分别在三面具有稀疏树木遮挡的停车位停放了两辆小货车，并在裸露的广场停放了一辆小货车和一辆商务车，如图 5.36(d)所示。图 5.36(a)、图 5.36(b)分别给出了 P 波段 LSAR 和 CSAR 成像模式下停车场

(a) CSAR成像结果   (b) 光学图像(来源于GoogleEarth)

(c) 广场上的试验场景

图 5.35 纪念广场的 CSAR 成像结果

(a) LSAR图像   (b) CSAR图像   (c) 光学图像   (d) 试验目标

图 5.36 观测区域中的停车场 SAR 成像结果

区域的成像结果放大图。从结果来看，在两种模式成像中裸露的两车辆目标图像清晰，容易被检测到。但是，LSAR 图像中两车辆目标都呈点状，而 CSAR 图像中两车辆目标具备较好的轮廓特征。在遮挡条件下，LSAR 图像中的车辆受到周围树木遮挡的影响，很难将其从背景中分离出来；CSAR 图像中的车辆则更容易被分离出来。

同时，为了验证本章所提算法的有效性，同样对比基于 GPS 数据运动粗补偿的 BPA 和本章所提算法获取的成像结果，如图 5.37 所示。图 5.38 给出了场景中心花圃放大图。可以看出，本章所提 CSAR 成像算法获取图像的聚焦性能更加优越，图中的花圃小径和路边灯柱目标清晰可见。同时还给出了某点目标(图 5.37 中方框处)的剖面对比图(图 5.39)，展现了本章所提算法的良好聚焦性能。

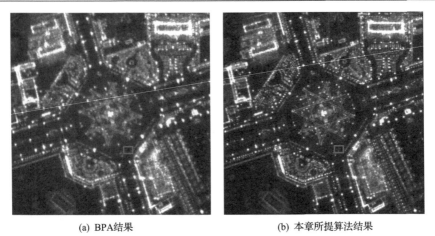

(a) BPA结果　　　　　　　　　　　(b) 本章所提算法结果

图 5.37　采用不同算法获得的 CSAR 成像结果（场景中心放大图）

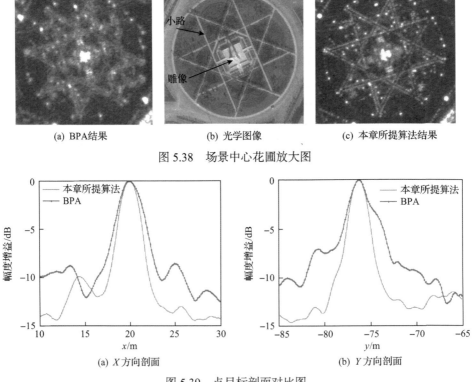

(a) BPA结果　　　　　　(b) 光学图像　　　　　(c) 本章所提算法结果

图 5.38　场景中心花圃放大图

(a) X 方向剖面　　　　　　　　　　(b) Y 方向剖面

图 5.39　点目标剖面对比图

　　2020 年，国防科技大学利用自主研制的机载 L 波段 CSAR 系统在陕西省渭南市蒲城县附近开展了一系列 CSAR 飞行试验[73,74]，获取了高质量聚焦的地物 CSAR 图像，部分观测区域 CSAR 成像结果如图 5.40 与图 5.41 所示。

图 5.40　机载 L 波段 CSAR 实测图像(陕西省某公园)

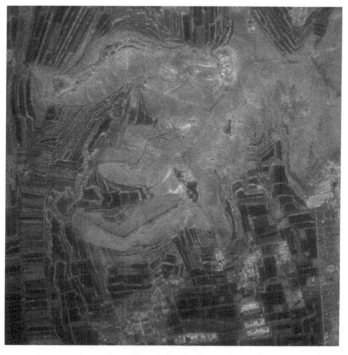

图 5.41　机载 L 波段 CSAR 实测图像(陕西省渭南市某丘陵)

CSAR 技术提出至今已经有 30 多年。在早期，受技术水平所限，机载 CSAR 成像探测很难实现，导致 CSAR 技术发展受限，CSAR 成像的优势也没有凸显出来，因此这项技术并未引起重视。近年来，伴随着机载平台和导航测量技术的发展，机载 CSAR 成像已不再是难题，且随着相关研究的推进，CSAR 技术优势和价值逐渐显现，引起了国内外学者的广泛关注。CSAR 除了可以获取二维全方位雷达图像外，还可实现 SAR 三维图像重构[75-77]、全息成像[78,79]、视频成像[80,81]和动目标持续跟踪[82-85]等多种其他功能，因此具有重要的军事价值和民用价值。

参 考 文 献

[1] Soumekh M. Synthetic Aperture Radar Signal Processing with MATLAB Algorithms[M]. New York: Wiley, 1999.

[2] 洪文. 圆迹 SAR 成像技术研究进展[J]. 雷达学报, 2012, 1(2): 124-135.

[3] Chan T K, Kuga Y, Ishimaru A. Experimental studies on circular SAR imaging in clutter using angular correlation function technique[J]. IEEE Transactions on Geoscience and Remote Sensing, 1999, 37(5): 2192-2197.

[4] Cantalloube H M J, Colin-Koeniguer E, Oriot H. High resolution SAR imaging along circular trajectories[C]. Proceedings of International Geoscience and Remote Sensing Symposium, Barcelona, 2007: 850-853.

[5] 安道祥, 陈乐平, 冯东, 等. 机载圆周 SAR 成像技术研究[J]. 雷达学报, 2020, 9(2): 221-242.

[6] 张健丰, 付耀文, 张文鹏, 等. 圆迹合成孔径雷达成像技术综述[J]. 系统工程与电子技术, 2020, 42(12): 2716-2734.

[7] 杨建宇. 雷达对地成像技术多向演化趋势与规律分析[J]. 雷达学报, 2019, 8(6): 669-692.

[8] Chen J W, An D X, Wang W, et al. Extended polar format algorithm for large-scene high-resolution WAS-SAR imaging[J]. IEEE Journal of Selected Topics in Applied Earth Observations and Remote Sensing, 2021, 14: 5326-5338.

[9] Nehru D N, Vu V T, Sjogren T K, et al. SAR resolution enhancement with circular aperture in theory and empirical scenario[C]. Proceedings of the IEEE Radar Conference, Cincinnati, 2014: 1-6.

[10] Ash J N, Ertin E, Potter L C, et al. Wide-angle synthetic aperture radar imaging: Models and algorithms for anisotropic scattering[J]. IEEE Signal Processing Magazine, 2014, 31(4): 16-26.

[11] Chen L P, An D X, Huang X T. Resolution analysis of circular synthetic aperture radar noncoherent imaging[J]. IEEE Transactions on Instrumentation and Measurement, 2020, 69(1): 231-240.

[12] Vu V T, Sjogren T K, Pettersson M I. Studying CSAR systems using IRF-CSAR[C]. IET Radar Conference, Glasgow, 2012: 1-6.

[13] Ge B B, An D X, Chen L P, et al. Ground moving target detection and trajectory reconstruction methods for multichannel airborne circular SAR[J]. IEEE Transactions on Aerospace and

Electronic Systems, 2022, 58(4): 2900-2915.

[14] 王武. 机载圆周 SAR-GMTI 关键技术研究[D]. 长沙: 国防科技大学, 2019.

[15] An D X, Wang W, Zhou Z M. Refocusing of ground moving target in circular synthetic aperture radar[J]. IEEE Sensors Journal, 2019, 19(19): 8668-8674.

[16] Wang W, An D X, Luo Y X, et al. The fundamental trajectory reconstruction results of ground moving target from single-channel CSAR geometry[J]. IEEE Transactions on Geoscience and Remote Sensing, 2018, 56(10): 5647-5657.

[17] Li J P, An D X, Wang W, et al. A novel method for single-channel CSAR ground moving target imaging[J]. IEEE Sensors Journal, 2019, 19(19): 8642-8649.

[18] 洪文, 申文杰, 林赟, 等. 基于背景差分法的单通道圆迹 SAR 动目标检测算法研究[J]. 电子与信息学报, 2017, 39(9): 2182-2189.

[19] Chen J W, An D X, Wang W, et al. A novel generation method of high quality video image for high resolution airborne ViSAR[J]. Remote Sensing, 2021, 13(18): 3706.

[20] Liu Z K, An D X, Huang X T. Moving target shadow detection and global background reconstruction for videoSAR based on single-frame imagery[J]. IEEE Access, 2019, 7: 42418-42425.

[21] Damini A, Balaji B, Parry C, et al. A video SAR mode for the X-band wideband experimental airborne radar[C]. SPIE Synthetic Aperture Radar Imagery XVII, Orlando, 2010: 1-8.

[22] 罗雨潇. 圆周 SAR 图像道路提取技术研究[D]. 长沙: 国防科技大学, 2021.

[23] Luo Y X, An D X, Wang W, et al. Local road area extraction in CSAR imagery exploiting improved curvilinear structure detector[J]. IEEE Transactions on Geoscience and Remote Sensing, 2022, 60: 1-15.

[24] 邹浩, 林赟, 洪文. 采用深度学习的多方位角 SAR 图像目标识别研究[J]. 信号处理, 2018, 34(5): 513-522.

[25] 邹浩, 林赟, 洪文. 基于多角度合成 SAR 图像的目标识别性能分析[J]. 中国科学院大学学报, 2019, 36(2): 226-234.

[26] Dungan K E, Potter L C. Classifying vehicles in wide-angle radar using pyramid match hashing[J]. IEEE Journal of Selected Topics in Signal Processing, 2011, 5(3): 577-591.

[27] Michael A S, Julie A J, Dane F F. Rethinking vehicle classification with wide-angle polarimetric SAR[J]. IEEE Aerospace and Electronic Systems Magazine, 2014, 29(1): 41-49.

[28] Chen L P, An D X, Huang X T, et al. A 3D reconstruction strategy of vehicle outline based on single-pass single-polarization CSAR data[J]. IEEE Transactions on Image Processing, 2017, 26(11): 5545-5554.

[29] Feng D, An D X, Chen L P, et al. Holographic SAR tomography 3-D reconstruction based on iterative adaptive approach and generalized likelihood ratio test[J]. IEEE Transactions on

Geoscience and Remote Sensing, 2021, 59(1): 305-315.

[30] Li Y S, Chen L P, An D X, et al. A novel DEM extraction method based on chain correlation of CSAR subaperture images[J]. IEEE Journal of Selected Topics in Applied Earth Observations and Remote Sensing, 2021, 14: 8718-8728.

[31] Feng D, An D X, Huang X T, et al. A phase calibration method based on phase gradient autofocus for airborne holographic SAR imaging[J]. IEEE Geoscience and Remote Sensing, 2021, 16(12): 1864-1868.

[32] Li Y S, Chen L P, An D X, et al. An extracting DEM method based on the sub-apertures difference in CSAR mode[J]. International Journal of Remote Sensing, 2022, 43(1): 370-391.

[33] Li Y S, Chen L P, An D X, et al. A novel method for extracting geometric parameter information of buildings based on CSAR images[J]. International Journal of Remote Sensing, 2022, 43(11): 4117-4133.

[34] Moore L, Potter L, Ash J. Three-dimensional position accuracy in circular synthetic aperture radar[J]. IEEE Aerospace and Electronic Systems, 2014, 29(1): 29-40.

[35] Ponce O, Prats-Iraola P, Scheiber R, et al. Polarimetric 3-D reconstruction from multicircular SAR at P-band[J]. IEEE Geoscience and Remote Sensing Letters, 2014, 11(4): 803-807.

[36] Palm S, Oriot H M, Cantalloube H M. Radargrammetric DEM extraction over urban area using circular SAR imagery[J]. IEEE Transactions on Geoscience and Remote Sensing, 2012, 50(11): 4720-4725.

[37] Kou L L, Wang X Q, Xing M S, et al. Interferometric estimation of three-dimensional surface deformation using geosynchronous circular SAR[J]. IEEE Transactions on Aerospace and Electronic Systems, 2012, 48(2): 1619-1635.

[38] 林赟, 张琳, 韦立登, 等. 无先验模型复杂结构设施 SAR 全方位三维成像方法研究[J]. 雷达学报, 2022, 11(5): 909-919.

[39] 张金强, 索志勇, 李真芳, 等. 圆迹SAR子孔径图像序列联合相关DEM提取方法[J]. 系统工程与电子技术, 2018, 40(9): 1939-1944.

[40] Frolind P, Gustavsson A, Lundberg M, et al. Circular-aperture VHF-band synthetic aperture radar for detection of vehicles in forest concealment[J]. IEEE Transactions on Geoscience and Remote Sensing, 2012, 50(4): 1329-1339.

[41] Lin Y, Hong W, Tan W X, et al. Extension of range migration algorithm to squint circular SAR imaging[J]. IEEE Geoscience and Remote Sensing Letters, 2011, 8(4): 651-655.

[42] Ishimaru A, Chan T K, Kuga Y. An imaging technique using confocal circular synthetic aperture radar[J]. IEEE Transactions on Geoscience and Remote Sensing, 1998, 36(5): 1524-1530.

[43] Chan T K, Kuga Y, Ishimaru A. Experimental studies on circular SAR imaging in clutter using angular correlation function technique[J]. IEEE Transactions on Geoscience and Remote

Sensing, 1999, 37(5): 2192-2197.

[44] An D X, Huang X T, Jin T, et al. Extended nonlinear chirp scaling algorithm for high-resolution highly squint SAR data focusing[J]. IEEE Transactions on Geoscience and Remote Sensing, 2012, 50(9): 3595-3609.

[45] Reigber A, Alivizatos E, Potsis A, et al. Extended wavenumber-domain synthetic aperture radar focusing with integrated motion compensation[J]. IEEE Radar Sonar and Navigation, 2006, 153(3): 301-310.

[46] Carrara W G, Goodman R S, Ricoy M A. New algorithms for widefield SAR image formation[C]. Proceedings of the IEEE Radar Conference, Philadelphia, 2004: 38-43.

[47] 陈乐平. 机载圆周合成孔径雷达成像技术研究[D]. 长沙: 国防科技大学, 2018.

[48] Ulander L M H, Hellsten H, Stenstrom G. Synthetic-aperture radar processing using fast factorized back-projection[J]. IEEE Transactions on Aerospace and Electronic Systems, 2003, 39(3): 760-776.

[49] Jia G W, Buchroithner M F, Chang W, Fourier-based 2-D imaging algorithm for circular synthetic aperture radar: Analysis and application[J]. IEEE Journal Selected Topics Applied Earth Observations and Remote Sensing, 2015, 9(1): 475-489.

[50] Jia G W, Chang W G, Zhang Q L, et al. The analysis and realization of motion compensation for circular synthetic aperture radar data[J]. IEEE Journal of Selected Topics in Applied Earth Observations and Remote Sensing, 2016, 9(7): 3060-3071.

[51] Carrara W G, Goodman R S, Majewski R M. Spotlight Synthetic Aperture Radar Signal Processing Algorithms[M]. Boston: Artech House, 1995.

[52] Ponce O, Prats-Iraola P, Pinheiro M, et al. Fully polarimetric high-resolution 3-D imaging with circular SAR at L-band[J]. IEEE Transactions on Geoscience and Remote Sensing, 2014, 52(6): 3074-3090.

[53] Frey O, Magnard C, Ruegg M, et al. Focusing of airborne synthetic aperture radar data from highly nonlinear flight tracks[J]. IEEE Transactions on Geoscience and Remote Sensing, 2009, 47(6): 1844-1858.

[54] Soumekh M. Reconnaissance with slant plane circular SAR imaging[J]. IEEE Transactions on Image Processing, 1996, 5(8): 1252-1265.

[55] 毛新华. PFA 在 SAR 超高分辨率成像和 SAR/GMTI 中的应用研究[D]. 南京: 南京航空航天大学, 2009.

[56] Bryant M L, Gostin L L, Soumekh M. 3-D E-CSAR imaging of a T-72 tank and synthesis of its SAR reconstructions[J]. IEEE Transactions on Aerospace and Electronic Systems, 2003, 39(1): 211-227.

[57] Dallinger A, Schelkshorn S, Detlefsen J. Efficient ωK algorithm for circular SAR and cylindrical reconstruction areas[J]. Advances in Radio Science, 2006, 4: 85-91.

[58] Flores-Tapia D, Thomas G, Pistorius S. Wavefront reconstruction method for subsurface radar

imagery acquired along circular and planar scan trajectories[J]. IEEE Transactions on Aerospace and Electronic Systems, 2010, 46(3): 1346-1363.

[59] Dungan K E, Nehrbass J W. Wide-area wide-angle SAR focusing[J]. IEEE Aerospace and Electronic Systems Magazine, 2014, 29(1): 21-28.

[60] Dungan K E, Nehrbass J W. Sar focusing using multiple trihedrals[C]. Proceeding of SPIE-Algorithms for Synthetic Aperture Radar Imagery XX, Baltimore, 2013: 38-46.

[61] Dupuis X, Martineau P. Very high resolution circular SAR imaging at X band[C]. Proceeding of International Geoscience and Remote Sensing Symposium, Quebec, 2014: 930-933.

[62] Ponce O, Prats P, Rodriguez M, et al. Processing of circular SAR trajectories with fast factorized back-projection[C]. Proceeding of International Geoscience and Remote Sensing Symposium, Vancouver, 2011: 3692-3695.

[63] Wahl D E, Eichel P H, Ghiglia D C, et al. Phase gradient autofocus: A robust tool for high resolution SAR phase correction[J]. IEEE Transactions on Aerospace and Electronic Systems, 1994, 30(3): 827-835.

[64] Xing M D, Jiang X W, Wu R B, et al. Motion compensation for UAV SAR based on raw radar data[J]. IEEE Transactions on Geoscience and Remote Sensing, 2009, 47(8): 2870-2883.

[65] Mancill C E, Swiger J M. A map drift autofocus technique for correcting higher order SAR phase errors[C]. Proceeding of 27th Annual Tri-Service Radar Symposium Record, Orlando, 1981: 391-400.

[66] Ash J N. An autofocus method for backprojection imagery in synthetic aperture radar[J]. IEEE Geoscience and Remote Sensing Letters, 2012, 9(1): 104-108.

[67] Hu K B, Zhang X L, He S F, et al. A less-memory and high-efficiency autofocus back projection algorithm for SAR imaging[J]. IEEE Geoscience and Remote Sensing Letters, 2015, 12(4): 890-894.

[68] Berizzi F, Corsini G. Autofocusing of inverse synthetic aperture radar images using contrast optimization[J]. IEEE Transactions on Aerospace and Electronic Systems, 1996, 32(3): 1185-1191.

[69] 薛国义. 机载高分辨超宽带合成孔径雷达运动补偿技术研究[D]. 长沙: 国防科学技术大学, 2008.

[70] 薛国义, 周智敏, 安道祥. 一种适用于机载 SAR 的改进 PACE 自聚焦算法[J]. 电子与信息学报, 2008, 30(11): 2719-2723.

[71] Obdrzalek D, Basovnik S, Mach L, et al. Detecting scene elements using maximally stable colour regions[C]. Communications in Computer and Information Science, Berlin, 2010: 107-115.

[72] Chen L P, An D X, Huang X T. P-band ultra wideband circular synthetic aperture radar experiment and imaging[C]. 2016 CIE International Conference on Radar, Guangzhou, 2017: 1-3.

[73] 陈乐平, 安道祥, 周智敏, 等. 机载双频曲线 SAR 系统与试验[J]. 雷达科学与技术, 2021,

19(3): 248-257.

[74] 李一石, 陈乐平, 安道祥, 等. 基于 CSAR 图像的目标高度提取方法[J]. 雷达科学与技术, 2022, 20(5): 507-512, 519.

[75] Li Y S, Chen L P, An D X, et al. A novel DEM extraction method based on chain correlation of CSAR subaperture images[J]. IEEE Journal of Selected Topics in Applied Earth Observations and Remote Sensing, 2021, 14: 8718-8728.

[76] Li Y S, Chen L P, An D X, et al. An extracting DEM method based on the sub-apertures difference in CSAR mode[J]. International Journal of Remote Sensing, 2022, 43(1): 370-391.

[77] Li Y S, Chen L P, An D X, et al. A novel method for extracting geometric parameter information of buildings based on CSAR images[J]. International Journal of Remote Sensing, 2022, 43(11): 4117-4133.

[78] Feng D, An D X, Chen L P, et al. Holographic SAR tomography 3-D reconstruction based on iterative adaptive approach and generalized likelihood ratio test[J]. IEEE Transactions on Geoscience and Remote Sensing, 2021, 59(1): 305-315.

[79] Feng D, An D X, Huang X T, et al. A phase calibration method based on phase gradient autofocus for airborne holographic SAR imaging[J]. IEEE Geoscience and Remote Sensing Letters, 2019, 16(12): 1864-1868.

[80] Chen J W, An D X, Wang W, et al. A novel generation method of high quality video image for high resolution airborne ViSAR[J]. Remote Sensing, 2021, 13(18): 3706.

[81] Yan H, Xu X, Jin G D, et al. Moving targets detection for video SAR surveillance using multilevel attention network based on shallow feature module[J]. IEEE Transactions on Geoscience and Remote Sensing, 2022, 61: 5200518.

[82] Chen J W, Ge B B, An D X, et al. The trajectory reconstruction of moving target based on road line in multichannel WasSAR-GMTI[J]. IEEE Transactions on Geoscience and Remote Sensing, 2023, 61: 5216415.

[83] Ge B B, An D X, Chen L P, et al. Ground moving target detection and trajectory reconstruction methods for multichannel airborne circular SAR[J]. IEEE Transactions on Aerospace and Electronic Systems, 2022, 58(4): 2900-2915.

[84] Ge B B, An D X, Liu J Y, et al. Three-dimensional parameter estimation of moving target for multichannel airborne wide-angle staring SAR[J]. IEEE Transactions on Geoscience and Remote Sensing, 2024, 62: 5201115.

[85] 安道祥, 葛蓓蓓, 王武, 等. 机载多通道广角凝视 SAR 地面动目标指示技术研究[J]. 雷达学报, 2023, 12(6): 1179-1201.

第6章 机载重轨低频 InSAR 技术

InSAR 技术始于 20 世纪 50 年代，是利用 SAR 图像的相位信息反演地形高度的微波遥感技术，在地形测绘领域具有重要的应用价值。1969 年，InSAR 技术首次被应用到金星表面的探测[1]；1972 年，又被应用于月球表面测量[2]。1974 年，Graham[3]提出了利用 InSAR 技术进行地形测绘，并利用机载试验数据获得满足 1:25 万地形图要求的高程数据，开创了 InSAR 技术地形测绘的先河。自 1986 年起，星载 SAR 数据获得了实用性较强的试验成果，从而加快了 InSAR 技术的研究与发展[4-7]。

按照飞行搭载平台不同，可将 InSAR 技术分为星载 InSAR 和机载 InSAR 两大类。星载 InSAR 主要搭载高频 SAR 系统，实施大区域甚至全球的地形测绘，其优点是测绘范围大，缺点是测绘具有周期性，无法实现应急测绘，而且现有绝大多数星载 SAR 工作频率较高，因此电磁波穿透性能较差，无法实现对丛林区域的透视测绘。与星载 InSAR 相比，机载 InSAR 的工作频率范围更广，不仅能够实现地表测绘，还可以对丛林等遮蔽区域实施透视测绘。此外，机载 InSAR 机动灵活，可担负自然灾害预防、灾害救援等应急测绘任务；同时，机载 InSAR 还可为星载 InSAR 系统研制提供技术论证支撑和相似性试验基础平台。例如，德国 E-SAR 系统[8]和 F-SAR 系统[9]及法国 SETHI[10]已在不同场景和不同地形条件下开展地形测绘试验，极大地推动了 InSAR 理论与技术的发展。此外，丹麦的电磁成像合成孔径雷达(electro magnetic imaging synthetic aperture radar, EMISAR)系统、日本的极化干涉合成孔径雷达(polarimetric and interferometric SAR, PiSAR)系统、法国的 RAMSES 在不同领域发挥着重要作用。当前，机载 InSAR 正朝着全极化、多基线、多时序等趋势发展[11-16]，并不断拓展在高精度地形测量、微形变监测等领域的应用，例如，2007 年美国研发的无人机载 InSAR 系统便在森林测图等领域展现出巨大的应用潜力[17]。

与国外相比，我国机载 InSAR 技术研究和系统研制工作起步较晚。自 21 世纪初开始，中国科学院、国防科技大学、中国电子科技集团第三十八研究所、北京无线电测量研究所等先后研制了不同频段机载 InSAR 系统，并开展了外场飞行试验，获得了一些具有重要理论意义和实用价值的研究成果[18-24]。目前，国内研发的机载 InSAR 系统已在自然灾害评估、地形测绘、星载 InSAR 系统验证等领域发挥出重要作用。

不同于传统单轨高频 InSAR，重轨低频 InSAR 能够穿透森林覆盖层到达地表，从而实现了高精度林下遮蔽地形的透视测绘，因此在森林资源勘查、矿产资源勘探、地质灾害监测、沙漠/极地科考、军事作战等领域具有极其重要的应用价值。然而，与传统单轨高频 InSAR 相比，重轨低频 InSAR 在具有独特优势的同时，也需要进行更加复杂的信号处理，实现难度更大，这也是低频 InSAR 技术推广应用进程落后于高频 InSAR 的重要原因。

本章将简要介绍作者团队近些年在机载重轨低频 InSAR 方面开展的研究工作，包括重轨低频 InSAR 图像配准、低频 InSAR 相位解缠、低频 InSAR 绝对相位估计和数字地形高程反演等，并给出作者团队开展的机载重轨低频 InSAR 外场飞行试验及相应的实测数据处理结果，从而为从事相关技术研究的科研人员提供参考。

本章的内容安排如下：6.1 节介绍低频 InSAR 特点；6.2 节讨论低频 InSAR 图像配准；6.3 节介绍基于最小权完美匹配的低频 InSAR 相位解缠；6.4 节给出大尺寸低频 InSAR 相位解缠；6.5 节给出低频 InSAR 绝对相位获取与高程反演；6.6 节给出机载重轨 P 波段和 L 波段 InSAR 实测数据处理结果。

6.1 低频 InSAR 特点

InSAR 以 SAR 复图像对的干涉相位为信息源，采取一系列数据处理环节获取观测区域的三维地形信息[25]，即数字高程模型(digital elevation model, DEM)数据[26-29]。目前，InSAR 技术已经不再局限于单纯的地形测绘，其应用领域也在不断拓展，如地表形变监测[30-32]、动目标检测[33]、海洋研究[34]、冰川/极地科考[35]、沙漠/考古研究、森林储量评估[36]等。

InSAR 技术所获取的 DEM 可分为两种，即数字地表模型(digital surface model, DSM)和数字地形模型(digital terrain model, DTM)。其中，DSM 是指包含了植被高度的 DEM，而 DTM 是指未包含植被高度的 DEM。图 6.1 给出了两幅空客防务与航天公司早期发布的 WorldDEM 地形图样本[22]，所示区域为英国牛津地区的 DSM 与 DTM。从图中可以看到，DSM 与 DTM 存在较大差异。因此，利用 DSM 与 DTM 的差异可以对地表植被的生长状况做出定量评估[37,38]。

DSM 通常采用 X、Ku、Ka 等高频 InSAR 系统获取[24]。高频 SAR 波长较短，叶簇穿透能力较差，适用于对观测区域的表面高程进行测绘。由于高频 SAR 系统发展较早，技术较成熟，目前世界上的 InSAR 系统大多数都是高频 InSAR 系统。DTM 的获取主要依靠 P、L 等低频 InSAR 系统实现[20-23]。尽管有学者提出通过对高频 InSAR 获取的 DSM 进行滤波反演获取 DTM，但实际观测地域中的植被覆盖

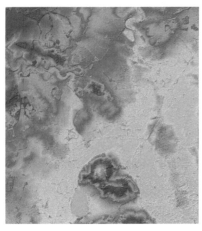 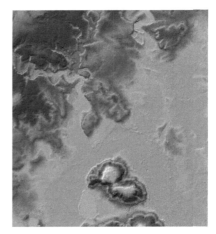

(a) DSM　　　　　　　　　　　　　　　(b) DTM

图 6.1　WorldDEM 地形图样本

情况非常复杂，且不同地域的植被覆盖情况亦有较大差别，实现精准建模和准确
滤波处理的难度较大，因此很难获得令人满意的 DTM。低频 SAR 波长较长，具
有很强的叶簇穿透能力[39]，这一特性使得低频 InSAR 能够对叶簇覆盖下的地形进
行测量，从而获取叶簇覆盖区域的 DTM。如本书前面所述，为了获取较高的图像
分辨率，低频 SAR 系统通常具有很高的相对带宽，而当发射信号相对带宽大于
0.2 时，称之为超宽带雷达[40]。

　　低频 InSAR 系统结合了高分辨率 SAR 成像和低频电磁波强叶簇穿透两个特
点，因此在丛林遮蔽区域的地形透视测绘方面具有独特优势。

　　首先，低频 SAR 图像受相干斑影响更小[41]。高频 SAR 图像存在较大的相干
斑噪声，严重影响了干涉相位图的质量，从而增加了干涉相位解缠及后续处理难
度。低频 SAR 的工作波长较长，在一个分辨单元内，等效散射中心个数较少，因
而图像受相干斑影响较小。研究表明：分别用 X、P 和 VHF 波段 SAR 观测同一
区域，P 波段 SAR 图像的等效视数比 X 波段 SAR 图像提高了 19.8%，而 VHF 波
段 SAR 图像的等效视数比 X 波段 SAR 图像提高了 32.4%[21,41]。由此可见，SAR
系统工作波长越长，SAR 图像斑点噪声越小。

　　其次，低频 InSAR 系统在相位解缠处理过程中压力较小[42,43]。一是较小的斑
点噪声能够得到质量更好的干涉相位图，因而低频 InSAR 的相位解缠难度更小；
二是高分辨低频 InSAR 系统的工作波长与图像分辨率处于同一量级，因此反映目
标特性的绝对相位或相位差是无模糊的，从而相位解缠处理压力较小。

　　最后，低频 InSAR 图像对的空间去相关程度小[44]。一方面，由于受斑点噪
声影响小，低频 InSAR 可以得到较大的基线和目标斜距比，而相关度依然满足

干涉要求；另一方面，低频 SAR 空间方位波束角较宽，不同方向回波相位的相关性较强[21]。

尽管具有上述优势，低频 InSAR 的发展相比高频 InSAR 的发展依然滞后。这体现在两个方面：一是目前低频 InSAR 系统还较少，主要用于验证性的技术研究，而高频 InSAR 系统发展成熟，世界各国已经发射很多星载 SAR 系统；二是为达到同等高度模糊水平，低频 InSAR 需要更大的视角差，因此需要更长的干涉基线。长干涉基线提高了测高精度，但也带来了新问题。为获取长干涉基线，低频 InSAR 需采用重轨干涉模式[45-47]，机载重轨低频 InSAR 工作示意图如图 6.2 所示。在这种干涉模式下，两次飞行采集的数据图像投影到地距时，投影几何存在较大差异，特别是局部的几何形变差异要比单轨 InSAR 更复杂，从而增加了数据处理难度[48]。

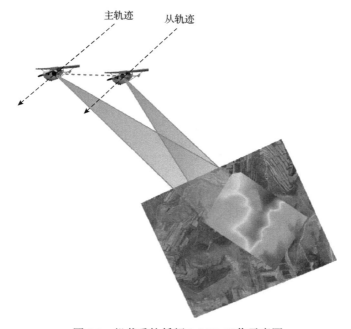

图 6.2　机载重轨低频 InSAR 工作示意图

图 6.3 给出了 InSAR 数据处理基本流程图，其中主图像是指利用主轨迹 SAR 获得的实测图像，而辅图像是指利用从轨迹 SAR 获得的实测图像。可以发现，InSAR 数据处理包含多个步骤。在实际数据处理中，为了获取更加精确的 DEM，通常还会在基本的处理流程上再增加 DEM 平差处理、质量评估等步骤。本章针对重轨低频 InSAR 处理步骤中的图像配准、相位解缠及绝对相位获取与高程反演等关键技术进行研究，旨在推进重轨低频 InSAR 技术的实用化进程。

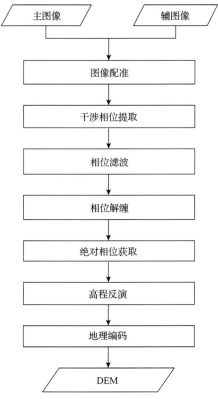

图 6.3　InSAR 数据处理基本流程图

6.2　低频 InSAR 图像配准

由于存在视角差，InSAR 数据处理中使用的两幅单视 SAR 图像对之间存在成像几何差异，即同一地物在两幅图像中的坐标并不相同。InSAR 图像配准便是为了消除这种差异，使得两幅 SAR 图像中的同一地物目标能够对应起来，从而获取高精度的干涉相位。InSAR 图像配准通常以两幅 SAR 图像中的一幅为参考，称为主图像，另一幅图像称为辅图像。在配准时，首先估计辅图像中的目标相对主图像中位置的相对偏移量，再将辅图像根据估计得到的偏移量进行重采样校正到主图像上。高精度的配准结果是干涉处理的基础。研究表明：只有当配准精度优于0.1 个分辨单元时，配准误差引起的干涉相位误差才可以被忽略[49]。此外，配准精度越高，干涉相位图的质量越好，也就是具有更高的信噪比和更少的残差点，能够大大减轻后续的相位解缠压力。

传统的图像配准算法流程可以简单概括为两步，即首先估计控制点的配准偏移量，然后根据控制点的配准偏移量估计所有像素的配准偏移量。其中，第一步主要研究如何估计配准偏移量，第二步则研究采用何种配准模型来估计所有像素的配准偏移量。两个步骤互相影响，第一步决定了第二步的模型估计精度，第二步决定了第一步中控制点的布置策略。对于 BPA 聚焦的地距 InSAR 图像数据，可以认为该数据经过了初步的几何配准。对于低频 InSAR，复图像数据经过几何配准后还需进一步优化，类似于文献[50]中对 TanDEM-X 数据进行几何配准后，再进行配准偏移量优化的操作。然而，若按照文献[50]中的做法为每一个像素采用相关函数法估计配准偏移量，则运算效率非常低。针对这种情况，本章采用如下配准算法来实现低频 InSAR 数据的进一步优化配准。

6.2.1　算法描述

本章采用的低频 InSAR 图像数据配准算法与传统的配准算法思路相同，即首先估计控制点的配准偏移量，然后利用估计的结果计算所有像素的配准偏移量。算法的输入假定为采用 BPA 聚焦的地距图像数据，且主图像与辅图像采用相同的参考平面。对于使用了辅助 DEM 数据进行聚焦的 SAR 图像，该算法同样适用，具体步骤如下。

步骤 1：基于相关函数法对主图像与辅图像进行全局粗配准，使得图像能够初步对应起来。这样做是因为当参考高度与实际地形平均高度存在较大误差时，主图像与辅图像之间可能存在一个全局的配准偏移量。

步骤 2：在主图像中按照图 6.4 所示算法等间隔地布置控制点。

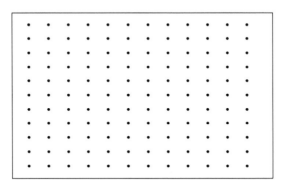

图 6.4　控制点布置示意图

步骤 3：以控制点为中心在主图像与辅图像中的对应位置截取大小为 128×128 像素的图像块，然后利用两个图像块估计控制点的配准偏移量，得出所有控制点的配准偏移量后，进行步骤 4。

步骤 4：对图像中的阴影等相关性较小区域的控制点进行校正[42,50]。这些区域内控制点的配准偏移量通常与周围存在明显差异，类似噪声，通过与周围控制点的偏移量进行对比即可检测出该配准偏移量。在校正时，利用周围正确的控制点偏移量，采用插值的算法计算该点的偏移量[42,50]。

步骤 5：对控制点的偏移量进行内插，得出所有位置的配准偏移量。

步骤 6：根据配准偏移量对辅图像进行重采样。

其中，步骤 5 中控制点内插算法获得的实际上是原配准偏移量降采样后、再升采样的结果，等同于进行了低通滤波。控制点的间隔越小，分辨能力越强，配准误差越小。当考虑到对控制点进行配准时，截取的图像块大小为 128×128 像素，相邻点截取的图像块之间存在很大的重叠区域，因此相邻点计算得到的配准偏移量变化较小。为了降低运算复杂度，又不引入过大误差，本章设置控制点的间隔为 10 个分辨单元(此时，相邻两个控制点截取的图像块重叠区域超过了90%)。这种内插算法在地形变化缓慢的区域能够取得较高的精度，而在地形变化剧烈的区域，精度会下降。总的来讲，设定控制点的间隔越大，配准误差的分布方差也越大。

此外，步骤 4 与步骤 5 中的插值均使用了双三次插值算法，所不同的是，步骤 4 的错误控制点插值是在非规则网格上的插值，这种非规则网格上的插值相比规则网格上的插值需要更大的运算量。步骤 4 校正了错误控制点的配准偏移量，因此在步骤 5 的升采样插值中所有控制点的配准偏移量均可用于插值运算，是规则网格上的插值，相比非规则网格上的插值运算复杂度要小很多。图 6.5 给出了图像配准算法流程。

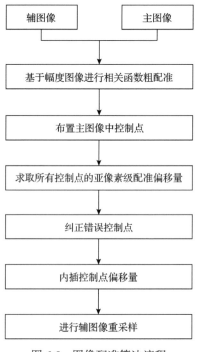

图 6.5　图像配准算法流程

6.2.2　配准偏移量的估计算法

控制点的配准偏移量估计是配准的另一个重点问题，其估计精度直接影响最终得到的配准结果。配准偏移量的估计主要取决于测度函数的选择。现有的 InSAR 图像配准测度函数主要分为三类：最大频谱法[6,51]、平均波动(average fluctuation, AF)函数法[52]和相关函数法[53]。

1. 最大频谱法

最大频谱法将干涉条纹的频谱作为配准度量。干涉条纹一般是周期性很强的条纹带，因此干涉条纹频谱上的频率模值期望最大。最大频谱法的测度取该最大值与频谱其余值之和的比值为度量值，值越大，认为配准精度越高。然而，若干涉条纹并非期望的周期性条纹，则最大频谱法不再适用。因此，最大频谱法的性能并不稳定。

2. 平均波动函数法

平均波动函数法也是从干涉条纹的清晰程度出发，不同的是该算法采用了新的度量函数[52]：

$$\mathrm{AF} = \sum_{i \in W} \sum_{j \in W} \frac{\left(\left| \phi_{i+1,j} - \phi_{i,j} \right| + \left| \phi_{i,j+1} - \phi_{i,j} \right| \right)}{2} \tag{6.1}$$

式中，$\phi_{i,j}$ 为 (i,j) 位置的干涉相位；W 为配准计算窗口，在本章是指以控制点为中心截取的图像块。

图像对的配准精度越高，干涉相位越平滑，平均波动函数的值越小。该算法在像素级配准时，具有较高的灵敏度。然而，InSAR 图像的配准需要亚像素级的配准精度。实测数据验证中发现，平均波动函数法在亚像素级的配准时，平均波动函数值变化不够灵敏，配准误差的方差较大。

3. 相关函数法

以图像对之间的相关函数值为测度的算法称为相关函数法。当两幅图像完全配准时，该度量值的期望值最大。反言之，当该度量值最大时，期望的配准精度最高。相关函数法是一种基本的统计估计算法，广泛应用于各种数据类型的图像配准中。该算法的研究与应用最为广泛，具有实现简单、性能稳定的优点。相关函数法又分为实相关函数法和复相关函数法[50]，对应的测度函数分别为实相关函数和复相关函数。其中，实相关函数的定义为

$$f_r(u,v) = \frac{\displaystyle\sum_{m=0}^{M-1}\sum_{n=0}^{N-1}|s_1(m,n)||s_2(m+u,n+v)|}{\sqrt{\displaystyle\sum_{m=0}^{M-1}\sum_{n=0}^{N-1}\left(|s_1(m,n)|\right)^2\sum_{m=0}^{M-1}\sum_{n=0}^{N-1}\left(|s_2(m+u,n+v)|\right)^2}} \tag{6.2}$$

式中，$f_r(u,v)$ 为配准偏移量为 (u,v) 时的实相关测度值；s_1 与 s_2 为两幅 SAR 复图像；M 和 N 分别为截取图像块的大小；$|\cdot|$ 表示取模操作。

实相关函数的计算不考虑 SAR 图像的相位值，而复相关函数同时考虑 SAR 图像的幅度值与相位值，其定义为

$$f_c(u,v) = \frac{\left|\displaystyle\sum_{m=0}^{M-1}\sum_{n=0}^{N-1}s_1(m,n)s_2(m+u,n+v)^*\right|}{\sqrt{\displaystyle\sum_{m=0}^{M-1}\sum_{n=0}^{N-1}\left(|s_1(m,n)|\right)^2\sum_{m=0}^{M-1}\sum_{n=0}^{N-1}\left(|s_2(m+u,n+v)|\right)^2}} \tag{6.3}$$

式中，$f_c(u,v)$ 为配准偏移量为 (u,v) 时的复相关测度值；*表示复共轭。

复相关函数法在实际应用时还需要考虑主图像与辅图像之间存在的相位差。这一问题可通过辅助 DEM 数据或其他技术手段生成补偿相位来解决，在式(6.3)中进行相位补偿。

除了三大类配准测度函数外，还有一些其他的混合算法或改进算法。相比之下，基于相关函数测度的配准算法稳健性最高，因此基于相关函数法的研究最多。此外，无论是实相关函数还是复相关函数，实际上相当于对两幅图像进行卷积操作，因而均可通过 FFT 处理来计算相关函数[54-56]，以提高计算效率。在实际应用中，实相关函数法与复相关函数法应当根据实际需要进行选择。复相关函数法考虑了更多的信息，因此具有更高的配准精度。复相关函数法是估计偏移量的最佳或最大似然估计方法，其可达到的精度表示为相关系数 γ 的表达式[57]：

$$\sigma_C = \sqrt{\frac{3}{2N}}\frac{\sqrt{1-\gamma^2}}{\pi\gamma} \tag{6.4}$$

式中，σ_C 为配准误差的期望方差，以分辨单元为单位；N 为复图像中不相关的目标样本数。

由于考虑了相位信息，复相关函数法的实施需要在配准前对主图像与辅图像之间存在的相位差进行补偿，增加了该算法的应用难度。特别是在相位补偿精度不够的情况下，其配准偏移量估计精度反而不如实相关函数法。实相关函数法虽然理论精度不如复相关函数法，但具有更高的鲁棒性[58]。特别是针对存在明显地貌的地区，实相关函数法的配准精度高于复相关函数法。文献[59]的研究表明，实相关函数法能够达到的精度也可表示为相关系数 γ 的表达式：

$$\sigma_I = \sqrt{\frac{3}{10N}}\frac{\sqrt{2+5\gamma^2-7\gamma^4}}{\pi\gamma^2} \tag{6.5}$$

在实际应用中，有研究人员提出采用评价函数来判定应该采用何种相关函数法[50]，但这样增加了算法的实现难度与复杂度，因此本章直接选择实相关函数法估计控制点的配准偏移量。实测数据处理结果还表明，实相关函数法能够满足配准精度的需求。

6.2.3　配准精度分析

影响配准精度的因素有很多，本章仅从算法角度来分析影响配准精度的因素。首先，控制点的配准精度是影响最终结果的关键。本书采用实相关函数法估计控制点的配准偏移量，其可达到的精度如式(6.5)所示。对于 InSAR 图像数据，其相关系数 γ 在大部分区域可达到 0.5 以上。配准图像块内不相关的样本数量则取决于图像块内的场景分布。通常相关系数越大，有效目标数量越多。为达到期望的配准精度(优于 0.1 个分辨单元)，要求样本数量足够多。由式(6.5)可知，当样本数量大于 1000 时，配准误差的方差将小于 0.037，这意味着有很大的概率配准精度能够满足干涉的要求。本章采用的配准算法取图像块大小为 128×128 像素，在大部分区域，样本数量能够满足这一条件。

式(6.5)给出的是实相关函数法所能达到的理论精度。在实际算法实施过程中，为了获取亚像素级的配准精度，要对相关函数进行升采样[55]，才能更精确地确定最大相关系数取值的坐标。因此，相关函数法的精度也受升采样倍数的约束。与相关函数法采样倍数相关的配准偏移量估计误差可表示为均值分布的随机误差，即

$$\varepsilon_{\mathrm{osr}} \propto U(-1/2n,1/2n) \tag{6.6}$$

式中，$\varepsilon_{\mathrm{osr}}$ 表示与升采样率相关的配准误差，同样以分辨单元为单位；$U(\cdot)$ 表示均值分布；n 表示升采样倍数，这里升采样倍数为 1 定义为以分辨单元为间隔的采样率。

式(6.6)表明，为获取更高的精度，升采样率应当尽量高。然而，这将带来很大的运算负担。为了兼顾精度与运算复杂度，通常将 n 设为 32，此时采样引起的误差十分微小，可忽略。

最后，为了减轻运算负担，本章只对控制点的配准偏移量进行估计，其余像素的配准偏移量依靠插值计算获取。这样能够在很大程度上减轻运算负担，但也引入了新的误差。控制点的间隔为 10 像素，而截取的图像块大小为 128×128 像素，因此相邻控制点的估计结果相关性很高，采用插值算法估计控制点之间的配准偏移量并不会引入过大的误差，特别是在地形变化平缓的地区，还可设置更大的控制点间隔。

由以上分析可知,影响算法配准精度的主要因素在于 InSAR 数据的相关程度。这取决于图像的信噪比、地形的变化剧烈程度等。

6.3 基于最小权完美匹配的低频 InSAR 相位解缠

InSAR 技术通过对同一地区的两次成像结果进行干涉处理来获取包含地形信息的相位图。然而,由于相位的周期特性,获取的干涉相位图仅包含相位的主值部分,即经过 2π 周期缠绕的相位。由于存在相位缠绕,相位图表现出周期性的条纹状,干涉相位图也常称为干涉条纹图,每一个条纹的出现代表着相位出现一次 2π 的缠绕。当相邻像素的相位梯度小于 π 时,缠绕的相位可通过对相位梯度积分得到。然而,在实际情况中还存在相位梯度大于 π 的情形,这种情形会导致残差点的出现[60-64]。残差点的出现导致二维相位的解缠结果与梯度积分路径相关,并由此发展出很多基于路径追踪的相位解缠算法。

众所周知,目前应用最为广泛的最小费用流(minimum cost flow, MCF)相位解缠算法[65]具有很高的相位解缠质量,但运算复杂度很高。为了解决 MCF 算法的高复杂度问题,本节从简化网络模型结构的思路出发,将相位解缠问题所关联的网络图简化为二分图,并采用二分图的最小权完美匹配算法求解相位解缠问题。

6.3.1 基本原理

由 MCF 算法的基本原理可知,MCF 算法的本质是解决残差点的连接问题。实际上,从另一个角度来分析相位解缠问题也能够得出基于 L1 范数的相位解缠模型。图 6.6 是无残差点相位图。图 6.6(a)是理想情况下的一个锥形相位曲面的三维视图,相位三维视图中的梯度均不超过 π。图 6.6(b)给出了该相位曲面以 2π 为间隔的等高线。图 6.6(c)是该相位曲面的缠绕相位。通过检测相邻相位的梯度,图 6.6(d)绘制出缠绕相位中存在不连续点的所有位置。对比图 6.6(b)与图 6.6(d)不难发现,相位中存在不连续的位置与等高线是重合的。实际上,根据等高线的定义不难推断出相位正是在曲面的等高线位置产生了相位缠绕。由此可知,通过检测相位的等高线,然后根据等高线的信息就可以实现相位的解缠。然而,在实际情况中,等高线并非与缠绕相位中的不连续完全相等。

图 6.7(a)给出了一个存在梯度大于 π 的相位三维视图。图 6.7(b)、图 6.7(c)与图 6.7(d)同样给出该曲面的相位等高线、缠绕相位及缠绕相位中的不连续点检测结果。对比图 6.7(b)中的相位等高线与图 6.7(d)中的相位不连续点,可以看到原相位曲面中梯度大于 π 的位置虽然发生了相位缠绕,但并未检测到不连续点。分析发现,其原因是相位缠绕使得检测到的梯度也发生了缠绕,从而对于原相位曲面中本身存在梯度大于 π 的情况,梯度的检测结果是错误的。由此可以看出,

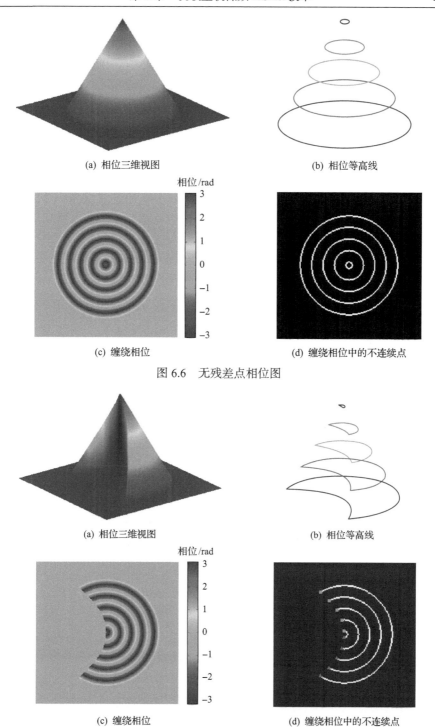

(a) 相位三维视图　　　　　　　　　　(b) 相位等高线

相位 /rad

(c) 缠绕相位　　　　　　　　　　(d) 缠绕相位中的不连续点

图 6.6　无残差点相位图

(a) 相位三维视图　　　　　　　　　　(b) 相位等高线

相位 /rad

(c) 缠绕相位　　　　　　　　　　(d) 缠绕相位中的不连续点

图 6.7　存在残差点相位图

检测缠绕相位的不连续点并不能得到完整的等高线。原因是环形曲线的等高线中缺失了部分点，使得仅依靠不连续点检测结果不能完成相位解缠。

对于图 6.7(a) 中存在梯度大于 π 的相位三维视图，要实现相位解缠必须将缺失的等高线补齐。因此，相位解缠就是为已经检测出的等高线补充曲线，使得其重新形成环形的曲线。观察图 6.7(d) 中检测到的不连续点形成的曲线，环形曲线断开形成两个端点，对该端点重新连接是解决问题的直接算法。这里，不连续曲线的端点就是相位解缠问题中的残差点。图 6.7(d) 中分别以三角形和方形点标出图 6.7(c) 中残差点的检测结果。可以看到，一正一负两个残差点分别位于不连续的曲线两端，这证明了前面的猜测，并可以进一步得出结论：相位解缠可以通过为每一个正残差点寻找一个负残差点来解决，正负残差点之间的连接线是枝切线。当使用不同的连接准则时，对应不同的相位解缠算法。不难得出，若基于的准则是解缠相位中不连续点的数量最少，则对应基于 L0-norm 的相位解缠模型。下面证明，若基于所有连接线的长度之和最小，则等价于 L1-norm 的相位解缠模型。换句话说，MCF 算法等价于为每一个正残差点连接一个负残差点，使得所有连接线长度之和最短。

MCF 算法通过枝切线连接残差点，使得枝切线上的残差点正负均衡，且枝切线的加权求和最小。其中，枝切线的权重取决于该枝切线上的流量与代价函数。为便于分析，本节首先假设代价函数为常数 1，此时枝切线的权重取决于其流量。枝切线上的流量变化具有如下规律：以枝切线一端的正残差点为起点，初始流量为 1，沿枝切线搜索，每遇到一个正残差点，流量增加 1，每遇到一个负残差点流量减 1，直到终点的残差点流量减为 0。若以边界的接地点为起点，则初始流量取决于枝切线经过的正残差点与负残差点数量。这里以 $C(P_i, P_j, w)$ 表示残差点 P_i 与 P_j 之间的枝切线，w 为从 P_i 流向 P_j 的流量，即枝切线的权重。

残差点连接示意图如图 6.8 所示，假设 MCF 算法最终生成的最优解中最大流量的枝切线为 $C(P_2, P_3, w)$，则最大流量为 w 的这条枝切线两端的残差点 P_2 和 P_3 必然极性相反，否则，该枝切线必然不是最大流量的枝切线。不失一般性地，假设 P_2 为正，P_3 为负，则与 P_2、P_3 相连的枝切线权值必然为 $w-1$。假设 P_1 与 P_4 分别为正残差点与负残差点(这不影响后面的分析结果)。如图 6.8 所示，$C(P_2, P_3, w)$ 可被分解为两个重合的枝切线，即 $C(P_2, P_3, 1)$ 与 $C(P_2, P_3, w-1)$。然后，$C(P_2, P_3, w-1)$、$C(P_1, P_2, w-1)$ 及 $C(P_3, P_4, w-1)$ 能够融合成一条新的枝切线。这表明，采用新的连接策略，即 $C(P_1, P_4, w-1)$ 与 $C(P_2, P_3, 1)$，使得枝切线最大流量降为 $w-1$，且融合后 $C(P_1, P_4, w-1)$ 可根据实际情况重新选择最短路径，即最优连接应当是 P_1 与 P_4 直接连接，如图 6.8 中的虚线所示。按照这个方法，可以将枝切线最大流量降为 1，且能够得到更优的连接。这与前面的假设矛盾，因此最优的连接方案中，枝切线的最大流量理论上只能为 1。对于存在接地点以及有代价函数的情况，采用以上类似的证明方法可以得到相同的结论。

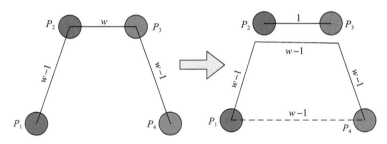

图 6.8　残差点连接示意图

以上证明结果表明，MCF 算法可以等价于为每一个正残差点连接一个负残差点，使得所有连接线长度之和最短，或者说，在基于 L1 范数的最优解中，不存在同极性残差点之间的连接(枝切线重合，并不表示进行了连接)。这说明，基于 L1 范数的相位解缠问题可以等价于一个匹配问题，也就是为每一个残差点寻找另外一个极性相反的残差点或接地点进行连接。

匹配问题也称为分配问题，是一种最基本的组合优化问题。该问题通常描述为：假设有 n 个工人及 n 个任务需要完成。不同的任务分配给不同的工人完成需要花费不同的时间(或支付不同的薪酬)。分配问题就是为每个工人分配不同的任务，使得完成所有任务的总花费最少。在数学领域中，分配问题也称为稳定婚姻问题或者 0/1 规划问题等。从问题的描述可以看到，基于 L1 范数的相位解缠问题就是一个典型的分配问题，因此可以采用针对分配问题的算法进行求解。

分配问题的图论模型是二分图，最优分配方案即二分图的最小权完美匹配(minimum weight perfect matching, MWPM)。一个二分图通常表示为 $G_b = (U, V, E)$，其中，U 与 V 是顶点的集合，E 为边的集合。二分图中的边连接 U 中的一个顶点与 V 中的另一个顶点。残差点的匹配问题可以表示为图 6.9 所示的二分图，

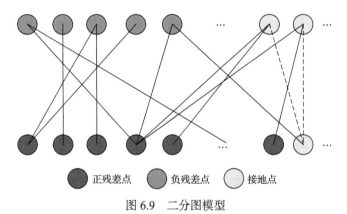

●正残差点　●负残差点　○接地点

图 6.9　二分图模型

图中顶点分为两类。正残差点与连接负残差点的接地点为一类；负残差点与连接正残差点的接地点为另一类。连接顶点的边即为残差点之间的最优枝切线连接，边的权重即为该枝切线的长度或根据质量图加权后的长度。对图 6.9 中的二分图求最小权完美匹配，则可以得到最优的枝切线连接方案，称这种解缠算法为基于最小权完美匹配的相位解缠算法，简称为 MWPM 算法。

Buckland 等[66]尝试了基于最小代价匹配来求解相位解缠问题。Quiroga 等[67]也提出了利用稳定婚姻问题的求解算法进行相位图的预处理。张妍等[68]再次提出采用组合优化算法进行残差点匹配，并提出了利用改进粒子群算法求解最优匹配问题。此外，Zhang 等[69]提出了类似于二分图模型的简化网络图模型。这些研究成果本质上都是将相位解缠问题转化为匹配问题进行求解，但其结果并未引起人们的重视，原因如下：

(1) 早期研究人员提出采用残差点匹配算法进行相位解缠的初衷是对 Goldstein 等[5]的枝切法进行改善，因此并未发现这一算法等同于基于 L1 范数的相位解缠，从而对其解缠精度的认识不够。

(2) 在构建二分图时，需要计算两个顶点之间边的权重。若不考虑质量图或代价函数，则顶点之间的边可以取残差点之间的直线距离作为权重。若考虑质量图，则无法直接为边赋值，因此该算法目前无法考虑质量图。Zhang 等[69]提出在简化网络模型求解后，再分块采用 MCF 算法进行优化，但这种方式只能得到次最优的解缠结果。

由于存在以上两个问题，基于残差点匹配算法的网络模型虽然比 MCF 算法的网络模型简单，但并未发展成主流的解缠算法，相关研究也并不成熟。在以上两个问题中，第一个问题在本节已经得到解决，证明了采用匹配算法的解缠结果是 L1 范数准则下的最优解。下面针对如何将相位解缠问题有效转化为二分图，并对如何引入质量图进行研究。

6.3.2 不考虑质量图的二分图构建

本节给出从相位图中构建二分图的算法，即从相位图中确定二分图的顶点、边以及边的权重的算法。首先，在不考虑质量图的情况下，二分图中需要确定的参数有顶点、边以及边的权重。显然，正残差点与负残差点很自然地作为顶点分别归于不同的集合，这里将两个顶点集合分别记为正集合 U^+ 与负集合 V^-。残差点之间存在的潜在连接即为边的集合[66,69]。距离较远的残差点不存在连接的可能，因此这里定义潜在的枝切线连接为距离较近的相反极性残差点之间的连接。具体以一个残差点为中心，在半径为 R_l 的范围内，选择距离该残差点最近的 τ 个极性相反的残差点（或接地点）作为潜在的连接对象，它们之间的连接为二分图中的边。需要说明的是，在二维平面中，距离的定义有两种，即曼哈顿距离与欧几里得距离。其定义分别为

$$\begin{cases} D_1 = \left| x_i - x_j \right| + \left| y_i - y_j \right| \\ D_2 = \sqrt{\left(x_i - x_j \right)^2 + \left(y_i - y_j \right)^2} \end{cases} \tag{6.7}$$

式中，D_1 为曼哈顿距离；D_2 为欧几里得距离。

枝切线的曼哈顿距离对应不连续点个数，而欧几里得距离代表枝切线的实际长度。在 MCF 算法中，枝切线的权重只能是曼哈顿距离，但曼哈顿距离并非真正意义上的枝切线长度，且会引发最小费用流连接的多路径问题。在二分图中的边，则可以采用欧几里得距离定义权重。欧几里得距离更能反映枝切线的真实长度，因此在不考虑质量图时，理论上采用二分图模型解缠结果更加精确，且无论采用何种距离测度，残差点对之间最佳连接均可直接设置为对角线连接，避免了多路径问题。

除以上选定的顶点与边外，有的残差点潜在的连接对象为接地点，因此在遇到这种情况时，需要在对方顶点集合中增加一个接地点作为当前顶点的连接对象。在为所有的残差点设置潜在的连接对象时，二分图中的顶点与边被初步确定。在二分图确定了基本的顶点与潜在的连接对象后，还需要考虑以下两个问题：

(1) 必须为接地点之间增加边。按照以上算法构建的二分图中，每一个可能连接边界的残差点均连接了一个接地点，若最优解中该残差点未连接边界，则应当将该接地点与另一个接地点连接，形成接地点之间的连接。显然，接地点之间的连接不会形成枝切线，它们之间的边可以设定权重为 0。二分图中边的数量影响到算法的求解速度，因此应当尽量少增加边，也就是不能为任意两个接地点增加边。本章采用的算法是为较邻近的接地点之间增加边，这里首先需要定义接地点的位置。每个接地点是对应某个残差点设定的，即该接地点担任了相反极性的残差点的角色，因此可以设定接地点的坐标位于图像边界该残差点连接的位置，且具有相反极性，例如，正残差点连接的接地点可以称为负接地点。由此，每个接地点具有各自的极性与坐标，可以按照前面为残差点之间增加边的算法为接地点之间增加边，即选择距离不超出 R_l 范围内最近的 τ 个相反极性接地点作为连接对象。其中，τ 的作用是：在局部残差点数量过多时，为了避免过多的冗余连接而实施的约束。这样做的好处是，τ 约束了边的数量，不至于出现大量无用边。R_l 的作用是：当相位图质量很高时，残差点的分布很稀疏，此时，若无 R_l 的约束，则可能会将很长的边加入二分图中。由此也可以看出，按照这种算法构建的二分图，边的数量 N_e 要少于 τ 倍的顶点数量 N_v。

(2) 平衡二分图。要实现完美匹配，二分图顶点集合 U^+ 与 V^- 中的顶点数量必须相等，即二分图必须是平衡二分图，而按照以上算法构建的二分图并不能保证两个集合的顶点数目相等。为了解决这一问题，需要在数量较少的顶点集合中再增加几个接地点，使得二分图达到平衡，同时，还需为增加的接地点设定可能存在的连接。显然，增加的接地点的作用是平衡二分图，这些接地点只可能与另外一个顶点集合中的接地点连接，因此可以将另外一个顶点集合中所有接地点平均分配给后增加的接地点进行边的连接，这些边的权重仍然设定为 0。

在所有的顶点与边设置完成后，即完成二分图模型的构建。下一步对该带权二分图求解最小权完美匹配，即可得到残差点的最佳连接方案。

6.3.3 考虑质量图的二分图构建

6.3.2 节介绍的是不考虑质量图的情况下，将相位解缠问题转化为二分图模型的算法。本小节将介绍在考虑质量图的情况下，二分图模型的构建算法。

质量图是反映相位图像中相位或梯度质量的一幅图，以质量图为参考可以有效避免枝切线出现在高质量区域，从而将噪声约束在低质量区域。若质量图中的值仅为 0 和 1，则可称质量图为掩膜图。与不考虑质量图的二分图构建相比，在考虑质量图时，需要改变边的权重设置。显然，考虑质量图时，两个残差点之间的最佳枝切线连接不再一定是对角线连接，边的权重不再能够通过简单的坐标计算距离实现。此外，质量图是以像素为单位定义的，因此欧几里得距离很难适用，而只能使用曼哈顿距离来降低问题复杂度。

针对以上问题，必须采用新的算法来计算两点之间的最佳枝切线连接，用于加权二分图中的边。一种算法是，为一对残差点建立一个局部的最小费用流网络，然后利用 MCF 算法进行求解。一对残差点建立局部网络如图 6.10(a) 所示，网络图中仅包含一对残差点，对应节点的初始流量分别为 1 与 -1，其余节点的流量均设为 0，网络中的有向边按照质量图进行加权。局部区域取以两个残差点的中间点为中心，能够包含两个残差点的最小方形区域再向外扩大 1 个像素的区域。按照这种做法，需要为每一个可能存在的边计算最佳连接并存储，局部网络的规模取决于残差点对之间的距离，最终总的复杂度与边的数量 N_e 相关。另一种算法是，为每一个残差点搜索潜在的连接对象以及最佳枝切线路径。一个残差点与周围残差点建立局部网络如图 6.10(b) 所示，局部网络图中包含一个中心残差点，取该中心残差点周围距离 R_l 范围内的区域形成局部网络图。注意，枝切线的距离采用的是曼哈顿距离，因此以残差点为中心，距离不超过 R_l 的范围是一个菱形区域，图中所示仅为示意图。假设在该区域内，与该残差点尚未连接过的极性相反的残差点以及接地点 (若存在) 的数量为 τ'，则在局部网络中，中心残差点的节点初始流量设置为 τ'，其余残差点的节点初始流量为 -1。对该网络求解最小费用流，即可为中心节点得到所有可能的最优连接。从这些最优连接中选择 τ 个加权距离最短的边作为二分图中的边进行存储。采用这种算法的复杂度与残差点总的数量 N_v 相关。

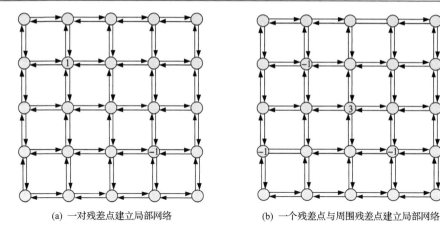

(a) 一对残差点建立局部网络　　　　　　(b) 一个残差点与周围残差点建立局部网络

图 6.10　局部最小费用流网络示意图

　　下面将以上两种算法进行对比。两种算法均基于局部的最小费用流网络求解最佳枝切线连接。不同的是,第一种算法需要计算 N_e 次,每次计算的网络规模取决于残差点对的距离;第二种算法需要计算 N_v 次,每次计算的网络规模基本为固定大小(边界处可能变小),但高于第一种算法的网络规模,两者总的计算复杂度高低取决于 R_l 和 τ 的大小。当设定的 R_l 较大、τ 较小时,第二种算法的冗余比较高,因此第一种算法的复杂度会较小。当 τ 设置得较大时, R_l 范围内的残差点数量与 τ 接近,此时第二种算法通过一个稍大规模的局部网络流能够计算多个最优连接,因此效率更高。

　　在实际情况中, R_l 可以设置为较大的值,而 τ 应当取合适的值,过大的 τ 在残差点密度很大时,会带来计算冗余。若 τ 设置过小,则可能丢失潜在的连接。文献[66]将 R_l 设置为约 32 像素,τ 设置为 5,为确保解缠精度,本章将这两个参数分别设置为 100 像素与 9[69]。残差点通常出现在低相干区域,且距离较近,因此边的距离通常很短。按照以上参数设置,显然第一种算法的运算效率会更高。

6.3.4　复杂度分析

　　前面给出了不考虑质量图时的二分图构建算法,以及考虑质量图时边的权重设置算法。本节将对 MWPM 算法的复杂度进行分析。MWPM 算法主要分两步完成,即二分图的构建以及二分图的求解。其中,运算复杂度较高的步骤是二分图的求解。

　　二分图是一种特殊的网络图,因此最小权完美匹配也可以通过最小费用流算法求解。这需要为二分图增加一个源节点以及一个汇入节点,再为源节点与 U^+ 中的顶点建立连接,同时也为汇入节点和 V^- 中的顶点建立连接。按照这种算法,二分图模型能够转化成一个费用流网络图。该网络图与 Zhang 等[69]提出的简化网络模型是类似的。Zhang 等[69]利用最常用的消圈算法求解这种简化网络图的最小费用流。该算法的时间复杂度为 $O(nm^2CU)$，其中 C 是边的代价的最大值，U 是边的流量约束的最大值，n 与 m 分别为网络图的节点与边的个数。根据二分图的特性，U 可以设置为 1，所以最终的时间复杂度为 $O(nm^2C)$。

另外，也可采用著名的匈牙利算法[70,71]求解二分图匹配问题。匈牙利算法的提出是专门为了解决分配问题，该算法的时间复杂度为 $O\left(N_v^2 \log N_v + N_v N_e\right)$。与消圈算法相比，匈牙利算法具有更低阶的多项式复杂度。因此，本章选用匈牙利算法进行问题求解。

此外，在考虑质量图的 MWPM 算法相位解缠中，相比不考虑质量图的情况，增加了为每一条边进行局部最小费用流求解运算。相位图中的残差点通常比较靠近，因此边的距离较短，局部网络图的规模也较小。此外，局部网络图中只有一对残差点，因此求解的运算复杂度很低。假设每一条边的局部最小费用流网络的运算复杂度不超出 K，则总的运算复杂度为 $O(N_e K) \leqslant O(\tau N_v K)$，即运算复杂度是线性的，总体的运算复杂度增加不大。

6.4 大尺寸低频 InSAR 相位解缠

随着 InSAR 技术的发展，人们对大范围高分辨地形测绘的需求越来越迫切，因此需要实现大场景高分辨 InSAR 数据的快速处理，其中的首要问题是大场景干涉相位图解缠。为此，研究人员提出了分而治之的解缠策略[72-75]，即首先将相位图进行分块，然后对每一个子块进行解缠，最后将所有解缠的子块拼接起来。由于进行了分块处理，计算机的计算资源约束将不再是问题，且分块处理还能降低问题的复杂度。一方面，分块处理总的复杂度要远小于整个图像解缠的复杂度；另一方面，对多个分块相位的解缠可分别在多个处理器或计算机上进行，从而缩短了总的处理时间。早期的大尺寸相位解缠策略分为两个阶段，即像素解缠阶段与子块解缠阶段。

本节将针对低频 InSAR 数据特性，研究一种适用于更多解缠算法的大尺寸相位图分块解缠算法。文献[76]指出，由于低频 InSAR 数据具有很高的相对带宽，其相位解缠过程能够得到大大简化，甚至不需要相位解缠。其中，不需要相位解缠的情况在瑞典的 CARABAS 低频 InSAR 数据处理中得到验证[43]，即当相对带宽大于 1 时，可直接获取干涉相位的绝对相位。CARABAS 的数据处理过程本质上是基于相关函数法估计主图像与辅图像的相对偏移量，并以此粗估计局部场景的高度。若高度估计误差不超出模糊高度范围，则在这一高度平面上获取的干涉相位去平地相位后是无模糊的。相关函数法的估计精度是有限的，因此该算法仅适用于相对带宽大于 1 的数据。对于相对带宽小于 1 的数据，虽然估计精度不能处处满足，但若能够将这些精度不满足的区域单独截取出来作为子块进行解缠，则能够更高效地实现相位解缠。基于这一思想，本节提出基于图像分割的大尺寸低频 InSAR 相位解缠算法。

6.4.1　基本原理

低频 InSAR 的失配相位可以表示为[22]

$$\varphi_{\varepsilon}(x,r) = -\frac{4\pi\Delta R_{\varepsilon}(x,r)}{\lambda} = -\frac{4\pi\Delta_{\varepsilon}(x,r)\rho}{\lambda} = -\frac{2\pi\Delta_{\varepsilon}(x,r)}{B_r} \tag{6.8}$$

式中，(x,r) 表示像素的方位向与距离向坐标；$\Delta_{\varepsilon}(x,r)$ 表示以距离向分辨单元为单位的 (x,r) 像素配准误差；B_r 表示相对带宽。

从式 (6.8) 可以看出，对于低频 InSAR 数据，只要 $|\Delta_{\varepsilon}(x,r)| < B_r/2$，失配相位就不存在缠绕。对于低频 InSAR 数据，其较大的相对带宽使得这一条件并不难满足。当相对带宽为 0.2 时，配准误差的绝对值不超出 0.1 个分辨单元即可。同样，当相对带宽为 1 时，配准误差不超出 0.5 个分辨单元即可。0.5 个分辨单元意味着像素级的配准精度，通常能够满足，因此对于相对带宽大于 1 的数据，失配相位可以认为是无模糊的。这就解释了为什么 CARABAS 低频 InSAR 数据能够直接获得绝对干涉相位值。对于相对带宽小于 1 的数据，虽然精度不能处处满足失配相位无模糊的条件，但失配相位中仅在低相干区域或者地形变化剧烈的区域才会出现相位缠绕。因此，相位解缠可以只在这些区域进行。

在高相干区域，配准精度很容易满足无模糊失配相位的条件，因此将失配相位分为高质量区域与低质量区域。其中，高质量区域代表配准精度足够高，使得失配相位无模糊的区域，低质量区域则代表相干性较小，可能存在配准误差的区域。通常，在大尺寸的相位图中，大部分区域为高相干区域。只有在某些阴影、水域等区域才会由于回波较弱而形成低相干区域。将失配相位图中的高质量区域看作背景，而将低质量区域看作感兴趣区域 (region of interest, ROI)。高质量区域与低质量区域的关系可表示为如图 6.11 所示的模式。低质量区域通常对应特殊的地形 (阴影、水库等)，具有一定的局部性。因此，这些低质量区域可以看作不规则子块，对其分别解缠即可得到全局的相位解缠结果。由此，本节得到了一种失配相位分块解缠算法，该算法能够将误差约束在低质量区域，确保了高质量区域的解缠精度。

基于以上思想，本小节提出了基于对失配相位进行分块解缠的低频 InSAR 干涉相位解缠算法。图 6.12 给出了低频 InSAR 大尺寸干涉相位解缠算法的流程。实现这一解缠算法的前提是解决两个问题，即如何将失配相位分割为高质量区域与低质量区域，以及如何对不规则的分块进行解缠并拼接回原相位。

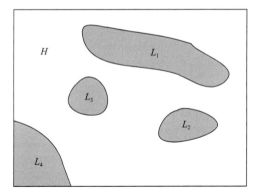

图 6.11　高质量区域与低质量区域示意图(L：低质量区域；H：高质量区域)

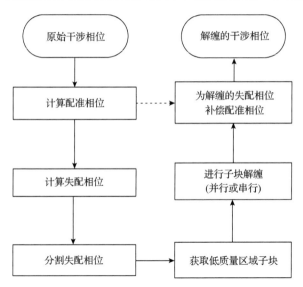

图 6.12　低频 InSAR 大尺寸干涉相位解缠算法的流程

1. 失配相位区域分割

对失配相位进行区域分割的目的是找出相位图中所有的低质量区域，即存在相位缠绕的区域。失配相位也反映了配准误差的大小，因此本节基于失配相位的绝对值$|\varphi_\varepsilon(x,r)|$以及相关系数$\gamma(x,r)$对失配相位图进行分割，并将分割结果记为二值图$I(x,r)$，用 0 和 1 分别代表高质量区域与低质量区域。该分割算法可表示为

$$I(x,r)=\begin{cases}0, & |\varphi_\varepsilon(x,r)|<0.5\pi \text{ 且 } \gamma(x,r)\geqslant t \\ 1, & |\varphi_\varepsilon(x,r)|\geqslant0.5\pi \text{ 或 } \gamma(x,r)<t\end{cases} \tag{6.9}$$

式中，t 为相干系数的阈值。

式 (6.9) 所表示的分割算法将失配相位的绝对值设置为小于 0.5π，且相干系数大于等于 t 的像素标记为 0，表示高质量区域；将失配相位的绝对值大于等于 0.5π 且相干系数小于 t 的像素标记为 1，表示低质量区域。在式 (6.9) 所描述的图像分割中，高质量区域的失配相位被约束在 $(-0.5\pi, 0.5\pi)$ 区间，这意味着在高质量区域的相位梯度必然小于 π，也就是没有不连续点。然而，若仅依靠失配相位的绝对值进行分割，则部分相位分布在 $(2k\pi - 0.5\pi, 2k\pi + 0.5\pi)$ 区间的像素可能也会被划分到高质量区域，这里 k 表示不为 0 的整数，$2k\pi$ 表示相位缠绕值。图 6.13 (a) 给出了一个失配相位局部样本，图 6.13 (b) 是对该样本按照阈值 0.5π 对 $|\varphi_\varepsilon(x, r)|$ 分割的结果，其中白色区域表示低质量区域。可以看到，分割结果中低质量区域存在很多孔洞与缝隙，且不能与周围的高质量区域进行分割。这些孔洞与缝隙是由干涉数据的低相干性引起的，因此还需参考相干系数，才能将这些区域分割开出来。

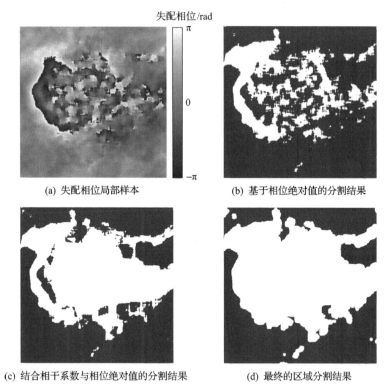

失配相位/rad

(a) 失配相位局部样本　　　　　　　(b) 基于相位绝对值的分割结果

(c) 结合相干系数与相位绝对值的分割结果　　　(d) 最终的区域分割结果

图 6.13　失配相位区域分割示意图 (白色为低质量区域)

由式 (6.8) 可知，理想情况下，配准偏移量的估计误差 $\Delta_\varepsilon(x, r) = -\varphi_\varepsilon(x, r) \cdot B_r / 2\pi$。因此，当失配相位分布于 $(2k\pi - 0.5\pi, 2k\pi + 0.5\pi)$ 区间时，对应的配准偏移量误差 $\Delta_\varepsilon(x, r)$ 分布于 $(kB_r - 0.25B_r, kB_r + 0.25B_r)$ 区间。由于 k 为非零整数，这

一分布的绝对值大于 $0.75B_r$，这是一个相对较大的误差。前面指出，配准精度主要取决于相干系数的大小，较大的配准误差对应较小的相干系数。为了将这些分布于 $(2k\pi - 0.5\pi, 2k\pi + 0.5\pi)$ 区间的像素从高质量区域中分割出来，式(6.9)同样对相干系数进行了分割，根据经验值，将阈值 t 设置为 0.35。图 6.13(c)给出了按照式(6.9)对图 6.13(a)分割的结果。可以看到，大部分缝隙与孔洞从高质量区域中被分割出来。

为了确保分割精确，还需对初步的分割结果进行形态学处理中的膨胀操作与孔洞填充操作。其中，膨胀操作采用半径为 5 的圆形单元进行。孔洞填充操作则是对分割出来的区域内部的相异区域进行填充。对图 6.13(a)的最终分割结果见图 6.13(d)。可以看到，所有存在相位缠绕的区域均被分割出来，这些区域即为需要解缠的不规则子块。

2. 不规则子块的解缠与拼接

按照以上算法分割出子块边界与失配相位图中的高质量区域相接也具有连续性，即不存在不连续的相位跳跃，如图 6.13(b)所示。为了确保解缠的子块在拼接时与高质量区域的一致性，子块的边界也应当保持不变。很多解缠算法都能够达到这个目的，如文献[22]中提到的 MWPM 算法与 Flynn 算法的最小不连续解缠算法。在 MWPM 算法中，只要二分图中不包含接地点或位于图像边界的子块约束接地点的位置，则可确保边界的一致性。在 Flynn 算法搜索增长环迭代的过程中，只要约束所有边的不连接边界，最终的解缠结果中边界的连续性就会得到保证。在具体实施时，可通过对质量图赋值来实现这一约束。本节将高质量区域的质量图权重设置为无穷大，即高质量区域不会存在任何不连续性，从而子块的解缠结果不会有枝切线连接到高质量区域。

当所有的子块以串行或并行的方式解缠完毕时，就可以将这些子块重新拼接回原相位图中，完成解缠。子块的边界与其相邻的高质量区域保持一致，因此不需要任何其他操作即可完成拼接。

6.4.2　试验结果与分析

本小节同样采用国防科技大学于 2009 年利用自主研制的机载 P 波段 SAR 系统获取的重轨低频 InSAR 实测数据来检验所研究算法的有效性和实用性。该 P 波段 SAR 系统的相对带宽约为 0.25，分辨率约为 1.5m×1.5m(距离向×方位向)。重轨干涉试验中的两次飞行航迹几乎平行(在不考虑运动误差影响的情况下)，干涉基线长度约为 100m，与水平方向垂直。图 6.14 给出了机载 P 波段 InSAR 外场飞行试验。

(a) 机载 P 波段SAR系统

(b) P 波段SAR实测图像

(c) 光学图像

图 6.14　机载 P 波段 InSAR 外场飞行试验

图 6.15 为图像配准后获取的干涉相位图与相干系数图，图像尺寸为 4113×2305 像素。可以看到，相位图中包含很密集的干涉条纹与噪声，因而首先需要进行去平地相位与滤波处理，结果如图 6.16(a) 所示，其中滤波采用 Goldstein 等[77]给出的算法。为了验证分块解缠算法的精度，首先将图 6.16(a) 中的相位利用 Flynn 算法[22]进行解缠，结果如图 6.16(b) 所示。其中，解缠时以相干系数图为质量图对算法进行加权。下面分别给出采用本节所提算法对该相位的解缠结果。

图 6.17(a) 为基于配准偏移量计算的配准相位，为了方便观察，去除了平地相位。将图 6.17(a) 中的相位从图 6.17(a) 中减去(复数域共轭相乘)，即可得到图 6.17(b) 中的失配相位。为验证算法精度，首先采用加权的 Flynn 算法对整幅失配相位进行解缠[22]，结果如图 6.18(a) 所示，然后给出对失配相位分块解缠的结果。

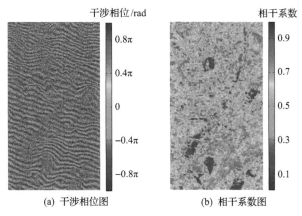

(a) 干涉相位图　　　　　　　　(b) 相干系数图

图 6.15　机载 P 波段 InSAR 实测数据

干涉相位/rad

干涉相位/rad

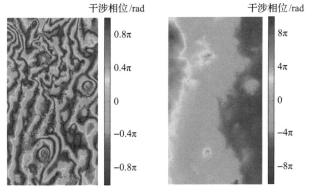

(a) 干涉相位去平地与滤波后的结果

(b) 全局解缠结果

图 6.16 干涉相位去平地与滤波后的结果和全局解缠结果

配准相位/rad

失配相位/rad

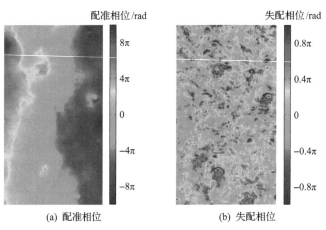

(a) 配准相位

(b) 失配相位

图 6.17 配准相位与失配相位

失配相位/rad

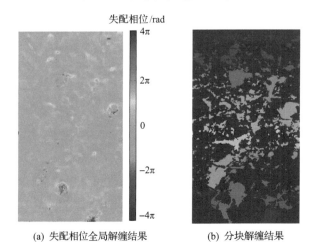

(a) 失配相位全局解缠结果

(b) 分块解缠结果

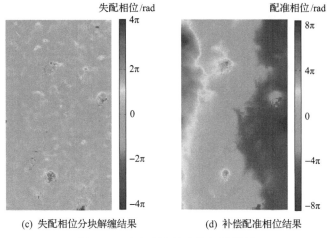

(c) 失配相位分块解缠结果　　　　　　　(d) 补偿配准相位结果

图 6.18　本节所提算法的解缠结果

图 6.18(b)是基于本节所提算法得到失配相位低质量区域的分割结果,其中以不同的颜色与亮度表示不同的子块。可以看到,大尺寸干涉相位中的低质量区域自动分割为多个小尺寸子块。对这些子块分别进行解缠,即可得到全局解缠结果。

　　图 6.18(c)是基于加权的 Flynn 算法对子块解缠的结果,可以看到,所得结果与全局解缠结果一致。将所得到的失配相位分块解缠结果与图 6.17(a)中的配准相位相加,即可得到图 6.18(d)中干涉相位的全局解缠结果。可以看到,所得结果与前面给出的全局解缠结果也是一致的。

　　为定量评估基于图像分割的失配相位分块解缠算法的解缠质量与效率,首先对图 6.18(a)与图 6.18(c)中失配相位的全局解缠结果与分块解缠结果求差,并统计差异图的直方图,结果如图 6.19(a)与图 6.19(b)所示。可以看到,对失配相位的全局解缠结果与分块解缠结果之间的差异很小,仅有图中圆形区域内标出的一

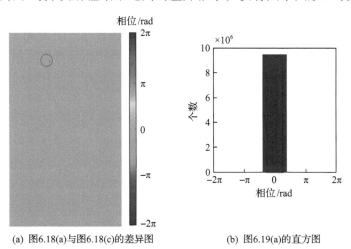

(a) 图6.18(a)与图6.18(c)的差异图　　　　(b) 图6.19(a)的直方图

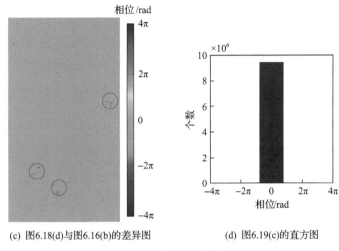

(c) 图6.18(d)与图6.16(b)的差异图　　　　　(d) 图6.19(c)的直方图

图 6.19　解缠结果对比

小块区域存在较明显的不同。从直方图中可以看到，差异相位取值均为 $\pm 2\pi$，且仅有 0.0055%的区域存在解缠差异。表 6.1 中给出了这两个解缠结果中的跳跃总数，可以看到两者存在的跳跃总数相差 33，几乎可以忽略。

表 6.1　解缠结果定量对比

解缠算法	耗时/s	处理最大分块/像素	解缠结果中相位跳跃总数
干涉相位全局解缠	9.1211	4113×2305	55209
失配相位全局解缠	7.2626	4113×2305	55247
失配相位分块解缠	3.2642	865×867	55280

此外，还将干涉相位的全局解缠结果与通过分块解缠失配相位得到的干涉相位解缠结果进行对比，结果如图 6.19(c) 与图 6.19(d) 所示。可以看到，在几处低相干区域存在明显的解缠差异。直方图的统计结果显示，这些差异值为 $\pm 2\pi$ 与 $\pm 4\pi$，仅占总体的 0.28%。表 6.1 中同样给出了全局解缠结果中的相位跳跃总数，与之相比，分块解缠结果与其相差 71。这说明，虽然存在明显的解缠差异，但其解缠质量是近似的。存在这种解缠差异的原因主要是路径追踪类解缠算法本身存在多路径问题，即最优的枝切线布置结果可能不唯一。即使采用相同的质量图进行引导，在某些区域依然会存在解缠结果不同的情况。

此外，以上对比结果还表明，在残差点较密集的低相干区域，相位解缠的结果并没有实际意义。即使是相同质量的解缠结果，也会有很明显的解缠差异。这种残差点数量很多的低相干区域给干涉测量带来了负面影响，因此解缠前需要将这些区域进行掩膜。这一方面能够提高解缠速度，另一方面也防止了低相干区域的误差扩散。

表 6.1 给出了不同解缠算法的效率对比。其中，采用基于预解缠辅助的最小不连续相位解缠 (the pre-unwrapping assisted minimum discontinuity phase unwrapping, PAMD) 算法[22]对干涉相位进行全局解缠的耗时为 9.1211s，而采用 Flynn 算法对失配相位进行全局解缠的耗时为 7.2626s，最后对失配相位进行分块解缠的耗时为 3.2642s。可以看到，基于图像分割对失配相位进行分块解缠的效率最高。实际上，分块解缠算法的优势不仅体现在效率提升上。从表 6.1 中可知，在分块解缠过程中，最大分块的尺寸为 865×867 像素，相比全局解缠，其内存需求大大降低。这一优势针对更大尺寸的相位图，将会更加明显。

6.5　低频 InSAR 绝对相位获取与高程反演

相位解缠算法均是基于相邻像素的梯度小于 π 的假设，因此设置合适的枝切线，对相位梯度进行积分，即可得到解缠相位。解缠相位是对缠绕相位的梯度进行积分的结果，因此其与真实相位之间还存在一个常数差，称为残余相位模糊[78]。残余相位模糊是一个 2π 整数倍的相位。只有确定了残余相位模糊，才能得到干涉相位的真实值，即绝对相位。因此，绝对相位获取的重点在于残余相位模糊的估计。

6.5.1　传统残余相位模糊估计算法

谱分割算法与残余偏移量估计算法是两个经典的残余相位模糊估计算法[79]，也是唯一可查阅到的基于干涉数据本身的残余相位模糊估计算法。本节将分别介绍这两种算法的实现原理，并对其估计精度进行分析。

1. 谱分割算法

谱分割算法是首个仅依靠雷达数据而无需地面信息的绝对相位估计算法[79,80]。通过带通滤波获取子波段的原理如图 6.20 所示。谱分割算法通过一个带通滤波器从全波段的雷达回波信号中获取两个子波段回波信号，从而得到两个中心频率的

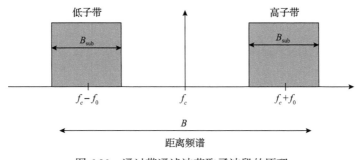

图 6.20　通过带通滤波获取子波段的原理

雷达信号。通常称这两个子波段为高子带与低子带，对应得到的 SAR 图像称为高子带图像与低子带图像。

基于谱分割算法，InSAR 数据的主图像与辅图像均能够分裂为两幅子带图像，从而可以得到两个子带的干涉相位。假设雷达的全波段信号带宽为 B，载频为 f_c，两个子带的带宽为 B_{sub}，载频分别为 $f_c \pm f_0$，其中 $0 < f_0 < B/2$。以重轨干涉为例，所得到的全波段干涉相位与两个子带的干涉相位可分别表示为

$$\begin{cases} \varphi_h = -\dfrac{4\pi}{c}(f_c + f_0)(R_1 - R_2) \\[2mm] \varphi_l = -\dfrac{4\pi}{c}(f_c - f_0)(R_1 - R_2) \\[2mm] \varphi_f = -\dfrac{4\pi}{c}f_c(R_1 - R_2) \end{cases} \tag{6.10}$$

式中，φ_h、φ_l 与 φ_f 分别为高子带、低子带以及全波段的干涉相位；c 为真空中光速；R_1 与 R_2 分别为目标在主图像与辅图像中的斜距。

从式（6.10）可进一步得到

$$\varphi_f = \frac{f_c}{2f_0}(\varphi_h - \varphi_l) \tag{6.11}$$

从式（6.11）中可以看到，高子带与低子带的干涉相位差 $(\varphi_h - \varphi_l)$ 等价于将干涉相位 φ_f 按照 $2f_0/f_c$ 的比例进行缩小，其结果等同于进行载频为 $2f_0$ 的干涉。f_0 相对载频 f_c 是一个很小的频率值，因此通过对子带的干涉相位求差，等价于获得了超低频的干涉相位。f_0 可根据需要选择，因此可以通过选择合适的 f_0 使得 $(\varphi_h - \varphi_l)$ 中不存在相位模糊，即直接得到无模糊的绝对干涉相位值。然后，根据式（6.11），对所得到的绝对干涉相位直接乘以比例系数 $f_c/(2f_0)$，即可得到全波段的干涉相位绝对值。

利用这种算法得到的全波段绝对干涉相位虽然理论上不存在相位模糊，但在对子带的干涉相位求差与放大过程中，子带干涉相位中的噪声会被放大，因此该绝对相位中包含严重的噪声干扰，不能直接用于高程反演。虽然如此，该绝对相位仍可作为解缠相位的参考相位，用于估计残余相位模糊，即

$$2k\pi = \frac{f_c}{2f_0}(\varphi_h - \varphi_l) - \varphi_{uw} \tag{6.12}$$

式中，$2k\pi$ 表示残余相位模糊；φ_{uw} 表示干涉相位的解缠相位。

按照式（6.12），每个像素的位置均可得到一个残余相位模糊的估计值。虽然

该估计值受到严重的噪声影响，但在整幅图像中对所有像素的估计结果求均值，仍然可以得到较为可靠的估计结果。残余相位模糊为 2π 的整数倍，因此估计出的结果要取距离其最近的 2π 的整数倍为最终估计值。

在最早提出的谱分割算法处理过程中，首先将回波信号进行距离向压缩，然后采用图 6.20 中的带通滤波器获取子带回波[79]。在后续的干涉处理过程中，分别对两个子带与全波段的回波进行成像与干涉处理。这种处理算法的运算复杂度极高，因此为了提高处理的效率，Madsen[79]提出了在图像域进行谱分割的处理算法，即在全波段的图像处理到获取干涉相位这一过程中，对两个全波段图像分别进行距离向的带通滤波。在图像域进行谱分割的算法运算效率较高，但 Madsen 也指出，相比在成像前进行带通滤波，其精度会下降。

2. 残余偏移量估计算法

为了估计残余相位模糊，谱分割算法需要大量的额外处理过程。为了降低残余相位模糊估计的处理复杂度，Madsen[79]还提出了残余偏移量估计(residual delay estimation, RDE)算法。与谱分割算法相比，RDE 算法仅需要对两幅干涉复图像进行处理，对原有的干涉数据处理流程做出微小改动即可实现。下面对 RDE 算法的基本原理进行介绍。

重轨模式下的干涉相位与目标在主辅图像中斜距差的关系可表示为

$$\varphi = -\frac{4\pi}{\lambda}(R_1 - R_2) = -\frac{4\pi}{\lambda}\Delta R \tag{6.13}$$

式中，$\Delta R = R_1 - R_2$ 为目标的斜距差。

配准的过程是对 ΔR 的粗估计，得到干涉相位的绝对相位后，ΔR 可根据式(6.13)得到更精确的计算。当存在残余相位模糊时，由解缠相位估计得到的 $\Delta R'$ 与真实 ΔR 之间的差值为

$$\Delta r = \Delta R - \Delta R' = -\frac{\lambda}{4\pi}(\varphi - \varphi_{uw}) = -\frac{\lambda}{4\pi}2k\pi = -\frac{k\lambda}{2} \tag{6.14}$$

式中，φ_{uw} 为干涉相位的解缠相位；$2k\pi$ 为残余相位模糊。

可以看到，Δr 与残余相位模糊成正比，且均为全局常数。若能够估计出 Δr，则可以计算出残余相位模糊。RDE 算法根据解缠相位估计出 $\Delta R'$，并基于这一结果将辅图像重新进行采样，得到理论上与主图像完全一致的配准图像。由式(6.14)可知，该配准图像与主图像之间还存在 Δr 的相对偏移，因此 Δr 称为残余偏移。

为了估计残余偏移 Δr，RDE 算法采用相关函数法对主图像与重采样的辅图像进行精配准。具体是将主图像与辅图像分割为多个子块(32×32 像素)[81]，每一对子块计算一个相关函数，并通过升采样估计亚像素级精度的 Δr。当样本数量足

够多时，通过多个估计结果取均值，可以降低残余偏移量的估计误差。RDE 算法对所有估计的结果求均值，并取与结果距离最近的整数倍半波长为 Δr 的估计值。由此可以看出，RDE 算法的核心在于利用解缠相位对辅图像进行重采样，获得与主图像仅存在距离向平移的配准图像，从而可以利用多个子块的配准估计残余偏移与残余相位模糊。

相比谱分割算法，RDE 算法无须在传统的干涉数据处理流程中更改太多，只需辅以图像重采样、残余偏移估计与残余相位模糊计算三个步骤代替原来的基于辅助数据（控制点或辅助 DEM）的残余相位模糊估计。

3. 估计精度

基于 InSAR 图像数据本身的残余相位模糊估计算法不需要外部的辅助数据，因此具有更大的应用前景。也因为不需要外部辅助数据，其对残余偏移量的估计精度取决于数据本身，而不受地面控制点或辅助 DEM 的精度约束。Bamler 等[58] 对基于谱分割与相关配准的偏移量估计算法的精度进行了研究，指出影响估计精度的主要因素是主图像与辅图像之间的相干系数，以及参与估计运算的样本数量。其中，复相关函数法理论上的偏移量估计误差的方差可表示为

$$\sigma_C = \sqrt{\frac{3}{2N}} \frac{\sqrt{1-\gamma^2}}{\pi\gamma} \tag{6.15}$$

实相关函数法的估计误差的方差为

$$\sigma_I = \sqrt{\frac{3}{10N}} \frac{\sqrt{2+5\gamma^2-7\gamma^4}}{\pi\gamma^2} \tag{6.16}$$

式中，γ 为相干系数；N 为估计区域内等效目标数量。

Bamler 等在研究中指出，复相关函数法对偏移量的估计精度代表了各种估计算法的克拉默-拉奥（Cramer-Rao, CR）界限，是最大似然意义上的最优估计算法。谱分割算法的估计误差的方差可表示为

$$\sigma_{\text{split}} = \frac{1}{2} \frac{B_{\text{sub}}}{B-B_{\text{sub}}} \sqrt{\frac{B}{B_{\text{sub}}}} \frac{1}{\sqrt{N}} \frac{\sqrt{1-\gamma^2}}{\pi\gamma} = \frac{1}{\sqrt{6}} \frac{B_{\text{sub}}}{B-B_{\text{sub}}} \sqrt{\frac{B}{B_{\text{sub}}}} \sigma_C \tag{6.17}$$

当 $B_{\text{sub}} = B/3$ 时，σ_{split} 取得最小值，约为 $1.061\sigma_C$。从中可以看出，谱分割算法能够获得接近 CR 界限的估计精度。值得一提的是，虽然当 $B_{\text{sub}} = B/3$ 时，谱分割算法的估计精度最高，但此时并非整个波段的信息都用于估计，而只有 50% 的频谱信息得到利用。

　　在实际应用中，无论何种估计算法均会受到其他误差源的影响。例如，在获取相关函数法的亚像素配准偏移量时，受升采样倍数影响，也会引入一个零均值的平均分布误差。这里不妨假设所有影响估计精度的误差源均服从零均值分布，则通过对多个估计结果取平均可以得到可靠性很高的结果。

6.5.2　低频 InSAR 绝对相位估计算法

　　低频 InSAR 的波长与分辨率的比值很大，因此借助相关函数法能够得到接近波长量级的配准精度，从而将配准相位从干涉相位中移除，剩余的失配相位在大部分高相干区域是无缠绕的。

　　在失配相位分块解缠算法中，失配相位被分割为高质量区域与低质量区域，其中高质量区域指配准精度足够高，使得失配相位无缠绕的区域。从中可以看出，若对失配相位进行分块解缠，则所得到的失配相位不存在残余相位模糊，即直接得到绝对相位。然而，当图像的相干性过低，配准精度过差，失配相位的分布不足以精确地分割出高质量区域时，只能使用全局的解缠算法或其他分块解缠算法进行求解。针对这种情况，还是需要进行残余相位模糊估计。本节对这种情况下的低频 InSAR 的绝对相位估计问题进行研究，并提出一种新的残余相位模糊估计算法。

1. 基本原理与处理算法

　　由前面可知，重轨模式下失配相位与相对带宽、配准误差间的关系可表示为

$$\varphi_\varepsilon(x,r) = -\frac{2\pi\Delta_\varepsilon(x,r)}{B_r} \qquad (6.18)$$

式中，(x,r) 为像素的方位向与距离向坐标；$\varphi_\varepsilon(x,r)$ 为失配相位；$\Delta_\varepsilon(x,r)$ 为以距离向分辨单元为单位的 (x,r) 像素配准误差；B_r 为相对带宽。

　　从式(6.18)可以看到，只要配准误差满足

$$|\Delta_\varepsilon(x,r)| < B_r / 2 \qquad (6.19)$$

失配相位就不存在相位缠绕。但需要注意的是，对于图像中信噪比很低的区域，即使配准精度达到要求，得到的干涉相位依然存在大量的残差点与相位缠绕。虽然这种由低信噪比造成的缠绕相位无实际意义，但会影响相位解缠与绝对相位估计的精度。

　　当相对带宽大于 1 时，式(6.19)中的条件即为要求配准误差小于 0.5 个分辨单元，也就是配准精度优于像素级。这一条件可认为必然能够达到配准精度，否则低于该配准精度获得的干涉相位是没有意义的。由此可知，当相对带宽大于 1 时，失配相位可直接作为绝对相位，而无须进行解缠。这种利用失配相位直接获取绝

对干涉相位的算法与瑞典 FOI 的研究人员针对 CARABAS 的重轨 VHF 波段 InSAR 数据所提算法是等价的[42,43]。

当相对带宽小于 1 且大于 0.2 时, 式(6.19)的条件随着相对带宽的减小达到的难度逐渐增加。当大部分区域的配准精度满足式(6.19)的条件时, 前面所提失配相位分块解缠算法能够在高效解缠相位的同时, 直接得出绝对相位。然而, 当相位的尺寸不够大, 失配相位分块失败时, 还需为解缠后的失配相位估计残余相位模糊。针对这一情况, 本节采用一种简单的残余相位模糊估计算法, 该算法基于与配准误差相关的失配相位的统计分布。

相位解缠算法通常设计为首先保证高相干区域或者高质量相位区域的解缠精度。因此, 假设失配相位在高相干区域的相位值是精确的, 且其解缠结果不存在解缠误差, 从而其分布能够代表配准误差的分布。由式(6.18)可知, 失配相位也应该具有类似的分布, 即类似均值为零的高斯分布, 其方差取决于配准误差的方差。已知失配相位的绝对相位与解缠相位之间的关系为

$$\varphi_\varepsilon(x,r) = \varphi_{\varepsilon,uw}(x,r) + 2k\pi \tag{6.20}$$

式中, $\varphi_{\varepsilon,uw}(x,r)$ 为失配相位的解缠相位; $2k\pi$ 为残余相位模糊。

根据式(6.20)可以得出解缠相位 $\varphi_{\varepsilon,uw}$ 的期望值为失配相位的绝对相位 φ_ε 的期望值减去残余相位模糊 $2k\pi$。从前面的假设中可知, φ_ε 的期望值为零, 因此 $\varphi_{\varepsilon,uw}$ 的期望值应为 $-2k\pi$。基于这一结论, 残余相位模糊中的系数 k 可通过式(6.21)进行估计:

$$\hat{k} = -\text{Int}\left(\overline{\varphi}_{\varepsilon,uw} / (2\pi)\right) \tag{6.21}$$

式中, $\hat{k}$ 为 k 的估计值; $\overline{\varphi}_{\varepsilon,uw}$ 为失配相位的解缠相位的均值; $\text{Int}(\cdot)$ 为求距离输入值最近的整数。只有在相干性较强的区域, 失配相位的解缠结果具有足够高的精度, 因此 $\overline{\varphi}_{\varepsilon,uw}$ 的计算只使用高相干区域的解缠相位。

在实际干涉相位处理过程中, 应根据相位图的尺寸与质量, 选择执行上述所提算法与文献[22]所提分块解缠算法。当对一幅失配相位图进行解缠时, 若尺寸不大(小于 1024×1024 像素), 则可以直接进行全局相位解缠, 然后利用本节所提算法估计残余相位模糊。若失配相位图尺寸过大, 则首先执行分块解缠算法中图像分割的步骤[22]。若图像分割结果中低质量区域子块的数目不为 1, 则表明分块成功。以高质量区域为参考, 解缠相位即为绝对相位。若图像分割结果中低质量区域只有一个, 则表明配准精度较低, 整幅图像必须作为一个分块进行解缠, 或需要使用别的分块解缠算法, 所得解缠结果必须使用式(6.21)中的算法估计残余相位模糊。

基于本节的研究内容,下面给出如图 6.21 所示的重轨低频 InSAR 绝对相位获取流程。该处理流程与传统高频 InSAR 数据处理流程主要有以下三处不同:

(1)在图像配准时,必须考虑地形引起的主图像与辅图像之间的相对偏移量,而不能采用低阶的多项式拟合算法,来拟合主图像与辅图像之间的扭曲函数。

(2)在获取干涉相位后,并非去平地相位再解缠,而是去除配准相位,再根据相对带宽判断是否进行相位解缠。当需要相位解缠时,大尺寸的失配相位可基于图像分割进行分块解缠。

(3)在相位解缠后,根据失配相位的解缠相位在高相干区域的均值,即可得到残余相位模糊,相比传统的处理算法,更加简单高效。

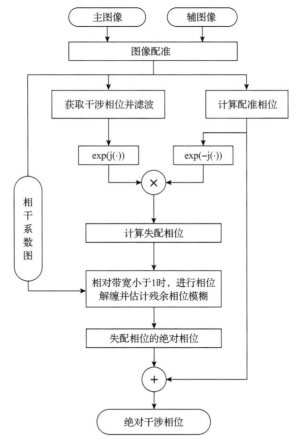

图 6.21　重轨低频 InSAR 绝对相位获取流程

2. 精度分析

本节对上述所提失配相位估计算法的可靠性进行分析。假设高相干区域配准精度能够确保获取足够精确的干涉相位，则失配相位(式(6.18))也是精确的。由式(6.18)可知，失配相位的分布与配准误差的分布相关。假设配准误差的统计分布可近似为均值为0、方差为σ的高斯分布，则失配相位的方差可近似为$2\pi\sigma/B_r$。进一步由式(6.20)可知，$\bar{\varphi}_{\varepsilon,uw}$的方差为

$$\sigma' = \frac{2\pi\sigma}{B_r\sqrt{N}} \tag{6.22}$$

式中，N为计算均值的样本数量，这里是指高相干区域内的像素个数；σ'为本节所提算法对残余相位模糊的估计方差。

由式(6.22)可知，本节所提失配相位的残余相位模糊估计算法主要依赖配准误差的分布，这与 RDE 算法是相同的。不难发现，RDE 算法与本节所提算法有异曲同工之效。RDE 算法对多个像素估计的残余偏移量求平均，以消除配准误差的影响；本节所提算法则是对多个像素的失配相位求均值，以估计残余相位模糊。相比之下，本节所提算法实现起来更加简单，具有更小的运算复杂度，因而更适用于低频 InSAR 的绝对相位估计。

单个像素的配准精度主要取决于主图像与辅图像之间的相干性。本节仅选择高相干区域的像素来计算$\bar{\varphi}_{\varepsilon,uw}$，一方面确保失配相位能够精确地代表配准误差；另一方面，也能够获得较小的配准误差方差σ。这并不意味着选择更大的相干系数更好，过大的相干系数意味着更少的样本数量。由式(6.22)可知，为了得到可靠的估计结果，需要多个样本进行平均。理论上应当将所有可用的样本用于估计，因此本节设定相干系数阈值为0.5，相干系数大于该阈值的像素才会被用于估计残余相位模糊。

在实际数据处理中，相干系数大于0.5的像素配准精度通常优于0.1个分辨单元，又由于低频 InSAR 的相对带宽大于0.2，所以由式(6.19)可知，这些像素对应的失配相位不仅具有较高的精度，而且理论上是无模糊的，即具有不大于π的方差。估计残余相位模糊时还进行了取整操作，因此只要$\bar{\varphi}_{\varepsilon,uw}$位于$(-2k\pi-\pi,-2k\pi+\pi)$区间，估计结果就是准确的。这说明，采用本节所提算法估计残余相位模糊具有很高的可靠性。由此还可以看出，即使相对带宽小于0.2，本节所提算法也是适用的，但估计结果的可靠性会随着相对带宽的减小而降低。

6.5.3 高程反演

在获取了干涉相位的绝对相位后，便可计算目标在两次观测中的斜距差ΔR。在得到ΔR后，即可得到斜距R_2，从而根据图6.22中所示的几何结构计算出目标P距离参考平面的高度。其计算表达式为

$$
\begin{cases}
R_2 = R_1 + \dfrac{\lambda \varphi_{\mathrm{abs}}}{4\pi} \\[3mm]
h = H - R_1 \cos\left[\theta_B - \arccos\left(\dfrac{B^2 + R_1^2 - R_2^2}{2BR_1}\right)\right]
\end{cases} \tag{6.23}
$$

式中，φ_{abs} 表示绝对干涉相位；h 表示目标 P 距离参考平面的高度。

当测量斜距较大，需要考虑地球曲率时，图 6.20 中的参考平面需要更改为半径为 R_e 的球面，此时，式 (6.23) 需调整为

$$
h = \sqrt{\left(R_e + H\right)^2 + R_1^2 - 2R_1\left(R_e + H\right)\cos\left[\theta_B - \arccos\left(\dfrac{B^2 + R_1^2 - R_2^2}{2BR_1}\right)\right]} - R_e \tag{6.24}
$$

式中，h 表示目标 P 距离参考平面的高度。

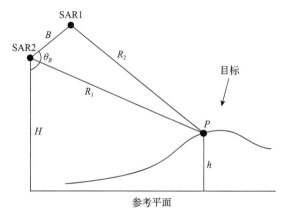

图 6.22　高程反演示意图

以上高程反演的计算是一种最简单的算法，仅考虑了理想情况下的几何关系，即假设飞行轨迹为两条平行直线，且 SAR 波束指向垂直于飞行航线（正侧视模式）。然而，在实际情况中，由于载机自身存在运动误差，两次飞行航迹并不能做到绝对平行。对于这种情况，应当考虑进行时变基线的估计或者在成像阶段选取平行的参考航迹进行运动补偿。本节的研究重点在于绝对相位估计，高程反演的结果仅用于初步算法验证，因此采用简单几何模型，即式 (6.23) 计算高程。

需要指出的是，在实际应用过程中，若想进一步提升高程计算精度，还应考虑运动误差对高程计算精度的影响。这体现在两方面：一方面，在未知高程的情况下，成像阶段的运动补偿存在误差，导致成像结果中存在相位误差。为解决这一问题，可在获取初步 DEM 后对回波进行二次成像与干涉，从而得到更高精度的干涉结果。另一方面，载机的定位导航设备（如 GPS）往往存在定位误差，这会

影响运动误差的补偿精度与干涉基线的精度。针对这一问题，还需要进行残余运动误差的估计。

6.6 实测数据处理结果

6.6.1 机载重轨 P 波段 InSAR 实测数据处理

本节采用国防科技大学自主研制的机载 P 波段 SAR 实测数据来检验上述算法的有效性和实用性(该实测数据的详细介绍请参见 6.4.2 节)，即利用前面所述的图像配准、相位解缠、绝对相位获取等算法对该实测数据进行重轨 InSAR 处理，反演数字地形高程图。

图 6.23 为利用前面所述算法进行图像配准后获得的原始干涉相位以及经过去平地及滤波后的相位。其中，滤波采用了 Goldstein 等[77]的滤波算法，滤波窗口大小为 64×64 像素，滤波强度为 0.8，滤波强度并不是很大，滤波后的相位图中依然存在大量的残差点，因此无论是 RC-L1 分块策略还是分块解缠算法均不能成功地对该相位图进行分块解缠。由于无法直接确定干涉相位的绝对相位，所以在相位解缠后还需要进行残余相位模糊估计，以求取绝对干涉相位。

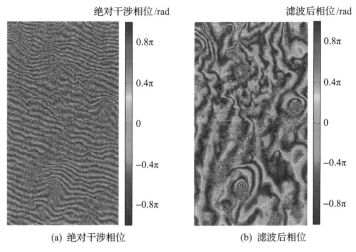

(a) 绝对干涉相位　　　　　(b) 滤波后相位

图 6.23　干涉相位

利用文献[22]所提 PAMD 算法对图 6.23(b)中的干涉相位进行解缠，结果如图 6.24(a)所示。将解缠相位与平地相位相加，再利用传统的 RDE 算法估计残余相位模糊，得到最终的绝对干涉相位，结果如图 6.24(b)所示。为了进行对比，去除了平地相位，与图 6.24(a)对比可知，残余相位模糊为 2π。

图 6.25 是 RDE 算法估计过程中子块偏移量估计结果统计直方图。其中，子

块有 40×22 个。图 6.25 中横坐标是以半波长数为统计的跨度单位，每个跨度的偏移量对应相位为 2π。统计结果的均值为 0.9312 个半波长，方差为 0.2124 个半波长。其中，均值结果表明残余相位模糊为一个相位周期，即 2π；方差值则代表了估计结果的可靠性，越小的结果意味着估计结果越可靠。0.2124 个半波长方差对应的相位约为 1.335rad，这一数值表示残余相位模糊的估计方差。

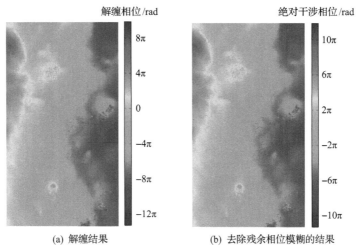

(a) 解缠结果　　　　　　　　　(b) 去除残余相位模糊的结果

图 6.24　传统算法绝对相位估计结果

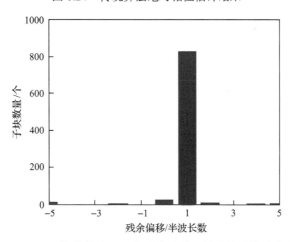

图 6.25　RDE 算法估计过程中子块偏移量估计结果统计直方图

下面给出本章所提算法的绝对相位估计结果，并与 RDE 算法的估计结果进行对比。图 6.26 (a) 为失配相位，图 6.26 (b) 为对失配相位进行解缠并采用本章所提算法估计残余相位模糊后的结果。为与 RDE 算法的结果进行对比，本章将 RDE 算法得到的绝对相位减去配准相位，得到 RDE 算法估计的绝对失配相位，结果如

图 6.26(c)所示。将图 6.26(c)与图 6.26(b)相减，得到两种估计结果的差异图，如图 6.26(d)所示。可以看到，两种估计结果的差异主要集中在 0 相位，只有在某些低相干区域存在由解缠误差引起的差异。这表明，本章所提算法与 RDE 算法均能正确地估计残余相位模糊。同时还说明，低相干区域不能用于残余相位模糊的估计。

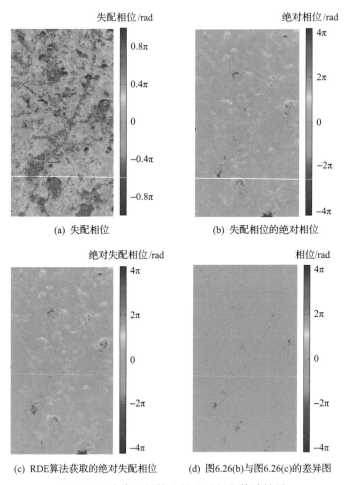

図 6.26　本章所提算法的绝对相位估计结果

图 6.27 为失配相位在高相干区域的统计直方图，其中，STD 表示失配相位的标准差(standard deviation)。从图中可以看到，失配相位主要分布在 $(-\pi, \pi)$。这表明，本章所提算法具有很高的可靠性。该直方图分布的方差为 1.021rad，反映了本章所提算法的估计精度，该方差的值越小，估计结果的可靠性越高。

表 6.2 给出了 RDE 算法与本章所提算法在估计残余相位模糊时的耗时与估计方差。可以看到，RDE 算法需要重新估计子块的配准偏移量，耗时巨大。本章所提算

法仅需要计算失配相位在高相干区域的均值，耗时几乎可以忽略。对比两者的估计方差可以看到，两个估计结果的方差较接近。这与前面的分析结果相一致，即两个算法均是基于配准误差的分布特性，应当具有相同的估计方差。以上试验结果表明，针对低频 InSAR 数据，本章所提算法具有更高的运算效率以及相近的估计精度。

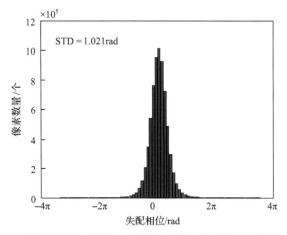

图 6.27　失配相位在高相干区域的统计直方图

表 6.2　残余相位模糊估计耗时与估计方差对比

算法	估计耗时/s	估计方差/rad
RDE 算法	115.014	1.335
本章所提算法	0.056	1.021

本节基于以上绝对相位估计结果，反演了观测区域的数字地形高程，结果如图 6.28 所示。该区域的平均高度约为 1500m，可以看到，反演出的数字地形图与

图 6.28　机载重轨 P 波段 InSAR 的 DEM 反演结果

实际情况是相符合的。此外，还可以看到图中的地形起伏与图 6.14(b) 中的地形起伏相一致。由于未能获取该地区的外部 DEM 数据，且该原始 DEM 未进行平差处理，所以未对该结果进行精度评估。

6.6.2　机载重轨 L 波段 InSAR 实测数据处理

除 P 波段 InSAR 外，国防科技大学还利用自主研制的 L 波段 SAR 系统在陕西省渭南市再次开展了机载重轨低频 InSAR 外场飞行试验。图 6.29 给出了机载 L 波段 SAR 系统、SAR 实测图像和观测区域的光学图像。

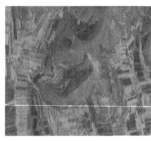

(a) L波段SAR系统　　　　　　(b) SAR实测图像　　　　　　(c) 观测区域的光学图像

图 6.29　机载 L 波段重轨 InSAR 外场飞行试验

同样，利用本章所提算法对所获取的机载重轨 L 波段 InSAR 实测数据进行了数字地形高程反演处理。首先，图像配准后得到的干涉相位如图 6.30(a) 所示；经

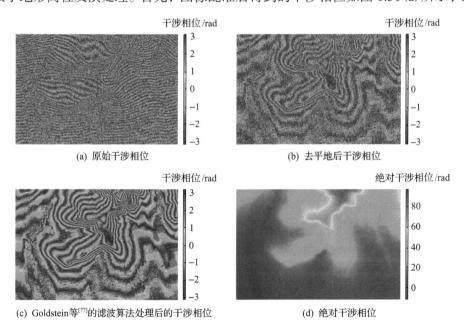

(a) 原始干涉相位　　　　　　　　　　　　(b) 去平地后干涉相位

(c) Goldstein等[77]的滤波算法处理后的干涉相位　　　　　　(d) 绝对干涉相位

图 6.30　机载重轨 L 波段 InSAR 干涉相位估计结果

过去平地相位处理，得到如图 6.30(b) 所示的干涉相位。接下来，利用 Goldstein 等[77]的滤波算法，获得如图 6.30(c) 所示的干涉相位，滤波窗口大小为 64×64 像素，滤波强度为 0.85。最后，进行解缠绕和绝对相位估计，得到图 6.30(d) 所示的绝对干涉相位。

　　基于以上绝对相位估计结果，再对观测区域的高程进行反演。在高程反演的过程中要加上平地相位，得到原始干涉相位的绝对干涉相位。经过初步的高程反演，得到如图 6.31(a) 所示的高程反演结果。结果表明，该图中的地形起伏与图 6.29(b) 中 SAR 图像的地形起伏相一致。

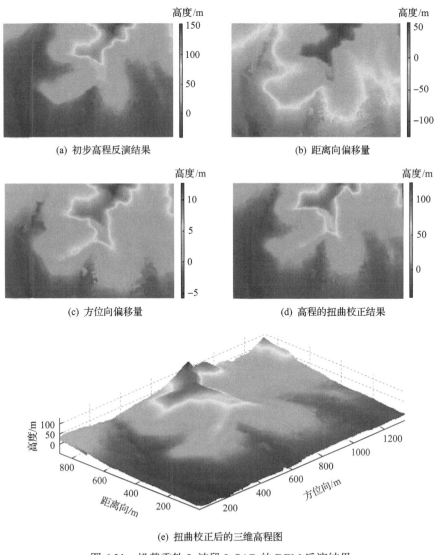

图 6.31　机载重轨 L 波段 InSAR 的 DEM 反演结果

　　根据距离-多普勒定位算法计算 SAR 图像与观测场景光学图像之间的投影关系，对初始高程图进行扭曲校正。结合主轨迹与图像网格的空间位置关系，得到高程数据在距离向与方位向上的偏移量，分别如图 6.31(b)和图 6.31(c)所示。经过高程数据的扭曲校正后，得到如图 6.31(d)所示的高程图。该图中的地形起伏与图 6.29(b)中光学图像的地形起伏相一致，从而证明了本章所提算法的正确性和有效性。扭曲校正后的三维高程图如图 6.31(e)所示。

　　高精度 DEM 数据在军事领域和民用领域都具有重要的应用价值，而 InSAR 技术已经成为获取复杂地区 DEM 信息的重要手段。与其他遥感技术相比，InSAR 可全天时全天候工作，测绘效率高，具有不可替代的独特优势。与传统高频 InSAR 相比，低频 InSAR 能够对叶簇、冰雪、沙漠等覆盖下的遮蔽地形实施透视测绘。近年来，除了传统的机载低频 InSAR 技术外，人们还开始研究可对观测区域实施全方位地形透视测绘的机载低频圆周 InSAR(InCSAR)技术[82-84]、星载低频 InSAR[85-87]、低频差分 InSAR[88-90]等新兴干涉测量技术，从而进一步拓展了低频 InSAR 技术的应用范围。尽管目前低频 InSAR 技术研究还不完善，实际应用较少，但是随着研究的不断深入，相信低频 InSAR 技术将日臻成熟，并展现出越来越大的实用价值。

参 考 文 献

[1] Rogers A E, Ingalls R P. Venus: Mapping the surface reflectivity by radar interferometry[J]. Science, l969, 165(3895): 797-799.

[2] Zisk S H. A new earth-based radar technique for the measurement of lunar topography[J]. The Moon, 1972, 4(3-4): 296-306.

[3] Graham L C. Synthetic interferometer radar for topographic mapping[J]. Proceedings of the IEEE, 1974, 62(6): 763-768.

[4] Zebker H A, Goldstein R M. Topographic mapping from interferometric synthetic aperture radar observations[J]. Journal of Geophysical Research, 1986, 91(B5): 4993-4999.

[5] Goldstein R M, Zebker H A, Werner C L. Satellite radar interferometry: Two-dimensional phase unwrapping[J]. Radio Science, 1988, 23(4): 713-720.

[6] Gabriel A K, Goldstein R M. Crossed orbit interferometry: Theory and experimental results from SIR-B[J]. International Journal of Remote Sensing, 1988, 9(5): 857-872.

[7] Li F K, Goldstein R M. Studies of multibaseline spaceborne interferometric synthetic aperture radars[J]. IEEE Transactions on Geoscience and Remote Sensing, 1990, 28(1): 88-97.

[8] Horn R. The DLR airborne SAR project E-SAR[C]. International Geoscience and Remote Sensing Symposium, Lincoln, 2002:1624-1628.

[9] Horn R, Nottensteiner A, Reigber A, et al. F-SAR—DLR's new multifrequency polarimetric

airborne SAR[C]. IEEE International Geoscience and Remote Sensing Symposium, Cape Town, 2010: 902-905.

[10] Bruyant J P. SETHI flying lab: A tool for remote sensing applications[C]. IEEE Radar Symposium, Lithuania, 2010: 1-4.

[11] Cloude S R, Papathanassiou K P. Polarimetric SAR Interferometry[J]. IEEE Transactions on Geoscience and Remote Sensing, 1998, 36(5): 1551-1565.

[12] Cloude S. Polarisation: Applications in Remote Sensing[M]. London: Oxford University Press, 2009.

[13] Kugler F, Schulze D, Hajnsek I, et al. TanDEM-X pol-InSAR performance for forest height estimation[J]. IEEE Transactions on Geoscience and Remote Sensing, 2014, 52(10): 6404-6422.

[14] Li X W, Guo H D, Wang C L, et al. DEM generation in the densely vegetated area of Hotan, north-west China using SIR-C repeat pass polarimetric SAR interferometry[J]. International Journal of Remote Sensing, 2003, 24(14): 2997-3003.

[15] Reigber A, Moreira A. First demonstration of airborne SAR tomography using multibaseline L-band data[J]. IEEE Transactions on Geoscience and Remote Sensing, 2000, 38(5): 2142-2152.

[16] Tebaldini S. Multi-baseline SAR imaging: Models and algorithms[D]. Milano: Politecnico Di Milano, 2009.

[17] Rosen P A, Hensley S, Wheeler K, et al. UAVSAR: New NASA airborne SAR system for research[J]. IEEE Aerospace and Electronic Systems Magazine, 2007, 22(98): 21-28.

[18] Zhang J X, Wang Z, Huang G, et al. CASMSAR: The first Chinese airborne SAR mapping system[C]. Proceedings of the SPIE, San Diego, 2010: 78070z.1-78070z.8.

[19] Li P X, Shi L, Yang J, et al. Assessment of polarimetric and interferometric image quality for chinese domestic X-band airborne SAR system[C]. IEEE International Symposium on Image and Data Fusion, Tengchong, 2011: 1-8.

[20] 钟雪莲, 向茂生, 郭华东, 等. 机载重轨干涉合成孔径雷达的发展[J]. 雷达学报, 2013, 2(3): 367-381.

[21] 王亮. 基于实测数据的机载超宽带合成孔径雷达信号处理技术研究[D]. 长沙: 国防科学技术大学, 2007.

[22] 许军毅. 重轨低频超宽带干涉合成孔径雷达关键技术研究[D]. 长沙: 国防科学技术大学, 2015.

[23] 鲁加国, 陶利, 钟雪莲, 等. L 波段机载重轨干涉 SAR 系统及其试验研究[J]. 雷达学报, 2019, 8(6): 804-819.

[24] 李军, 王冠勇, 韦立登, 等. 基于毫米波多基线 InSAR 的雷达测绘技术[J]. 雷达学报, 2019,

8(6): 820-830.

[25] Rosen P A, Hensley S, Joughin I R, et al. Synthetic aperture radar interferometry[J]. Proceedings of the IEEE, 2000, 88(3): 333-382.

[26] 胡俊. 基于现代测量平差的 InSAR 三维形变估计理论与方法[D]. 长沙: 中南大学, 2012.

[27] Zhao R, Li Z W, Feng G C, et al. Monitoring surface deformation over permafrost with an improved SBAS-InSAR algorithm: With emphasis on climatic factors modeling[J]. Remote Sensing of Environment, 2016, 184: 276-287.

[28] Rajendran S, Nasir S. ASTER capability in mapping of mineral resources of arid region: A review on mapping of mineral of the sultanate of Oman[J]. Ore Geology Reviews, 2018, 108: 33-53.

[29] Fang Q, Liu X, Zhang D L, et al. Shallow tunnel construction with irregular surface topography using cross diaphragm method[J]. Tunnelling and Underground Space Technology, 2017, 68: 11-21.

[30] Gabriel A K, Goldstein R M, Zebker H A. Mapping small elevation changes over large areas: Differential radar interferometry[J]. Journal of Geophysical Research: Solid Earth, 1989, 94(B7): 9183-9191.

[31] 单新建, 马瑾, 宋晓宇, 等. 利用星载 D-INSAR 技术获取的地表形变场研究张北-尚义地震震源破裂特征[J]. 中国地震, 2002, 18(2): 119-126.

[32] 王超, 张红, 刘智, 等. 苏州地区地面沉降的星载合成孔径雷达差分干涉测量监测[J]. 自然科学进展, 2002, 12(6): 621-624.

[33] 李道京, 汤立波, 吴一戎, 等. 顺轨双天线机载 InSAR 的地面运动目标检测研究[J]. 电子与信息学报, 2006, 28(6): 961-964.

[34] Schulz-stellenfleth J, Horstmann J, Lehner S, et al. Sea surface imaging with an across-track interferometric synthetic aperture radar: The sinewave experiment[J]. IEEE Transactions on Geoscience and Remote Sensing, 2001, 39(9): 2017-2028.

[35] Muskett R R, Lingle C S, Sauber J M, et al. Acceleration of surface lowering on the tidewater glaciers of Icy Bay, Alaska, U.S.A. from InSAR DEMs and ICESat altimetry[J]. Earth and Planetary Science Letters, 2008, 265(3-4): 345-359.

[36] 李德仁, 王长委, 胡月明, 等. 遥感技术估算森林生物量的研究进展[J]. 武汉大学学报(信息科学版), 2012, 37(6): 631-635.

[37] Zhao L, Chen E X, Li Z Y, et al. A new approach for forest height inversion using X-band single-pass InSAR coherence data[J]. IEEE Transactions on Geoscience and Remote Sensing, 2021, 60: 1-18.

[38] Xu K P, Zhao L, Chen E X, et al. Forest height estimation approach combining P-band and X-band interferometric SAR data[J]. Remote Sensing, 2022, 14(13): 3070.

[39] Davis M E. Foliage Penetration Radar—Detection and Characterization of Objects Under

Trees[M]. Oxon Hill: SciTech, 2011.

[40] Commission F C. Revision of part 15 of the commission's rules regarding ultra-wideband systems[J]. First Report and Order in ET Docket, 2002: 98-153.

[41] 王亮, 常文革. 不同波段 SAR 图像相干斑分析[C]. 中国合成孔径雷达会议, 合肥, 2003: 357-361.

[42] Ulander L M H, Frolind P O. Ultra-wideband SAR interferometry[J]. IEEE Transactions on Geoscience and Remote Sensing, 1998, 36(5): 1540-1550.

[43] Frolind P O, Ulander L M H. Digital elevation map generation using VHF-band SAR data in forested areas[J]. IEEE Transactions on Geoscience and Remote Sensing, 2002, 40(8): 1769-1776.

[44] Gatelli F, Guarnieri A M, Parizzi F, et al. The wavenumber shift in SAR interferometry[J]. IEEE Transactions on Geoscience and Remote Sensing, 1994, 32(4): 855-865.

[45] Zhong X L, Xiang M S, Yue H Y, et al. Algorithm on the estimation of residual motion errors in airborne SAR images[J]. IEEE Transactions on Geoscience and Remote Sensing, 2014, 52(2): 1311-1323.

[46] 钟雪莲. 机载重轨干涉 SAR 残余运动估计方法研究[D]. 北京: 中国科学院大学, 2011.

[47] Zhong X L, Guo H D, Xiang M S, et al. Residual motion estimation with point targets and its application to airborne repeat-pass SAR interferometry[J]. International Journal of Remote Sensing, 2012, 33(3): 762-780.

[48] Ulander L M H, Frolind P O. Ultra-wideband SAR interferometry[J]. IEEE Transactions on Geoscience and Remote Sensing, 1998, 36(5): 1540-1550.

[49] 王超, 张红, 刘智. 星载合成孔径雷达干涉测量[M]. 北京: 科学出版社, 2002.

[50] Yague-Martinez N, Eineder M, Brcic R, et al. TanDEM-X mission: SAR image coregistration aspects[C]. Proceeding of European Conference on Synthetic Aperture Radar P, Aachen, 2010: 1-4.

[51] 赵志伟, 杨汝良, 祁海明. 一种改进的星载干涉 SAR 复图像最大频谱配准算法[J]. 测绘学报, 2008, 37(1): 64-69.

[52] Lin Q, Vesecky J F, Zebker H A. New approaches in interferometric SAR data processing[J]. IEEE Transactions on Geoscience and Remote Sensing, 1992, 30(3): 560-567.

[53] Prati C, Rocca F, Guarnieri A M, et al. Seismic migration for SAR focusing: Interferometrical applications[J]. IEEE Transactions on Geoscience and Remote Sensing, 1990, 28(4): 627-640.

[54] Stone H S, Orchard M T, Chang E C, et al. A fast direct fourier-based algorithm for subpixel registration of images[J]. IEEE Transactions on Geoscience and Remote Sensing, 2001, 39(10): 2235-2243.

[55] Li D, Zhang Y H. A fast offset estimation approach for InSAR image subpixel registration[J]. IEEE Geoscience and Remote Sensing Letters, 2012, 9(2): 267-271.

[56] 曾琪明, 解学通. 基于谱运算的复相关函数法在干涉复图像配准中的应用[J]. 测绘学报, 2004, 33(2): 127-131.

[57] Bamler R. Interferometric stereo radar-grammetry: Absolute height determination from ERS-ENVISAT interferograms[C]. IEEE International Geoscience and Remote Sensing Symposium, Honolulu, 2000: 742-745.

[58] Bamler R, Eineder M. Accuracy of differential shift estimation by correlation and split-bandwidth interferometry for wideband and delta-k SAR systems[J]. IEEE Geoscience and Remote Sensing Letters, 2005, 2(2): 151-155.

[59] de Zan F. Accuracy of incoherent speckle tracking for circular gaussian signals[J]. IEEE Geoscience and Remote Sensing Letters, 2014, 11(1): 264-267.

[60] Ghiglia D C, Pritt M D. Two-dimensional Phase Unwrapping: Theory, Algorithms and Software[M]. New York: Wiley, 1998.

[61] Xu J Y, An D X, Huang X T, et al. Phase unwrapping for large-scale P-band UWB SAR interferometry[J]. IEEE Geoscience and Remote Sensing Letters, 2015, 12(10): 2120-2124.

[62] Xu J Y, An D X, Huang X T, et al. Absolute phase determination for low-frequency ultra-wideband synthetic aperture radar interferometry[J]. IET Radar, Sonar & Navigation, 2016, 10(2): 426-433.

[63] Xu J Y, An D X, Huang X T, et al. An efficient minimum-discontinuity phase-unwrapping method[J]. IEEE Geoscience and Remote Sensing Letters, 2016, 13(5): 666-670.

[64] 许军毅, 安道祥, 黄晓涛, 等. 一种新的低频超宽带干涉合成孔径雷达绝对相位估计方法[J]. 电子与信息学报, 2015, 37(11): 2705-2712.

[65] Costantini M. A novel phase unwrapping method based on network programming[J]. IEEE Transactions on Geoscience and Remote Sensing, 1998, 36(3): 813-821.

[66] Buckland J R, Huntley J M, Turner S R E. Unwrapping noisy phase maps by use of a minimum cost matching algorithm[J]. Applied Optics, 1995, 34(23): 5100-5108.

[67] Quiroga J A, Gonzolez-Cano A, Bernabeu E. Stable-marriages algorithm for preprocessing phase maps with discontinuity sources[J]. Applied Optics, 1995, 34(23): 5029-5038.

[68] 张妍, 冯大政, 曲小宁. 基于改进粒子群算法的二维相位解缠方法[J]. 电波科学学报, 2012, 27(6): 1116-1123.

[69] Zhang K, Ge L L, Hu Z, et al. Phase unwrapping for very large interferometric data sets[J]. IEEE Transactions on Geoscience and Remote Sensing, 2011, 49(10): 4048-4061.

[70] Lovasz L, Plummer M D. Matching Theory[M]. New York: North-Holland Press, 1986.

[71] Kuhn H W. The hungarian method for the assignment problem[J]. Naval Research Logistics Quarterly, 1955, 2(1): 83-97.

[72] Eineder M, Hubig M, Milcke B. Unwrapping large interferograms using the minimum cost flow algorithm[C]. Proceeding of International Geoscience and Remote Sensing Symposium, Seattle,

2002: 83-87.

[73] Carballo G F, Fieguth P W. Hierarchical network flow phase unwrapping[J]. IEEE Transactions on Geoscience and Remote Sensing, 2002, 40(8): 1695-1708.

[74] Yu H W, Xing M D, Bao Z. A fast phase unwrapping method for large-scale interferograms[J]. IEEE Transactions on Geoscience and Remote Sensing, 2013, 51(7): 4240-4248.

[75] Chen C W, Zebker H A. Phase unwrapping for large SAR interferograms: Statistical segmentation and generalized network models[J]. IEEE Transactions on Geoscience and Remote Sensing, 2002, 40(8): 1709-1719.

[76] Oshiyama G, Hirose A. Distortion reduction in singularity-spreading phase unwrapping with pseudo-continuous spreading and self-clustering active localization[J]. IEEE Journal of Selected Topics in Applied Earth Observations and Remote Sensing, 2015, 8(8): 3846-3858.

[77] Goldstein R M, Werner C L. Radar interferogram filtering for geophysical applications[J]. Geophysical Research Letters, 1998, 25(21): 4035-4038.

[78] Madsen S N, Zebker H A, Martin J. Topographic mapping using radar interferometry: Processing techniques[J]. IEEE Transactions on Geoscience and Remote Sensing, 1993, 31(1): 246-256.

[79] Madsen S. Absolute phase determination techniques in SAR interferometry[J]. Proceeding of SPIE Radar Sensor Technology, 1995, 2487: 393-401.

[80] Bamler R, Eineder M. Split band interferometry versus absolute ranging with wideband SAR systems[C]. Proceeding of International Geoscience and Remote Sensing Symposium, Anchorage, 2004: 980-984.

[81] Imel D A. Accuracy of the residual-delay absolute-phase algorithm[J]. IEEE Transactions on Geoscience and Remote Sensing, 1998, 36(1): 322-324.

[82] Li J P, An D X, Song Y P, et al. Absolute phase estimation in repeat-pass CSAR interferometry based on backprojection and split-bandwidth techniques[J]. IEEE Journal of Selected Topics in Applied Earth Observations and Remote Sensing, 2023, 17: 2409-2421.

[83] Li J P, An D X, Feng D, et al. Full-angle DEM generation based on repeat-pass L-band CSAR interferometry—Theory and experimental results[J]. IEEE Sensors Journal, 2024, 24(3): 3301-3316.

[84] Li J P, An D X, Feng D, et al. DEM extraction of L-band repeat-pass InSAR based on BP algorithm[C]. 2021 CIE International Conference on Radar(Radar), Haikou, 2021: 224-227.

[85] Zhang Y J, Li Y H, Chen Z Y, et al. First result of Lutan-1 space-surface bistatic SAR interferometry[C]. Proceeding of International Geoscience and Remote Sensing Symposium, Pasadena, 2023: 7860-7863.

[86] 李永生, 李强, 焦其松, 等. 陆探一号 SAR 卫星星座在地震行业的应用与展望[J]. 武汉大

学学报(信息科学版), 2024, 49(10): 1741-1752.

[87] 宋鑫友, 张磊, 李涛, 等. 陆探一号干涉 SAR 在轨测试阶段基线精化与 DEM 精度分析[J]. 测绘学报, 2024, 53(10): 1920-1929.

[88] Moreira L, Castro F, Góes J A, et al. A drone-borne multiband DInSAR: Results and applications[C].2019 IEEE Radar Conference , Boston, 2019: 1-6.

[89] Luebeck D, Wimmer C, Moreira L F, et al. Drone-borne differential SAR interferometry[J]. Remote Sensing, 2020, 12(5): 778.

[90] Hernandez-Figueroa H E, Oliveira L P, Oré G, et al. Sugarcane precision monitoring by drone-borne P/L/C-band DInSAR[C]. IEEE International Geoscience and Remote Sensing Symposium,Brussels, 2021: 632-635.